# 全国河长制湖长制
# 适用技术细则

河海大学河长制研究与培训中心
全国河长制湖长制适用技术细则编写组　组织编写
李一平　鞠茂森　主编

中国水利水电出版社
www.waterpub.com.cn
·北京·

# 内 容 提 要

本书共9章，介绍了河长制湖长制推进过程中优先推荐使用的具体河湖治理技术，分别为绪论、河长制湖长制"一河（湖）一策"方案编制技术细则、水资源保护技术细则、河湖水域岸线管理保护技术细则、水污染防治技术细则、水环境治理技术细则、水生态修复技术细则、河长制湖长制执法监管技术细则、河长制湖长制信息化建设技术细则，内容涵盖中共中央办公厅、国务院办公厅印发的《关于全面推行河长制的意见》《关于在湖泊实施湖长制的指导意见》中提到河长制湖长制的六大任务，可为各级河长湖长的治理工作提供重要参考。

本书主要供全国各级河长或湖长、河长制湖长制执法监管工作者、河长制湖长制信息化建设者以及相关人员参考使用。

## 图书在版编目（CIP）数据

全国河长制湖长制适用技术细则 / 李一平，鞠茂森主编；河海大学河长制研究与培训中心，全国河长制湖长制适用技术细则编写组组织编写. -- 北京 ：中国水利水电出版社，2019.9
ISBN 978-7-5170-7943-9

Ⅰ．①全… Ⅱ．①李… ②鞠… ③河… ④全… Ⅲ.①河道整治－技术规范－细则－中国 Ⅳ．①TV882-65

中国版本图书馆CIP数据核字(2019)第193596号

| | | |
|---|---|---|
| 书　　名 | **全国河长制湖长制适用技术细则**<br>QUANGUO HEZHANGZHI HUZHANGZHI SHIYONG JISHU XIZE | |
| 作　　者 | 河海大学河长制研究与培训中心<br>全国河长制湖长制适用技术细则编写组　组织编写<br>李一平　鞠茂森　主编 | |
| 出版发行 | 中国水利水电出版社<br>（北京市海淀区玉渊潭南路1号D座　100038）<br>网址：www.waterpub.com.cn<br>E-mail：sales@waterpub.com.cn<br>电话：（010）68367658（营销中心） | |
| 经　　售 | 北京科水图书销售中心（零售）<br>电话：（010）88383994、63202643、68545874<br>全国各地新华书店和相关出版物销售网点 | |
| 排　　版 | 中国水利水电出版社微机排版中心 | |
| 印　　刷 | 天津嘉恒印务有限公司 | |
| 规　　格 | 184mm×260mm　16开本　20.75印张　505千字 | |
| 版　　次 | 2019年9月第1版　2019年9月第1次印刷 | |
| 印　　数 | 0001—2000册 | |
| 定　　价 | **79.00元** | |

# 本书编撰委员会

主　　任：徐　辉
副 主 任：孙金华　武文相　朱党生　范治晖　郑金海　鞠茂森
委　　员：陈凯麒　李贵宝　肖新民　徐剑秋　王沛芳　杨　涛
　　　　　唐德善　方国华　左其亭　李一平　黄海田　李伯根
　　　　　何伶俊　陈国松
主　　审：朱党生

# 本书编写组

主　　编：李一平　鞠茂森
副 主 编：王宗志　钱　宝　贾　鹏　田卫红　唐颖栋　张松贺
　　　　　赵　旭　张春雷　李兆华　蒋　咏　孙　哲　杜建强
　　　　　戚晓明　唐春燕
参编人员：杨　兰　章双双　黄齐东　常仁凯　包　晗　康　群
　　　　　朱立琴　蒋裕丰　汪金成　丁　雯　柯雪松　黄毕原
　　　　　张　瑛　赵杏杏　罗　凡　翁晟琳　赖秋英　施媛媛
　　　　　朱晓琳　周玉璇　魏鋆鋆　黄亚男　蒲亚帅　朱　雅
　　　　　程一鑫　徐芸蔚　潘泓哲　程　月　潘汉青

保护江河湖泊，事关人民群众福祉，事关中华民族长远发展。我国新老水问题交织，水资源短缺、水生态损害、水环境污染十分突出，水旱灾害频发。河湖水系是水资源的重要载体，也是新老水问题体现最为集中的区域。河湖管理保护涉及上下游、左右岸、不同行政区域和行业，十分复杂。以习近平同志为核心的党中央从人与自然和谐共生、加快推进生态文明建设的战略高度，作出全面推行河长制湖长制的重大战略部署。中共中央办公厅、国务院办公厅2016年11月印发《关于全面推行河长制的意见》，2017年12月印发《关于在湖泊实施湖长制的指导意见》，水利部2018年10月印发《关于推动河长制从"有名"到"有实"的实施意见》。在国家有关部门和各级党委政府的共同努力下，河长制湖长制已经在全国全面建立，省、市、县、乡、村级河长湖长总人数超过100万人，在实践中产生良好成效，为探索形成有中国特色的生态文明建设体制积累了宝贵经验。

全面推进河长制湖长制包含水资源保护、河湖水域岸线管理保护、水污染防治、水环境治理、水生态修复、执法监管六大任务，属于跨行业、多专业交叉的细分领域，对河长湖长和相关部门来说是责任重大，任务艰巨。要坚持节水优先的治水方针，用系统治理的思维，统筹协调综合施策。河长制湖长制的推行和落实过程中，不仅需要一定的行政管理手段，还需要相关专业知识，特别是涉水方面的专业知识。河长制湖长制的实施，涉及环境、水利、水务、海绵城市、水污染防治、生态修复、滨水景观等多种工程和多项专业技术，全流域治理需要综合性的技术标准体系支撑。由于我国还未建立统一规范的河长制湖长制技术标准体系，故上下游技术提供方之间沟通交流渠道不够顺畅，水环境综合治理领域还未形成完整的产业链，难以提供河长制湖长制实施中流域环境综合治理的系统解决方案。为解决该问题，服务河长制湖长制从"有名"到"有实"转变，强化对河长制湖长制工作的科技支撑，河海大学河长制研究与培训中心组织业内知名专家学者编写的《全国河长制湖长制适用技术指南》（以下简称《技术指南》）及《全国河长制湖长制适用技术细则》（以下简称《技术细则》）非常必要、非常重要、非常及时。

　　《技术指南》和《技术细则》中列举的适用技术涵盖了水资源保护技术、河湖水域岸线管理保护技术、水污染防治技术、水环境治理技术、水生态修复技术、河长制湖长制执法监管技术、河长制湖长制信息化建设技术等。充分借鉴了水利部、生态环境部推荐的相关技术，并充分吸纳了当今国内外常用的、成熟的先进技术。可以说，这是一套内容非常丰富的、很有针对性的河长制湖长制适用技术指南和细则，为河湖治理提供了科技含量高、操作性强、经济有效的技术依据。全国各地水环境状况和污染特征不同，技术使用单位可根据现场实际情况，因地制宜的选择单项技术或组合技术进行应用。希望借助此书的出版，促进我国流域综合治理的技术标准和行业技术标准体系研究，为维护河湖健康生命、实现河湖功能永续利用提供技术支撑。

2019 年 5 月

# 目录

# 第1章 绪 论

## 1.1 编制目的

　　河湖管理保护是一项复杂的系统工程，涉及上下游、左右岸、不同行政区域和行业。近年来，一些地区积极探索河长制湖长制，由党政领导担任河长，依法依规落实地方主体责任，协调整合各方力量，有力促进了水资源保护、水域岸线管理、水污染防治、水环境治理等工作。很多河流实现了从"没人管"到"有人管"、从"多头管"到"统一管"、从"管不住"到"管得好"的转变，生态系统逐步恢复，水环境质量不断改善，"河畅、水清、岸绿、景美"的健康河湖正变成现实。截至2018年年底，全国31个省（自治区、直辖市）已全面建立河长制湖长制，共明确省、市、县、乡四级河长30多万名，四级湖长2.4万名，另有村级河长93万多名，村级湖长3.3万名，打通了河长制湖长制"最后一公里"。

　　当前，我国治水的主要矛盾已经从人民群众对除水害兴水利的需求与水利工程能力不足的矛盾，转变为人民群众对水资源水生态水环境的需求与水利行业监管能力不足的矛盾。全面推行河长制湖长制，是解决我国复杂水问题的重大制度创新，是保障国家水安全的重要举措。本细则旨在推进和规范河长制湖长制建设过程中，系统总结涉及河长制湖长制工作中水资源保护、水域岸线管理、水污染防治、水环境治理、水生态修复、执法监管和信息化建设等的常用技术方法，细化各项技术的基本原则与内容，明确各项技术的适用范围，为进一步解决我国复杂水问题、维护河湖健康生命提供参考，为我国河湖健康保障提供技术支持。

## 1.2 适用范围

　　本细则充分吸纳我国河长制湖长制《意见》要求，并广泛收集整理河长制湖长制信息与资料，汲取已成功实施全面推行河长制湖长制部分省（自治区、直辖市）的先进做法。可操作的技术案例以及国内外相关先进技术，适用于以下三个方面：一是指导河长制湖长制相关工作内容的落实；二是指导河长制湖长制各项任务涉及技术的设计、实施与维护管理；三是指导全国河长制湖长制工作人员规范化、科学化开展河长制湖长制相关工作。

## 1.3 基本原则

　　（1）坚持生态优先、绿色发展。牢固树立尊重自然、顺应自然、保护自然的理念，处理好河湖管理保护与开发利用的关系，强化规划约束，促进河湖休养生息、维护河湖生态功能。

（2）坚持问题导向、因地制宜。立足不同地区不同河湖实际，统筹上下游、左右岸，实行一河一策、一湖一策，解决好河湖管理保护的突出问题。

（3）坚持党政领导、部门联动。建立健全以党政领导负责制为核心的责任体系，明确各级河长湖长职责，强化工作措施，协调各方力量，形成一级抓一级、层层抓落实的工作格局。

（4）坚持强化监督、严格考核。依法治水管水，建立健全河湖管理保护监督考核和责任追究制度，拓展公众参与渠道，营造全社会共同关心和保护河湖的良好氛围。

# 1.4　工作流程

本细则根据国内河湖管理、技术现状调查，分析其存在的不足及出现的问题，以此确定编制目标，即以水资源保护、河湖水域岸线管理保护、水污染防治、水环境治理、水生态修复、执法监管六大技术为主要工作任务，辅以信息化建设的信息管理技术，层层递进对河湖治理技术进行阐述，技术分类分为指南和细则两方面，在指南中把控宏观治理技术，细则中列举国内治理河流、湖泊等水体的成功案例以及先进的专利技术，通过比选甄选出针对不同特征水域的最佳治理方案，全方位、多层次的对国内的河湖治理技术进行了整合。工作流程如图1.1所示。

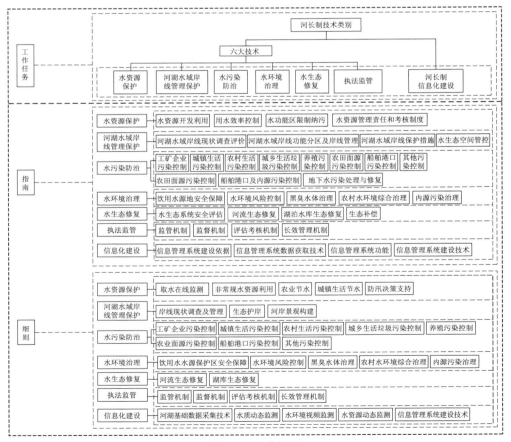

图 1.1　工作流程

# 第 2 章  河长制湖长制"一河（湖）一策"方案编制技术细则

河长制湖长制是落实绿色发展理念、推进生态文明建设的内在要求，是解决我国复杂水问题、维护河湖健康生命的有效举措。"一河（湖）一策"是河湖治理保护的"路线图"和"施工图"，建立"一河（湖）一档"、制定"一河（湖）一策"，是河长制湖长制精准施策的关键。河长制湖长制的最终目标不是定责追责，而是为了更好地保护水环境，解决各种导致水资源短缺、水质恶化的难题。《全国河长制湖长制适用技术指南》第 2 章总结了河长制湖长制"一河（湖）一策"方案的一般规定、技术思路及技术原则；并从编制范围界定、现状问题识别、治理保护目标设置、主要任务确定、措施实施、责任参与方确定对方案编制的技术要点进行了说明，并参考浙江省河长制"一河一策"实施方案列出了"一河（湖）一策"实施方案模板。本章针对河长制湖长制六大任务对河长制湖长制"一河（湖）一策"方案编制技术要点的编制范围界定、现状问题识别、治理保护目标设置、主要任务确定、措施实施、责任参与方确定进一步细化，并针对各地在方案编制过程中出现的一些主要问题提出了思路建议。本章技术路线如图 2.1 所示。

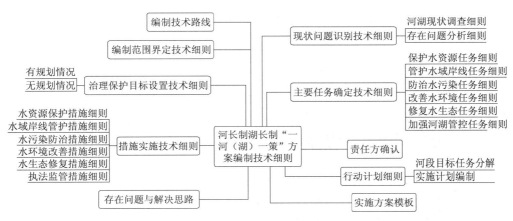

图 2.1  河长制湖长制"一河（湖）一策"方案编制技术细则技术路线

## 2.1  编制技术路线

技术路线主要围绕四个层次展开：摸清河流存在主要问题，找准产生原因；根据国家和流域区域要求，确定治理保护目标任务；从治理和管控两方面入手，提出治理保护对策措施；按照治理保护工作紧迫性，确定实施安排，落实责任分工。制订出河段目标任务分解表、实施计划安排表和河湖治理与管控的问题、目标、任务、措施、责任五个清单（图2.2）。

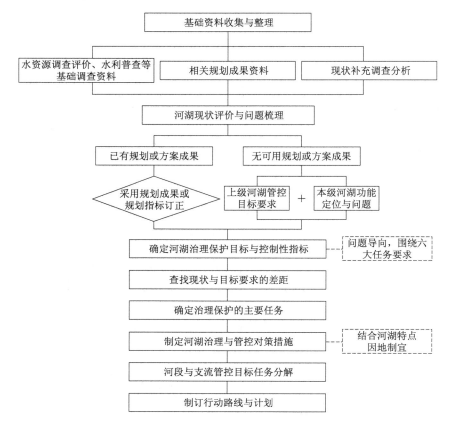

图2.2  "一河（湖）一策"方案编制技术路线框图

## 2.2  编制范围界定技术细则

"一河（湖）一策"方案的编制范围应突出干流或湖区，包括入河（湖）支流部分河段的，需要说明该支流河段起止断面位置。落实"以干带支、水陆兼顾"的原则，重点针对河道（湖区）内水域与河湖岸线开展工作，重点关注干流（湖区）取水、排污、涉水工程建设、采砂、岸线利用与涉水管理等事项，以及各支流汇入的水量水质等基本情况，然后从干流保护管理的层面，对各支流水量水质提出具体管理保护要求与限值。

河湖管理范围的划定是推动河长制湖长制从"有名"向"有实"转变的重要抓手，"一河（湖）一策"方案的编制范围也可参考河湖管理范围的划定。2018年12月《水利部关于加快推进河湖管理范围划定工作的通知》中有：

（1）依据法律法规和相关技术规范开展河湖管理范围划定工作。《中华人民共和国防洪法》《中华人民共和国河道管理条例》明确，有堤防的河湖，其管理范围为两岸堤防之间的水域、沙洲、滩地、行洪区和堤防及护堤地；无堤防的河湖，其管理范围为历史最高洪水位或者设计洪水位之间的水域、沙洲、滩地和行洪区。

（2）有堤防的河湖背水侧护堤地宽度，根据《堤防工程设计规范》（GB 50286—2013）规定，按照堤防工程级别确定，1级堤防护堤地宽度为20～30m，2级、3级堤防为10～20m，4级、5级堤防为5～10m，大江大河重要堤防、城市防洪堤、重点险工险段的背水侧护堤地宽度可根据具体情况调整确定。无堤防的河湖，要根据有关技术规范和水文资料核定历史最高洪水位或设计洪水位。

（3）划定的河湖管理范围，要明确具体坐标，并统一采用2000国家大地坐标系。

（4）河湖管理范围划定可根据河湖功能因地制宜确定，但不得小于法律法规和技术规范规定的范围，并与生态红线划定、自然保护区划定等做好衔接，突出保护要求。

## 2.3　现状问题识别技术细则

现状问题识别应重视河湖基本情况调查了解，加强问题排查，全面梳理河流湖泊存在的问题，找出影响河湖健康的关键问题、突出问题，找准突破口、提高针对性；分析问题产生的深层次原因，找准症结和障碍，为确定"一河（湖）一策"方案提供准确标靶。相关单位也应重视已有相关规划、方案等成果的收集、梳理和系统分析，对收集的水资源、水环境与水生态监测与管理相关数据进行核实，甄别与评估数据资料的合理性与有效性，重点厘清上位规划对本河流湖泊的管理保护控制要求，使编制"一河（湖）一策"方案有据可循，提高方案的符合性；根据河长制湖长制六大任务要求，针对本河流湖泊关键问题、突出问题，理出近阶段需要解决、应该解决和可以解决达到的具体问题，为确定目标、指标和措施等提供明确方向，提高方案内容的合理性和针对性。

### 2.3.1　河湖现状调查细则

河湖现状调查需要充分利用已有的各类普查、规划和方案等成果，梳理河湖现状基本情况，分析梳理河湖存在的主要问题，也为"一河（湖）一策"行动计划编制提供基础条件，其中包括：

（1）河湖基本情况调查。河湖基本情况调查包括河湖名称、类别级别、长度（面积）、起讫位置、流域面积、流经区域、出入河道情况、各类监测站点、主要特征值、主要控制建筑物等。

（2）水资源及其开发利用调查。水资源及其开发利用调查包括水资源情况、水资源开发利用情况、其他河湖资源（岸线、水域、渔业、砂土、文化景观等）及其开发利用情况。调查的重点是：取水口（取水口位置、取水单位、取水量、供水对象等）、排污口（排污口位置、排污单位排污量等）沿河（湖）、跨河（湖）、穿河（湖）建筑物、景观休闲设施，围网养殖、航运采砂、水上运动等涉水项目及活动情况。

（3）水环境质量调查。水环境质量调查包括工业污染、生活污染、农村农业面源污染、河湖内源污染、船舶港口污染等入河污染源调查，监测断面水质类别、水功能区水质类别及水功能区达标率等。

（4）水生态状况调查。水生态状况调查包括生态需水、河湖连通性、河湖流动性、水生动植物状况、水土保持状况等。

（5）河湖功能状况调查。河湖功能状况调查包括防洪、治涝、调配水、供水、航运等公益性功能情况、治理状况、现状能力等。

（6）河湖管理情况调查。河湖管理情况调查包括河湖管理体制、管理机制、管理单位、管理设施、管理范围确权划界、河道蓝线、岸线功能区划分情况等。

## 2.3.2　存在问题分析细则

在现状调查的基础上，定量和定性相结合，分析河湖在水资源管理、河湖资源保护、水污染防治、水环境治理、水生态修复、长效管护、监管执法、综合功能发挥等方面存在的主要问题。问题的分析应与目标、任务和措施相结合。对流域性、区域性骨干河湖可参考下述要求分析。

### 2.3.2.1　水资源管理问题识别技术细则

水资源管理问题识别技术一般包括水资源情况、水资源开发利用情况、其他河湖资源（岸线、水域、渔业、砂土、文化景观等）及其开发利用情况。

需要重点分析的有：最严格水资源管理制度落实情况，水功能区划方案是否明确或合理，水域纳污容量、限制排污总量、水资源开发利用是否合理，取水口、入河排污口管理是否到位，河湖水源涵养区和饮用水水源地数量、规模、保护区划情况等。

判断是否存在以下问题：

（1）是否存在本地区落实最严格水资源管理制度不到位、不彻底的问题。

（2）是否存在河湖水资源利用过度的问题，河湖水功能区尚未划定或者已划定但分区监管不严的问题。

（3）是否存在工业农业生活节水制度、节水设施建设滞后、用水效率低的问题。

（4）是否存在取水口、入河湖排污口监管不到位、排污总量限制措施落实不严格的问题。

（5）是否存在河湖水源涵养区和饮水水源保护措施不到位的问题等。

### 2.3.2.2　水域岸线问题识别技术细则

水域岸线问题识别技术一般包括河湖管理范围划界情况，河湖生态空间划定情况，河湖水域岸线保护利用规划及分区管理情况。判断是否存在以下问题：

（1）是否存在河湖管理范围尚未划定或范围不明确的问题，河湖生态空间未划定、管控制度未建立的问题。

（2）是否存在河湖水域岸线保护利用规划未编制、功能分区不明确或分区管理不严格的问题，未经批准或不按批准方案建设临河湖、跨河湖、穿河湖等涉河湖建筑物及设施的问题。

（3）是否存在涉河湖建设项目审批不规范、监管不到位的问题。

（4）是否存在有砂石资源的河湖未编制采砂管理规划、采砂许可不规范、采砂监管粗放的问题。

（5）是否存在违法违规开展水上运动和旅游项目、围网养殖、侵占河道、围垦湖泊、非法采砂等乱占、滥用河湖水域岸线的问题。

（6）水域岸线有无过度开发利用，特别是城镇及其他开发利用需求高的区域有无非法侵占水域岸线。

（7）是否存在河湖堤防结构残缺、堤顶堤坡表面破损杂乱的问题等。

（8）是否存在河湖被填埋、断头浜、淤积、垃圾、沉船、侵占水域岸线等造成水流不畅、严重制约河湖功能的问题。

### 2.3.2.3 水污染问题识别技术细则

水污染问题识别技术一般包括河湖流域内工业、农业种植、畜禽养殖、居民聚集区污水处理设施等情况，水域内航运、水产养殖等情况，河湖水域岸线船舶港口情况等。判断是否存在以下问题：

（1）是否存在工业废污水、畜禽养殖排泄物、生活污水直排偷排河湖的问题。

（2）工业污水排放是否达标。

（3）是否存在农药、化肥等农业面源污染严重的问题。

（4）是否存在河湖水域岸线内畜禽养殖污染的问题。

（5）是否存在湖泊围网养殖、水产养殖、航运污染、船舶港口污染等加重内源污染的问题。

（6）是否存在河湖水面污染性漂浮物的问题。

（7）污染负荷大的沿海经济发达地区和城市密集地区，应重点判断：①污染物排放总量是否达标；②污水集中处理情况；③水功能区水质是否达标；④生活和工业点源以及农业面源污染造成的水污染问题等情况。

### 2.3.2.4 水环境问题识别技术细则

水环境问题识别技术一般包括河湖水质、水量情况，河湖水功能区水质达标情况，河湖水源地水质达标情况，河湖黑臭水体及劣Ⅴ类水体分布与范围等；河湖水文站点、水质监测断面布设和水质、水量监测频次情况等，具体包括以下方面：

（1）工业污水有无直排、偷排现象及其处理标准达标情况，特别是低、小散等落后企业、加工店、小作坊等对河湖水环境的影响，城镇老旧管网的雨污分流情况，农村生活污水收集处理情况，污水处理能力和排放标准情况。

（2）农村畜禽养殖及其污染影响。

（3）平原地区种植业的化肥农药使用、生活垃圾等面源污染情况。

（4）湖泊围网养殖、水产养殖、船舶污染物等加重内源污染的情况。

（5）污染负荷大的沿海经济发达地区和城市密集地区，重点分析污染物排放总量、污水集中处理、水功能区达标率、生活和工业点源以及农业面源污染造成的水污染问题等。

（6）河湖被填埋、断头浜、淤积、垃圾、沉船、侵占水域岸线等造成水流不畅、严重制约河湖功能等方面的情况。

（7）是否存在河湖水功能区、水源保护区水质保护粗放、水质不达标的问题。

（8）水源地保护区内是否存在违法建筑物和排污口的问题。

（9）是否存在工业垃圾、生产废料、生活垃圾等堆放河湖水域岸线的问题。

（10）是否存在河湖黑臭水体及劣 V 类水体的问题等。

### 2.3.2.5   水生态问题识别技术细则

水生态问题识别技术一般包括河道生态基流情况，湖泊生态水位情况，河湖水体流动性情况，河湖水系连通性情况，河流流域内的水土保持情况，河湖水生生物多样性情况，河湖涉及的自然保护区、水源涵养区、江河源头区和生态敏感区的生态保护情况等。判断是否存在以下问题：

（1）是否存在河道生态基流不足、湖泊生态水位不达标的问题。

（2）河道渠化硬化现象普遍，是否存在河口湿地退化萎缩，水生生物生境遭到破坏，自净能力大大降低的现象。

（3）是否存在受城市建设、圈圩设闸等多重因素影响，水面率下降，河湖淤积严重，河湖水系连通性、流动性降低，影响了水生态环境。

（4）是否存在河湖水系不连通、水体流通性差、富营养化的问题。

（5）是否存在河湖流域内水土流失问题，围湖造田、围河湖养殖的问题。

（6）部分水资源量紧张、开发利用程度较高的地区，是否存在河道外用水挤占河道内生态需水，使得水生生态退化。

（7）是否存在受水质变化影响，水生生物种群数量减少，种类趋向单一小型化，群落结构简单等，水生态系统出现失衡的现象。

（8）是否存在河湖涉及的自然保护区、水源涵养区、江河源头区和生态敏感区生态保护粗放、生态恶化的问题等。

（9）是否存在鱼类过度捕捞、珍稀动植物与种群资源保护不力的现象。

（10）是否存在水源地水质受蓝藻威胁、部分河网型水源地水质较差、部分水库型水源地存在富营养化趋势等情况。

（11）是否有历史文化景观被毁损等。

### 2.3.2.6   管理问题识别技术细则

管理问题识别技术一般包括河湖管理体制、管理机制、管理单位、管理设施、管理范围确权划界、河道蓝线和岸线功能区划分情况等。

需要重点分析管理体制与管理机制是否合理；管护和执法的机制、能力、队伍建设、监管手段等方面存在的不足；河湖管理范围是否明确，划界确权是否完成，岸线利用与管理规划编制情况，岸线功能分区是否明确等。判断是否存在以下问题：

（1）是否存在水利部门在唱独角戏的问题。"一河（湖）一策"等工作内容侧重于水利部门的工作，部分地方就认为河长制湖长制就是水利部门的事，其他部门实质性参与不多，往往是水利部门在唱独角戏，河湖治理保护工作没有形成合力。

（2）是否存在河湖管理保护方面存在的突出问题研究不透的问题。部分地方方案编制单位和委托编制单位对所在地的河湖管理保护方面存在的突出问题研究不够，现状不清，解决问题的措施不细不实，待上级督导检查、评估考核时，找借口、搞运动，甚至带来一定的负面影响。

（3）是否存在方案编制被动应付、敷衍了事的问题。有些地方及相关编制单位不深入实际、不肯下功夫、不肯花时间、不肯花本钱，编制的方案照搬照抄、不细不实，相关河湖保护措施难以落地。

（4）是否存在急功近利的急躁情绪，不按科学规律办事，想把河湖几十年积淀下来的问题全部在自己任期内得到解决。

（5）是否存在资金不足的问题。有的是河湖治理保护资金没有来源，喊口号、走形式、做样子的色彩浓厚；部分县（市、区）、乡（镇）层面认为实施河长制、湖长制需要大量资金投入，本级政府财力有限，按照上级要求能做多少算多少。

（6）是否存在河湖管理保护执法队伍人员少、经费不足、装备差、力量弱的问题。

（7）是否存在区域内部各部门联合执法机制未形成的问题；执法手段软化、执法效力不强的问题。

（8）是否存在河湖日常巡查制度不健全、不落实的问题。

（9）是否存在涉河涉湖违法违规行为查处打击力度不够、震慑效果不明显的问题等。

（10）对照防洪、治涝、调配水、供水、航运等专业规划明确的功能任务和工程安全要求，分析河道、堤防、建筑物是否存在安全隐患，功能和能力是否达到规划要求，是否与经济社会发展要求相适应等。

## 2.4　治理保护目标设置技术细则

重视指标的筛选和定量分析，要注意考虑河流湖泊的功能定位和在当地的作用，以本河流湖泊或河段湖区直接相关的，能够反映当地现实且易量化的各项指标为重点选择指标项，提高指标内容、指标要求的客观性和可行性；确定各项指标的分阶段标准时，要注意分析把握可行性和可达性，提高其合理性；要注意各项目标的协调性分析，避免不同河段湖区或干支流、左右岸间的不衔接、不平衡。

治理和保护目标应从水资源可持续利用、水域岸线生态空间维护、水污染负荷削减、水环境质量提升、水生态状况改善等方面，根据河湖功能定位，进行综合确定，也可结合河湖实际对指标进行必要的调整，治理保护目标和指标参考见表 2.1。

表 2.1　　　　　　　　　　治理保护目标和指标参考

| 序号 | 目 标 项 | 主 要 指 标 | 指标类型 |
|---|---|---|---|
| 1 | 水资源保护 | 用水总量控制 | 面上型 |
| 2 | | 地表水用水总量控制 | 面上型 |
| 3 | | 万元国内生产总值用水量 | 面上型 |
| 4 | | 农田灌溉水有效利用系数 | 面上型 |
| 5 | | 万元工业增加值用水量 | 面上型 |

续表

| 序号 | 目 标 项 | 主 要 指 标 | 指标类型 |
|---|---|---|---|
| 6 | 水域岸线管理保护 | 河湖管理范围划定比例 | 河流型 |
| 7 | | 水域岸线管护良好比例 | 河流型 |
| 8 | | 水生态保护红线管护良好比例 | 综合型 |
| 9 | 水污染防治 | 河海纳污限排总量控制 | 河流型 |
| 10 | | 排污口水质达标率 | 综合型 |
| 11 | | 农业面源污染物总量减排量 | 面上型 |
| 12 | | 城镇生活污水处理率 | 面上型 |
| 13 | | 农村生活污水处理率 | 面上型 |
| 14 | 水环境治理 | 主要控制断面水质达标率 | 河流型 |
| 15 | | 地表水考核断面水质优良率（达到或优于Ⅲ类） | 河流型 |
| 16 | | 水功能区水质达标率 | 河流型 |
| 17 | | 水功能区污染物总量减排量 | 河流型 |
| 18 | | 饮用水水源地水质达标率 | 综合型 |
| 19 | | 湖库富营养化程度 | 河流型 |
| 20 | | 黑臭水体治理比例 | 河流型 |
| 21 | 水生态修复 | 生态岸线比例 | 河流型 |
| 22 | | 河湖连通性维护状况 | 河流型 |
| 23 | | 重要生境保护状况 | 河流型 |
| 24 | | 主要控制断面生态用水满足程度 | 河流型 |

## 2.4.1　有规划情况

河湖已有较为完整、可用的规划成果，应根据上位规划或方案，对本河湖治理保护的各项控制性指标进行分解确定，其中保护目标分为水资源保护目标、水域岸线管理保护目标、水污染防治目标、水环境治理目标和水生态修复目标。

（1）水资源保护目标，一般包括河湖取水总量控制、饮用水水源地水质、水功能区监管和限制排污总量控制、提高用水效率、节水技术应用等指标。

（2）水域岸线管理保护目标，通常有河湖管理范围划定、河湖生态空间划定、水域岸线分区管理、河湖水域岸线内清障等指标。

（3）水污染防治目标，一般包括入河湖污染物总量控制、河湖污染物减排、入河湖排污口整治与监管、面源与内源污染控制等指标。

（4）水环境治理目标，一般包括主要控制断面水质、水功能区水质、黑臭水体治理、废污水收集处理、沿岸垃圾废料处理等指标，有条件地区可增加亲水生态岸线建设、农村水环境治理等指标。

（5）水生态修复目标，一般包括河湖连通性、主要控制断面生态基流、重要生态区域（源头区、水源涵养区、生态敏感区）保护、重要水生生境保护、重点水土流失区监督整治等指标。有条件地区可增加河湖清淤疏浚、建立生态补偿机制、水生生物资源养护等指标。

### 2.4.2 无规划情况

缺乏上位规划和方案成果的，可根据河湖特点与功能定位和现状问题，结合上级河流管控目标要求和本级河段功能定位，确定本河湖治理保护目标和指标。

治理保护目标应从水资源可持续利用、水域岸线生态空间维护、水污染负荷消减、水环境质量提升、水生态状况改善等方面，根据河湖功能定位，进行综合确定，也可结合河湖实际对指标进行必要的调整。

## 2.5 主要任务确定技术细则

按照河湖治理保护目标和指标要求，针对河湖现状情况及主要突出问题，查找与河湖治理保护目标要求的差距，从保护水资源、管护水域岸线、防治水污染、改善水环境、修复水生态、加强河湖管控等方面，确定河湖治理保护的主要任务（表2.2）。

表 2.2 河湖治理保护的主要任务

| 任 务 分 类 | 主 要 内 容 |
|---|---|
| 保护水资源 | (1)水资源"三条红线"控制 |
| | (2)落实最严格水资源管理制度 |
| | (3)加强水资源监控能力建设 |
| 管护水域岸线 | (1)划界确权 |
| | (2)水域岸线管控 |
| 防治水污染 | (1)入河排污口整治与规划 |
| | (2)综合防治点源、面源、内源 |
| | (3)设立突发水污染事故应急预案 |
| 改善水环境 | (1)进行饮用水水源地规范化建设 |
| | (2)重污染流域治理 |
| | (3)治理城市河湖黑臭水体 |
| | (4)农村水环境综合治理 |
| 修复水生态 | (1)保护与修复河湖生态特征 |
| | (2)保护重要生物栖息地与水生生物资源 |
| | (3)严守生态保护红线,建立生态补偿机制 |
| | (4)水土流失预防和治理 |
| 加强河湖管控 | (1)管理制度建设 |
| | (2)执法队伍与装备建设 |
| | (3)制定执法方案 |

### 2.5.1    保护水资源任务细则

（1）水资源 "三条红线" 控制。严守水资源开发利用控制红线、用水效率控制红线、水功能区限制纳污红线。

（2）落实最严格水资源管理制度。加强节约用水宣传，推广应用节水技术，加强河湖取用水总量与效率控制，加强水功能区监督管理，全面划定水功能区，明确水域纳污能力和限制排污总量；严格入河湖排污总量控制等。

（3）加强水资源监控能力建设。在现有信息化基础设施基础上，充分利用信息化技术，以水源、取水、用水和排水等水资源开发利用主要环节的水量水质信息监测为基础，构建覆盖区域的水资源管理业务办公网络和信息实时监测网络，对监控区域内水资源开发利用动态进行有效监控，及时了解掌握水资源开发利用现状，科学调控和优化配置，改善管理手段，提高管理能力，为实现对水资源的合理开发、高效利用、优化配置、科学管理、全面节约、有效保护和综合治理，推动传统水利向现代可持续发展水利转变。

### 2.5.2    管护水域岸线任务细则

（1）划界确权。河湖水域划界确权是落实水流产权的所有权人职责和权益、明确使用权的归属和权利义务、加强保护和监管的重要基础性工作，是 "十三五" 期间全面推行河长制湖长制的重点任务。其中包括划定河湖管理范围和生态空间，确定管理权限，开展河湖岸线分区管理保护和节约集约利用。

（2）水域岸线管控。进行水域岸线管控，建立健全河湖岸线管控制度，对突出问题排查清理与专项整治等。

### 2.5.3    防治水污染任务细则

（1）入河排污口整治与规划。开展入河湖污染源排查与治理，优化调整入河湖排污口布局，开展入河排污口规范化建设。

（2）综合防治点源、面源、内源。

（3）设立突发水污染事故应急预案。

### 2.5.4    改善水环境任务细则

（1）进行饮用水水源地规范化建设。推进饮用水水源地达标建设，清理整治饮用水水源保护区内违法建筑和排污口。

（2）进行重污染流域治理。

（3）治理城市河湖黑臭水体。

（4）推动农村水环境综合治理等。

### 2.5.5    修复水生态任务细则

（1）保护与修复河湖生态特征，开展城市河湖清淤疏浚，提高河湖水系连通性。

（2）保护重要生物栖息地与水生生物资源。

（3）严守生态保护红线，建立生态补偿机制，实施退渔还湖、退田还湖还湿、开展水源涵养区和生态敏感区保护，保护水生生物生境。

（4）加强水土流失预防和治理，开展生态清洁型小流域治理，探索生态保护补偿机制等。

### 2.5.6 加强河湖管控任务细则

（1）进行管理制度建设，建立健全部门联合执法机制，落实执法责任主体。

（2）加强执法队伍与装备建设，开展日常巡查和动态监管，打击涉河涉湖违法行为等。

（3）制定执法方案。

## 2.6 措施实施技术细则

应根据治理的总体目标和任务要求，针对河湖存在的突出问题，根据资源环境承载能力约束条件，从削减河湖负荷、提高资源利用效率、控制开发强度、修复生态环境等方面，提出河湖治理保护的总体思路与对策。

### 2.6.1 水资源保护措施细则

#### 2.6.1.1 水资源"三条红线"控制

（1）严格控制用水总量。根据河湖沿岸取水口动态信息，优化取水口取用水量和取用时间，实行水资源消耗总量和强度双控行动，严格控制河湖用水总量，加强规模以上取水口取水量监测监控监管。

（2）严格控制入河污染物总量。已划定水功能区的河湖，落实入河湖污染物削减措施，加强排污口设置论证审批管理，强化排污口水质和污染物入河湖监测等；未划定水功能区的河湖，初步确定河湖河段功能定位、纳污总量、排污总量、水质水量监测、排污口监测等内容，明确保护、监管和控制措施等。

（3）制订高耗水高污染项目负面清单。根据河湖水资源条件和开发利用现状，确定河湖用水准则。

#### 2.6.1.2 落实最严格水资源管理制度

（1）高标准灌区建设。结合区域农业发展需要，考虑灌区用水效率提升，加快实施高标准灌区建设。

（2）工农业节水技术改造。推广农业、工业和城乡节水技术，推广节水设施器具应用，有条件地区可开展用水工艺流程节水改造升级、工业废水处理回用技术应用、供水管网更新改造等。

（3）节水型社会建设。根据节水型社会建设要求，加强节水宣传，加大城乡节水器具推广力度，遏制用水浪费。

### 2.6.1.3    加强水资源监控能力建设

水资源监控能力建设包括计算机网络系统、数据资源管理平台、应用支撑平台、业务应用系统、水资源监控会商中心、系统安全和系统集成等方面的内容。常见的水资源监管系统有中小水库动态监管系统、中小水库综合信息化监测系统、中小河流水文监测系统、河道流量监测系统、山洪灾害预警系统、城市供水管网监测系统方案、农村饮水安全信息化管理监测方案和城市防涝监测预警系统方案等。

## 2.6.2    水域岸线管护措施细则

### 2.6.2.1    确权划界

有岸线规划情况：对于已有水域岸线规划成果的河湖，应根据规划确定的水域岸线范围，结合水生态保护红线划定和河湖及水利工程确权划界的要求，确定河湖管理范围和水生态保护红线范围，并作为河湖水域岸线管理与保护的依据。

无岸线规划情况：对于尚未编制水域岸线规划的河湖，应参考河湖所在区域已有相关国土空间规划与区划成果，按照保护区、保留区、控制利用区和开发利用区的分区要求加强管控，确定河湖管理范围和水生态保护红线范围。

1. 管理范围划界标准

（1）河湖及水利工程管理范围根据现行法律法规、规范标准，结合河湖及水利工程实际利用状况确定。河湖及水利工程两侧管理范围与道路或已完成合法征地批准手续的其他用地范围交叉的，以道路红线或批准征地界址确定管理范围。

（2）有堤防的河道、湖泊等水利工程管理范围为两岸堤防之间的水域、沙洲、滩涂、行洪区、堤防及护堤地，无堤防的河道、湖泊等水利工程管理范围为历史最高洪水位或者设计洪水位之间的水域、沙洲、滩涂、行洪区。

（3）有堤防的，以堤防外坡脚为准，不小于50m；有规划岸线的，以规划岸线为准，不小于50m；无堤防或者无规划岸线的，以历史最高洪水位或者设计洪水位为准，外沿向外不小于50m。

（4）蓄滞洪区堤防断面迎水坡堤脚内不小于300m，背水坡堤脚外不小于30m；护岸工程从岸肩向外不小于30m。

（5）大型水库大坝坝肩、外坡脚向外不小于200m，中小型水库大坝坝肩、外坡脚向外不小于100m，水库库区校核洪水位以外50～200m。

（6）扬水灌区干渠、傍山干渠渠堤外坡脚外50m；自流灌区干渠、傍山支干渠、支渠渠堤外坡脚外30m；支干渠、支渠渠堤外坡脚外15m，挖方渠以渠堤内沿向外计算。

（7）干沟、支干沟以沟堤内沿向外30m，支沟以沟堤内沿向外10m。

（8）湖泊迎水坡和背水坡坡脚外60m。

（9）大型、中型淤地坝坝肩外坡脚向外不小于100m，小型淤地坝坝肩外坡脚向外不小于50m，库区校核洪水位以外50～100m。

（10）其他法律法规、技术规范规定的有关标准。

2. 保护范围划界标准

（1）河道保护范围主要是保护河湖水域安全所需，在管理范围相邻地域划定，其中一级至五级河道保护范围分别为管理范围外 300m、200m、100m、50m、20m。

（2）湖泊保护范围在管理范围相连区域划定，其中一级、二级、三级湖泊保护范围分别为管理范围外 200m、100m、50m。

（3）水库保护范围在管理范围相连区域划定，其中大、中、小型水库保护范围分别为管理范围外 300m、200m、100m。

（4）淤地坝保护范围在管理范围相连区域划定，其中大、中、小型淤地坝保护范围分别为管理范围外 100m、50m、20m。

（5）其他法律法规、技术规范规定的有关标准。

3. 土地使用权确权登记要求

（1）对水利工程管理范围内的，土地使用权人合法使用的土地确权登记。土地使用权权属来源合法、界址清晰的，及时办理登记办证手续。

（2）有水利项目批准文件、规划设计边界、征地文件、权属移交协议等已明确使用权界线的等权属来源证明材料的，依据划拨批准文件确定权属界址。

（3）历史形成的河湖水域，无相关权属来源资料的，依据实际利用状况，只划界，不确定使用权。

4. 水功能分区细化

对于未划定水功能分区的河湖，应在上位水功能规划（省级、市级）成果基础上，考虑合理利用河湖水体纳污能力要求，细化河湖水功能分区。

### 2.6.2.2 水域岸线管理保护

已划定河湖管理范围的，严格实行分区管理，落实监管责任；尚未编制水域岸线利用管理规划的河湖，也要按照保护区、保留区、控制利用区和开发利用区要求加强管控。

按照河湖岸线功能区划，分区细化河湖岸线开发强度要求，节约、集约利用河湖岸线，建立健全河湖管控制度，禁止不符合河湖岸线主体功能定位的各类开发活动，开展非法占用岸线清理与整治；加大岸线管护人力、资金投入，加强涉河建设项目审批管理，严禁侵占河道、围垦湖泊、非法采砂等活动，对岸线乱占滥用、多占少用、占而不用等突出问题开展清理整治，加大侵占河道、围垦湖泊、违规临河跨河穿河建筑物河设施、违规水上运动和旅游项目的整治清退力度。

## 2.6.3 水污染防治措施细则

### 2.6.3.1 入河排污口整治与规划

摸清入河湖排污口分布及规模，明确污染类型和主要超标内容。优先安排饮用水水源区等水环境敏感区以及水质超标区的入河排污口整治。

### 2.6.3.2 综合防治点源、面源、内源

（1）点源污染防治。截污纳管，建设和改造河湖沿岸工业、生活污水管道，将污水截流纳入污水截污纳管系统进行集中处理，提高污水收集和处理率；污水处理厂升级改造，改扩建河湖受影响区域内污水处理厂，提出升级改造污水处理设备和工艺的方案。重点排污企业整治，严格执行入河排污口设置论证制度，对于排污量大、对水功能区或水环境敏

感区具有严重影响的排污企业，若采取整治措施仍无法满足要求，应提出关闭或搬迁企业的整治要求。

（2）面源污染防治。从"减源""拦截""修复"等三个方面着手，提出河湖面源污染治理的措施，包括控制农业化肥和农药使用总量、提高化肥农药使用效率、畜牧业废水集中处理、沿河湖村镇生活污水集中处理等，大力发展绿色产业，积极推广生态农业、有机农业、生态养殖。

（3）内源污染防治。对于受污染严重、长期存在富营养化问题的湖泊，应查清河湖水质状况及内源污染源分布，分析内源污染类型与强度，制定内源污染控制的措施，严格控制河湖水域内开展采砂挖沙、渔业养殖等活动，必要时提出河湖底泥清除方案。

### 2.6.3.3　设立突发水污染事故应急预案

成立水污染事件应急领导小组，对事故的全过程负总责。指挥中心设在调度室，在事件应急领导小组的统一领导下，具体开展水污染事件应急预案的组织和实施，相关部门按照应急预案的要求迅速开展应急救援工作，力争将损失降到最低，根据预案实施过程中存在的问题和事件的变化，及时对预案进行调整、补充和完善，配合上级部门进行事故调查处理工作，做好稳定秩序和伤亡人员的善后安抚工作，适时将事故原因、责任及处理决定发布公告，接受社会监督。除了领导小组外，在发生重大、特大水污染事件时，根据事故应急处理工作需要，按成员单位职责组建4个工作组，即事故协调组、调查抢险组、警戒保卫组和善后处理组。其中领导小组和各应急工作组职责如下：

（1）领导小组。针对水污染事件的危害程度发布预警；制定水污染事件的应急预案；组织有关部门动用应急队伍，做好事故处置、控制和善后工作，并及时向上级机关报告；组织实施应急方案；指导水污染事故应急处理工作。

（2）应急工作组。

1）事故协调组，负责协调有关部门落实应急措施，做好后勤保障及善后处理工作，消除污染影响。

2）调查抢险组，负责水污染事件现场调查，实施现场检测，为应急事件全过程处置提供主要污染物的定性、定量报告及相应扩散模式，分析认定事故性质和危害程度，并及时上报污染事故；组织协调有关人员对污染区域进行检测、化验、消毒等，最大限度地消除危害，第一时间控制现场，实施临时处理措施。

3）警戒保卫组，负责污染事故现场安全保卫，治安管理和交通疏导工作。

4）善后处理组，负责污染事故发生后的有关善后工作。

## 2.6.4　水环境改善措施细则

### 2.6.4.1　进行饮用水水源地规范化建设

按照已确定的河湖饮用水水源地分布与空间范围，完善保护区隔离防护并设置警示牌和标志牌，重点清理保护区内违法建筑和排污口，严格控制保护区面源污染，制定饮用水水源地安全达标建设方案。

### 2.6.4.2　重污染流域治理

推进重污染流域环境综合整治。将沿线所有污染源全部纳入监管和整治范围，严厉打击各类向河内及其支流非法排污的行为。通过实施重点流域环境综合整治措施，水环境得到进一步改善，推进重污染流域水质达标工程。

### 2.6.4.3 治理城市河湖黑臭水体

结合城市总体规划，建设亲水生态岸线，开展黑臭水体综合治理，通过提升河湖纵向和横向连通性，提高水体自净能力，对重点河段实施底泥清除，清除内源污染，并全面实现城市工业生活垃圾集中处理，推进城市雨污分流和污水集中处理。

### 2.6.4.4 推动农村水环境综合治理

对于农村地区，以生活污水处理、生活垃圾处理为重点，加强农村水环境综合整治，建设小型农村生活生产污水集中处理设施，对已存在的黑臭水体进行合理疏浚和生态化改造，制定重点河段沿河环境巡查方案。

## 2.6.5 水生态修复措施细则

### 2.6.5.1 保护与修复河湖生态特征

对于河湖存在连通不畅乃至相互隔绝的状况，应在水生态修复与保护的总体框架下，加强河湖水系的纵向与横向连通，需要发挥城市经济功能，积极利用社会资本，实施城市河湖清淤疏浚，有条件的地区可开展农村河湖清淤，解决河湖自然淤积堵塞问题，恢复水体的自然连通性。

### 2.6.5.2 保护重要生物栖息地与水生生物资源

针对河湖生态基流、生态水位不足，加强水量调度，逐步改善河湖生态。

（1）水生生境保护与修复。对于存在重要珍稀和保护生物物种的河湖，应按照水生生物种类及其生存特征，从保障水量、水质和生态需水，以及相关生境要求等方面，提出河湖水生生物资源养护的具体措施。

（2）水生生物栖息地恢复建设。应采用生态友好型理念开展河湖治理与保护，避免河道过度硬化和渠化，禁止不合理裁弯取直，保护和恢复水生生物栖息地，同时加强水生生物资源养护，提升河湖水生生物多样性。

（3）退渔退田还湖。对于有明确河湖生态修复和保护要求的河湖，按照相关规划的要求，提出退田还湖还湿、退渔还湖实施方案。

### 2.6.5.3 严守生态保护红线，建立生态补偿机制

（1）江河源头区保护。对于处于大江河源头、水源涵养区、生态敏感区的河湖，采取人工治理与自然修复相结合的方式，严格划定水生态空间与红线范围。

（2）河湖生态化整治。加强河湖岸滨带建设，建设亲水生态岸线，构建水陆结合区重要生态屏障，提升河湖水体自净能力。

（3）生态补偿制度建设。对于有需要和基础条件较好的河湖，应积极推动水生态保护红线所在地区和受益地区探索建立横向生态保护补偿机制，共同分担生态保护任务。

### 2.6.5.4 加强水土流失预防和治理

减少坡面径流量，减缓径流速度，提高土壤吸水能力和坡面抗冲能力，并尽可能抬高

侵蚀基准面,在采取防治措施时,应从地表径流形成地段开始,沿径流运动路线,因地制宜,步步设防治理,实行预防和治理相结合,以预防为主;治坡与治沟相结合,以治坡为主;工程措施与生物措施相结合,以生物措施为主,采取各种措施综合治理。充分发挥生态的自然修复能力,依靠科技进步,示范引导,实施分区防治战略,加强管理,突出保护,依靠深化改革,实行机制创新,加大行业监管力度,为经济社会的可持续发展创造良好的生态环境。

### 2.6.6 执法监管措施细则

注重执法队伍与装备建设,建立河湖日常监管巡查制度,建立健全法规制度,建立健全部门联合执法机制,完善行政执法与刑事司法衔接机制,严厉打击涉河湖违法行为。

结合河湖跨省、跨市、跨县断面分布情况,在充分考虑现有的水文、水资源、岸线、水生态环境等信息监测、监控设施设置情况基础上,明确监测考核断面,完善河湖监测监控;加强涉河活动监管。分段落实河湖养护责任人,建立河湖日常监管巡查制度。加强对涉河建设项目、水利工程管护、河湖采砂、排污口设置等涉河活动的巡查检查,加大信息化动态。

## 2.7 责任方确认

在"一河(湖)一策"方案任务措施落实的过程中,主要涉水部门见表2.3。

表 2.3 相 关 责 任 部 门

| 部 门 | 山 | 水 | 林 | 田 | 湖 | 草 | 海 |
|---|---|---|---|---|---|---|---|
| 国土资源部(海洋) | ● | ● | ● | ● | | | ● |
| 水利部 | | ● | | ● | ● | | |
| 住房和城乡建设部 | | ● | | | ● | | ● |
| 发展改革委 | ● | ● | | | | | |
| 生态环境部 | ● | ● | ● | ● | ● | ● | ● |
| 农业农村部(林业) | | ● | | | ● | ● | ● |

(1) 问题识别过程中,应注重与各级河长、地方河长办与河(湖)沿岸群众的沟通交流,筛选确定群众反映强烈与河湖管理近期急需解决的突出问题。

(2) 管理目标的设置,应充分考虑各级河长的巡河治河思路,征求河长办、水利、环保等河湖保护管理相关部门在总体管理目标与具体指标设置方面的建议,形成一套利益相关方均认可的管理目标及指标体系,相关涉及部门有水利、国土、环保、住建、农业、工业部门。

(3) 任务措施安排方面,咨询水资源、水环境、水生态与水管理等专家对各项任务措施的实施建议,并在年度实施安排、任务措施分解与资金筹措等方面与水利、环保等责任部门达成一致,确保各项任务措施责任主体明确,实施安排有序,资金保障有力。

（4）管护责任分解方面，按照河湖长制工作的部门联动、联合执法的总体要求，结合河湖治理与保护各项措施的特点与实施需求，按照部门业务内容，明确各级河湖长、河湖长办公室及相关部门的职责和任务，将管护责任分解落实到位。

（5）责任落实分工方面，明确相关责任主体在各项河湖长制工作和防治措施中须承担的责任与义务，明确各项措施执行的牵头部门、配合部门以及各部门负责人。

"一河（湖）一策"方案为河长制湖长制工作明确了目标、细化了任务、部署了措施和分解了责任，各级河长湖长应加强领导协调，始终坚持高位推动，促进各项任务措施的落地，其中县级河长是河湖长制实施的关键。

河长办应及时向河长反馈各项任务措施的实施进展及面临的问题，积极协调跨区域、跨部门履行职责，衔接上下游、左右岸之间的工作，保质保量完成各项任务。平岗换职位、高升、正职变为高一级副职以及前后交接的情况下，需要做好事务交接工作，交接河道对应六大任务的整治工程开展的程度，便于后续工作的进行，此外需要因地制宜，真正理解河湖长制需配备河长的数量规模，避免人力物力资源分配不合理的情况。辖区内无河湖的乡镇（街道）级河长也应积极配合其他河长的工作，同时对污水的河道进行监管，可行的措施包括：加强区域内污染源管控和环境卫生管理，及时清理街区、居民小区、道路等区域内垃圾；加强种植养殖面源污染防控；加强雨水箅子维护养护，防止污染随径流携带入河。

# 2.8　行动计划细则

## 2.8.1　河段目标任务分解

考虑目标任务特点：重点针对具有代表性的重要指标进行分解，面上型指标（如区域用水总量、水域面积等）可不做分解。

遵照相关规划要求：结合河湖分段（分片）功能定位要求，细化各河湖段应达到的目标要求。

考虑目标任务可达性：充分考虑河湖分段（分片）和支流的现状水量、水质和水生态环境状况，分析各分段目标要求的可达性和合理性。

确保目标任务协调性：协调上下游河湖段指标值的关系，在考虑河湖分段（分片）自身特殊性的前提下，要尽量做到"标准一致、合理合规"，确保相邻河湖段目标任务的协调。

## 2.8.2　实施计划编制

重点安排部署：重点考虑河湖现存问题的社会影响以及治理预期成效，确定措施优先安排顺序。对河湖治理与保护措施的核心环节及重大事项进行重点安排，对能够形成"以点带面、以少带多"局面的措施进行重点部署。

制订实施计划安排表：细化分年度实施计划，明确治理措施、预期效果和时间节点要求，制订实施计划安排表。

## 2.9    存在问题与解决思路

### 2.9.1    存在问题

从各地编制的现状来看，"一河（湖）一策"方案编制还存在一些问题，较为普遍的问题如下所述：

（1）河湖现状问题梳理不全面、不充分，对问题产生的原因分析不够、把握不准，影响河湖治理保护重点的确定和相应措施的针对性。

（2）对已有相关规划、方案等成果的收集重视不够、且缺乏分析，"一河（湖）一策"方案编制基础不够扎实，影响方案内容的科学性和合理性。

（3）对本河湖功能定位认识不足、重视不够，影响河湖治理管理保护目标要求和指标的把握和合理确定。

（4）部分目标和指标要求的合理性和可达性分析不足，影响相关工作的考核评估。

（5）河段湖区任务措施内容不够具体、分解不尽到位、责任分工不落实、重要支流入河口控制要求不够明确，影响方案实施和考核问责。

（6）跨区域、跨部门协调衔接普遍不够，上下游、左右岸之间的协调也存在不足，影响方案的有效性。

（7）根据调研和了解到的情况，方案编制过程中存在着被动应付、敷衍了事的现象。有些地方及相关编制单位不深入实际、不肯下功夫、不肯花时间、不肯花本钱，编制的方案照搬照抄、不细不实，相关河湖保护措施难以落地。

（8）有些地方存在急躁情绪，不按科学规律办事，想把河湖几十年积淀下来的问题通过河长制湖长制全部在自己任期内得到解决；有的是河湖治理保护资金没有来源，喊口号、走形式、做样子色彩浓厚。部分政府财力有限，按照上级要求能做多少算多少。

（9）"一河（湖）一策"等工作内容侧重于水利部门的工作，部分地方就认为河长制湖长制就是水利部门的事，其他部门实质性参与不多，往往是水利部门在唱独角戏，河湖治理保护工作没有形成合力。

（10）一些地方县、乡、村的宣传引导工作刚起步，群众从认识转变到行动参与需要一个过程。

### 2.9.2    解决思路

编制"一河（湖）一策"方案，需要进一步强调"问题导向"，重视方案的针对性、有效性、可操作性，要突出措施内容的具体化和责任分工的明晰化。

（1）重视河湖基本情况调查了解，加强问题排查，全面梳理河流湖泊存在的问题，找出影响河湖健康的关键问题、突出问题，找准突破口、提高针对性；分析问题产生的深层次原因，找准症结和障碍，为确定"一河（湖）一策"方案提供准确标靶。

（2）重视已有相关规划、方案等成果的收集、梳理和系统分析，重点厘清上位规划对本河流湖泊的管理保护控制要求，使编制"一河（湖）一策"方案有据可循，提高方案的符合性；根据河长制湖长制六大任务要求，针对本河流湖泊关键问题、突出问题，理出近阶段需要解决、应该解决和可以解决达到的具体问题，为确定目标、指标和措施等提供明确方向，提高方案内容的合理性和针对性。

（3）重视指标的筛选和定量分析，要注意考虑河流湖泊的功能定位和在当地的作用，以本河流湖泊或河段湖区直接相关的、能够反映当地现实且易量化的各项指标为重点选择指标项，提高指标内容、指标要求的客观性和可行性；确定各项指标的分阶段标准时，要注意分析把握可行性和可达性，提高其合理性；要注意各项目标的协调性分析，避免不同河段湖区或干支流、左右岸间的不衔接、不平衡。

（4）重视任务和措施的分析制定，要注重充实各项任务和分项措施，切实反映其具体内容，避免停留在任务要求层面，提高各项措施的可操作性；要注意分析河长制湖长制整体推进的工作要求和部署，针对当地河湖实际，选择重点突出问题（如河湖岸线侵占、垃圾堆放、网箱养殖等）研究制定专项整治行动，反映河长制湖长制工作的现实需求。

（5）重视"一河（湖）一策"方案编制过程中的跨部门、跨区域的协调，以更好地反映各部门职责和河长制湖长制工作协调联动的性质和特点。

（6）方案要因地制宜。如西北黄土高原地区，如何用土地处理系统处理人畜粪尿，值得调研和做好顶层设计，避免居民就近倒在河边；江浙两湖水乡地区，为了解决河边洗衣服污染水体，替居民着想建立了生态洗衣房（或坊、亭、池），值得学习和借鉴。

（7）重视成果的整编，方案内容要列出五个清单，即问题清单、任务清单、目标清单、措施清单和责任清单。

充分利用河湖已有普查、规划和方案等成果，结合必要的补充调查分析，梳理河湖治理保护现状的基本情况，并针对水资源、河湖水域岸线、水污染、水环境和水生态等重点领域，分析梳理河湖治理保护存在的突出问题及产生的原因，提出问题清单。

以问题为导向，确定河湖治理保护目标，查找河湖治理保护现状与其目标要求的差距，明确河湖治理保护的主要任务，制定任务清单和目标清单。

根据已确定的各项目标与任务，结合河湖治理保护的已有成果和成功经验，从治理和管控两方面入手，提出具有针对性、可操作性的治理保护措施，确定河湖不同分段（分片）各类禁止和限制的行为事项等负面清单内容，制定措施清单。

根据各项措施的实施需要，按照部门业务领域特点与优势，结合河长制湖长制工作的部门联动、联合执法的总体要求，明确各项措施执行的牵头部门、配合部门，落实相关责任人与责任单位，制定责任清单。

（8）编制的方案内容要抓"四化"，即细化、量化、具体化、项目化。细化是指把河道逐级分解到支流末端，把管理责任和治理任务从市级、县级细化落实到乡级、村级；量化是指逐河建立河道基本信息档案，重点全面排查河道、沟渠、坑塘的污染源、排污口、违法建设、安全隐患等情况，摸清底数，建立台账；具体化是指梳理河道管理存在的主要问题，明确治理目标任务、责任主体、治理标准及完成时限；项目化是指对重点治理任务，编制项目清单并加快推进实施，抓住河湖治理的重点和关键。

## 2.10　实施方案模板

**××河"一河一策"实施方案（××—××年）**

**（参考浙江省河长制"一河一策"实施方案编写）**

1　现状调查

1.1　河道现状调查

××河道位于××省××市，流经×市×县××乡镇。起止点为××至××，其集水面积××km²，河道全长××km。河道的主要支流为××、××等，分别长××km、××km。河道上共有××个各类监测站点，沿程共有××个主要控制建筑物。河道流经××市（或县）××年GDP××亿元，常住人口××万人，主导产业为××等。

1.2　污染源调查

（1）涉河工矿企业概况。周边与河道相关的企业共有×家，其中，规模以上企业××家，化工类××家，印染类……（分类、分规模进行简要介绍）。

（2）农林牧渔业概况。河道两岸周边共有耕地××亩，主要种植××，林地××亩，养殖业规模××，渔业规模××。

（3）涉水第三产业概况。区域内共有餐饮业××家，排用水情况；洗车业××家，排用水情况；其他涉水三产情况。

（4）污水处理概况。区域内共有污水处理厂××家，规模××，处理率××，污水处理后排向××河；农村污水处理设施××处，处理率××，覆盖人口××，处理后排向××河。

（5）农业用水概况。区域内有灌区××处，规模××，农作物种类××，灌溉面积××，渠系利用系数××，农水工程（分类）规模。

1.3　涉河（沿河）构筑物调查

此项调查主要包括水库、水闸、堤防、水电站、水文测站、管理站房、取排水口及设施、道桥、码头等，其中水闸×座，堤防××km，水电站××座，水文测站×座（各类工程的数量及规模）。

1.4　饮用水源及供水概况

区域内有集中式饮用水源地××处，位于××，规模××；农村饮用水源地××处，供水人口××；自来水厂××处，规模××，企业自备水源××处。

1.5　水环境质量调查

××河道共有×个水功能区，水质监测断面为×类水，水功能区达标率为××％，污染较严重的河段为××，主要超标因子是××。流域内饮用水源地的达标率为××％，主要超标因子是××。

2　问题分析

根据现状调查结果，分析河道（湖泊）在水环境污染、水资源保护、河湖水域岸线管理、水环境行政执法（监管）等方面存在的主要问题。问题的总结与梳理应与目标和任务相结合。

## 2.1 水环境污染仍然较为严重

水质虽然总体较好，但仍有部分河段污染严重，如××，水质类别为×，主要污染物是××。水功能区达标率不能满足要求，现状为×××％，要求为×××％。饮用水源地水质不能稳定达标，具体情况为××。

## 2.2 污染源仍需整治

沿河两岸仍有工矿企业污水直排入河或不达标排放的现象，重点为××类型的企业；农业面源污染面广量大（具体情况），农药使用等仍然超标，畜禽养殖污染较重，沿线××km内养殖场××家，污水粪便未经处理排放；沿线城镇生活污水虽然已经采用纳管处理，但还存在着雨污未分流、管道老化失修等问题；城镇污水处理厂规模不能满足要求，排放标准不高。

## 2.3 岸线管理与保护仍需加强

目前已划定管理范围的河道××km，划定管理范围和保护范围的水利工程××处，仍有××km河道未进行管理范围划界。水利工程标准化建设还需要加强。

## 2.4 水资源保护工作需进一步深入

××水功能区监督管理能力有待加强；××饮用水源地存在着面源污染，水质有富营养化趋势；××河段生态需水满足程度不够，在干枯季节容易出现断流现象。

## 2.5 水生态修复工作需要重视

区域内部分区域存在着水土流失问题，如××河的××段水土流失严重；××河段淤积严重，淤积量大约为××万 $m^3$（根据实际情况表述）；××河段现状防洪能力不达标；××河段岸坡不稳定。

## 2.6 执法监管能力有待提升

河道管理范围内仍存在违法违章搭建，有××处违法建筑；仍存在非法排污、设障、捕捞、养殖、采砂、围垦、侵占水域岸线等现象，如××河道。河道巡查力度仍不够，执法能力有待增强，信息化建设水平有待提升。

## 3 总体目标

截至××年年底，全面剿灭劣V类水体。到 2020 年，重要江河湖泊水功能区水质达标率提高到×××％以上，地表水省控断面达到或优于III类水质比例达到×××％以上；县级及以上河道管理范围划界××km，完成重要水域岸线保护利用规划编制，区域内×××％以上水利工程达到标准化管理，新增水域面积××km²；全面清除河湖库塘污泥，有效清除存量淤泥，建立轮疏工作机制，新增河湖岸边绿化××km，新增水土流失治理面积××km²；严厉打击侵占水域、非法采砂、乱弃渣土等违法行为，加大涉水违建拆除力度，实现省级、市级河道管理范围内基本无违建，县级河道管理范围内无新增违建，基本建成河湖健康保障体系和管理机制，实现河湖水域不萎缩、功能不衰减、生态不退化。

## 4 主要任务

### 4.1 水污染防治

#### 4.1.1 工业污染治理

工业污染治理：一是大力开展铅酸蓄电池、电镀、制革、印染、造纸、化工等六大行业的整治，提出防治水污染的治理措施，建立长效监管机制；二是着力解决辖区内沿河两岸的酸洗、砂洗、氮肥、有色金属、废塑料、农副食品加工等行业的污染问题；三是全面排查装备水平低、环保设施差的小型工业企业，标注污染隐患等级，引导转型升级，实施重点监控；四是开展对水环境影响较大的"低、小、散"落后企业、加工点、作坊的专项整治；五是切实做好危险废物和污泥处置监管，建立危险废物和污泥产生、运输、储存、处置全过程监管体系；六是开展河湖库塘清淤（污）工程。具体目标可表述为：×月×日前完成整治各类污染企业×家；×月×日前制定《××河工业污染防控应急方案》。

集中治理工业集聚区水污染。对沿岸的各类工业集聚区开展专项污染治理：一是集聚区内工业废水必须经预处理达到集中处理要求，方可进入污水集中处理设施；二是新建、升级工业集聚区应同步规划、建设污水、垃圾和危险废物集中处理等污染治理设施；三是2020年年底前，无法落实危险废物出路的工业集聚区应按要求建成危险废物集中处置设施，安装监控设备，实现集聚区危险废物的"自产自销"。具体目标可表述为：×月×日前××园区内企业必须达到治理目标要求；×月×日前制定出台《××工业区危险废物处置管理规定》。

实施重点水污染行业废水深度处理。对沿岸的重点水污染行业制定废水处理及排放规定，各厂制订"一厂一策"，行业主管部门在深度排查的基础上建立管理台账，实施高密度检查，明确各项治理和防控措施落实到位，严管重罚，杜绝重污染行业废水未经处理或未达标排放河道。具体目标可表述为：×月×日前出台《××企业重点水污染行业废水处理规定》。

### 4.1.2 城镇生活污染治理

制订实施沿岸城镇污水处理厂新改建、配套管网建设、污水泵站建设、污水处理厂提标改造、污水处理厂中水回用等设施建设和改造计划。积极推进雨污分流、全面封堵沿河违法排污口。积极创造条件，排污企业尽可能实现纳管。对未纳管直接排河的服务业、个体工商户，提出纳管或达标的整改计划。

推进城镇污水处理厂新改建工作：一是实施城镇污水处理设施建设与提标改造，以城镇一级A标准排放要求做好新建污水处理厂建设和老厂技术改造提升；二是到2020年，县级以上城市建成区污水基本实现全收集、全处理、全达标；对照目标，按河道范围和年度目标分解任务，制订建成区污水收集、处理及出水水质的目标，并建立和完善污水处理设施第三方运营机制；三是做好进出水监管，有效提高城镇污水处理厂出厂水达标率；做好城镇排水与污水收集管网的日常养护工作，提高养护技术装备水平；四是全面实施城镇污水排入排水管网许可制度，依法核发排水许可证，切实做好对排水户污水排放的监管；五是工业企业等排水户应当按照国家和地方有关规定向城镇污水管网排放污水，并符合排水许可证要求，否则不得将污水排入城镇污水管网。具体目标可表述为：××市完成×个乡镇（街道）的污水零直排区建设；开展××个城市居住小区生活污水零直排整治。×月×日前完成污水处理厂建设×家，完成提升改造×家；×月×日前制订方案印发实施。

做好配套管网建设：一是开展污水收集管网特别是支线管网建设；二是强化城中村、老旧城区和城乡结合部污水截流、纳管；三是提高管网建设效率，推进现有雨污合流管网的分流改造；对在建或拟建城镇污水处理设施，要同步规划建设配套管网，严格做到配套管网长度与处理能力要求相适应。具体目标可表述为：××年年底，新增城镇污水管网

××km 以上。××镇级污水处理厂运行负荷率提高至××%以上。×月×日前完成污水收集管网×m，其中支线管网×m；×月×日前完成旧城区污水纳管×m²；×月×日前完成雨污合流管网分流改造×m。

推进污泥处理处置。建立污泥的产生、运输、储存、处置全过程监管体系，污水处理设施产生的污泥应进行稳定化、无害化和资源化处理处置，禁止处理处置不达标的污泥进入耕地，非法污泥堆放点一律予以取缔。具体目标可表述为：××年年底前，建成××集中式污水处理厂和造纸、制革、印染等行业的污泥处置设施。×月×日前制定《××河道污泥处理处置工作方案》。

加大河道两岸污染物入河管控措施。重点做好河道两岸地表 100m 范围内的保洁工作：一是加强范围内生活垃圾、建筑垃圾、堆积物等的清运和清理；二是对该范围内的无证堆场、废旧回收点进行清理整顿；三是定期清理河道、水域水面垃圾、河道采砂尾堆、水体障碍物及沉淀垃圾；四是加强船舶垃圾和废弃物的收集处理；五是在发生突发性污染物如病死动物入河或发生病疫、重大水污染事件等问题时，及时上报农业畜牧水产、卫生防疫和环保等主管部门；六是受山洪、暴雨影响的地区，要在规定时间内及时组织专门力量清理河道中的垃圾、杂草、枯枝败叶、障碍物等，确保河道整洁。具体目标可表述为：×月×日前制定《××河道保洁工作方案》。

### 4.1.3 农业农村污染防治

防治畜禽养殖污染：一是根据畜禽养殖区域和污染物排放总量"双控制"制度以及禁养区、限养区制度划定两岸周边区域畜禽养殖规模；二是有计划、有步骤发展农牧紧密结合的生态养殖业，减少养殖业单位排放量；三是切实做好畜禽养殖场废弃物综合利用、生态消纳，做好处理设施的运行监管；四是以规模化养殖场（小区）为重点，对规模化养殖场进行标准化改造，对中等规模养殖场进行设施修复以及资源化利用技术再提升。具体目标可表述为：×月×日前完成规模化养殖场标准化改造×家，完成中等规模养殖场技术提升×家。

控制农业面源污染：一是以发展现代生态循环农业和开展农业废弃物资源化利用为目标，切实提高农田的相关环保要求，减少农业种植面源污染；二是加快测土配方施肥技术的推广应用，引导农民科学施肥，在政策上鼓励施用有机肥，减少农田化肥氮磷流失；三是推广商品有机肥，逐年降低化肥使用量；四是开展农作物病虫害绿色防控和统防统治，引导农民使用生物农药或高效、低毒、低残留农药，切实降低农药对土壤和水环境的影响；实现化学农药使用量零增长；五是健全化肥、农药销售登记备案制度，建立农药废弃包装物和废弃农膜回收处理体系。

防治水产养殖污染：一是划定禁养区、限养区，严格控制水库、湖泊、滩涂和近岸小网箱养殖规模；二是持续开展对甲鱼温室、开放型水域投饵性网箱、高密度牛蛙和黑鱼等养殖的整治；三是出台政策措施，鼓励各地因地制宜发展池塘循环水、工业化循环水和稻鱼共生轮作等循环养殖模式。

开展农村环境综合整治：一是以治理农村生活污水、垃圾为重点，制订建制村环境整治计划，明确河岸周边环境整治阶段目标；二是因地制宜选择经济实用、维护简便、循环利用的生活污水治理工艺，开展农村生活污水治理；按照农村生活污水治理村覆盖率达到

90％以上，农户受益率达到 70％以上的要求，提出治理目标；三是实现农村生活垃圾户集、村收、镇运、县处理体系全覆盖，并建立完善相关制度和保障体系。

### 4.1.4　船舶港口污染控制

船舶港口污染控制：一是所有机动船舶要按有关标准配备防污染设备；二是港口和码头等船舶集中停泊区域，要按有关规范配置船舶含油污水、垃圾的接收存储设施，建立健全含油污水、垃圾接收、转运和处理机制，做到含油污水、垃圾上岸处理；三是进一步规范建筑行业泥浆船舶运输工作，禁止运输船舶泥浆非法乱排。

### 4.2　水环境治理

#### 4.2.1　入河排污（水）口监管

开展河道沿岸入河排污（水）口规范整治，统一标志，实行 "身份证" 管理，公开排放口名称、编号、汇入主要污染源、整治措施和时限、监督电话等，并将入河排放口日常监管列入基层河长履职巡查的重点内容。依法开展新建、改建或扩建入河排污（水）口设置审核，对依法依规设置的入河排污（水）口进行登记，并公布名单信息。

#### 4.2.2　水系连通工程

按照 "引得进、流得动、排得出" 的要求，逐步恢复水体自然连通性，实施××河段等处的水系连通工程，打通 "断头河"，实施引配水工程，引水线路为××，引水流量××m³/s，通过增加闸泵配套设施，整体推进区域干支流、大小微水体系统治理，增强水体流动性。

#### 4.2.3　"清三河" 巩固措施

巩固 "清三河" 成效，加强对已整治好河道的监管，如××河，每隔×个月开展复查和评估；推进 "清三河" 工作向小沟、小渠、小溪、小池塘等小微水体延伸，参照 "清三河" 标准开展全面整治，按月制定工作计划，以乡镇（社区）为主体，做到无盲区、全覆盖。

### 4.3　水资源保护

#### 4.3.1　水功能区监督管理

加强水功能区水质监测和水质达标考核，定期向政府和有关部门通报水功能区水质状况。发现重点污染物排放总量超过控制指标的，或者水功能区的水质未达标的，应及时报告政府采取治理措施，并向环保部门通报。

#### 4.3.2　饮用水源保护

推进区域内××河段等×个重要饮用水水源地达标建设，健全监测监控体系，建立安全保障机制，完善风险应对预案，同时采取水资源调度环境治理、生态修复等综合措施，达到饮用水水源地水量和水质要求。实施××等××处农村饮用水安全巩固提升工作，加强农村饮用水水源保护和水质检测能力建设。

#### 4.3.3　河湖生态流量保障

完善水量调度方案，合理安排闸坝下泄水量和泄流时段，研究确定××河道控制断面生态流量，维持河湖基本生态用水需求，重点保障枯水期河道生态基流。生态用水短缺的地区（如××县）积极实施中水回用，增加河道生态流量。

### 4.4　水域岸线管理保护

### 4.4.1 河湖管理范围划界工作

完成县级河道××河道××km河道的管理范围，××处涉河水利工程管理与保护范围划定工作，并设立界桩等标志，明确管理界线，严格涉河湖活动的社会管理。

### 4.4.2 水域岸线保护

开展××河道××km的岸线利用规划编制工作，科学划分岸线功能区，严格河湖生态空间管控。

### 4.4.3 标准化创建

加快推进河湖及水利工程标准化管理工作，完成河道沿线××个水利工程的标准化管理创建工作。

## 4.5 水生态修复

### 4.5.1 生态河道建设

××河段等开展生态河道建设，实施××河段绿道建设××km，景观绿带建设××km，闸坝改造×处，堤防景观改造××处，××等有条件的河段积极创建以河湖或水利工程为依托的水利风景区。

### 4.5.2 水土流失治理

加强水土流失重点预防区域（如××区域）、重点治理区（如××区域）的水土流失预防监督和综合治理，提出封育治理、坡耕地治理、沟壑治理以及水土保持林种植等综合治理措施，其中，封育治理××、坡耕地治理××、沟壑治理××、水土保持林种植××；开展生态清洁型小流域建设，维护河湖源头生态环境，新增水体流失治理面积××km$^2$。

### 4.5.3 河湖库塘清淤

完成河湖库塘清淤××万m$^3$，制定分年度清淤方案。重点做好劣V类水体所在河段（如××河段）的清淤工作，鼓励选用生态环保的清淤方式；妥善处置河道淤泥，加强淤泥清理、排放、运输、处置的全过程管理；探索建立清淤轮疏长效机制，实现河湖库塘淤疏动态平衡。

## 4.6 执法监督

加强河湖管理范围内违法建筑查处，打击河湖管理范围内违法行为，坚决清理整治非法排污、设障、捕捞、养殖、采砂、围垦、侵占水域岸线等活动；建立河道日常监管巡查制度，利用无人机、人工巡查、建立监督平台等方式，实行河道动态监管。

## 5 保障措施

提出强化组织领导、强化督查考核、强化资金保障、强化技术保障、强化宣传教育等方面的保障措施。

组织领导：明确河道的河长和联系部门，河道流经区域范围内有关乡镇、村（社区）要设置河段长并确定联系部门。明确河长、下级河长以及牵头部门的具体职责，其他相关部门做好具体配合工作。

督查考核：由"河长办"考核"一河（湖）一策"的工作实施情况。涉及县（市、区）、乡镇和村按行政辖区范围建立"部门明确、责任到人"的"河长制"工作体系，强化层级考核。"河长办"定期召开协调会议，同时组织成员单位人员定期或不定期开展督查，及时通报工作进展情况。

资金保障：进一步强化各项涉水资金的统筹与整合，提高资金使用效率。加大向上对接争取力度，依托重大项目，从发改、水利、环保、建设、农业等线上争取资金。同时，多渠道筹措社会资金，引导和鼓励社会资本参与治水。

技术保障：加大对河道清淤、轮疏机制、淤泥资源化利用以及生态修复技术等方面的科学研究，解决"一河（湖）一策"实施过程中的重点和难点问题。同时，加强对水域岸线保护利用、排污口监测审核等方面的培训交流。

宣传教育：充分发挥广播、电视、网络、报刊等新闻媒体的舆论导向作用，加大对"河长制"的宣传，让水资源、水环境保护的理念真正内化于心、外化于行。加大对先进典型的宣传与推广，引导广大群众自觉履行社会责任，努力形成全社会爱水、护水的良好氛围。

6　附件

××河"一河（湖）一策"实施方案重点项目汇总表，见附表1。

附表1　　　××河"一河（湖）一策"实施方案重点项目汇总表（示例）

| 序号 | 分　类 | 项目数 | 投资/万元 |
|---|---|---|---|
| 一 | 水污染防治 | | |
| 1 | 工业污染治理 | | |
| 2 | 城镇生活污染治理 | | |
| 3 | 农业农村污染治理 | | |
| 4 | 船舶港口污染治理 | | |
| 二 | 水环境治理 | | |
| 5 | 入河排污（水）口监管 | | |
| 6 | 水系连通工程 | | |
| 7 | "清三河"巩固措施 | | |
| 三 | 水资源保护 | | |
| 8 | 节水型社会创建 | | |
| 9 | 引用水源保护 | | |
| 四 | 河湖水域岸线保护 | | |
| 10 | 河湖管理范围划界确权 | | |
| 11 | 清理整治侵占水域安县、非法采砂等 | | |
| 五 | 水生态修复 | | |
| 12 | 河湖生态修复 | | |
| 13 | 防洪河排涝工程建设 | | |
| 14 | 河湖库塘清淤 | | |
| 六 | 执法监管 | | |
| 15 | 监管能力建设 | | |
| | 合　计 | | |

××河"一河（湖）一策"实施方案重点项目推进工作表，见附表2。

附表2　　　　　××河"一河（湖）一策"实施方案重点项目汇总表（示例）

| 大　类 | 分　类 | 序号 | 县(市、区) | 牵头单位 | 项目名称 | 项目内容 | 完成年限 | 投资/万元 | 责任单位 |
|---|---|---|---|---|---|---|---|---|---|
| 一、水污染防治 | （一）工业污染治理 | | | | | | | | |
| | （二）城镇生活污染治理 | | | | | | | | |
| | （三）农业农村污染治理 | | | | | | | | |
| | （四）船舶港口污染治理 | | | | | | | | |
| 二、水环境治理 | （五）入河排污（水）口监管 | | | | | | | | |
| | （六）水系连通工程 | | | | | | | | |
| 三、水资源保护 | （七）落实最严格水资源管理制度 | | | | | | | | |
| | （八）水功能区监督管理 | | | | | | | | |
| | （九）节水型社会创建 | | | | | | | | |
| | （十）引用水源地保护 | | | | | | | | |
| 四、水域岸线保护 | （十一）河湖管理范围划界 | | | | | | | | |
| | （十二）水域岸线保护 | | | | | | | | |
| | （十三）标准化管理 | | | | | | | | |
| 五、水生态修复 | （十四）生态河道建设 | | | | | | | | |
| | （十五）防洪和排涝工程建设 | | | | | | | | |
| | （十六）水土流失治理 | | | | | | | | |
| | （十七）河湖库塘清淤 | | | | | | | | |
| 六、执法监管 | （十八）监管能力建设 | | | | | | | | |

# 第3章 水资源保护技术细则

《关于全面推行河长制的意见》中对水资源保护提出了明确的要求,即落实最严格水资源管理制度,严守水资源开发利用控制、用水效率控制、水功能区限制纳污三条红线,强化地方各级政府责任,严格考核评估和监督。实行水资源消耗总量和强度双控行动,防止不合理新增取水,切实做到以水定需、量水而行、因水制宜。坚持节水优先,全面提高用水效率,水资源短缺地区、生态脆弱地区要严格限制发展高耗水项目,加快实施农业、工业和城乡节水技术改造,坚决遏制用水浪费。严格水功能区管理监督,根据水功能区划确定的河流水域纳污容量和限制排污总量,落实污染物达标排放要求,切实监管入河湖排污口,严格控制入河湖排污总量。

为了贯彻"节水优先、空间均衡、系统治理、两手发力"的方针治水,实行最严格的水资源管理制度,坚持绿色发展理念,树立底线思维,以水资源节约、保护和配置为重点,加强用水需求管理,以水定产、以水定城,建设节水型社会,促进水资源节约集约循环利用,保障经济社会可持续发展的目标。本章主要从水资源开发利用、用水效率控制、水功能区限制纳污、水资源管理责任和考核制度四个方面进行详细介绍,所涉及的具体技术涵盖技术简介、应用范围、技术原理、技术要点、应用前景、技术局限性、典型案例等方面,包括非常规水资源利用的具体技术、农业节水的具体技术、城镇生活节水的具体技术以及防汛决策支持的具体技术,本章技术路线如图3.1所示。

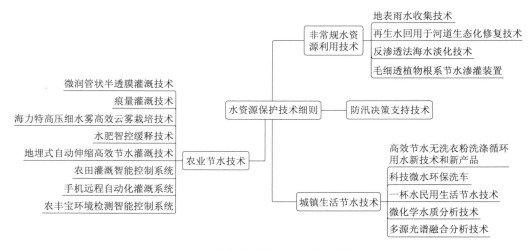

图3.1 水资源保护技术细则技术路线

# 3.1 非常规水资源利用技术

## 3.1.1 地表雨水收集技术

**【技术简介】**

地表雨水收集可分为屋面雨水收集和地面雨水收集两部分内容。可针对场地内建筑屋面面积比例做针对性的方案设计。雨水收集技术在流程中可分为收集、储存和净化处理三部分，同时配套输水系统以及配水系统。雨水收集系统可应用于不同性质的场地中，高效实现雨水资源化，补充水资源缺口。

**【应用范围】**

商业、工业、住宅等不同性质的场地范围内，屋面以及硬质地面的雨水收集利用。

**【技术原理】**

屋面雨水收集是在建筑屋面利用传统雨水管或是设置虹吸管来收集雨水。由于初期雨水可能会携带较多的污染物颗粒，应在室外安装雨水治理装置。对初期雨水治理后，排入场地的地下蓄水池，其容量大小可根据当地降雨资料确定，设计重现期为 1~2 年。在地下储水设施中设有溢流口控制储蓄的雨水量，同时设有提升泵，或是出水管连接配水系统。在经过沉淀后，雨水进入专有净化系统，可根据收集雨水的用途自定义净化系统的结构类别，并针对微生物选择设置消毒装置，以达到相应的回用标准。雨水清水池可根据需要设计，可采用地下储水模块形式。屋面雨水在屋面材质较为理想的情况下，水质较为稳定，宜作为雨水收集的主要方式。

地面雨水相对于屋面雨水，水污染问题更为严重。针对地面雨水，应设计相应的低影响开发（LID）绿色设施，如生物滞留池、植草沟等，对地面雨水进行导流、净化和收集。在满足雨水收集功能同时，也具备一定的景观功能。经过 LID 设施后，输送至储水系统中，经过沉淀再进入雨水净化系统。同屋面雨水收集中的净化系统类似，项目可根据收集雨水用途及用水标准，自定义净化系统结构，达到回用水标准。

**【技术要点】**

充分利用场地内的降雨，实现雨水的资源化利用；系统利用介质过滤、膜过滤和海绵体过滤等净化设备对雨水进行净化处理，处理效果优异；通过地下蓄水池或储水模块进行储水，可节约占地使用。

**【应用前景】**

我国现阶段正大力推动海绵城市以及节水型社会建设，强调水资源的重要性。为应对城市用水短缺、初期雨水污染等问题，雨水收集系统能够为场地补充用水，为河道净化由初期雨水冲刷路面带来的污染物，为城市增加景观设施。针对硬化面积超过 50% 的场地，该雨水收集系统可提供超过 30% 的用水量。应用场地可从独栋建筑到大面积园区用地不等。

**【技术局限性】**

屋面雨水收集系统对于屋面材质、雨水管管材有一定要求；对于建成区域，添加雨水收集系统改造施工成本较为高昂；对于降雨稀少的区域，雨水收集系统的应用价值有限。

**【典型案例】**

瑞城混凝土工厂雨水收集工程

项目地点：浙江省义乌市

实施单位：上海东泽水务科技股份有限公司

项目概述：2018年以来，义乌面临着城市用水短缺问题，工厂用水便是其中一大重要难点。金华市瑞城混凝土有限公司计划在义乌建设工厂，项目拟征用土地53333m²，总建筑面积为37110m²，计算容积率面积为66940m²（厂房按两层计算，包括堆场、停车场面积），建筑密度为45.39%，容积率1.26，绿地率10.50%，办公生活配套服务用房建筑占地2.63%。工厂年用水量为70000t。由于雨水收集用途主要为工厂用水，需要保证回用雨水的酸碱度、硬度。净化系统设计使用介质过滤装置，采用专用的介质配置以满足项目水质需求。设计雨水收集系统计划针对47333m²的屋面、停车场及其他硬地面积进行雨水收集，根据义乌市66年的降雨资料以及场地特性，计算得年收集雨水量为25000t，有效改善工厂用水问题。

## 3.1.2　再生水回用于河道生态化修复技术

**【技术简介】**

利用污水处理厂周边现有河道空间，将河道分为强化消解区、生态涵养区、生态观测区三个区域，通过三个区域组成工艺系统对污水处理厂出水进行脱氮除磷及生态涵养，经生态化修复后的水体主要水质指标达到地表Ⅳ类水水质要求。

**【应用范围】**

该技术适用于污水处理厂尾水处理。

**【技术原理】**

利用河道部分空间作为再生水活化涵养区，通过技术措施构建控氧强化脱氮区、高效复氧生态净化区、生态修复与涵养区。

控氧强化脱氮区：沉水生物滤床为河道微生物创造了生存增值空间，通过多层次填料空间的构建实现局部控氧，强化脱氮效果，立体空间构建，降低污水处出水对水体的扰动及冲击，为沉水植物的种植及水下森林的构建提供有利条件。

高效复氧生态净化区：由等离子纳米气泡技术结合生态修复措施构建高效复氧生态净化区，通过等离子纳米气泡技术对水体高效复氧，活化水体，提高底泥表面氧化还原电位，抑制底泥污染释放，快速构建河道生态系统，实现生态自我净化。

生态修复与涵养区：通过纳米气泡技术＋人工水草技术＋生态修复技术（水生植物、水生动物）＋活水循环技术等技术措施构建健康的河道生态系统，实现项目区内的活水循环，强化水体生态的建立，模拟项目地的生态结构，使再生水由"产品水"向"自然水"转化。

**【技术要点】**

项目选用技术对水体环境不产生二次污染，不引进外部菌种；水体生态构建时考虑项目所在地的生态结构，尽可能地利用当地现有的生态品种；生态系统的维护工作是项目的不可忽视的环节。

【应用前景】

利用河道空间对城市污水处理厂尾水进行生态化修复，不仅解决了水质提标改造的问题，同时，通过尾水的生态化修复，强化河道净化能力，改善河道生态系统，从而改善中水回用河道水质，全面补充内河生态水资源。

随着水环境的改善，城市污水处理厂排放要求越来越严格，而现有的各种尾水再生回用技术手段不仅需要大量的建设成本的投入，同时运行成本也成倍增长，而再生水回用于河道生态化修改技术利用天然或者人工的河道空间，建设成本低廉，同时，尾水补充内河生态水资源，有利于改善城市内河水质。

【技术局限性】

在污水处理厂出口需要有相适宜的河道空间，作为再生水生态修复空间。

【典型案例】

再生水回用河道生态化修复应用性研究项目

项目地点：宁波陆家河

实施单位：江苏金禾水环境科技股份有限公司

项目模式：建设部水专项课题

项目概述：为拓宽宁波市中水回用渠道以及补充河道生态用水，宁波市城区内河管理处开展了再生水回用于河道生态化修复应用性研究课题项目。通过提高江东北区污水处理厂中水排放标准，利用陆家河、桑家河及朱家河河道空间，强化河道净化能力，改善河道生态系统，从而改善中水回用河道水质，全面补充内河生态水资源。

## 3.1.3 反渗透法海水淡化技术

【技术简介】

反渗透技术是目前发展速度最快的海水淡化技术之一，将水中的多余盐分去除得到淡水。我国反渗透海水淡化技术研究历经"七五""八五""九五""攻关"，在海水淡化与反渗透膜研制方面取得了很大进展。现已建成反渗透海水淡化项目 13 个，总产水能力日产近 $10000 m^3$。目前，我国正在实施万吨级反渗透海水淡化示范工程和海水膜组器产业化项目。

【应用范围】

淡化海水广泛应用于工业、商业、居民及船舶、舰艇等方面。

【技术原理】

将海水提取上来，进行初步处理，降低海水浊度，防止细菌、藻类等微生物的生长，然后用特种高压泵增压，使海水进入反渗透膜，利用压力和分子的不同大小来将海水中的无机盐、细菌和病毒等对人体有害的物质过滤出去。

【技术要点】

（1）预处理。无论是海水淡化，还是苦咸水脱盐，给水预处理是保证反渗透系统长期稳定运行的关键。在制定海水预处理方案时应充分考虑到海水中存在大量微生物、细菌和藻类。海水中细菌、藻类的繁殖和微生物的生长不仅会给取水设施带来许多麻烦，而且会直接影响海水淡化设备及工艺管道的正常运转。周期性涨潮、退潮，海水中夹带大量泥沙，浊度变化较大，易造成海水预处理系统运转不稳定。

（2）消毒。采用投加液氯、NaClO 和 $CuSO_4$ 等化学试剂来杀菌灭藻。

（3）混凝过滤。混凝过滤旨在去除海水中胶体、悬浮杂质，降低浊度。在反渗透膜分离工程中通常用污染指数（FI）来计量，要求进入反渗透设备的给水的 FI 值小于 4。由于海水比重较大，pH 值较高，且水温季节性变化大，系统选用 $FeCl_3$ 作为混凝剂，其具有不受温度影响，矾花大而结实，沉降速度快等优点。

（4）去除异味。添加 NaClO 进行氧化，增设活性炭过滤器，选用具有较高机械强度的果型颗粒活性炭能有效地吸附有机物和异臭异味，提高反渗透产水水质，同时能减轻对反渗透膜面污染，延长膜使用寿命。

**【应用前景】**

经过反渗透膜处理后的海水，其含盐量大大降低，TDS 含量从 36000mg/L 降至 200mg/L 左右，淡化后的水质甚至优于自来水，可供工业、商业、居民及船舶、舰艇使用。

**【技术局限性】**

由于海水含盐量高，因此海水反渗透膜必须具有高脱盐率，耐腐蚀、耐高压、抗污染等特点。海水含盐量高、硬度高，对设备腐蚀性大，而且水温季节性变化较大使得反渗透海水淡化系统比常规的苦咸水脱盐系统要复杂得多，工程投资和能耗也高得多。因此通过精心的工艺设计，合理的设备配置来降低工程投资和能耗，从而降低单位制水成本，并确保系统稳定运行就显得格外重要。

**【典型案例】**

（1）三门核电海水淡化项目。

项目地点：浙江省三门市

项目规模：$2 \times 177t/h$

实施单位：上海巴安水务股份有限公司

项目概述：三门核电厂一期（$2 \times 1250MW$）是世界首项应用有 AP1000 核电机组的示范工程。海水淡化产水作为全厂核岛及常规岛的水源，其可靠性和安全性非常重要。该项目在淡水箱前采用了双母管设计，将海水淡化设备分为两组，以单元制模式连接。这种连接方式大大增加了其可靠性，保证了核电设备的安全运营。

（2）沧州海水淡化项目。

项目地点：河北省沧州市

项目规模：$46667m^2$

实施单位：上海巴安水务股份有限公司

项目概述：巴安水务投资建设的沧州海水淡化工程，是巴安水务与沧州渤海新区管委会以 PPP 模式合作的项目。该地区属于水源型与水质型缺水地区，随着各类大型化工、煤化工、电力与钢铁企业的建设与投产，目前用水形势日趋严峻，工业用自来水供应量严重不足，加之南水北调工程来水的不确定性与实际可能的供应水量等因素，在未来相当一段时间内现有的供水能力将无法满足各工业企业用户需求。该项目的建设大大地缓解了渤海新区工业发展用水紧缺，并有助于保护节约有限的淡水资源。

### 3.1.4　毛细透植物根系节水渗灌装置

**【技术简介】**

毛细透植物根系节水渗灌装置的核心是毛细渗灌带,是目前世界先进的一种新型优良性能的导排水材料,它巧妙利用了大自然原有机制及四种物理现象(毛细力、虹吸力、表面张力、重力)设计出一套模拟大自然生态机制,具有主动的导排水功能和高效抗淤堵能力,用作植物根系节水渗灌导水介子,使整体渗灌系统自动完成高效节水的植物根系水肥一体的渗灌。

**【应用范围】**

已在病险水库除险加固、大型水利引水工程项目、植物节水渗灌项目、盐碱地改良、挡土边坡等水利工程上广泛应用。新材料、新技术、新工艺还可广泛应用于铁路、公路、市政道路、建筑景观、高尔夫球场、足球场、挡土边坡、隧道、桥梁、病险水库大坝渗漏导流、盐碱地改良、垃圾掩埋、污水处理等各行业排水防渗。在 1999 年获得德国纽伦堡发明奖,并已在中国、美国、日本、加拿大等二十多个国家获得发明专利。

**【技术原理】**

毛细渗灌系统由有压力主供水管与无压力渗灌管互通,通过毛细渗灌带将水流导入毛细孔槽内,通过干燥土壤的毛细力作用将毛细孔槽中的水吸入土壤中完成植物根系灌溉,整体过程完全利用了自然规律和自然的物理现象,使灌溉稳定均匀,高效节水。

(1) 直接将植物所需水分及营养液渗灌于植物根系层,避免了地表灌溉方式所造成的灌溉水及营养液地表径流损耗,渗透损耗,以及大量的蒸发散尽损耗。

(2) 渗灌系统埋设于地表以下位置,使系统避免了传统浇灌方式中装置长期裸露地表,在日晒雨淋光合作用下带来的系统老化损坏缺陷,使渗灌装置较传统方式更具有长期的使用寿命。

(3) 毛细渗灌系统由有压力主供水管与无压力渗灌管互通,通过毛细渗灌带将水流导入毛细孔槽内,通过干燥土壤的毛细力作用将毛细孔槽中水流吸入土壤中完成植物根系灌溉,整体过程完全利用了大自然规律和自然的物理现象,使灌溉稳定均匀,高效节水。

(4) 毛细渗灌系统具有渗灌水量抑制功能,当根系层土体干燥时,土体毛细力强能迅速将渗灌带毛细孔槽内水流吸入根系层土体中,增加根系层土体含水量完成根系渗灌。随着含水量的饱和其土体毛细力逐渐减弱,从而吸入土体中水流速度放缓减弱。此特点能确保相同渗灌区域植物根系层含水量达到稳定和均匀。

**【技术要点】**

毛细透排水带外形规范见表 3.1;毛细透排水带性能指标见表 3.2。

表 3.1　　　　　　　　　　　　　　毛细透排水带外形规范

| 物　性　及　尺　寸 | 单　　位 | 平　均　数　据 |
|---|---|---|
| 材质 | | PVC 复合塑料 |
| 宽度 | mm | $5\pm0.25\sim10\pm0.5$ |
| 厚度 | mm | $2.0\pm0.3$ |
| 每卷长度(约＞35kg/卷) | m | 100 |

表 3.2 毛细透排水带性能指标

| 性 能 指 标 | 单 位 | 技 术 要 求 | 检 验 方 法 |
|---|---|---|---|
| 有效开孔面积率 | | ＞20％ | |
| 流量（15cm 水头压力） | L/mim | ＞4 | |
| 压缩强度（40％） | kgf/m² | ＞30 | DIN53454 |
| 拉力强度 tens | kgf/mm² | ＞6 | ASTMD638 |
| 延伸率 | ％ | ＞115 | ASTMD638 |
| 撕裂强度（MD）纵向 | kgf/mm² | ＞2.64 | ASTMD1004 |
| 撕裂强度（CD）横向 | kgf/mm² | ＞6 | ASTMD1004 |
| 耐酸性 | | 优 | |
| 耐碱性 | | 优 | |

**【应用前景】**

目前毛细透植物根系节水渗灌装置已较广泛地应用于地下工程防排水项目。另外，在农田灌溉领域，不仅可以用其替换传统渗灌灌水器，而且还可以有效解决传统灌溉方式普遍存在的堵塞问题；同时其较传统滴灌、喷灌灌水速度快、节水节能；对节约水资源和保证农作物优良成长具有重要作用，应用前景广阔。

**【典型案例】**

宁夏中南部城乡饮水安全水源工程输水隧洞到排水降压防水项目。

项目地点：宁夏固原

项目规模：1200 万元

业主单位：宁夏水务投资集团有限公司

实施单位：四川威铨工程材料有限公司

项目模式：政府采购服务

项目概述：工程位于宁夏固原市泾源县、原州区、彭阳县，工程主要由输水隧洞、输水管道、截引工程及调蓄水库等工程组成，输水总干线全长为 74km，其中输水隧洞为 36.5km，输水管道为 37.5km。

# 3.2  农业节水技术

## 3.2.1  微润管状半透膜灌溉技术

**【技术简介】**

微润管状半透膜灌溉技术简称微润灌溉，是一种新型的低压低流量地下连续灌溉技术，其灌溉过程就像皮肤出汗一样向土壤缓慢浸出水分，利用土壤的毛细作用，在植物根区附近形成均匀湿润体，为植物生长制造良好的水土环境。微润管是可无限延长的管状膜，以水压调节出水量，实现植物的无胁迫灌溉，使植物生长良好。微润灌溉能提高水分利用率，实现水肥一体，增强土壤透气性，降低面源污染，灌溉过程无电力损耗，达到节水节肥节电节人工的效果，是农业节水灌溉的创新者。

**【应用范围】**

微润灌溉技术可广泛应用于农业高效节水、环境治理、现代农林业、土壤修复、荒漠化治理、盐碱地治理、园林绿化、绿色建筑等领域。对增加农民收入和巩固农业生产，均具有十分显著的经济效益和社会效益。

**【技术原理】**

微润管利用膜技术具有很好的亲水性特性，是由高分子半透膜技术制成的新型节水灌水器，在 $1cm^2$ 的膜上分布有上万个纳米孔。可自动根据土壤参数，进行有效的缓释精准灌溉，不会破坏土壤的团粒结构，增强土壤的透气性。能灵活根据作物的需水情况调节出水量，自主运行，维护简单，抗堵塞（物理堵塞、化学堵塞和生物堵塞）能力强，使用寿命长。采用低压低流量连续灌溉理念，在作物根部营造水气平衡的环境，实现无胁迫灌溉，使作物生长旺盛，同时高效节水节肥。

**【技术要点】**

微润管状半透膜灌溉技术在节水方面，比滴灌节水 50% 以上，比传统漫灌节水 70%～80%；在节能方面，灌溉系统运行无需高压驱动，可利用地势落差调节出水量，不消耗电力，比滴灌节能 95% 以上；灌溉品质提升，灌溉均匀度达 0.90 以上，高于国家标准 0.70。作物增产增收，平均增产 20% 以上。

**【应用前景】**

滴灌引入我国后，其节水效果显著，得到广大的推广应用。微润灌溉相比于滴灌节水 50% 以上，比传统的灌溉节水 75% 以上。作为我国自主研发的，拥有完全自主知识产权的技术，微润灌溉技术含量高，核心竞争力强，投资收益率高，抗风险能力强，在农林业应用及园林绿化应用的推广上，具有更加显著的前景。

微润灌溉可实现作物的无胁迫灌溉，增产效果能达到 20% 以上，为提高农业生产效率提供了有效的解决方案，可为农民带来直接经济收益。2015 年年末，全国耕地面积为20.25 亿亩，若其中 1/10 农田及丘陵地采用微润灌溉技术，每亩地每年按增产 800 元计算，将直接为农户每年增加收益近 1600 亿元，对我国农民增加收入具有重大意义。

微润地下连续灌溉，采用缓慢释水的方式，可有效解决荒漠地区土壤保水性差、蒸发量大、渗漏大的灌溉难题。微润灌溉过程无需电力，仅以低压水压驱动，可用于电力设施薄弱的荒漠地区和山区，是理想的灌溉解决方案，具有很强的竞争力。

微润管以高分子半透膜为核心材料，利用半透膜单向渗透性进行灌溉，与传统的滴灌、喷灌等灌溉方式相比，能很好地解决地下灌溉的物理堵塞、化学堵塞和生物堵塞等问题，有效延长灌溉设施的使用寿命。使用面积及范围越来越大，目前技术优势愈加显著，在未来的农业灌溉行业中具有巨大的潜力。

**【典型案例】**

（1）湖北秭归县小型农田水利工程项目。

项目地点：湖北省秭归县、茅坪县等

项目规模：15000 亩

业主单位：秭归县小型农田水利工程建设管理办公室

实施单位：深圳市微润灌溉技术有限公司

项目模式：政府采购服务

项目概述：在湖北秭归创造出"雨洪集蓄＋微润灌溉"模式，受到水利部支持，在国内积极推广，应用于柑橘、茶叶、核桃等作物的种植，面积已超上万亩，比传统灌溉节水

60%~80%，增产达 20%~40%，大幅减少劳力投入。该模式正在西南各省缺水山区积极复制推广，在 2015 年被评为"水利先进实用技术优秀示范工程"。

（2）联合国"可持续斑鸫鸟栖息地"生态修复项目。

项目地点：阿联酋

项目规模：500 亩

业主单位：联合国动物保护基金和阿联酋环境署

实施单位：深圳市微润灌溉技术有限公司

项目模式：政府采购服务

项目概述：项目在阿联酋 50℃的沙漠上建立动物保护区，自 2012 年正式运行至今，微润灌溉系统提供的水汽与沙漠环境形成共生系统，使沙质土壤肥力显著增强，团粒结构增多，并有效淡化土壤盐碱度，得到项目方的高度认可。微润灌溉系统通过提供微量且持续不断的水量，已经改变了项目区的小气候，在这小气候里，原生态沙漠物种都在蓬勃生长，为斑鸫鸟提供了健康和多样化的饮食来源，并不断发现新的原生动物在活动，防沙治沙效果明显，实现了沙漠地区的生态治理。

### 3.2.2　痕量灌溉技术

**【技术简介】**

痕量灌溉技术是通过创造性的双层控水结构，以适合土壤扩散的速率直接将水或营养液输送到植物根系附近，湿润根层土壤的新型灌溉技术。痕量灌溉解决了长期困扰微灌的灌水器堵塞的重大难题，实现了稳定的地下灌溉和地下水肥一体化，是国际上继滴灌后灌溉领域仅有的从控水原理、产品形态到使用方法的系统原始创新。

**【应用范围】**

该技术广泛应用于农业、园林、生态改良等产业。

**【技术原理】**

痕量灌溉的灌水器称为控水头，是由两层特性相反的透水材料组成：上面的透水材料（滤膜）通量大而孔径小，起到了过滤功能；而下层透水材料（如毛细管、纤维束、透水孔道等）通量小而孔径大，起到了控制水的功能。下层透水材料的限流作用保证透过上层滤膜的透水流速极小，杂质无法嵌入滤膜孔隙，只是稀松地堆砌在滤膜表面，它们会受到来自管道中动荡水流的扰动，加上膜材料的抗附着特性，杂质无法附着在滤膜上，经过定期开启灌溉系统尾部的阀门，可有效冲刷掉灌溉系统内部的杂质。而小于膜孔的杂质，能顺利地通过下面毛细管束的间隙进入土壤中，也不会造成堵塞。痕量灌溉控水头的双层透水材料相互制约又互为保护，其设计思路跳出了滴灌依靠狭窄的三维流道结构进行单层控水的技术路径（堵塞无可避免），通过双层结构控水，将堵塞由三维立体问题变为二维平面问题，实现了低流量下的长久稳定供水。

**【技术要点】**

（1）抗堵性能。不同的产品能抗物理、化学及生物堵塞。

（2）节水节肥。同等产量比滴灌节水 50%，节肥 30%左右。

（3）铺设长度。不同的产品可以铺设 100m、150m 甚至 500m。

（4）轮灌区面积。可以达到 225 亩或者更大。

【应用前景】

痕量灌溉在农业行业具有大规模灌溉、提高作物的产量和品质、减少病虫害等优势，同时也可以为荒漠化治理、矿山修复等常规无法实施的场所提供灌溉解决方案。以痕量灌溉为依托，未来的植物产业可将水（痕量灌溉）、作物、土壤作为一个整体看待，以农业机械为纽带实现三者像工业生产资料一样准确匹配，有望过渡为准工业生产，精准铺耕、精准灌溉、精准采收将成为现实。我国制定的高标准农田战略，将以更高规格、更大范围得以实现。

【典型案例】

新疆红枣痕量灌溉工程

项目地点：哈密市二铺镇

项目规模：450 亩

业主单位：新疆水利厅

实施单位：北京普泉科技有限公司

项目模式：政府示范项目

项目概述：新疆哈密地区典型的温带大陆性干旱气候，干燥少雨，蒸发强，光照丰富，春夏多风。该地区年降雨量不到 50mm，而年蒸发量则超过 3000mm。如果用地表滴灌，蒸发量过大，且滴灌管容易见光老化。施工地块，地处戈壁边缘，土层很薄，土地保水保肥能力差，渗漏量大。采用痕量灌溉技术，大幅减少了蒸发和渗漏损失。痕灌管埋在地下，不容易老化；痕量灌溉提高了灌溉水的利用效率，减少了灌溉量，从而使打井数量从滴灌 225 亩一口井减少为 450 亩一口井，减少了打井费用；痕量灌溉毛管铺设长度从滴灌的 80m 延长到 500m，为世界首创，减少了主管和支管的用量，使整体投资下降，也方便机械化操作；田间无支管，只有 2 个控制阀门，降低投资并提高整体运行效果和工作效率，同时有利于降低灌溉自动化成本；控水头每小时流量较滴灌小十倍，按井设计出水量 80m³/h 计算，单井同时灌溉面积达 450 亩，而同样水量采用滴灌则需要轮灌，每个轮灌小区只有 45 亩，在高温季节因极易因轮灌不及时造成作物减产甚至死亡。

## 3.2.3 海力特高压细水雾高效云雾栽培技术

【技术简介】

海力特高压细水雾高效云雾栽培技术（简称云雾栽培技术）以高压细水雾（10MPa以上）元件为核心，将营养液雾化为微米级的雾滴，以间歇弥雾的方式喷射到植物根域环境为植物生长提供所需的水分和养分。云雾栽培技术具有节地、节水、节肥、无农药、无传统有机肥和化肥、节省劳动力、环保、洁净、安全、投资省、成本低、易操作和产品高产、优质等特点，从源头防止了病原菌入侵、无农药污染、无抗生素污染、无重金属污染等，达到绿色健康无污染，将在农业开发领域实现了真正意义上的产业化。

【应用范围】

云雾栽培技术可广泛应用于叶菜类、茄果类、瓜果类、功能性蔬菜、中药材及各种芽苗菜的种植，花卉及苗木快繁等领域。

只要有阳光的地方（可在非可耕地上种植）均可用云雾培技术进行大面积生产，不受或很少受土地的限制，也可应用于海岛、荒漠、高山、干旱地区、盐碱地区、边防、高寒地区等不适宜传统农作物种植的地方，更可应用于屋顶农场、生态餐厅、农业观光、科研示范基地等场所。

【技术原理】

海力特高压细水雾高效云雾栽培技术是对水、肥、光、气、温等资源的最大化运用，不用农药、传统有机肥和化肥，利用海力特高压细水雾高效云雾栽培技术，通过高压细水雾喷雾装置将营养液雾化为微米级的雾滴，以间歇弥雾的方式喷射到植物根域环境供给所需营养，使植物根系处于富氧的高湿度雾化环境下进行高效的有氧呼吸代谢，根系不受任何阻力地快速生长和分化，快速形成呼吸强度极高的庞大发达根系，为根吸收提供了更充足的生物能量，生长潜力发挥到最大化，从而促进整体植株的生长与发育，产量大幅度提高。云雾栽培是一种把根系的生长潜力发挥到最大化的新型栽培模式，云雾栽培植物的根系有着较快的发育程度，根系的总数量、总长度、总表面积都数倍甚至上百倍于土壤栽培。

【技术要点】

（1）不受土地限制，可在城市周边或市区生产与销售。海力特高压细水雾高效云雾栽培技术基本不受土地的限制，可在城市周边或市区就近生产与销售，减少物流成本和碳排放（属于无土栽培）。

（2）高土地利用率。采取立体栽培方式，比平面种植至少提高 6 倍以上的土地利用率。

（3）高水、肥利用率。采用水肥一体化供水供肥，且能循环使用，不外排，用水仅为传统土培用水量的 1％，水、肥的利用率接近 100％。

（4）高产稳产，可实现全年按计划均衡生产、持续稳定供给。按 1 亩地 1 年的生产周期计算，相当于 30～50 亩土培产量。不受季节限制，可实现全年按计划均衡生产、持续稳定供给。

（5）云雾栽培蔬果口感好、高品质。采用分析纯级别水溶肥，根据植物生长需求精准投放，可生产富硒、锌、铁、钙、碘及低钾、低钠等功能性食品。云雾栽培蔬菜无农药、无抗生素、无重金属、无激素、无泥土等污染，基本上无病虫害，蔬菜在外观、大小、品质等方面均质化程度高，维生素 C 含量是土培的 3～4 倍，口感好，方便实现净菜供应。

（6）生产过程全自动化，真正实现产品溯源。生产过程全自动化，无传统繁重农业劳动，可节约 80％～90％的劳动力，运行成本降低 50％，可实现精细化种植，生产过程可进行标准化管理，与北斗卫星、智能手机联网，真正实现产品溯源。

（7）高回报。采用云雾栽培技术种植蔬菜，1～3 年便可收回成本。

（8）植物根系发达可用做养猪、养鸡等行业的饲料。云雾栽培种植模式的植物根系发达、洁净、富于营养、无添加剂和抗生素污染，可与养殖行业结合，用做养猪、养鸡等行业的饲料。

（9）环保。云雾栽培技术节水、节肥，脱离土壤，对人体、大气、土壤、水体安全环保。

（10）种植规模。种植规模可大可小，从几百亩到几万亩均可实现。

【应用前景】

海力特高压细水雾高效云雾栽培技术可优质高效地种植蔬菜、菌类、花卉、药材、茶叶、烟叶等多种作物品种及土豆、水稻、大豆、小麦等粮食作物等全链条作物品种，在农业种植领域实现了种植方式的变革，是真正意义上的农业产业化，也可实现标准化种植、精细化种植，实现产品溯源。

云雾栽培技术为世界各国解决人口增长、资源紧缺、安全食品需求旺盛以及新时代劳动力不足等难题提供了有效的技术途径。作物生产过程不受外界环境的影响可实现周年按计划均衡生产、稳定供给；在科研上，如植物根系的研究具有直观便于观察与控制的特点，在生产上，它更是当前植物生长栽培的一种重要栽培模式，如各种蔬菜树的栽培，云雾栽培具有更大的生理潜能。

总之，采用云雾栽培技术通常可以比常规模式栽培的植物生长速度要快 3～5 倍，甚至更高，在生产及科研上具有广阔的发展空间与运用前景。

【典型案例】

（1）鹤壁市农业硅谷产业园云雾栽培项目。

项目地点：鹤壁市淇滨区职教园区硅谷产业园

项目规模：中试规模

业主单位：鹤壁农信物联科技有限公司

实施单位：河南海力特机电制造有限公司

项目模式：EPC

项目概述：中国（鹤壁）农业硅谷产业园位于鹤壁市淇滨区职教园区，是由北京农信通集团联合国内外多家企业共同建设的国内首家农业信息科技产业园区，产业园总投资19.7 亿元，目前已完成投资 2.8 亿元，建成了农业物联网研发中心、云计算中心一期、呼叫中心一期、农业信息化整体解决方案研发中心一期、新农邦商学院，并与中国农业大学、中国农科院分别成立了智慧农机、智慧水产、智慧果业、农业大数据联合实验室及农业信息化展示中心。围绕我国现代农业发展的实际需求，逐步建成以信息技术、物联网技术、智能装备技术为核心的农业高科技研发、中试、产业化、示范基地和农业高科技产业集聚区。同时形成全国现代化农业技术推广服务中心及农业新业态（包括创意农业、休闲农业、城市农业、生态农业等）的发展、推广、培训中心。

（2）弘亿国际庄园云雾栽培项目。

项目地点：郑州市中牟县姚家镇

项目规模：中试规模

业主单位：河南弘亿国际农业科技股份有限公司

实施单位：河南海力特机电制造有限公司

项目模式：EPC

项目概述：弘亿国际庄园位于国家农业主题公园先导区郑州中牟县姚家镇，是一家以现代农业为核心，发展休闲农业、观光农业的集生态农林、观光旅游、文化、商贸、科教、养生、教育、科研等行业深度融合的现代农业产业科技园区。现已建成占地近 3000 亩，拥有连栋温室 8 座，日光温室 85 座，休闲垂钓区水面 180 多亩，五行温室 10080m²，鸟巢温室 9800m²，是一所以中国农科院、河南农科院、中国农业大学、河南农业大学等科研机构和高校为技术依托单位，建成有河南草莓工程技术研究中心、现代化育苗工厂、组培实验室、食品安全检测实验室，公司已通过绿色食品和无公害认证，成为蔬菜标准化生产示范基地。

### 3.2.4   水肥智控缓释技术

【技术简介】

吉林省汇泉农业科技有限公司自主研发的腐殖酸型颗粒状水肥智控缓释技术产品——耕农保牌抗旱宝，可以均匀地分散在肥料中，且具有较好的吸水、保水、节水作用，节水达到40%～50%，克服不同程度上由于缺水而导致的作物减产、绝收，协调水、肥、气、热对作物的影响，保证作物生长稳定，健壮高产。

【应用范围】

水肥智控缓释剂应用范围十分广泛，适用于各种作物和农田土地。

【技术原理】

将腐殖酸类天然高分子与有机高分子控水材料等有机结合，并使分子结构中含有氮磷钾激活素等营养成分有机整合，使它能够吸水自身重量260多倍纯水，具有控水、保水、节水、控肥增效缓释供给、松土抗逆等多项功能，剂型为颗粒型。

主要构成材料包括植物营养元素促进素、有机高分子控水材料、土壤微生物激活素、土壤板结改善因子等。

【技术要点】

粒径为3.5mm，吸水倍率达260倍，达到饱和时间为30min。水（肥）智能控制：可以减少水流失。释水缓慢均衡：可以规避或减轻不同程度的旱灾，让作物生长不受影响。提高肥效和控肥缓释：水肥协调，促进作物生长，节约投肥，减轻环境污染。土壤增加通透和氧气：改善土壤环境，增强地力，加快有机质转化和微生物活性提高。均衡养分和稳定供应：提高作物品质，增强作物抗性。蓄积积温：降低初霜冻害风险，促进早熟，抢占市场。调节水、肥、气、热和促进丰产增收：实践证明对照比增产一般不低于10%。

【应用前景】

从全球来看水资源已经越来越匮乏，如何节水和提高水的利用率已经成为亟待解决的问题。我国是一个旱地面积较大的国家，干旱、半干旱占国土总面积的一半以上，我国北方广大地区属于干旱和半干旱地区，水分不足严重影响农作物的种植和生长。提高水分有效利用率是有效解决这一难题的方法之一，企业生产的水肥智控缓释剂在今后的农业应用上为节水事业定能发挥重要作用。

2016年在吉林省完成3万亩的水肥智控缓释技术——耕农保牌抗旱宝的示范推广面积。

2017年在全国的推广面积达14万亩。2017年2月农业部给企业下发了水肥智控缓释技术——耕农保牌抗旱宝的登记证。该产品得到了农业部的认可，2017年以农业部节水处、中国科学院、省节水处在全国布点示范。

### 3.2.5   地埋式自动伸缩高效节水灌溉技术

【技术简介】

地埋式自动伸缩高效节水灌溉技术及集成应用模式具有四大显著特点：一是属于高效节水灌溉序列，具有很好的灌溉节水性；二是产品一体化设计无需频繁拆卸，集成出地管、竖管、升降式喷头于一体，同时具有喷水和顶出功能，无需寻找田间出水口位置，灌溉结束后又能回缩至耕作层以下，节省劳力；三是设备埋于耕作层以下并依靠设计水压顶出地面，地面及耕作层内无任何妨碍耕作的设施，利于农业机械化；四是由于采用地埋设施，地面上无需保留任何保护装置，从根本上解决了传统灌溉设施占地问题，有效增加了播种面积，实现了农业增收。

【应用范围】

通过对传统的灌溉方式上的提升改进，地埋式伸缩一体化喷灌设备应用领域更加具有针对性，且其灌溉效果要优于传统的灌溉效果。

【技术原理】

基于湿润土壤抗剪强度降低的原理，通过科学分析创新地提出了地埋式自升起灌溉装置的结构设计理论：装置顶端能够向上形成射流，使得土壤含水率迅速增加，从而导致土体抗剪强度快速下降，在"上冲下顶"双重作用下实现装置破土。根据地埋设备受力分析，计算装置破土过程中所需克服的最大阻力和有效推动力，形成出多类型土壤条件的最小进水压强公式，分析研究得到管径大小对破土的影响。结果表明，在顶端无出流的情况下，地埋灌溉装置其底部输水压强需达到 0.7MPa 才能保证在不同类型土壤中实现破土，远大于现有喷灌的工作压力；在顶部有出流的情况下，底部输水压强 0.15MPa 就可以使装置顺利在不同类型土壤中破土而出；当伸缩管管径在 0.01~0.09m 范围变化时，破土所需的最小进水压强随着伸缩管管径的增大而减小，当管径超过 0.09m 时，破土所需的进水压强基本不变。

【技术要点】

（1）滴灌专用自动伸缩取水器。

（2）管灌专用自动伸缩取水器。

（3）喷灌专用自动伸缩取水器。

（4）地埋式自动伸缩一体化喷灌设备。

【应用前景】

节水灌溉效果好，应用前景广。

【典型案例】

北京市顺义区"两田一园"农业高效节水建管一体化 PPP 项目

项目地点：北京市顺义区

业主单位：北京市顺义区水务局

实施单位：中灌顺鑫华霖科技发展有限公司

项目模式：PPP

项目概述：为深入贯彻落实《北京市"两田一园"农业高效节水三年实施方案（2017—2019 年）》，顺利推动顺义区农业高效节水工程建设，保障农业高效节水长效运行，实现顺义区及北京市"两田一园"农业高效节水总体目标，确保工程建设完成后能够持续发挥效益，按照创新政府配置资源方式、达到投融资体制改革及合同节水管理要求，结合顺义区实际情况及"现代农业节水示范区"建设经验，顺义区水务局制定了《顺义区"两田一园"农业高效节水建管一体化运行维护服务方案》。项目包含顺义区 27.97 万亩"两田一园"地块农业高效节水设施的建设、运行、管护（建管一体化）。其中"两田一园"内已建有农业高效节水设施的地块面积为 11.36 万亩；需新建地块面积为 16.61 万亩，分两期实施：一期新建 11.9 万亩，二期新建 4.7 万亩。

### 3.2.6 农田灌溉智能控制系统

**【技术简介】**

建设农田灌溉智能控制系统，在多传感器技术支持下，依据气候、土壤条件实施远程控制、精准灌溉；开发智慧三农移动互联系统和农户手机终端软件，为农户提供实时农业信息；建立农业种养技术专家系统，为农业生产提供专业技术服务。利用大型存储设备和云计算技术，储备农户和农业生产信息，解析基础数据，为各级政府及行政主管部门提供土壤、水利和农业生产真实信息。

**【应用范围】**

农田灌溉智能控制系统适用于小型农田水利重点县项目、现代农业县项目、农业开发县项目、国土资源耕地保护土地整理项目等农田节水灌溉的水源机井智能化测控管理。农田灌溉智能控制系统对于有智能化管理需求的用户同样适用，可用于灌溉机泵的无线控制、远程监测、智能保护。

**【技术原理】**

依托移动互联物联网技术、云计算技术和 GIS 空间信息技术，融合项目的建设需求，在移动互联物联网技术架构基础上，提出河北省"农业灌溉计量及水权交易信息系统"建设的总体技术架构，包含智能遥控灌溉测控云终端（可连接各种传感器）、电量采集及测控仪（黑匣子）、SPWT 类机翼涡轮流量计、智能移动终端即天一合手机、云计算中心及展示中心、村级充值管理终端及 APP 软件。

**【技术要点】**

负载电流小于 5A；最大接触电流不大于 3.5mA；数据传输误码率不大于 $10 \sim 4$；相对湿度为 49%～56%；温度为 25～27℃；通讯功率不大于 8W；输入电压：三相 380V±57V；一组 RS-485 通信接口；电源输出：1 路输出 DC12V。

**【应用前景】**

研制智能化的灌溉信息采集装置、田间灌溉自动控制设备、智能化灌溉预报与决策支持软件；研究水头损失小、价廉、精度高、抗干扰性强的渠系量水设备、新型管道量水仪表，适合北方高含沙渠道采用的量水装置，以及经济实用的灌区自动化量水二次仪表及设备、井灌区计量用水卡等；开发基于局域网络、Internet 网络和 GPS 技术相结合的灌区动态管理信息采集、数据传输和分析技术，灌溉系统的计算机识别技术。

**【典型案例】**

成安县 2014 年地下水超采综合治理项目试点体制机制创新计量设施安装项目

项目地点：邯郸市成安县

项目规模：4900 套机井计量设施

业主单位：成安县地下水超采综合治理项目建设管理处

实施单位：唐山海森电子股份有限公司

项目模式：政府采购服务、PPP

项目概述：成安县 2014 年地下水超采综合治理项目试点体制机制创新计量设施安装项目招标建设安装机井计量设施 4900 套，采用"建设-管理-运营服务一体化"的 PPP 模式，项目安装验收完成后招标人一次性按每套设备2000元支付给中标人，余下资金由中标人自筹。

## 3.2.7 手机远程自动化灌溉系统

【技术简介】

富金手机远程自动化灌溉系统是基于富金网络处理器、富金智能控制器等富金自主研发的硬件基础上来实现的手机远程控制，在家庭及农业灌溉上，可以与土壤传感器、空气传感器、水肥系统以及大棚温室卷帘和天窗相连接，智能监控土壤温湿度、肥力与空气中温湿度、二氧化碳浓度等，通过手机远程发出指令进行自动化灌溉，雾化增湿，水肥一体，自动开启卷帘和天窗，真正做到智能化灌溉。

【应用范围】

该系统广泛应用于大田、大棚自动化灌溉、公园草坪绿化的自动灌溉、高速公路的自动灌溉和家庭庭院阳台的自动灌溉。也可以应用于农业、土肥、植保、经作、园林等农技推广；农业科技示范区、农场等大型农业生产。

【技术原理】

手机远程自动化灌溉系统技术原理如图3.2所示。

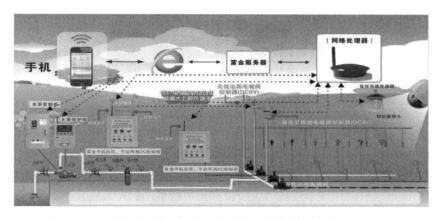

图3.2　手机远程自动化灌溉系统技术原理

【技术要求】

电压：DC6V；工作温度：2～60℃；工作压力：0.05～1MPa；系统功耗：不大于1W；防水等级：1P66。

【应用前景】

由于农业灌溉的特殊性，有线控制在农业灌溉中的应用有一定的局限性，尤其是长距离的架设线路，需要很大的投资，因而长距离的有线控制在农业灌溉中很难实施。采取手机无线遥控可以省去线路的架设，并且手机远程自动化灌溉系统实施投入运行后，能为农业节水灌溉发挥较好经济效益，提高现代化管理水平，在农业灌溉中有着广泛的适用前景。

【典型案例】

（1）余姚梦之艇农场100亩自动化工程。

项目地点：浙江余姚

项目规模：中型

业主单位：余姚梦之艇农场

实施单位：宁波市富金园艺灌溉设备有限公司

项目模式：政府采购

项目概述：该项目是100亩葡萄园，总投资34万元人民币，政府承担65%，该项目从2015年至今仍正常使用，自动灌溉，并且根据作物需水量合理设计管路，节约水资源。

（2）杭州湾新浦镇一帆农场510亩自动化工程。

项目地点：浙江慈溪

项目规模：中型

业主单位：慈溪一帆农场

实施单位：宁波市富金园艺灌溉设备有限公司

项目模式：政府采购

项目概述：该项目是510亩蔬菜基地，总投资348万元人民币，政府承担65%，从2014年至今仍正常使用，通过手机端管控，大大节省了人力资源和水资源。

## 3.2.8　农丰宝环境检测智能控制系统

【技术简介】

在多传感器技术支持下，依据气候、土壤条件实现水肥一体化智能全自动灌溉、视频远距离传输、温室大棚设备全自动开关控制及远程控制，开发了农丰宝环境检测智能控制系统和手机终端软件，为农户提供实时农业信息，为农业生产提供专业技术服务。利用大型存储设备和云计算技术，储备农户和农业生产信息，建立大数据系统，解析基础数据，为各级政府及行政主管部门提供水利、土壤和农业生产信息。

【应用范围】

农丰宝环境检测智能控制系统适用于小型农田水利重点县项目、现代农业县项目、农业开发县项目、国土资源耕地保护土地整理项目等农田节水灌溉的水源机井智能化测控管理。

【技术原理】

（1）系统结构及组成。系统采用混合架构，基础数据层采用基于Python的高性能服务群，包含数据驱动服务、数据传输与清洗服务、数据统计服务、数据接口服务等。各个服务可独立运行，通过统一API进行数据传输，单个服务可配置服务集群，保证整体架构在可控的成本内提供更高的可扩展性。基础数据层采用NoSQL特性数据库，保证对大量数据操作的高效处理。业务层采用基于JAVA的企业级框架，采用分层架构设计，降低耦合，提供更高的灵活性。支持各种主流RDBMS数据库，可根据实际需要进行配置。

依托移动互联物联网技术、云计算技术和GIS空间信息技术，融合项目的建设需求，在多传感器技术支持下根据地形、田块、单元、土壤质地、作物种植方式、水源特点等基本情况，设计管道系统的埋设深度、长度、灌区面积等。采用管道灌溉、喷灌、微喷灌、泵加压滴灌、重力滴灌、渗灌、小管出流等。田间管道阀门使用电磁阀门控制器。每一个电磁阀门控制器都有1个固定地址，根据轮灌制度确定开启的电磁阀，首部控制器发出开关阀指令，该地址的阀控器接到指令后，将相应电磁阀开启灌水或关闭停止灌水，同时电磁阀接有流量传感器，电磁阀门控制器获取流量传感器测量值，根据流量传感器测量值判断阀门实际开关状态，将阀门实际开关状态反馈给首部控制器，首部控制器根据阀门实际状态可以判断阀门控制器是否执行了其指令，这可以防止爆管和需要关闭阀门而没有关闭导致水的浪费。阀门控制器也可以由用太阳能供电，太阳电池安装保证最大限度地接收日光照射，白天利用太阳能发电，将电能储存在锂电池内，全天给现有负载供电。

农丰宝环境检测控制系统能够实现对土壤墒情（土壤湿度）的长时间连续监测。用户可以根据监测需要，灵活布置土壤水分传感器；也可将传感器布置在不同的深度，测量剖面土壤水分情况。系统还提供了额外的扩展能力，可根据监测需求增加对应传感器，监测土壤温度、土壤电导率、土壤 pH 值、空气温度、空气湿度、光照强度、风速风向、降雨量、蒸发量等信息，从而满足系统功能升级的需要。

（2）主要功能。

1）实时数据采集。实时采集一体化园区环境监测数据。

2）园区管理。对园区信息进行维护，为溯源系统提供信息采集。

3）远程设备控制。可以对园区内的各种硬件设施进行设置开关等操作。

4）视频监控系统。可以对配套的摄像头进行视频信息采集等。

5）设备控制。控制排风、卷帘、水肥系统。

【技术要点】

软件：统一 API 进行数据传输；分层架构设计；支持各种主流 RDBMS 数据库。

硬件：传感器采集时间小于 5s；遥测量化数据与视频数据同链路传输压缩比大于 200；1 监测点平均功耗（不含视频）小于 10W；预警及时率超过 97%；简单报表小于 3s；复杂表小于 5s。

【应用前景】

农田节水信息化灌溉技术发展趋势以土壤墒情预报、作物水分动态监测信息与作物生长信息的结合为基础，运用模糊人工神经网络技术、数据通信技术和网络技术建立具有监测、传输、诊断、决策功能的作物精量控制灌溉系统。研制智能化的灌溉信息采集装置、田间灌溉自动控制设备、智能化灌溉预报与决策支持软件；研究水头损失小、价廉、精度高、抗干扰性强的渠系量水设备、新型管道量水仪表，适合北方高含沙渠道采用的量水装置，以及经济实用的灌区自动化量水二次仪表及设备、井灌区计量用水卡等；开发基于局域网络、Internet 网络和 GPS 技术相结合的灌区动态管理信息采集、数据传输和分析技术，灌溉系统的计算机识别技术。

农丰宝环境检测控制系统增强了现代节水农业综合技术效益，增收节支效果显著，深受农民欢迎，引领了技术发展方向，发展前景广阔。

【典型案例】

（1）依兰 1000 亩旱田信息化监测项目。

项目地点：哈尔滨依兰县

项目规模：1000 亩

业主单位：依兰县农业局

实施单位：黑龙江中联慧通智联网科技股份有限公司

项目模式：政府采购

项目概述：1000 亩旱田信息化监测项目以先进的无线传感器、物联网、云平台、大数据以及互联网等信息技术为基础，由墒情传感器、苗情灾情摄像机、虫情测报灯、网络数字摄像机、作物生理生态监测仪，以及预警预报系统、专家系统、信息管理平台组成。各级用户通过 Web、PC 与移动客户端可以访问数据与系统管理功能，对每个监测点的病虫状况、作物生长情况、灾害情况、空气温度、空气湿度、露点、土壤温度、光照强度等各种作物生长过程中重要的参数进行实时监测、管理。系统联合作物管理知识、作物图库、灾害指标等模块，对作物实时远程监测与诊断，提供智能化、自动化管理决策，是农业技术人员管理农业生产的"千里眼"和"听诊器"。

（2）青岛果园物联网建设项目。

项目地点：青岛胶州

项目规模：3000 亩

业主单位：青岛吉祥优质苹果专业合作社

实施单位：黑龙江中联慧通智联网科技股份有限公司

项目模式：企业采购

项目概述：智能化果园环境监测设备。该系统由土壤节点、环境节点、网关节点和远程监测中心组成，能够对果园农场内土壤温度、土壤湿度、叶面湿度、空气温度、空气湿度、风速、风向、太阳辐射、雨量等进行实时在线监测，并转发给控制中心，控制中心对数据进行处理后，可用 PC、手机、平板电脑进行远程实时观看，系统具有操作简单、方便直观、配置灵活、功耗低、网络容量大等优点。

## 3.3　城镇生活节水技术

### 3.3.1　高效节水无洗衣粉洗涤循环用水新技术和新产品

【技术简介】

高效节水无洗衣粉洗涤循环用水新技术用于城市洗涤服务行业，替代传统高耗水高耗能高污染使用合成洗衣粉的工业洗衣机。无洗衣粉洗涤、高效节水、节能、环保，创造更高文明的社会效益和经济效益。从源头削减污染物，确保洗涤物品洁净无二次污染，达标水循环利用和达标排放，不污染环境，保护水资源。

【应用范围】

宾馆、酒店、医院、学校、洗浴、服装厂、专业洗涤公司、工厂、矿山、饭店、敬老院、幼儿园、军营、企事业单位、铁路、航空、公路客运部门等的洗衣房。为其提供环保型工业洗衣机，替代原有传统型工业洗衣机。

【技术原理】

工作原理采用电化学物理反应，利用电能和化学能产物，对污渍进行降解、污渍转变为无害物质。反应后的水质具有暴液、去污、降解、分离、浓缩、沉淀、消毒杀菌、增白的功能。无污染的"绿色"生产技术，满足洗涤和水处理需要，可在常温或中低温度下进行。

**【技术要点】**

在洗涤时不添加合成洗衣粉消毒液漂白剂、洗涤后污水中无磷，达到了从源头削减污染物。此技术产品节水达 95%（水循环利用，不排放污水）、节热能 85%、节电 35% 以上，节省洗衣粉 100%，实现磷的零排放，灭菌率 100%，可以大量节省运营成本。

**【典型案例】**

北京京西酒店洗衣厂 100kg 一体化标准样机

项目地点：门头沟京西酒店

项目规模：100kg 一体化标准样机

业主单位：京西酒店

实施单位：万锦河（北京）科技有限公司

项目模式：设备采购

项目概述：2011 年 6 月 1 台 100kg 一体化标准样机完成并运行，2012 年 9 月 22 日，水利部科技推广中心在北京组织召开了高效节水环保"无洗衣粉和可循环用水的洗涤新技术"专家项目技术评鉴会，并进行了现场考察。该项目运行时间 2 年。根据水质检测报告（PONY 谱尼测试）以及纤维检测报告（北京市纺织产品及染料助剂质量监督检验站），本项目达到洗涤效果以及节水回用要求。洗涤后排放污水指标对比见表 3.3。

表 3.3　　　　　　　　　　　　洗涤后排放污水指标对比

| 指标对比 | 传统用洗衣粉洗涤 | 新技术环保节水无洗衣粉洗涤 |
|---|---|---|
| 洗涤后水质 | 色度：16 度 | 色度：1 度 |
| | 浊度：470 NTU | 浊度：5.4 NTU |
| | COD：974mg/L | COD：5.2mg/L |
| | $BOD_5$：350mg/L | $BOD_5$：0.9mg/L |
| | 总磷：31.6mg/L | 总磷：0.06mg/L |
| | 洗涤后水未经处理、不达标不排放，不能循环使用严重污染环境、破坏了水资源 | 洗涤后水质经本系统水处理达到自来水标准，可以循环使用或达标排放不污染环境 |
| 磷排放量 | 有磷、严重污染环境 | 无磷、零排放，保护环境 |

## 3.3.2　科技微水环保洗车

**【技术简介】**

（1）应用创新。

1）在清洗过程中洗一辆轿车用水量为 0.5～1L，节约水资源；无污水排放，无污染环境问题。从根本上解决了有水洗车大量浪费水资源、严重污染环境的问题（有水洗车严重影响周围环境和地表水，冲下的淤泥会阻塞下水管道）。

2）在清洗汽车过程中用干式电瓶，洗一辆车耗电是有水洗车的（0.25kW·h）的 1/500，做到了节省电能。

3）平均一辆车一次洗车可减少了碳排放（0.25×0.9＝0.225m³），一年按照洗 24 次计算，一年一辆车的碳排放在 5.4m³。传统洗车需要车主将车开到洗车场才能完成，来回汽车燃烧汽油所产生的碳排放量平均一辆车一年为 5.4m³。

4）在清洗汽车时实现了清洗、打蜡、上光、养护一次完成的，降低了车主成本。

5）相对于传统洗车可有效降低对车漆的磨损度，延长了车漆的使用寿命。

（2）工艺创新。

1）目前国内外销售气雾罐产品所使用的推进剂为丁烷气、丙丁烷气等，存在易燃易爆、污染环境、浪费资源等缺点，被各国政府相应地采取限制性措施。而无水洗车干洗剂是用压缩空气做推进剂的。

2）无水洗车干洗剂"车洁宝"是选用铁制喷雾罐二元包装的，"二元"包装就是在罐内加上一个尼龙内胆，尼龙内胆与罐之间是压缩空气。无水洗车剂用高压装进尼龙内胆里，再用罐内压缩空气积挤压无水洗车剂，使之喷出。

3）无水洗车干洗剂的制作工艺不浪费可燃气体资源、不易燃、不易爆、无污染、易运输、环保又安全。

【应用范围】

该技术应用于所有类型汽车的清洗和保养，目前已在全国部分城市开始试点，如贵州、山东、内蒙古、浙江、上海等地。

【技术原理】

传统洗车过程中，水的功效是浸润车漆表面，车身漆面的泥灰是靠洗洁精和海绵来回擦洗掉的，在擦洗过程中会造成漆面划伤，漆面的硬度只有莫氏 0.4～0.6，相当于 2～4h 铅笔芯的硬度，而泥灰的颗粒硬度均高达到莫氏 2～6，当车身漆面没有光泽时，在高倍放大镜下呈现由无数条划痕组成的，而每个划痕的剖面是一个很淡的小沟槽，而每个小沟槽的沟槽面是一个划出来的毛面，沾附着的泥灰与污渍不用洗洁精与海绵是无法洗干净的，而这样清洗次数越多划痕就越深。

根据以上这个原理，制定了技术理论路线：

（1）分解沾附在车身漆面沟槽内的污渍及软化沟槽内的泥灰颗粒。

（2）解决已分解在漆面与漆面划痕沟槽内的污渍与已软化的泥灰颗粒。

（3）既要去掉污渍与泥灰颗粒还要将养护漆面的高分子材料与蜡的保留。

（4）使蜡在车漆面留下一层光亮保护膜。

【技术要点】

外观：为均匀单色液体，无杂质、无沉淀。

香气：有特定香味。

pH 值：7.5～9.5 中性弱碱性。

水中溶解性：可乳化，符合标准要求。

润滑性：喷涂后物体表面具有滑润滑感。

【应用前景】

随着我国经济的高速发展，汽车的保有量每年都在飞速增长，2014 年已达 1.37 亿辆，平均 10 人拥有一部车。洗车是每个有车族的刚性需求，传统洗车方式不仅浪费大量的水资源，更可怕的是洗车流下的污水中富含化学物质与油脂，不仅污染着地表环境，还会殃及地下水源，直接影响人类生活用水和生存环境。科技微水洗车技术是微水清洗、打蜡、上光、养护一次完成，项目环保对环境没有污染，适用前景广泛。

**【典型案例】**

科技微水环保洗车

项目地点：上海市浦东新区

项目规模：300辆

业主单位：联邦快递（中国）有限公司

实施单位：上海美瀚汽车环保科技股份有限公司

项目模式：企业自筹资金

项目概述：该项目推广的是一种完全新型的科技环保洗车服务模式，即采用无店面的会员制服务方式，在住宅小区、企事业单位、商务楼、停车场、加油站、超市、酒店、娱乐场所等地进行上门服务和上车位服务，做到清洗、打蜡、上光、养护四部分合一。改变传统的不合理的洗车方式，推广一种新型科学合理的洗车方式（清洗打蜡上光一次完成），对传统的开车去洗车场观念进行颠覆。真正做到节水、节能、节油、节时的效果。通过一种颠覆传统的新型服务方式，以解决车主购车后的洗、养、护、行、系列痛点，逐步建立科技环保洗车连锁店服务网络，在环保和节水要求日益严峻的环境下，为急剧膨胀的洗车市场需求提供服务。

### 3.3.3 一杯水民用生活节水技术

**【技术简介】**

一杯水民用生活节水技术是生活用水器具终端节水改造技术，涵盖坐便器、龙头、花洒、蹲便器、小便器等产品。坐便器单次冲洗用水量1.4L，相比较传统坐便器节水率高达77%；水龙头产品节水改造后节水率平均35%；花洒出水流量0.08L/s，平均节约用水40%；蹲便器节水改造后比传统的蹲便器平均节水40%；小便器节水改造后在确保洗净效果的同时，同比节水35%。

**【应用范围】**

一杯水民用生活节水技术可应用于公共机构、居民住宅、员工宿舍等建筑节能节水改造和创新、建筑用水器具安装。

**【技术原理】**

坐便器节水技术：采用直接排污的技术方案，免除了弯曲、狭长、超高的排污通道，改变过去虹吸式的排污方式，具有污物流程短、排污快捷。

水龙头节水技术：内部设有稳量节水限流器，能响应水压变化，自动稳定出水量。同时，在出水口处设有内丝节水限器加气泡吐水技术，使节水更高效，出水更柔和，水流不飞溅。

花洒节水技术：运用流体力学原理，将自来水的压力能转化为动能，同时导入空气形成空心水。

蹲便器节水技术：在阀门处安装节水装置，水流通过时增压装置将水流量调小，在满足冲洗洁净要求的同时，提高冲洗力度。

小便器节水技术：在小便器进水口处安装稳量节水装置，在满足冲洗洁净要求的同时，通过自动调节装置，保持稳定水压；或在小便器内放置生物节水小方块，在小便器内壁喷洒生物降解液，通过生物的方法去除尿液颜色、味道，无需用水冲洗。

**【技术要点】**

坐便器：用水量1.4L，安装坑距为150～460mm（区间内可任意调整），排水方式下排/横排通用；水龙头：水效一级，安装口径标准螺纹；花洒：水效一级，安装口径标准螺纹；蹲便器：节水率40%，安装通用多种进水管径，适用于既有蹲便器改造；小便器：节水率35%，安装口径标准管径。无水小便斗技术适用于所有小便器改造。

**【应用前景】**

一杯水民用生活节水技术产品节水率高、使用方便，可应用于生活及服务业建筑用水器具节水改造及新建建筑用水器具安装。目前在部分地区推广使用效果良好，在全国范围内具备较大的应用前景。

**【典型案例】**

（1）国务院三峡工程建设委员会办公楼节水改造工程。

项目地点：北京市西城区北蜂窝中路3号

业主单位：国务院三峡工程建设委员会办公室机关服务中心

实验单位：义源（上海）节能环保科技有限公司

项目模式：政府采购服务

项目概述：办公楼原有的马桶是老式直冲式的，设备陈旧且耗水量大，平均每次用水量大于10L。节水改造将原有的老式耗水马桶更换成一杯水马桶，每次用水量1.4L。于2015年12月完成改造。改造后预计一年可节水1716t，减少污水排放1716t；实际运营一年经过三峡办一年水量的统计，节约用水超过4000t。

（2）南通市节水办节水设备采购。

项目地点：江苏省南通市

项目规模：7000余套

业主单位：南通市节约用水办公室

实验单位：义源（上海）节能环保科技有限公司

项目模式：政府采购服务

项目概述：南通市节水办先后4次采购节水器具共采购7000余套坐便器，1万个水龙头用于南通市节水型城市创建工作，取得良好节水效果。

## 3.3.4　微化学水质分析技术

**【技术简介】**

微化学水质分析技术采用了"芯片实验室"（Lab on a Chip，LOC）微分析技术，同时使用光学装置进行光化学催化，利用光谱分析技术计量。该技术彻底解决了现有化学分析仪表分析时间过长、试剂费用过高、存在废液二次污染的技术缺陷，且大大提高了水质分析精度，同时具有实时响应性、测量准确性、可识别性、可校正性、可适应性、可扩展性等优秀的预警能力，对应对突发污染事件有较强的适用性。

**【应用范围】**

"河长制"需求，河道、河网水质监测。

"湖长制"需求，水库、湖库、水源地、流域断面、省市县分界断面水质监测。

水文、农水灌区、农村饮用水源监测。

污染源，市政污水排放水、污水处理进出口排放水水质监测。

智慧城市、海绵城市、水务城市等城市水网水质监测，可实现低成本大范围水质监测系统布网。

P2P方式环境监测网构建等新型环境监测系统建设模式。

【技术原理】

微化学水质分析技术，主流程采用化学分析方法，反应原理符合现行国家水质分析标准。分析过程中，使用微量（μL）的分析试剂，不对环境造成二次污染；在计量阶段，采用了光谱分析技术，高效识别特定化学成分，排除影响化学分析有效性的水质干扰，从而提高分析精度；整个化学反应过程在小于 $25\mu m$ 的微流道中进行，同时采用 UV 波段光学装置进行催化，加快化学反应速度，从而提高分析速度。

【技术要点】

该技术引入目前基因工程中应用较多的"芯片实验室"的理念，实现从样品处理到检测全过程的自动化、小型化、高集成、微流控。此技术首先可有效降低水质监测成本，其次可减少化学试剂用量，降低废液处理难度及仪表故障率，最后可大幅节省站房征地，建设，值守人员等成本。可应对未来大范围水质监测系统的布网，智慧城市的建设。

【应用前景】

该技术因其反应时间短、分析精度高、无二次污染等优势，适用前景十分广泛。

【技术局限性】

在高浊度水体状况下，对微化学水质监测产品的前置处理系统有一定的要求。

【典型案例】

浙江省台州市智慧水务城市建设项目

项目地点：浙江省台州市

业主单位：台州市水利局

实施单位：杭州希玛诺光电技术股份有限公司

项目模式：EPC

项目概述：该项目是省政府、国家工信部、国家标准委、与国家水利联合开展智慧水务城市项目试点。智慧水务是根据"五水共治"战略部署，采用物联网（监测设备）、大数据、云计算、移动智能终端等先进技术建成的一个智慧管理、服务、创业综合应用平台。建设地点遍布各市、县，按照不同的条件呈现网格化分布，实现市、县、乡三级联动的水体监测体系。监测内容包括：总磷、总氮、高锰酸盐指数、氨氮、浊度、溶解氧、酸碱度、电导率、温度9项参数。新建智慧水务水体监测设备结合已建设备，对水体进行实时监测，并根据人口变化、农业、工业发展，预测未来一段时间的需水量，做到供水分配提前规划，合理利用水资源。

### 3.3.5 多源光谱融合分析技术

【技术简介】

多源光谱融合分析技术与现场荧光分析技术和紫外/可见吸收光谱、现场拉曼散射光谱分析技术有机融合，能分析出水体中有机物种类及含量。该技术突破现有化学法和光学法水质分析精度低、抗干扰能力差的技术瓶颈，提升了水体有机物综合指标的在线分析性能。

**【应用范围】**

"河长制"需求，河道、河网水质监测。

"湖长制"需求，水库、湖库、水源地、流域断面、省市县分界断面水质监测。

水文、农水灌区、农村饮用水源监测。

污染源，市政污水排放水、污水处理进出口排放水水质监测。

智慧城市、海绵城市、水务城市等城市水网水质监测，可实现低成本大范围水质监测系统布网。

P2P 方式环境监测网构建等新型环境监测系统建设模式。

**【技术原理】**

多源光谱融合分析技术，即根据水质污染成分的吸收、散射、激发等多种光学效应，以及从深紫外至远红外的全波段动态光谱采集，充分获取水样中相关成分的信息，再通过特征识别、提取、平衡和组合等信息融合方法及模式识别、计算数学、化学计量学、信息光学、嵌入式计算等领域研究成果，建立水质污染综合指标与水样多源多维光谱之间的相关性数学模型，实现 TOC、COD、BOD、$NH_3$ - N、TP、TN 和 $COD_{Mn}$ 等水质综合指标高精度快速测量。

**【技术要点】**

该技术的特点包括测量种类多，测量精度高，测量时间短，运行成本低，设备高集成，设备易维护，无二次污染，支持大范围联网等。有效地解决了在高盐度、高浊度、低浓度情况下的水质分析问题。

**【应用前景】**

该技术解决了水体监测中饮用水源地自动监测站安装方式难、传统化学方法站房式监测无法实时快速获得水体状况、大范围在线水质监测系统推广应用成本昂贵等多个技术问题，具有显著的社会、经济、环境效益，具有很强的推广应用前景。

**【技术局限性】**

多源光谱融合分析技术在新装水质自动监测站时，在对水质监测系统进行调试时，需对水质分析仪光谱系统进行标定/校准工作。

**【典型案例】**

（1）广西国家水资源监控能力建设项目（水利部优秀示范工程）。

项目地点：广西壮族自治区玉林、百色、钦州、桂林等地

业主单位：广西水利厅

实施单位：杭州希玛诺光电技术股份有限公司

项目模式：国家水资源监控能力建设项目（2012—2014 年）

项目概述：该项目在玉林苏烟水库、钦州市青年水闸、百色澄碧湖水库、桂林青狮潭水库、北海涠洲岛、钦州金窝水库、宜州土桥水库、合浦牛尾岭水库、白海涠洲岛等地建设系列饮用水源地自动监测站，对各个地方的饮用水源地水质进行实时快速的监测。监测水质指标包括水温、酸碱度、电导率、浊度、氨氮、溶解氧、高锰酸盐指数、总磷、总氮共 9 项水质参数。

（2）贵州国家水资源监控能力建设项目。

项目地点：贵州省贵阳市

业主单位：贵州水利厅
实施单位：杭州希玛诺光电技术股份有限公司
项目模式：EPC
项目概述：根据国家水资源监控能力建设项目贵州 2014 年建设任务招标文件内容要
求，在新建阿哈水库、红枫湖水库、中曹水厂水源地建设三个潜入式（浮台型、岸壁型）
多参数水质自动监测站，项目服务包括自动监测仪器仪表、辅助系统、安防监控系统等的
运输、安装、集成、调试等。监测仪器仪表测量过程无化学试剂、测量时间短、无人值
守、测量稳定可靠，并形成一套能同时测量水温、酸碱度、电导率、浊度、氨氮、溶解
氧、高锰酸盐指数、总磷、总氮等 9 项水质参数的大范围水质自动监测系统。

## 3.4  防汛决策支持技术

**【技术简介】**
防汛决策支持技术：根据基层防汛工作特点和需要，建设范围要覆盖防汛任务较重的
街道（镇）、村，以及易洪、易涝危险地区，并针对目前基层防汛预报预警工作中存在的
问题，按照突出重点、轻重缓急原则，开展预报预警体系建设。

**【应用范围】**
该技术适用于农村基层防汛预报预警体系建设、水务防汛工程调度控制体系建设。

**【技术原理】**
防汛决策支持技术主要组成有雨情监测、河道水情监测、水库水情监测、沿江海水情
监测、城市道路积水情监测、视频监测、无线预警广播、视频会商、警示及宣传栏等。

采集传输层获取的数据主要包括直接监测信息。直接监测信息由现地端采集设备采
集，包括水质信息、流量信息、立交泵站、道路积水在线监测信息、闸站监控信息等。

实时掌握活水自流河道主要断面的水质变化及流量信息；实时掌握城市易涝地区下立
交道路积水和排水设施集水井水位等信息；实时掌握城市大包围重要防洪枢纽工程和城区
活水自流工程闸泵运行的工情信息和视频图像信息，实现对配水工程溢流堰的远程控制；
为信息实时采集、视频动态监控、信息共享交换及业务应用提供安全、可靠、高效的通信
网络系统；提高城市防洪排涝、水资源管理、工程运行等综合业务管理信息化水平；实现
城市排水除涝、活水自流工程的实时调度、精细调度、科学调度。

在易洪、易涝危险区配备无线预警广播、短信群发设备、简易报警设备、人工预警设
备等预警设备，在监测信息采集及预报分析决策的基础上，通过确定的预警程序和方式，
将预警信息及时、准确地传送到洪涝灾害可能威胁区域，使接收预警区域人员根据洪涝灾
害防御预案，及时采取防范措施，满足农村基层防汛预警，组织人员避险转移需要，最大
限度地减少人员伤亡。

防汛视频会商系统是一项重要的综合性非工程防洪减灾措施，是实现防汛指挥决策科
学化和现代化的重要手段。防汛视频会商系统有助于防汛指挥部门提高预防和应对汛情的
总体水平，大大降低各部门异地会商的人力成本和差旅成本，提高各部门之间的协同工作
效率。高清视频会商系统并延伸到区镇，实现省、市、县、乡四级音视频双流双向传输。
满足防汛抗旱指挥系统建设相关要求。

制作宣传牌、宣传栏，在洪涝灾害危险区各乡（镇）制作宣传牌、各行政村制作宣传栏，公布当地防御洪涝灾害工作的组织机构，洪涝灾害防御示意图，并宣传洪涝灾害防御知识。

制作警示牌，在洪涝灾害危险区各行政村制作警示牌，公布当地洪涝灾害的危险区、安全区及转移方案（包括人口范围、转移路线、安置地点、责任人等）。

【技术要点】

本实施方案建设目标是在实施农村基层防汛预报预警体系建设，完善符合基层实际的水雨情监测系统、预报预警系统，建立群测群防体系，使基层防汛预报预警体系基本覆盖有防洪排涝任务的乡镇。

【应用前景】

针对易受海潮影响、城市内涝、低洼易涝等易灾村落，在现场调查的基础上，深入分析洪涝灾害防治区暴雨洪水特性和社会经济情况，研究历史洪涝灾害情况，综合分析评价防治区村落、行政村和乡镇的防洪现状，划定洪涝灾害危险区，确定雨量、水位预警指标和阈值等。为洪涝灾害预警、预案编制、人员转移、临时安置、防灾意识普及、群测群防等工作进一步提供基础信息支撑。这样的布局，在平时可以收集完善数据，对水利工程进行日常管理，抗旱防汛时可以为防汛决策及时提供决策数据，从而做出正确的决策。

【技术局限性】

建设体系分布站点的合理规划、各数据采集与发布的准确性。引入雨量和水位差概念，探索水位变化与前期降水和上下游水位差的关系、应用洪涝指数来度量降水可能产生洪涝的强度，以及与其他相关部门的协调性。

【典型案例】

宿迁市农村基层防汛预报预警体系建设项目

项目地点：江苏宿迁市宿城区

业主单位：宿城区水务局

实施单位：江苏明斯特环境科技有限公司

项目模式：设计施工总承包

项目概述：宿迁市农村基层防汛预报预警体系主要是在深入开展洪涝灾害调查评价的基础上，充分了解分析启东市防洪排涝特点，合理布设水雨情站点、视频监视站点，实现水雨情信息的自动采集；在区镇防洪任务比较重的村，结合实际，配备必要的预警设施设备，使预警信息能够及时的推送到村、户、人。完善监测预警平台包括覆盖到10个区镇及2个开发区的计算机网络，平台软硬件配置，视频会商系统延伸至乡镇，并开发预警预报等相关业务系统，实现省、市、县、乡（镇）四级防汛视频会商、信息共享交换，满足基层实时掌握防汛信息及快速应急响应需求；结合启东市群测群防体系实际，根据《山洪灾害防御预案编制导则》要求，进一步完善群测群防体系包括建立防汛责任体系，编制县、乡（镇）、村各级洪涝灾害防御预案，基层防汛责任人业务培训、宣传和演练等；结合本地实际，配置县乡应急救援工具和设备。

# 第4章 河湖水域岸线管理保护技术细则

《关于全面推行河长制的意见》对河湖水域岸线管理保护提出了明确的要求，即严格水域岸线等水生态空间管控，依法划定河湖管理范围。落实规划岸线分区管理要求，强化岸线保护和节约集约利用。严禁以各种名义侵占河道、围垦湖泊、非法采砂，对岸线乱占滥用、多占少用、占而不用等突出问题开展清理整治，恢复河湖水域岸线生态功能。

河湖水域岸线包括河湖水域与岸线，岸线为水陆边界线一定范围的带状区域，河湖水域是指江、河、湖泊、水库、塘坝、人工水道等在设计洪水位或历史最高洪水位下的水面范围及河口湿地（不包括海域）。为了保护河湖水域的生态功能及提高河湖水域的经济效益，合理并有效地利用和管理河湖水域岸线，规范地划定水生态空间，本章主要从河湖水域岸线现状调查及管理、生态护岸、河岸景观构建三个方面详细阐述了各技术的技术简介、应用范围、技术原理、技术要点、应用前景、技术局限性以及典型案例，为河湖水域岸线管理保护提供相关参考技术。本章技术路线如图4.1所示。

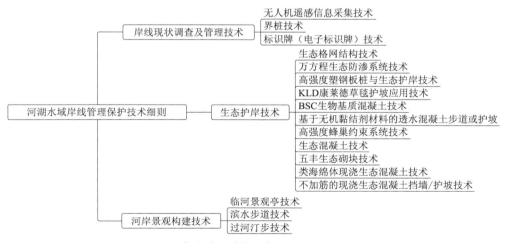

图 4.1 河湖水域岸线管理保护技术细则技术路线

## 4.1 岸线现状调查及管理技术

### 4.1.1 无人机遥感信息采集技术

【技术简介】

无人机遥感信息采集技术即利用先进的无人驾驶飞行器技术、遥感传感器技术、遥测遥控技术、通信技术、GPS差分定位技术和遥感应用技术，能够实现自动化、智能化、专用化快速获取国土资源、自然环境、地震灾区等空间遥感信息，完成遥感数据处理、建模和应用分析。

**【应用范围】**

该技术通过智能化快速获取植被、土壤、山地、河流、海洋、城镇等地理要素的遥感信息，并完成遥感数据处理、建模分析。目前，该技术已在土地监察、气象观测、海事测绘、环境保护、治安监控和应急救险等领域得到广泛应用。

**【技术原理】**

无人机遥感航测系统由地面部分、空中部分和数据后处理部分组成。其中地面部分包括航线规划子系统、无人机地面控制子系统以及数据接收显示子系统，主要功能：规划无人机飞行路径，以及对无人机的实时控制与飞行数据的实时接收。空中部分包括传感器子系统、空中控制子系统、无人机平台，主要功能：与地面控制子系统通信以及获取遥感数据。数据后处理部分主要是对采集的遥感影像数据进行几何和辐射校正以及建模分析。

**【技术要点】**

（1）无人机采用低空飞行，只要天气、风力适宜，注册后便可飞行，保证了数据信息采集和更新的及时性。

（2）无人机上携带有高分辨率的传感器，可以获取厘米级的影像数据，满足各种比例尺的需求。

（3）无人机操作简单，携带方便，作业方式机动灵活，相较于人工方式成本低、性价比高。

**【应用前景】**

无人机具有灵活作业、适合小面积作业、起飞场地要求低、时效性强以及适合在500km² 以内的小面积、小范围作业等多种优势，可应用于道路选线、城市规划、水利选址、矿产监测、应急救援等领域，应用前景非常广，已经成为世界各国争相研究的热点课题，现已逐步从研究开发发展到实际应用阶段，成为未来的主要航空遥感技术之一。

**【技术局限性】**

目前对于无人机的操作要求较高，专业人员较少，通常会遭遇"有设备，不会用，没人用"的现状，制约了无人机遥感技术的普及。

## 4.1.2　界桩技术

**【技术简介】**

界桩是由河湖主管部门或水利工程管理单位依法埋设的、用于指示河湖及水利工程管理范围边界的标志物。

**【应用范围】**

该技术适用于标志江河、湖泊、运河、渠道、水库、水塘等区域的管理范围与保护范围。

**【技术原理】**

界桩由桩体与基座组成，桩体应镶嵌于基座中；无法设置基座时，应适当增加桩体长度和埋设深度。

**【技术要点】**

根据河湖及水利工程所在地建筑材料和管理需求的不同，界桩桩体可分别采用钢筋混凝土或易于从当地获得的青石、花岗岩、大理石等坚硬石材制作；也可在不可移动的坚硬岩石表面制作雕刻界桩。

对界桩桩体，混凝土强度应不低于 C25，石材强度应不低于 40MPa。界桩基座采用现浇或预制混凝土，强度不低于 C20；界桩埋设点为岩石时，可直接开凿基坑，将界桩桩体镶嵌于岩石基坑内。

（1）基本桩。基本桩桩体外形宜采用棱柱体。地面以上桩体高度不小于 500mm。采用长方体（修边）外形时，有基座桩体尺寸应为 200mm×200mm×1000mm（长×宽×高）；无基座桩体尺寸应为 200mm×200mm×1200mm（长×宽×高）。

采用六棱体外形时，桩体尺寸应为边长 180mm，有基座桩体高应为 1000mm；无基座桩体高应为 1200mm。

（2）加密桩。加密桩桩体外形宜采用长方体。地面以上桩体高度应不小于 400mm。有基座桩体尺寸应为 150mm×150mm×900mm（长×宽×高）；无基座桩体尺寸应为 150mm×150mm×1000mm（长×宽×高）。

（3）基座。基座外形应采用长方体，尺寸应为 600mm×600mm×500mm（长×宽×高）。预制混凝土基座及岩石基座坑应较桩体外形尺寸略大，便于桩体镶嵌和砂浆固定；界桩材料为钢筋混凝土，基座为现浇时，受力筋应在桩体下端外露，长度不小于 100mm；基座顶面应低于地面 100mm。

**【应用前景】**

界桩是加强水域岸线管理保护，严格水域岸线生态空间管控，规范水域岸线开发利用行为，维护河湖生态系统健康，促进经济社会可持续发展的基本措施，具有广泛应用。

**【技术局限性】**

界桩设置受到河湖所在地地形及建筑材料等的影响，根据河湖所在地建筑材料和管理需求的不同，界桩桩体可分别采用钢筋混凝土或易于从当地获得的青石、花岗岩、大理石等坚硬石材制作；也可在不可移动的坚硬岩石表面制作雕刻界桩。

## 4.1.3 标识牌（电子标识牌）技术

**【技术简介】**

标识牌由面板与支架组成。

**【应用范围】**

该技术适用于江河、湖泊、运河、渠道、水库、水塘等水域主要范围、主要功能、面积、保护等级、划定时间、管理责任主体或单位、水域保护区范围内应禁止的行为和监督电话等方面的标识以及宣传。

**【技术原理】**

标识水域保护的标牌，内容一般为水域主要范围、主要功能、面积、保护等级、划定时间、管理责任主体或单位、水域保护区范围内应禁止的行为和监督电话等。有条件的配备二维码等。

标识水文监测环境保护的标牌，标识内容为水文监测环境保护范围、保护区范围内应禁止的行为、管理单位责任体系和责任人、监督电话等。有条件的配备二维码等。

标识河长制湖长制管理告示的标牌，标识内容为河道名称、起点、终点、长度、各级河长、管护单位、责任人、河长职责、整治目标和监督电话等。有条件的配备二维码等。

电子标识牌可动态向社会公众告知河长制湖长制相关政策法规宣传，河湖管理与保护范围，以及河长制湖长制信息等。

**【技术要点】**

标识牌外形采用长方形，尺寸宜为 2000mm×1500mm（宽×高）或 1500mm×1000mm（宽×高）。标识牌尺寸可根据工程规模选择；对临近村镇的工程，可选用较大尺寸的标识牌。

标识牌正面和背面均应标注，面向管理范围外立面为正面，面向管理范围内立面为背面；采用铝合金等金属材质时，面板底色为蓝色，标注文字颜色为白色；采用混凝土材质时，面板底色为白色，标注文字颜色为红色；标注文字的字体均采用宋体，字号大小可根据字数适当缩放，以美观、清晰为宜；河湖及水利工程起点、终点各设一个标识牌，起点、终点之间设置的标识牌间距应小于 3000m。

在下列情况应设置标识牌：①穿越城镇规划区上、下游；②重要下河湖通道（车行通道）；③人口密集或人流聚集地点河湖岸；④重要码头、桥梁、取水口、电站等涉河设施处；⑤水事纠纷和水事案件易发地段或行政界。

**【应用前景】**

标识牌是加强水域岸线管理保护，严格水域岸线生态空间管控，规范水域岸线开发利用行为，维护河湖生态系统健康，促进经济社会可持续发展的基本措施，具有广泛应用。

**【技术局限性】**

标识牌可采用铝合金、钢筋混凝土、仿木等材料制作。电子标识牌需要长期供电，一般只适合在主城区或者郊区采用。

## 4.2    生态护岸技术

### 4.2.1    生态格网结构技术

**【技术简介】**

生态格网结构技术的特点是保证堤坡结构具有安全性和耐久性的同时，兼顾工程的环境效应和生态效应，以达到一种水体、土体和生物相互涵养、适合生长的仿自然状态。相对于传统的混凝土结构和浆砌石结构，它在整体性、柔韧性、透水性、抗风浪、防冲刷、抗高压、高抗震、环保性、施工简捷等方面具备显著优势。

**【应用范围】**

该技术应用于水利工程堤坡防护、铁路路基防护、公路边坡防护、河湖岸线防护等多个领域。

**【技术原理】**

将低碳重镀锌、镀铝锌加混合稀土钢丝，或包覆聚合物的同质钢丝，编织成的多角状、六边形网目的网片或加筋网片，将网片裁剪、组装成相关结构单元，在其内部填充石块等填充物，作为建筑基本构件，形成安全、稳定的断面结构。

**【技术要点】**

（1）PVC 原材抗拉强度不应低于 20.6MPa，断裂伸长率不应小于 180%，PVC 原材弹性模量不应低于 18.6MPa。

（2）3000h 盐雾和紫外线曝光形式试验后，PVC 性能变化要求应控制在以下范围：密度变化不超过 4%，邵氏硬度变化不超过 15%，抗拉强度变化不超过 22%，PVC 耐磨损性能提高 10% 以上，抗老化性能提高 10% 以上，抗腐蚀性能提高 10% 以上。

（3）网丝抗拉强度提高了 5%，PVC 剥离强度提高了 140%。

**【应用前景】**

目前，根据"水十条"带动的直接投资将达到 2 万亿元，特别是水利部着力构建我国"四横三纵、南北调配、东西互济、区域互补"的水资源配置格局，国家目前为拉动经济发展的 172 项重大水利工程正在紧张进行，大部分江河整治工程都用到了生态格网产品，适用范围遍布全国，需求十分广阔。

**【技术局限性】**

由于该护坡主体以石块填充为主，需要大量的石材，因此在平原地区的适用性不强；在局部护岸破损后需要及时补救，以免内部石材泄露，影响岸坡的稳定性。

**【典型案例】**

（1）宁夏苦水河项目工程。

项目地点：宁夏回族自治区

业主单位：宁夏吴忠市水利局

实施单位：无锡金利达生态科技股份有限公司

项目模式：政府采购服务

项目概述：苦水河为黄河一级支流，又名山水河，源自甘肃省环县沙坡子沟脑，向北流入自治区境，经宁夏盐池县、同心县和吴忠市境，至灵武市新华桥汇入黄河，长为 224km，宽为 100～200m，流域面积为 5218km²，宁夏境内为 4942km²，年平均径流量为 1550 万 m³，年平均含沙量为 350kg/m³。苦水河分布广，结冰期从 11 月下旬至翌年 3 月中旬，建有中小型水库，有甜水河、小河、石沟驿沟等主要支流。

（2）浙江三江两岸综合治理工程（钱塘江）。

项目地点：浙江省杭州市

业主单位：杭州市水利局

实施单位：无锡金利达生态科技股份有限公司

项目模式：政府采购服务

项目概述："绿水青山就是金山银山"，钱塘江是浙江省最大河流，是宋代两浙路的命名来源，也是明初浙江省成立时的省名来源。以北源新安江起算，河长为 588.73km；以南源衢江上游马金溪起算，河长为 523.22km。流经今安徽省南部和浙江省，流域面积为 55058km²，经杭州湾注入东海。钱塘江"三江两岸"生态景观保护与建设范围，包括上自双浦镇周富村、下至九溪水厂的钱塘江及富春江支流沿岸约为 24.3km，长安沙、应沙、元宝沙围堤约为 15.37km，涉及沿江 13 个行政村整治。

### 4.2.2 万方程生态防渗系统技术

**【技术简介】**

万方程生态防渗系统是指把万方程高质量的生态防渗材料、专业的防水设计、成熟的施工技术和精细的施工管理有机结合,满足河湖综合治理工程防渗需求的闭合体系。它以生态友好型防渗材料 HYP‐GCL 钠基膨润土防水毯为主材,综合现场地基、水文、保护层原料以及工程条件等诸多因素,在特殊部位辅以其他防水材料,通过精心施工,从而达到节水减渗、涵养水体、湿润岸边、营造生境的目的。

**【应用范围】**

该技术应用于水利、市政、园林防渗工程;地铁、垃圾填埋场的防渗工程等。普通型和加厚型适合于需要兼顾水生植被恢复的场合;加强型用于防渗要求更高的场合(各种储水、蓄水工程,污水排放工程,地下水反渗工程等)。

**【技术原理】**

钠基膨润土防水毯的核心材质是钠基膨润土,土的颗粒为胶粒,遇水形成凝胶体,可以起到防渗作用的同时,凝胶体的流动性可以克服穿刺,另外,柔性搭接施工可以适应基础一定范围的沉降、变形。

**【技术要点】**

钠基膨润土性能参数见表4.1。

表 4.1 钠基膨润土性能参数

| 型　　号 | 膨润土单位面积质量 /(烘干:g/m²) | 抗拉强度 /(kN/m) | 剥离强度 /(kN/m) | 最大负荷下伸长率/% | 渗透系数 /(cm/s) | 耐 静 水 压 |
|---|---|---|---|---|---|---|
| 普通型(HYP45) | ≥4500 | ≥6 | ≥0.4 | ≥10 | ≤5.0×10⁻⁹ | 0.4MPa,1h 无渗漏 |
| 加厚型(HYP70) | ≥7000 | ≥8 | ≥0.4 | ≥10 | ≤5.0×10⁻¹⁰ | 0.6MPa,1h 无渗漏 |
| 加强型(HYPPE) | ≥4500 | | | | ≤5.0×10⁻¹⁰ | 0.6MPa,1h 无渗漏 |

**【应用前景】**

万方程生态防渗系统分为普通型(HYP455)、加厚型(HYP70)和加强型(HYPPE)三种型号,普通型和加厚型适合于需要兼顾水生植被恢复的场合;加强型用于防渗要求更高的场合(各种储水、蓄水工程,污水排放工程,地下水反渗工程等)。而这个防渗系统也将广泛应用于水利、市政、园林防渗工程;地铁、垃圾填埋场的防渗工程等。

**【技术局限性】**

该技术需要高质量的生态防水材料和精确的施工。

**【典型案例】**

(1)北京奥林匹克公园龙形水系防渗。

项目地点:北京奥林匹克公园

业主单位:新奥集团

实施单位:北京万方程科技有限公司

项目模式:政府采购

(2)郑州郑东新区中心湖防渗。

项目地点：河南省郑州市郑东新区
业主单位：郑州市政府
实施单位：北京万方程科技有限公司
项目模式：政府采购

### 4.2.3 高强度塑钢板桩与生态护岸技术

**【技术简介】**

高强度塑钢组合板桩及生态护岸技术是由特殊连接件组合而成的连续性新型支挡护岸结构，其强度及抗侧弯性足以确保生态护岸在大型航道、河道结构中的稳定性，同时工程施工便捷迅速，对周边生态环境的影响较小，板桩上的生态孔合理布局，在保证板桩强度的同时不影响原有生态种群的动态平衡，使水体动植物和土壤进行有机涵养，确保河岸生态系统可持续发展。

高强度塑钢组合板桩护岸的施工工艺先进、速度快、适用地质范围广、成桩后截面美观、免维护。施工时无需大面积开挖，施工场地小，作业面少，对原护岸工程破坏及造成的损害较小，能有效保护原有生态系统。高强度塑钢组合板桩还具有回收利用的价值，更加符合国家环保节能的号召。

通过高强度塑钢组合板桩护岸的建设，可大大提高流域内的防洪能力，消除河道存在的安全隐患，减轻由洪水引起的水土流失、土地沙化、土地贫瘠等一系列生态问题，对保护自然环境和耕地，促进农业发展起到重要作用。

**【应用范围】**

该技术应用于江河护岸结构及管涌、决堤的治理工程；市政涵、隧道支护结构的治理工程；建筑基坑围护工程；景观亲水护岸工程；农用水利建设、鱼池护岸工程；航道护岸工程；公路、林道边坡的稳定；节水、污水治理、蓄水；农田灌溉渠等领域。

**【技术原理】**

该产品是由高分子原材料经特殊配方一次挤压制作成型的强化复合材料，每片两侧设置 T 字形等凹凸套接接头，通过塑钢板桩两端的凹槽和 T 形接头匹配连接，形成整体连续的护岸板墙。在遇到转角处，采用和凹槽、T 形连接头相同设计形状的连接件进行转向连接，使组合后的塑钢板桩整体形状贴合建筑基坑或者堤岸。通过对 T 形连接头的形状进行优化，使塑钢组合板桩连接更紧密稳固，实用性和抗渗水性等都大大增强。

**【技术要点】**

主要技术参数（国家化学建材质量监督检验中心，表 4.2）。

表 4.2 高强度塑钢板桩主要技术参数

| 项　　目 | 单　　位 | 数　　值 |
|---|---|---|
| 拉伸强度 | MPa | 43～44 |
| 弯曲强度 | MPa | 63～71 |
| 硬度（绍尔 D） | 度 | 77～82 |
| 密度 | g/cm³ | 1.44～1.45 |
| 压缩强度 | MPa | 54 |
| 简支梁缺口冲击强度 | kJ/m² | 5.3 |
| 悬臂梁冲击强度 | kJ/m² | 4.2 |

**【应用前景】**

经过多年研究试验和工程应用表明，高强度塑钢组合板桩护岸在提升护岸强度、安全性及耐久性的同时，还兼顾工程的经济效应、环境效应和生物效应，节省自然资源的消耗，同时可达到土体和生物的相互涵养。高强度塑钢组合板桩及生态护岸技术已达到国际先进水平，作为一种新的生态护岸技术和施工工法具有广阔的推广应用前景。

**【技术局限性】**

有大漂石及坚硬岩石的河床适用性不强。

**【典型案例】**

（1）广东省河源市新丰江库区消落带生态保护及恢复工程。

项目地点：广东省河源市新丰江库区

项目规模：4km

业主单位：河源市恒生湖泊生态修复有限公司

实施单位：海盐汇祥新型建材科技有限公司

项目概述：采用汇祥高强度塑钢板桩生产的760mm×180mm×6mm板桩。板桩长分别为1.2m、2.4m、2.7m三个规格，无压顶。板桩挡土效果好，有效防止河水对岸边泥土的淘刷，防止水土流失。板桩重量轻，施工简便，不受天气影响，可在船上作业施工，适用多种施工场地。

（2）海盐县小麻泾桥护岸工程。

项目地点：浙江省海盐县小麻泾桥南侧

项目规模：150m

业主单位：海盐县秦山混凝土有限公司

实施单位：海盐汇祥新型建材科技有限公司

项目概述：小麻泾桥护岸工程位于海盐县武原新区盐湖金星段盐湖公路南侧，采用汇祥高强度塑钢板桩厂生产的760mm×180mm×6mm、718mm×180mm×8mm规格及相关连接件和配件的板桩，桩顶标高＋2.60m，常水位标高＋0.94m，板桩入土深度1.5m，帽盖分别采用同材质专用型和混凝土等形式，护岸形式有二排生态板、单排简约型、带拖板的加强型等不同形式。挡土效果好，美观生态性好，施工方便快速。具有经济适用，结构牢固，无后期维护的优势。并且在板桩外侧开有生态孔，并设置草皮及树木等植物措施，有利于护岸和水生态的自修复。

小麻泾桥护岸工程施工时河岸边20m处农居并未迁移，施工采用小型机械打桩，快速便捷，无需周边大面积开挖，施工费用低，施工中对周边住户产生的影响小。自2014年投入使用至今，经过多年来多场大雨、台风的冲刷检验，未出现洪涝灾害，并且河岸生态孔中目前已有鱼虾筑巢，水质清明，很好地实现了生物和水体的有机涵养。河边构筑了优美的生态走廊，植物自然生长，材料价格合理，不腐蚀、不生锈，无需后期维护，受到了周边群众的肯定和好评。

## 4.2.4　KLD康莱德草毯护坡应用技术

**【技术简介】**

KLD康莱德草毯将农作物稻麦秸秆等植物纤维转化为保护生态环境的工业化生产的工程技术产品，该产品以稻麦秸秆农作物植物纤维为基底，连同定型网材料、优质草籽、营养剂、专用纸、定型网（视用途而定）是在大型生产流水线上一次加工完成的新型生态覆盖物。环保草毯的使用，如同铺设地毯一样，将草毯覆盖于经过处理的边坡、路基或坪床上，并浇水养护，预先喷播或草毯自带的草种发芽生长，即能形成生态植被。作为环保草毯原料的植物纤维，在自然降解后与土壤混为一体，成为植被的营养基质。

【应用范围】

该技术广泛适用于各种道路、河渠边坡，施工工地现场、裸露地面工程绿化和扬尘治理，可以因地制宜、私人订制，满足各种绿化工程的需要和客户的不同要求。

【技术原理】

该技术使用环保草毯施工，具有施工方法简单、造价便宜、施工速度快、效果显著的优势。铺设完成后就可以对地面形成有效保护，从根本上起到了抑制扬尘、改善环境、涵养地表水分、固化地表的作用。铺设完成后，植被发达的根系与草毯上下两网状结构和表层土壤颗粒抓固在一起，形成稳定的护坡结构，即起到了护坡固坡的作用。

【技术要点】

长度：10～100m

宽度：0.5～2.45m

厚度：不含土壤基质草毯产品自然厚度为3mm±1mm，含土壤基质草毯自然厚度为10～50mm，特殊用途草毯产品的厚度可以根据需要加厚。

重量：不含土壤基质草毯重量为150～500g/m²；含土壤基质草毯重量为5～25kg/m²；屋顶垂直绿化草毯模块可根据用户实际需要进行定制。

绗缝的针距为55mm±5mm，行距为50mm±5mm。

草毯铺絮的纤维应均匀、平整，边缘整齐。上下网的网格排列整齐、均匀一致。

【应用前景】

KLD康莱德环保草毯的应用领域包括公路铁路边坡绿化、废弃矿山修复、屋顶绿化、垃圾填埋场生态恢复、盐碱地绿化、河渠护岸、军事伪装、荒漠化治理、乔木护根和无土栽培十大领域。环保草毯良好的生态效益、经济效益和社会效益更是值得全社会的关注和推广，该项目的应用前景良好。

【技术局限性】

该技术比较适用于土质稳定、卵砾石或软岩质边坡、坡度范围小于35°的缓坡。

【典型案例】

（1）江苏省泗洪县小水库生态护坡工程。

项目地点：江苏省泗洪县

项目规模：12万m²

业主单位：江苏省泗洪县水利局

实施单位：康莱德国际环保植被（北京）有限公司

项目模式：政府采购服务

项目概述：江苏省泗洪县瓦坊、返修、军李、皮场、黄岗、罗岗、路口、桂岗水库大坝的迎、背水坡护坡采用了康莱德耐冲刷环保草毯KLD-BB0，进行铺设对水库边坡起到了很好的防护作用，该草毯具有较强的抗冲刷、透水、保墒和整体性，而且应该比较灵活，能随地基变形而变化，因而能够很好地维护边坡的稳定。同时耐冲刷草毯中的网孔状结构可为动物、植物提供生存和生长条件，维护自然生态环境，与周围生态环境相协调，事宜在水库河道护坡方面的应用。

（2）房山区大石河综合治理一期一标、二标、三标绿化工程。

项目地点：北京市房山区大石河

项目规模：100万余 m²

业主单位：北京市绿欣园林绿化有限责任公司

实施单位：康莱德国际环保植被（北京）有限公司

项目概述：大石河综合治理工程位于北京市房山区大石河沿线，工程总面积为100万余 m²，河道岸坡全部采用康莱德草毯进行防护、绿化和修复，本工程中应用抗冲刷椰丝纤维环保草毯进行生态防护技术施工。1天施工的作业量达到3万~6万 m²，施工速度是传统防护工艺的十几倍甚至几十倍。植被的深根有固土的作用，浅根有加筋作用，可显著提高边坡土地的强度、增加边坡的整体和布局稳定性。植物扎根较深，能固土蓄水，调节土体温度，保持水土，使边坡不受环境的变化而产生裂缝、坍塌或滑坡。

## 4.2.5　BSC 生物基质混凝土技术

### 【技术简介】

利用 BSC-J 活性菌群作为分解者，使得植物可在免养护情况下在具有 10~15MPa 抗压强度、不小于25%的连续孔隙率的大骨料水泥混凝土中的孔隙中生长并恢复生态。生物的概念既是指基质中富含的活性菌群，同时也指混凝土上生长的花、草、昆虫、小动物等生物集合体。

### 【应用范围】

该技术适用于水利工程、航运航道工程的护坡和护岸；公路、铁路的边坡防护和生态修复。

### 【技术原理】

生物基质混凝土制备过程中使用了粒径较大的单一级配石料、高标号低碱性水泥、BSC 水泥调节剂等水泥混凝土材料，也同时使用具超强活性的 BSC 活性菌群、有机肥、种子、土壤、黏合剂、保水剂等植物生长基质和植物活体材料。BSC 生物基质混凝土在不削弱水泥抗压强度的前提下使得混凝土中能长出花、草、灌木类植物，从而对河、湖、大坝、水利枢纽、公路铁路、道路立交系统、废弃矿山、采石场等目标工程体的边坡、立面进行生态植被修复的综合技术系统。

### 【技术要点】

植被层播种4科属8品种以上植物，充分保证生态修复的植物多样性，保持长期生态效果；骨料层 28d 抗压强度不小于10MPa；骨料层具有 30%±5% 连续孔隙，可以容纳充足基质供植物生长；骨料层抗水流冲刷速度不小于 5m/s；BSC 生物基质后期可免植自然恢复乡土植被6科属13种以上，进一步加强长期生态修复效果；BSC 生物活性菌群促进植物种子发芽提前2天，促进生物生长量增加25%；采用了 BSC-J 活性菌群为基质组分，工程实施区域可完成物质营养的系统内循环使用，生态修复后期免施肥、免养护，成本低廉。

### 【应用前景】

该技术可广泛适用于水利工程的护坡和护岸；航运航道工程的护坡和护岸；公路、铁路的边坡防护和生态修复；桥梁等立交系统、建筑体的立面绿化美化；矿山复绿复垦、矿石山植被生态修复、采石场植被恢复等领域。

**【技术局限性】**

该技术施工技术相对较难，工程量较大。

**【典型案例】**

(1) 安康城区东坝防洪工程。

项目地点：陕西省安康市

项目规模：113600m²

业主单位：陕西省安康市防洪保安办

实施单位：北京福仕汀科技有限公司

项目模式：政府采购服务

项目概述：汉江安康城区段沿岸迎水坡面为 4.36km、坡长为 22～36m、总面积约为 113600m²、投资 18000 多万元，采用 BSC 生物基质混凝土进行堤防和生态恢复，经过 2 年免维护运营，观察到本技术系统具有植被生长迅速、生态恢复稳定、生物多样性丰富和景观效果好等优势，安康东坝防洪工程区域成为当地民众一个新的休闲场所，具有良好的社会效益；因为本技术建植了稳定的生态系统，植物生长、景观效果无需后期养护，同时为安康市防洪保安办节省每年数十万运营管理费用。

(2) 歙县扬之河桂林镇一桥至二桥护岸工程Ⅰ标。

项目地点：安徽省黄山市歙县

项目规模：扬之河桂林镇一桥至二桥

业主单位：安徽歙县水利局、歙县中小河流治理工程建管处

实施单位：北京福仕汀科技有限公司

项目模式：政府采购服务

项目概述：扬之河桂林镇一桥至二桥护岸工程护坡采用生物基质混凝土技术进行河岸防护与植被生态恢复。工程于 2012 年 3 月完工，于 2012 年汛期前恢复了岸坡植被，观花花期为 4—11 月。该工程生物基质混凝土坡面延伸至枯水位以下，生态护坡枯水压水线一带开始生长水生植物。

## 4.2.6 基于无机黏结剂材料的透水混凝土步道或护坡

**【技术简介】**

基于无机黏结剂材料的生态无机透水步道或护坡是以无机材料黏结剂、胶凝材料、骨料和水等按照一定的配比混合搅拌成型后具有诸多优越性能的满足海绵城市需求的技术产品，其核心是无机材料黏结剂，该黏结剂是多种无机材料按照严格的比例科学配制而成，产品能够实现高强度和高透水这一对矛盾值的完美结合，并具有黏结能力强、产品耐候性久、可以实现机械摊铺、高保水性、对雨水没有二次污染等显著特点。

**【应用范围】**

该技术可用于透水混凝土、透水混凝土路面砖、树穴盖板、轻质绿壁、生态护坡、生态浮岛等。在人行道、自行车道、住宅区、广场、游乐园以及园林景观、主题公园、美丽乡村建设、水土保护、生态保护等领域都有广泛的应用。

**【技术原理】**

基于无机黏结剂材料的护坡产品能有效避免市场上常见的沥青系、树脂系等有机类透水混凝土在施工过程中存在 VOC 挥发、易老化、热稳定性差等缺点，生态护坡产品是利用无机黏结剂高黏度的性能，采用大粒径石子作为骨料，制成强度达到 C15 以上的大孔隙透水生态混凝土，摊铺在河道等坡道上，形成力学固土；同时，在该无机混凝土上直接覆盖营养土并种植合适草种，植物根系透过大孔隙混凝土扎根到土壤中，形成另一重固土的力量。

**【技术要点】**

利用该黏结剂制成透水混凝土，其主要技术参数（C30 混凝土）（上海市建筑科学研究院检测报告编号：HN72F－160050）见表 4.3。

表 4.3　　　　　　　　　　　无机黏结剂透水混凝土主要技术参数

| 序号 | 检 测 项 目 | 标准值（C30）<br>（CJJ/T 135—2009 CJJ/T 188—2012） | 检测值 |
|---|---|---|---|
| 1 | 抗压强度（28 天）/MPa | ≥30 | 39.7 |
| 2 | 抗折强度（28 天）/MPa | ≥3.5 | 4.5 |
| 3 | 透水系数/(mm/s) | ≥0.5 | 2.5 |
| 4 | 空隙率/% | — | 20～25 |
| 5 | 保水量/(L/m³) | — | 100 |

利用该无机材料黏结剂制成透水砖，主要技术参数（上海市建筑科学研究院检测报告：HN12F－160063），见表 4.4。

表 4.4　　　　　　　　　　　无机黏结剂透水砖主要技术参数

| 序号 | 检 测 项 目 | 等级 | 检测值 | 标准值<br>（GB/T 25993—2010） | |
|---|---|---|---|---|---|
| 1 | 劈裂抗拉强度/MPa | fts3.0 | 5.1 | 平均值 | ≥3.0 |
| | | | | 单块最小值 | ≥2.4 |
| 2 | 透水系数/(cm/s) | A 级 | $3.4 \times 10^{-2}$ | $\geq 2.0 \times 10^{-2}$ | |

**【适用前景】**

透水性铺装的应用，能缓解城市热岛效应、保护地下水、维护生态平衡，有利于人类生存环境的良性发展，在城市雨水管理、生态保护等工作上，具有特殊的重要意义。

基于无机材料黏结剂的透水混凝土步道或护坡性能完全满足海绵城市建设需求，随着国家海绵城市建设力度的加大，该项技术的应用也将更加普及。

**【典型案例】**

（1）建湖县湖滨公园无机透水海绵砖铺装工程。

项目地点：江苏省建湖县湖滨公园

项目规模：1300m²

业主单位：建湖县建设局

实施单位：上海玖鼎环保科技有限公司

项目模式：政府采购服务

项目概述：该项目为建湖县公共绿地公园，其中步行道及停车场部分铺装无机透水海绵砖,多种颜色组合,面积合计 1300m²。测试结果:劈裂抗拉强度 4.2MPa,透水系数 $3.4 \times 10^{-2}$cm/s。

(2)徐家汇公园步道改造工程。

项目地点:上海市徐汇区徐家汇公园

项目规模:5600m²(8cm)

业主单位:上海徐汇区园林绿化局

实施单位:上海玖鼎环保科技有限公司

项目模式:政府采购服务

项目概述:徐家汇公园是一座开放式的公园绿地,位于繁华的徐家汇城市副中心。因该区域对施工噪声、扬尘等要严格要求,无法使用摊铺机作业,该项目全部采用人工摊铺。徐家汇公园绿道改造,以完全贯通为原则,在保持公园整体布局基本不变的基础上,贯通形成 800m 长的内圈和 1200m 长的外圈两条绿道,步道采用无机生态透水混凝土材料,实现生态环保的海绵城市建设理念。

## 4.2.7 高强度蜂巢约束系统技术

【技术简介】

该技术基于蜂窝约束技术和高分子材料技术,通过系统中相互连接的巢室所形成的高强度三维网格约束和稳定土体,蜂巢约束系统显著提高了土体性能。

【应用范围】

该技术适用于护坡、河渠保护、植被挡土墙(土体拦固),是一种先进的生态护岸(坡)技术。该技术能有效解决土体稳定难题,是生态、环保、快捷、经济的解决方案。

【技术原理】

其基本原理的关键是"三维限制",将变形集中在三维的空间内,蜂巢格室的柔性结构特点可以承受外在荷载及所引起的变形。在集中载荷的作用下,主动区受力后仍然会将所受到的外力传递给过渡区,但是由于格室侧壁的限制和临近格室之间的反作用力、格室壁与填料之间的摩擦力形成的横向阻力,从而抑制了被动区和过渡区横向移动,结果是使路基承载能力得到了提高。经过检测和试验,在格室相互之间的限制作用下,中密砂的黏聚力可增加 30 多倍。这也说明,通过增加路基材料整体的抗剪力或抑制主动区、过渡区和被动区三个区域的移动可以有效提高地基承载力,这就是蜂巢格室的基本原理。

【技术要点】

高强度蜂巢约束系统应有蜂巢格室、连接件、限位件、专用锚钎、介质布、加筋带、三维植被网、填充料等组件。根据工况不同选择其中合适组件。

蜂巢约束系统要根据工程所在地年降雨量、洪峰流量、最大流速、坡体角度、坡体长度、填方挖方、填料来源、景观要求、使用寿命等众多因素制定解决方案,并根据方案要求规定出具体蜂巢约束系统材料规格、指标及技术参数。

【应用前景】

该技术节省人工、不受气候影响、后期免维护,在边坡与岸线保护、负载支撑、生态挡土墙、河渠保护、构建城市道路海绵系统、城市河道生态景观带以及矿山生态环境修复上前景广阔。

**【典型案例】**

河北省高碑店龙湖顺达紫泉河公园景观河道工程

项目地点：河北省高碑店市东部

项目规模：8000m²

实施单位：深圳市沃而润生态科技有限公司

项目概述：紫泉河公园景观河道工程是高碑店市 2014 年绿化重点工程之一（图 4.2），工程位于该市东部，预计改造河道长度约为 800m，工程建设总面积约为 7 万 m²，投资 4000 余万元。工程中蜂巢敷设面积共有 8000m²，蜂巢的敷设在保护河道生态系统的基础上进行，展现了紫泉河的自然生态风光，助力融生态、景观、休闲娱乐等功能的滨水公园的打造。

图 4.2　紫泉河公园景观河道工程

## 4.2.8　生态混凝土技术

**【技术简介】**

生态混凝土，集结了岩石工程力学、生物学、肥料学、土壤学及园艺学、生态环境学等多种学科的特性，在实现安全防护的同时又能实现生态种植，是一种能将工程防护和生态修复很好地结合起来的新型材料。

**【应用范围】**

该技术广泛应用于河湖治理、市政排水、路面铺装等多个领域。

**【技术原理】**

以特定粒径骨料作为支承骨架，由生态胶凝材料和骨料包裹而成，具有一定孔隙结构和强度。材料本身具有与普通混凝土相当的强度，且具备类似于"沙琪玛"一样的骨架，具有较多的连通孔隙，能够为植物的穿透生长提供条件，在合适的条件下能够实现安全防护与生态绿化一体化，具备三重防护的功效。

**【应用前景】**

生态混凝土技术具有良好的透水性、孔隙特征、强度及耐久性，契合了人们对更好生活品质的追求，在未来必将获得更大发展。

**【技术局限性】**

该技术缺乏具体的规范进行操作指导，对于强度与孔隙率之间的矛盾也没有提出合理的解决方法；用普通硅酸盐水泥生产出的生态混凝土孔隙内的水环境碱度太高，不适合植物生长。一系列降碱方法还有待考证，降碱处理对绿色生态混凝土性能的影响还需要更深入的研究；不同草种对不同环境的适应性及耐践踏性不同，其与混凝土的匹配性还缺乏研究，生态混凝土可再播种的重复性还需要进一步研究。

【典型案例】

石马河清溪段河道整治工程

项目地点：东莞市清溪镇

项目概述：石马河是东江的一级支流，发源于深圳宝安大脑壳山，流经深圳市观澜镇、东莞市凤岗、塘厦、樟木头、清溪、谢岗、常平、桥头八镇，沿途汇入主要支流有雁田水、契爷石水、清溪水、官仓水等支流，至桥头镇新开河口入东江，河流全长为73.5km，河宽平均为80m，河床平均坡降为 $0.61 \times 10^{-3}$，流速急湍，总落差为70m，集雨面积为 $1249km^2$。工程中防洪堤断面型式以斜坡式断面为主，局部特殊河段采用直斜式。在多年平均洪水位以上约1.0m处设置马道，马道宽2～5m，马道以下坡面采用现浇植生型高强生态混凝土护岸，设计底高程与常水位之间为1.5m，采用预制混凝土铰链排护岸，马道以上坡面及背水坡均采用草皮护岸。工程完成后初步实现了提高河道防洪能力以及边坡的稳定性、提高景观和生态功能，改善周边的生态环境和景观的目的。

## 4.2.9　五丰生态砌块技术

【技术简介】

五丰生态砌块是一款由生态结构、锚固孔、阻滑垾等先进技术工艺组成，具有自主知识产权和"纵构横联"特性的挡墙护坡用生态砌块新产品。该产品于2017年5月通过了水利部综合事业局组织的新产品鉴定，鉴定结论为：产品安全稳定、生态环保、施工便捷、美观多样，总体技术水平达到了国际领先。

产品锚固孔和阻滑垾设计技术：在锚固孔内插筋灌浆，使上下砌块连成整体；产品阻滑垾防止砌块水平位移；配合土工格栅的使用，使挡墙形成整体结构，确保安全稳定。产品生态结构设计技术：产品生物腔为生物栖息繁衍提供生存空间，改善水域生态环境，美化景观。

【应用范围】

该技术适用于水利（河湖、渠道、围垦）、交通（内河航道、道路）和城建等各类工程护岸挡墙建设。

【技术原理】

五丰生态砌块结构如图4.3所示。

五丰生态砌块的技术要点主要有以下三个方面：

（1）生态结构技术设计。每块生态砌块在满足结构要求的同时在中间设置生物空腔和生态孔，块与块之间通过生态孔达到生物空腔的贯通，生物空腔在水下部分为鱼虾类创造了良好的栖息地；同时生物空腔水下部分也可种植水生植物、水上部

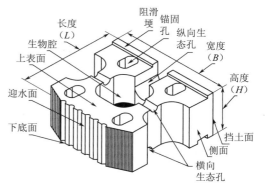

图4.3　五丰生态砌块结构

分可种植湿生和中生植物，植物根系可通过生态孔延伸到其他砌块的生物空腔内，不仅有利于鱼虾类与植物生长，还能提高护岸护坡工程的整体稳定性和工程的美观舒适性。

（2）锚固孔技术设计。在砌块中设计了锚固孔，锚固孔可使砌块竖向上下连通，通过灌浆或加筋灌浆使砌块连成整体，既提高了挡墙的抗剪强度，又使砌块上下左右连成了整体，大大提高了挡墙的稳定性。

（3）阻滑埂技术设计。在生态砌块中还设计了阻滑埂。阻滑埂的存在首先为砌块层间水平滑动增强了阻力，防止砌块沿层间水平位移产生破坏，可大大提高了挡墙的抗剪强度；其次在施工时只要贴紧阻滑埂，砌块护岸就自然形成一个向内倾斜的斜坡，使墙体重心偏内，增加墙体在侧向土压力作用下的抗倾覆能力，提高了砌块挡墙的整体稳定性，另外施工工效也大幅度提高，为施工便捷创造了良好的条件。

【技术要点】

（1）本技术解决了传统护岸破坏水生物栖息、繁衍环境的难题，注重考虑砌块对生物的环境相容性。

据中科院南京地理与湖泊研究所《五丰生态护岸生态效益评估报告》结论："五丰生态护岸生物多样性明显高于传统直立护岸区，浮游植物香农-维纳指数平均提升了40％以上；河道水质比传统直立护岸水质有所提升，其中氨氮、正磷酸盐、总氮总磷指标值分别降低了15％、15％、18％和21％；护坡植物生长较好"。

（2）本技术解决了预制块护坡容易滑移、变形的工程难题，实现了预制块挡墙现场快速拼装，确保了生态砌块护岸结构安全稳定。

【应用前景】

随着节能环保还我美好家园，"五水共治""海绵城市"、百项千亿防洪排涝工程及剿灭劣五类水行动，大规模水利工程建设已经全面启动。五丰生态砌块于2015年进入住建部第一批海绵城市建设先进适用技术与产品目录，2016年本公司成为嘉兴市海绵城市建设招标采购入围单位，2019年五丰生态砌块作为成熟技术进入雄安新区水资源保障技术能力推荐短名单。五丰生态砌块因其优良的性能，工程实践的良好反馈，为"五水共治"、百项千亿工程、美丽浙江、美丽中国等提供工程建设新方案。

【技术局限性】

产品受运输半径制约，超过一定范围运费较高。已开发可移动式生产机器解决以上问题。

【典型案例】

扩大杭嘉湖南排工程（嘉兴部分）工程

项目地点：浙江省嘉兴市

实施单位：嘉兴五丰生态环境科技有限公司

项目概述：扩大杭嘉湖南排工程是浙江省太湖流域水环境综合治理重点水利项目五大工程之一，杭嘉湖南排工程（嘉兴部分）是此工程的重要组成部分，涉及海盐县、海宁市、桐乡市和秀洲区，其中嘉兴部分使用五丰生态砌块护岸形式约达120km。工程设计单位为浙江省水利水电勘测设计院，业主为嘉兴市杭嘉湖南排工程管理局。工程在项目必选时，以其稳定性、生态性和经济性胜出。工程完成后，由业主、监理及施工单位委托第三方对项目产品进行检测，所有检测结果均符合设计要求，产品质量稳定（图4.4）。

图4.4　扩大杭嘉湖南排工程

## 4.2.10　类海绵体现浇生态混凝土技术

【技术简介】

类海绵体现浇生态混凝土技术像海绵一样具有高透水、高保水性能，并且具有结构强度高、整体性强、适合动植物生长等特点。具体包括现浇混凝土边框，在现浇混凝土边框的底部铺设一层酚醛保水垫层，现浇混凝土边框内部设有现浇大骨料无砂混凝土和复合营养土，绿色植物种植在现浇混凝土边框内。该技术既可以在保持边坡防护作用的基础上，又可以提供适宜动植物生长的环境。

【应用范围】

"河长制"需求，河道边坡防护及生态景观工程；"湖长制"需求，水库、湖库、水源地边坡防护及生态景观工程；市政广场、人行步道、海绵城市建设工程；公路、铁路边坡防护及生态景观工程；山体生态修复工程。

**【技术原理】**

本技术提供一种类海绵体现浇生态混凝土，其结构包括现浇混凝土边框，在现浇混凝土边框的底部铺设一层酚醛保水垫层，现浇混凝土边框内部设有现浇大骨料无砂混凝土和复合营养土，绿色植物种植在现浇混凝土边框内，酚醛保水垫层的表面设有若干小孔洞，可以让绿化植物的植物根系扎入土层。该结构底部的酚醛保水垫层同时具有高保水、高透水性能，平时雨量小或者养护浇水时可以储存水分以供植物生长所需，遇到暴雨或水量大时，又可以迅速透水；边框内部现浇的大骨料无砂混凝土具有良好的透水透气性，相互贯通的孔隙适合植物根系扎根生长，应用在水下时也为水生动物提供繁衍、栖息的环境。

**【技术要点】**

（1）酚醛保水垫层的表面设有若干小孔洞，可以让绿化植物的植物根系扎入土层。酚醛保水垫层既可以保水、储存水分，水量大时又可以及时透水。

（2）现浇大骨料无砂混凝土抗压强度为5~10MPa，孔隙率为25%~30%。现浇大骨料无砂混凝土既可以给植物提供扎根的空间，又可以抵御洪水冲刷，保持岸坡的结构稳定性。

（3）现浇混凝土边框用素混凝土材料、纤维增强混凝土材料或钢筋加固混凝土材料现浇成型。

（4）防护能力强。仅通过生态混凝土本身即可达到护坡所需强度，并且通过特殊工艺设计使绿化植物可完全穿透混凝土，植物根系的锚固能力又大大增强了稳定性。因此在满足护坡强度设计要求以及设计方案比选方面，拥有独到的优势。

（5）有效孔径保证生物生长空间。从动植物生长所需的环境入手，研究通过营造动植物生长微循环空间的方式保证植物的长期生长，在混凝土的搅拌控制中采用了特殊工艺控制，按照自然规律，为植物生长留存有效孔径，为植物生长提供必要的生长空间。

（6）盐碱改良保证生物长期存活。此项专利技术采用缓释离子交换方法，将混凝土析出的有害盐碱物与添加的复合改良营养材料发生反应转化为植物生长营养元素，实现了水泥品种和植物品种选用的广谱性，使普通混凝土高盐碱的环境改良后，如同土壤一样确保植物长期有效生长。

**【应用前景】**

该技术可以将混凝土的防护功能和动植物的生态功能完美结合起来，让河湖岸坡都成为生态型、景观性护岸，适用前景十分广泛。

**【技术局限性】**

无法带水施工，只能在枯水期施工或打围堰施工。

**【典型案例】**

三明市碧湖段堤防工程生态混凝土护坡

项目地点：福建省三明市

建设单位：三明市水利局

实施单位：福建启鹏生态科技有限公司

项目概述：该项目地隶属于三明市梅列区徐碧街道，位于沙溪河右岸，距离下游斑竹电站约 3km，距离上游碧口大桥约 800m，项目区右侧为 205 国道，河道左侧为上河城。沙溪为闽江上游西溪的两大支流之一，为闽江主流，地处福建省中西部。该生态混凝土护坡工程主体为 150mm 厚的生态混凝土，在绿化景观方面，种植了黄花双夹槐、红叶石楠等灌木。坡面上种植狗牙根、剪股颖草籽、紫叶鸭跖草等草本植物。最终形成高低错落、色彩丰富的生态混凝土护坡景观。

据统计，福建省一般每年 3 月中下旬进入雨季，4—6 月为持久、面广、强度大的暴雨季节。该项目从 2017 年 2 月投入运行至 2019 年 5 月止，尤其是经受住 2019 年 5 月中旬三明市的暴雨洪灾的考验，项目现场并未出现因暴雨洪水冲刷损坏情况，且种植的冷季型和暖季型草坪都生长旺盛。经检验，生态混凝土护坡强度满足设计要求，生态防护效果良好（图 4.5）。

图 4.5　沙溪碧湖段生态混凝土工程

## 4.2.11　不加筋的现浇生态混凝土挡墙/护坡技术

【技术简介】

普通的重力式挡墙强度高、安全稳定性强，但是在上面难以种植植物，不够生态。而最近几年出现的各种砌块类挡墙/护坡块虽能种植绿化，但整体性及安全稳定性相对较差，在实际应用中常有鼓出或坍塌事故出现。而且挡墙砌块后部一般都需要土工格栅进行加筋加固，这就需要较大的开挖面。

本技术提供一种不加筋的现浇生态混凝土挡墙/护坡结构，它结构类似重力式挡墙，又结合生态挡墙可以种植绿化的优势，具有整体性强、安全稳定性高、无需加筋、较小开挖面的特征，同时也具有透水透气、适合动植物生长等多种特性。

【应用范围】

"河长制"需求，河道边坡防护及生态景观工程；"湖长制"需求，水库、湖库、水源地边坡防护及生态景观工程；硬质护坡、硬质挡墙生态化改造工程；市政广场、人行步道、海绵城市建设工程；公路、铁路边坡防护及生态景观工程；山体生态修复工程。

**【技术原理】**

本技术是一种不加筋的现浇生态混凝土挡墙/护坡结构，是包括现浇细骨料透水混凝土层和现浇大骨料多孔混凝土生态层的复合结构，不加筋的现浇生态混凝土挡墙后部或护坡底层设为现浇细骨料透水混凝土层，现浇细骨料透水混凝土层前部或表层设为现浇大骨料多孔混凝土生态层，在现浇大骨料多孔混凝土生态层内填充复合营养土，植物种植在现浇大骨料多孔混凝土生态层内，即设为挡墙前部或护坡表层。该挡墙/护坡的结构型式类似传统重力式挡墙/护坡，该结构型式的挡墙/护坡为立模现浇工艺，无需加筋，只需较小开挖面，节约土地资源及拆迁资金。

这种复合形式的结构一般将透水层设置在挡墙后部或护坡底部，以保证挡墙或护坡结构稳定，生态层设置在挡墙前部或护坡表层，以利于动植物生长。该复合结构的挡墙/护坡在保证安全稳定性的基础上，又增加了生态功能。

**【技术要点】**

（1）现浇细骨料透水混凝土抗压强度为 $15\sim20$MPa，孔隙率为 $5\%\sim15\%$。这层结构孔隙较小、透水透气，但可以挡住土壤砂石，防止水土流失。

（2）现浇大骨料多孔混凝土抗压强度为 $5\sim15$MPa，孔隙率为 $20\%\sim30\%$。这层结构孔隙较大，不仅透水透气，还可在多孔混凝土生态层内填充复合营养土，植物种植在多孔混凝土生态层内，即挡墙前部或护坡表层。

（3）介于透水层和生态层中间需设置一层土工布，防止土壤颗粒从挡墙后部或护坡底部渗出。

（4）采用立模现浇工艺，分别浇筑透水层和生态层，施工工艺简单，无需较大开挖面，无需加筋，整体性好，强度高。

（5）现浇生态混凝土挡墙结构型式类似传统重力式挡墙，通过现浇生态混凝土挡墙本身即可达到防洪所需的结构稳定性。

（6）高透水性，高生态化，挡墙迎水面绿化覆盖达 $95\%\sim100\%$，绿化周期短，可播草籽，也可铺草坪。水下部分可生长水生动植物及微生物。

（7）经过生态混凝土防护层，形成微小的湿地环境，加上水生植物的种植，使污水中污染物的浓度得以有效降低。

**【应用前景】**

该技术可以将混凝土的防护功能和动植物的生态功能完美结合起来，让河湖岸坡都成为生态型、景观性护岸，适用前景十分广泛。

**【技术局限性】**

无法带水施工，只能在枯水期施工或打围堰施工。

**【典型案例】**

丽水市太平港林宅口段治理工程生态混凝土挡墙工程

项目地点：浙江省丽水市

建设单位：丽水市水利局

实施单位：福建启鹏生态科技有限公司

项目概述：该项目为丽水市莲都区太平港林宅口段治理工程生态混凝土挡墙工程，工程完工已将近两年多。主体为生态混凝土挡墙，在绿化景观方面，挡墙表面种植狗牙根、爬山虎、常春藤等草本植物，形成一条自然生态的绿色景观墙。

据统计，丽水是灾害性天气多发区，春季有寒潮、低温阴雨、强对流、春旱等，夏季有热带气旋、暴雨、强雷暴、高温等灾害天气；秋季尽管多秋高气爽的晴好天气，但由于雨水少，蒸发大，常有秋旱发生，一些年份还会出现台风和寒潮天气；冬季雨水稀少，大多数年份都会出现秋冬连旱。该项目从 2017 年 4 月投入运行至目前为止，工程现场并未出现雨水冲刷损坏、移位、坍塌等情况，且种植的草本植物都生长旺盛。经检验，生态混凝土挡墙强度满足设计要求，生态防护效果良好（图 4.6）。

图 4.6　浙江省丽水市生态混凝土挡墙工程

# 4.3　河岸景观构建技术

## 4.3.1　临河景观亭技术

**【技术简介】**

景观亭是公园中最常见的园林建筑之一，一般为开敞性结构，造型小巧，选材不拘，是一种典型反映中国文化艺术成就的一种建筑，在园林中占据非常重要地位，可以说"无园不亭""无亭不园"。《营造法原》中将亭定义为："亭为停息，凭眺之所"。亭的形体小巧灵活，通透空敞，视野良好。不仅可以提供游憩的场所，为景观增添色彩，往往其本身也是一道亮丽的风景，起到画龙点睛的作用。

**【应用范围】**

该技术可应用于公园、河流、湖泊、湿地、海滨景观中。

**【技术原理】**

亭子的结构简单,其柱间通透开辟,面积较小,大多只有顶,没有墙。北方的地势平坦辽阔,北方的亭子大多显得辽阔、端庄、雍容;南方的地貌崇山秀水,因而亭子的体量相对小巧、俊秀,从陆地延伸到水面,使游人更方便接触所想到达水域的平台。

**【技术要点】**

根据亭的不同形状分为八角亭、六角亭、四角亭,圆亭、扇亭、连理亭、三角亭、多角亭等。根据作用不同有景亭、桥亭、戏亭、井亭、碑亭、旗亭、江亭、街亭、凉亭、鼓亭、钟亭、路亭等,可用于让游人观赏池中怒放的鲜花以及欣赏沿岸秀丽的山水风光,其对周边环境的呼应以及生态保护等功能得到更多人的注意和重视。

**【应用前景】**

该技术适用广泛,在讲究建筑内涵的今天,景观亭建筑的发展也应朝着强调"意向"的方向发展,尊重人的要求,重视景观亭建筑与人之间的交流。好的景观亭一定要使之与周围的环境相协调,符合人们的审美观点,才能更好地发挥其功能。

**【技术局限性】**

该技术受限于与环境景观是否协调,用材与结构易锈蚀损坏影响美观及使用。

## 4.3.2　滨水步道技术

**【技术简介】**

滨水步道将水系与陆地联系起来,保证人们在亲近自然的同时享有安全保障以及配套的公共设施,并且在关键的节点,有专门的标志系统指引。结合水系、绿化植被、公共设施等元素构成了滨水步道景观。滨河步道可以很好地嵌入整个城市网络曲线中,完美契合了城市的设计、工程学、园艺学、建筑和景观气息。

**【应用范围】**

该技术适用于城市河道水体、湖泊、湿地中,美化城市环境,与城市地位、城市形象、城市竞争力结合在一起。

**【技术原理】**

为了满足公共的通行、休闲、娱乐、健身、观光的需求,在岸边建设的只允许步行以及自行车通行的无机动车干扰的道路,步道在滨水空间中承担了游览的载体角色,市民与游客会在该空间中发生很多与水体相关的活动,比如观水、健身、写生等。

**【技术要点】**

滨水步道具有布局自由灵活的特点,处于水系与陆地的过渡交界地带,它可以引领人群在不同的空间穿梭,发挥增强游人兴致、保护资源环境等作用。社会对于滨水开敞空间的需求促使政府以及市场创造更多的体验环境。由此看来,营造满足交通功能,具备新奇体验氛围以及独特艺术感的滨水活动空间变得极为重要。

**【应用前景】**

该技术适用于城市水体,合理、适时、科学、有序地开发城市滨水资源,可以显著提升城市形象与综合竞争力，极大地推进城市经济社会发展。滨水区的发展是决定城市竞争力主要的和深层次的因素，因而可以作为一种有目的、系统塑造城市核心竞争力的方式和途径来实施。

**【技术局限性】**

该技术适合地势较为平坦，不宜受喧嚣的干扰，具有一定的线性空间。

### 4.3.3 过河汀步技术

**【技术简介】**

汀步是步石的一种类型，设置在水上。指在浅水中按一定间距布设块石，微露水面，让人跨步而过。汀步的道路形式有时可以避免或减少道路对绿地、砂石或水面造成的割裂感，增强景观的完整统一性，有时还可以通过其韵律感起到景观作用。

**【应用范围】**

汀步应用于庭院、住宅区、景观、校园、公园等。

**【技术原理】**

台阶踏步应选择厚重且大规格石材，并设置防滑条，如 600mm×340mm×50mm 等尺寸，显得大气、简洁。台阶周围环境不宜设计弧形花池等异形构筑物，以免出现衔接不合理等问题。注意与周边铺装、立面铺贴等石材色差过大，以免与周围环境色彩不搭配，不协调。台阶灯的选择应以弱光为主，避免与眼睛造成对照，降低台阶灯的功能性。对于步数较多或地基土质条件差的台阶，可根据情况架空成钢筋混凝土台阶，避免过多填土或产生不均匀沉降。

**【技术要点】**

汀步的道路形式应避免或减少道路对水或绿地的割裂，以保护景观完整性。汀步间距为 600mm，而适合成人行走布距的石板间缝宽一般为 150mm。汀步应尽量亲近水面，营造仿佛于水上的效果，尽量避免汀步基座外露。汀步直径为 2m 范围内的水深不得大于 0.5m。具有简易、造价低、铺装灵活、适应性强、富于情趣的特点。

**【应用前景】**

该技术适用前景广泛。可营造一种：似桥非桥，似石非石之间，无架桥之形，却有渡桥之意。

**【技术局限性】**

夜景灯光照明条件较差的地方，需设置台阶灯，台阶灯间距应和品种以及水电专业协商确定。需要根据其水深着重考虑安全设计。跨度很大的台阶需要设置栏杆扶手。台阶踏面石材与周边石材色系需要协调。

# 第 5 章　水污染防治技术细则

《关于全面推行河长制的意见》对加强水污染防治提出了明确的要求，落实《水污染防治行动计划》，明确河湖水污染防治目标和任务，统筹水上、岸上污染治理，完善入河湖排污管控机制和考核体系。排查入河湖污染源，加强综合防治，严格治理工矿企业污染、城镇生活污染、畜禽养殖污染、水产养殖污染、农业面源污染、船舶港口污染，改善水环境质量。优化入河湖排污口布局，实施入河湖排污口整治。

水污染防治是指对水体因某物质的介入，而导致其化学、物理、生物或者放射性等方面特性的改变，从而影响水的有效利用，危害人体健康或者破坏生态环境，造成水质恶化现象的预防和治理。可以看出，水污染防治迫在眉睫。为了贯彻"预防为主、防治结合、综合治理"的原则，积极推广先进的适用性技术，预防、控制和减少水环境污染和生态破坏，从源头防治水污染，本章将会以指南中的大类技术为基础，对已经成功运用到实践中的各项水污染防治案例进行详细介绍与分析，供河长湖长们在对所负责的河湖进行水污染防治时参考借鉴。本章技术路线如图 5.1 所示。

## 5.1　工矿企业污染控制技术

### 5.1.1　金科膜通用运行平台 GTMOST 与金科反应器 TM 技术

【技术简介】

（1）金科膜通用运行平台 GTMOST。金科水务将自身先进成熟的技术与国际高品质的膜产品相结合，自主研发了"经典风""未来星"和"水晶宫"三代膜系统设计解决方案。优势特点说明：

1）适用市场大多数膜厂家的膜元件。

2）适用各种形式的膜元件：内压、外压、柱式、帘式。

3）适用各种运行方式：全流、错流、内压、外压、气水洗。

4）设计简约，连接和故障风险点大大减少。

5）直观简单的完整性测试，膜元件插拔式安装。

6）投资成本低于现有的系统。

7）运行成本大大降低。

（2）金科反应器 TM。通过金科反应器，利用絮凝、氧化、吸附等物理化学手段，减少化学药洗 CIP 频率，延长膜的寿命，同时达到去除不同污染物的目的，为系统安全运

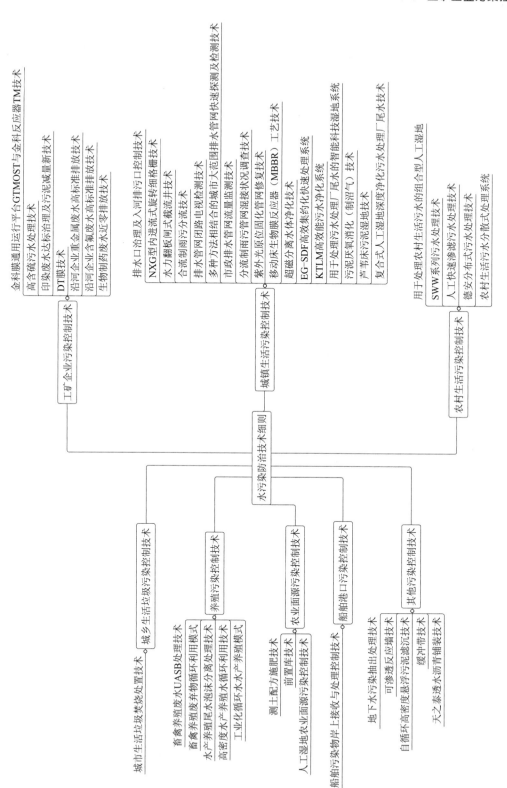

图 5.1 水污染防治技术细则技术路线

行及降低成本提供可靠的保障。

（3）金科水务的 GTOIS 是互联网＋膜水厂的专家系统。依托大数据与云计算对数据进行分析，利用互联网技术为客户提供线上和线下（O2O）专业服务。

1）数据监控系统：实时发送。

2）智能软件（APP）分析报告：定期推送。

3）远程视频专家支持故障解决：随时保障运行安全。

（4）经验丰富的工程设计、专业的设备制造、工程执行团队。

1）专业的膜系统集成能力，标准化、模块化的设计。

2）大型膜系统工程应用的领导者，已投产运行的北京清河污水 25 万 t/d 深度处理回用项目是目前亚洲最大的污水膜处理工程。

3）专业的制造工厂及设施，具有专有的高密度聚乙烯（HDPE）管道及管件自动焊接制造能力，自主研发的全自动膜架制造设备。

4）高品质膜元件-膜装置-完整的膜系统深度处理厂。

【应用范围】

膜分离技术能极大降低化学物质和微生物风险，在再生水回用及海水淡化领域应用广泛。膜处理未来趋势是作为单独的处理流程取代现有流程，形成两级膜处理流程，即原水先通过微滤（MF）或超滤（UF）低压流程去除颗粒和特定微生物污染，再进入纳滤（NF）和反渗透（RO）高压流程以去除天然有机化合物、人工合成有机化合物，以及其他污染物质。

【技术原理】

膜技术在水处理中应用是利用水溶液（原水）中的水分子具有透过分离膜的能力，而溶质或其他杂质不能透过分离膜，在外力作用下对水溶液（原水）进行分离，获得纯净的水，从而达到提高水质的目的。

膜分离技术主要有反渗透、超滤、纳滤、微滤、电渗析等。

【技术要点】

（1）反渗透所分离的溶质，一般为相对分子量小于 500 的糖类、盐类等低分子，反渗透分离过程中溶液的渗透压较高，为了克服渗透压，因而采用较高的压强，操作压强一般为 $2\sim10\text{MPa}$，水透过率为 $0.1\sim2.5\text{m}^3/(\text{m}^2\cdot\text{d})$。

（2）微滤膜所分离的组分直径为 $0.03\sim15\mu\text{m}$，主要去除微粒和细粒物质，所用膜一般为对称膜，操作压强为 $0.01\sim0.2\text{MPa}$，水透过率为 $10\sim20\text{m}^3/(\text{m}^2\cdot\text{d})$。

（3）超滤膜所分离的组分直径为 $0.005\sim10\mu\text{m}$，一般相对分子量大于 500 的大分子和胶体。超滤过滤过程中溶液的渗透压很小，因而采用较小的操作压力，一般为 $0.1\sim0.5\text{MPa}$，所用膜为非对称膜，膜的水透过率为 $0.5\sim5.0\text{m}^3/(\text{m}^2\cdot\text{d})$。

（4）纳滤膜存在纳米级的细孔，是超低压反渗透技术的延续和发展。孔径传递性能介于反渗透和超滤膜之间。所分离物质的分子量为 $200\sim1000$。一般操作压强为 1MPa 左右，所用膜为非对称膜。纳滤膜对二价和多价离子以及分子量在 $200\sim1000$ 有机物具有较高的去除率。

【应用前景】

微滤和超滤可有效地去除水中微生物（如隐孢子虫、贾第虫、细菌和病毒等），分离溶液中的大分子、胶体、蛋白质、颗粒等，可以直接处理高悬浮固体浓度的原水，因此，可用微滤和超滤膜技术替代传统处理工艺，更广泛地用于饮用水的处理中。

随着膜技术的不断成熟、成本不断降低，水价的日趋上涨等，膜法水处理技术将会进一步提高，应用上更加广泛普及。

**【典型案例】**

清河 25 万 t/d 再生回用项目

项目地点：北京清河

业主单位：北京排水集团

实施单位：金科水务工程（北京）有限公司

项目模式：EPC

项目概述：采用超滤的水处理工艺来处理市政污水处理厂排水，回收污水用于北京自然水体补水或景观用水补水。

## 5.1.2 高含硫污水处理技术

**【技术简介】**

利用新型杀菌技术抑制水中细菌的繁殖，特别是硫酸盐还原菌，降低硫含量，通过投加复合稳定剂，起到杀菌、除氧，控制腐蚀的目的，从而保证水质稳定。

该技术通过使用专用药剂将污水中的 $Fe^{2+}$、$S^{2-}$ 等影响水质的有害离子转化为无机化合物，通过加入复合型药剂使水中无机离子，成为对污水净化有益的组分，通过复合型药剂体系的共同作用彻底去除污水中的 $S^{2-}$，然后通过加入其他污水处理混凝药剂的共同作用，使水中的悬浮固体及含硫化合物通过混凝沉降和压力过滤而彻底去除。

**【应用范围】**

该技术适用于含硫高、菌量高油田污水、废水处理，以及高含硫化工废水处理等。

**【技术原理】**

污水处理试剂迅速和污水中的有机污染物和构成微生物的有机物质反应，从而破坏有机物对胶体的保护作用，促进胶体脱稳，形成以多羟基高价金属络合体为核心的紧密絮体，从而完成脱稳、形成新核，吸附架桥的初步絮凝过程。

**【技术要点】**

《碎屑岩油藏注水水质推荐指标及分析方法》（SY/T 5329—2012）注水二级标准。

**【适用前景】**

石油、化工及市政行业污水等成分复杂废水。该技术具有我国自主知识产权，为提升我国石化废水处理技术水平做出贡献，在未来拥有非常良好的市场推广应用前景。

**【典型案例】**

延长油田横山采油厂白狼城集输站污水处理项目

项目地点：横山

业主单位：延长油田

实施单位：西安华诺环保股份有限公司

项目模式：技术服务模式（药剂供应＋现场驻站＋技术服务）

项目概述：污水类型：油田采出水；水处理工艺：原油脱水＋来水除油＋高效混凝沉

降＋粗滤＋精滤；应用技术：高含硫污水处理技术；处理标准：《碎屑岩油藏注水水质推荐指标及分析方法》（SY/T 5329—2012）注水二级标准。

### 5.1.3    印染废水达标治理及污泥减量新技术

**【技术简介】**

印染废水因色度大、碱度大、成分复杂、难于生化处理等特点，印染废水达标治理及污泥减量新技术采用基于新材料的印染废水生/物化深度处理技术，污泥实现厂区外零排放，无污泥新增处理成本，带来经济效益的同时，减少了环境污染。

**【应用范围】**

印染废水达标治理及污泥减量新技术适用于各类印染废水的达标处理及污泥减量工程，解决了目前印染废水工艺出水不稳定、污泥产量大、回用率低等问题。

**【技术原理】**

印染废水达标治理及污泥减量新技术体系由4大模块技术集成构建，具体技术及工艺内容如下：

（1）基于 HY 剂活性材料的预处理活化反应器技术。HY 剂（复合型还原剂）协同微量 $Fe^{3+}$ 在一定反应条件下还原效能大于现有脱色技术中所用的还原剂（如亚硫酸氢钠、保险粉等），能温和地激发出新生态 $Fe^{2+}$，改变废水中氧化型染色成分的结构和特性，使其发色基团或助色基团破裂，达到脱色去毒的作用大幅度提高生物可降解性。

（2）基于 CSE 剂脱色/降 COD 新材料的深度处理反应器技术。CSE 复合氧化剂主要由过氧化氢酶、过氧化物、脱氢乙酸等成分组成。其作用机理是在触酶 Fe 的作用下快速、持续释放高浓度氧化自由基，有效充分发挥其氧化性能，彻底解决了目前国内一般芬顿氧化反应羟基自由基存在时间短、污泥量大、成本高等技术瓶颈。

（3）基于高性能改性 PP 滤材的高密度生物膜脱氮反应器（HBF）技术。经改性的高性能 PP 滤材其结构为多孔不规则成型体，具有良好的亲水特性、足够的机械强度、生物膜附着性好、比重适中（接近1）、表面富集高密度生物硝化菌及反硝化菌（大于 $2.9\times10^6$ CFU/g 填料），能进行高效脱氮。

（4）基于 CSE‐G 剂的污泥循环再利用反应器技术。CSE‐G 改质剂是在 CSE 剂中导入 β‐葡聚糖酶获得，具有良好活化性能，利用它对有机质包裹的铁污泥进行改质，可促进污泥中三价铁活性的提升，100％满足工艺循环回用要求。

**【技术要点】**

出水达到《太湖地区城镇污水处理厂及重点工业行业主要水污染物排放限值》（DB32/1072—2007）标准（COD≤50mg/L、氮氧≤5mg/L、总氮≤15mg/L、总磷≤0.55mg/L）、色度≤8、污泥减量85％以上，改造污泥循环再利用。

**【适用前景】**

在国务院《"十二五"节能减排综合性工作方案》与《"十三五"节能减排综合性工作方案》中，印染行业被列入"重点节能减排行业"，并明确实行"印染行业主要污染物排放总量控制"政策；《国家环境保护"十二五"规划》称，将推进印染等行业的总体要求下，有必要开发以印染废水为主的集中式综合污水处理厂深度处理技术及装备。印染废水达标治理及污泥减量新技术具有自主知识产权，提升了我国印染废水处理技术水平，拥有非常良好的市场推广应用前景。

【典型案例】

阿拉尔工业园区污水处理厂设备采购及安装项目总承包

项目地点：新疆阿拉尔工业园区

业主单位：阿拉尔艾特克水务有限公司

实施单位：江苏艾特克环境工程设计研究院有限公司

项目模式：EPC

项目概述：阿拉尔工业园区5万t/d污水处理厂设备采购及安装项目总承包。

## 5.1.4 DT膜技术

【技术简介】

DT膜技术是一种独特的膜分离设备，分为DTRO（碟管式反渗透）、DTNF（碟管式纳滤）。组件采用开放式流道，DT组件相邻导流盘间距离为4mm，盘片表面分布有一定方式排布的凸点。这种特殊排布的凸点使处理液在流经滤膜表面时形成强烈湍流，从而增加透过速率和自清洗功能，有效减小膜堵塞和浓差极化效应，成功地延长了膜片的使用寿命；清洗环节易将膜片上的积垢洗净，适应恶劣的进水条件，DT膜组件适用于处理高浑浊度和高含沙系数的废水。

DTRO膜主要应用于液体脱盐及净化的新型膜分离组件，其耐高压、抗污染特点十分明显。即使在高浊度、高SDI值、高盐分、高COD的情况下，也能经济有效稳定运行。经过工程实践表明，在渗液原液处理中，一级DT膜片寿命可长达3年或更长。

【应用范围】

DTRO膜处理技术可以将污水在有效的时间内得到一定的解决，并缓解如今的水污染及水短缺现状。尤其在工业废水零排放的高盐水处理方面，DTRO的作用效果显著，随着国家零排放和污水回用政策的收紧，该技术必将成为污水处理产业未来趋势。

【技术原理】

DTRO膜由膜片、导流盘、密封圈、中心拉杆和耐压套管组成。膜片和导流盘间隔叠放，密封圈放在导流盘两面的凹槽内，用中心拉穿在一起，置入耐压套管中，两端用金属端板密封。DTRO膜组件采用开放式流道，料液通过增压泵经进料口打入DTRO膜柱内，从导流盘与外壳之间的通道流到组件的另一端，在另一端法兰处，料液通过8个通道进入导流盘中，被处理的液体以最短的距离快速流经过滤膜，然后180°逆转到另一膜面，再从导流盘中心的槽口流入到下一个导流盘，从而在膜表面形成由导流盘圆周到圆中心，再到圆周，再到圆中心的双S形路线，实现浓缩液从进料端法兰处流出。过滤膜片由两张同心八角状（或圆形）的反渗透膜组成，膜中间夹着一层丝状支架层使通过膜片的净水可以快速流向出口。这三层八角状材料的外环用超声波技术焊接，内环开口为净水出口。渗透液在膜片中间沿丝状支架流到中心拉杆外围的透过液通道，导流盘上的O形密封圈防止原水进入透过液通道。透过液通道中从膜片到中心的距离非常短，且组件内所有的过滤膜片均一样。

【技术要点】

DT膜型号及工作参数见表5.1。

表 5.1　　　　　　　　　　　　　　　　DT 膜型号及工作参数

| 膜片型号 | 最高工作压力/Bar | 最小脱盐率/% | 稳定脱盐率/% | 给水流量/[t/(h·支)] | 运行温度/℃ |
|---|---|---|---|---|---|
| XDT - SW75 | 75 | 99 | 99.5 | 0.4～1.2 | 5～40 |
| XDT - SW90 | 90 | 99 | 99.5 | 0.4～1.2 | 5～40 |
| XDT - SW120 | 120 | 99 | 99.5 | 0.4～1.2 | 5～40 |
| XDT - SW160 | 160 | 99 | 99.5 | 0.4～1.2 | 5～40 |

注　以上膜片数据均为实验室数据。

【适用前景】

DTRO 反渗透膜技术最初在德国政府推动垃圾渗滤液而得到发展的。这种高分离性能膜的孔径尺寸可将污水中的各种杂质物质得到有效的处理，在污水处理领域中已经成为了最具影响力的先进技术之一。随着水污染情况的加重和污水回用标准的提高，国家对环境污染治理的重视和政策推进，DTRO 行业将得到更迅速的发展。

【典型案例】

内蒙古达拉特旗 3000t/d 工业园区高盐水处理项目

项目地点：内蒙古达拉特旗

业主单位：达拉特旗经济开发区管理委员会

实施单位：烟台金正环保科技有限公司

项目模式：BOO

项目概述：内蒙古达拉特经济开发区蒸发塘现存 70 万～80 万 m³ 高盐水，浓盐水水量为 3000m³/d，采用 DTRO 系统浓缩，产水回用，浓水蒸发，回收率达到 65%～85%。

## 5.1.5　沿河企业重金属废水高标准排放技术

【技术简介】

沿河企业重金属废水高标准排放技术，即采用 Cu/活性炭＋$O_3$ - Fenton 破络、混凝与管式微滤膜过滤、离子交换树脂吸附与反渗透系统（RO）等工艺组合单元，对集成电路、面板、电镀、冶炼等行业重金属废水进行处理，实现高产水率回用与高标准排放的目的。该技术具有适用范围广（能处理多种重金属废水）、排放标准高（重金属出水指标可达到地表饮用水要求）、操作简单、产水回用可实现资源化、运行费用低等优点，市场前景广阔。

【应用范围】

该技术适用于多种重金属废水高标准排放与回用的新建/提标改造废水项目。

【技术原理】

沿河企业重金属废水高标准排放技术，由氧化破络单元、双膜过滤与特种树脂吸附等单元构成。

（1）Cu/AC＋$O_3$ - Fenton 破络。调节废水 pH 值并加入 $H_2O_2$ 和 $FeSO_4$，同时加入 Cu/AC 催化剂并通入 $O_3$ 曝气。

（2）降低 ORP 值。将步骤（1）中得到的处理水调节 pH 值为 6～8，加入 $NaHSO_3$ 调节 ORP 值为 150～250mV。

（3）混凝反应。将步骤（2）中得到的处理水调节 pH 值为 9～11，先加入聚合氯化铝（PAC）进行混凝反应 30min，再加入重金属离子捕捉剂反应 30min。

（4）DF 过滤。将步骤（3）中得到的处理水进入 DF 系统进行过滤，去除混凝反应产生的沉淀物。

（5）离子交换树脂吸附。将 DF 出水以及后续 RO 产生的浓水混合后依次进入阳型和阴型离子交换树脂塔，分别去除破络后产生的阳离子与阴离子。树脂再生后，调节再生废液 pH 值并排入沉淀池，使沉淀池中的重金属离子形成氢氧化物沉淀而去除，沉淀后的上清液进入小型螯合树脂塔进行重金属离子的吸附。

（6）RO 产水回用。将步骤（5）中得到的处理水的 pH 值调至中性后进入 RO 系统，浓水回流至树脂塔。

【技术要点】

（1）相比于传统单一的 Fenton 方法，通过向 Fenton 体系中加入催化剂与 $O_3$，提高破络效果，并增加对重金属络合物的去除率；相比于电化学方法，该方法降低运行费用与污泥产生量，对重金属络合物的去除率大大增加。

（2）可提高 RO 产水率，减少 RO 清洗次数；树脂塔浓水加碱沉淀，进一步提高了整个处理系统的排放标准，上清液进入螯合树脂塔吸附，最终出水中铜、镍等重金属离子浓度均低于检测限，符合国家地表饮用水水质要求。

【应用前景】

电子行业印制电路板、半导体生产过程中会产生大量的含有络合态与离子态的铜、镍、铅等重金属废水。目前现行的常规预处理方式，对该类强络合态重金属去除存在诸多问题：破络不充分甚至无破络预处理、耗能高、污泥量大等。而在一些生态脆弱地区，电子电镀行业排水需执行《电镀污染物排放标准》中表三标准，出水指标要求极为严格，因此采用常规预处理方式时，出水中重金属指标难以达到该标准要求。

日后随着国家环保标准的日趋严格，重金属废水高标准排放与水资源回用势在必行。重金属废水高标准排放技术，不仅可以实现重金属指标达到地表饮用水水平，还可以同步实现废水进入回收单元进行回用，满足资源化利用的要求。

【技术局限性】

沿河企业重金属废水高标准排放技术采用特制催化剂提效高级氧化技术实现对重金属络合物的去除，因此催化剂一次投入费用较高。

【典型案例】

江苏某研究所废水系统项目

项目地点：江苏省

实施单位：江苏中电创新环境科技有限公司

项目模式：EPC 模式（设计施工总承包）

项目概述：本项目为新建废水处理工程，废水收集系统以重力方式，将 FAB 区产生的混合重金属废水收集至废水站调节池，再经由提升泵定量输送至废水站的相关废水收集槽。重金属废水水量为 120t/d，其中总铜含量为 211mg/L，总镍含量为 39mg/L，涉及重金属类别多达 7 种。项目工艺采用重金属废水高标准排放技术，经强化破络＋双膜过滤＋

特种树脂吸附方式，使得出水各项重金属指标可同时满足《污水排入城镇下水道水质标准》（GB/T 31962—2015）表 1A、《太湖地区城镇污水处理厂及重点工业行业主要水污染物排放限值》（DB 32/1072—2007）表 3、《生活饮用水卫生标准》（GB 5749—2006）、《电镀污染物排放标准》（GB 21900—2008）四个标准中最严格的指标要求。

### 5.1.6　沿河企业含氟废水高标准排放技术

【技术简介】

沿河（湖）企业含氟废水高标准排放技术，即采用"一级加钙＋二级深度除氟剂"联用工艺，对光伏、电子、面板等行业含氟废水进行处理，可使处理后出水氟稳定小于 1mg/L，满足氟的高标准排放要求。该技术具有适用范围广（能处理各类高中低浓度的含氟废水）、处理效果明显（出水氟稳定小于 1mg/L）、操作简单、基建费用少（所需使用的污水处理设施和处理流程简单，操作方便，极大减少了工程建设的一次性投资）、运行费用低等优点，市场前景广阔。

【应用范围】

该技术适用于含氟废水高标准排放以及各类提标改造。

【技术原理】

沿河企业含氟废水高标准排放技术，由一级加钙化混单元、二级深度除氟剂单元和污泥脱水单元构成。

（1）一级加钙化混单元。首先，含氟废水通过管道自流至废水处理站含氟废水调节池中，池中设有空气搅拌系统，同时池中设有液位控制仪，当废水水位高于预设高水位时，控制装置开启废水提升泵，将废水提升至一级反应池中，废水泵由电磁流量计控制其流量。在一级反应池中设有机械搅拌器，同时设有 pH 计，由 pH 计控制 $CaCl_2$ 加药泵投加 $CaCl_2$，废水中的氟离子通过与 $Ca^{2+}$ 生产难溶的 $CaF$ 沉淀得到去除，一级反应池反应后的废水分别进入混凝池和絮凝池，经过絮凝反应后的废水流进一级沉淀池沉淀，经过一级沉淀的含氟废水氟离子一般为 10～20mg/L。

（2）二级深度除氟剂单元。一级沉淀池出水自流进入二级反应池，二级反应池中设有深度除氟剂加药系统，氟离子与深度除氟剂充分反应后以难溶物的形式存在；反应池出水进入 pH 调节池，调节 pH 值为 6～7 后进入二级絮凝池，絮凝反应后进入二级沉淀池沉淀，二级沉淀池出水氟离子小于 1mg/L。

（3）污泥脱水单元。通过定时启动的污泥泵将一级沉淀池和二级沉淀池产生的污泥输送至污泥浓缩池中，浓缩后的污泥经污泥泵输送进压滤机中进行干化处理。经压制的污泥定时联系具有处置资质单位将污泥外运。滤液以重力方式回流至含氟废水调节池中，和原废水混合后再处理。

【技术要点】

（1）本技术除氟效果稳定，可满足业主深度除氟要求，同时现场应用案例众多，是目前较为成熟的深度除氟技术。

（2）对设备、设施无特殊要求，操作简单易行，初设成本低，尤其适合各类含氟废水的提标改造。

【应用前景】

随着国家环保标准的日趋严格，且现有污水处理厂尚无除氟设施，势必会倒逼企业提高含氟废水的排放标准，目前常采用加钙与氟离子形成氟化钙沉淀的形式对氟进行去除，但只能将其去除到10mg/L以下，且存在加药量大、污泥产量高、水中残留的钙离子结垢对后续工艺造成损害等问题。含氟废水高标准排放技术，不仅可以实现深度除氟，还可以减少药剂投加量和污泥产量，同时工艺出水可以进入回收单元进行回用，满足资源化利用的要求。

【技术局限性】

沿河企业含氟废水高标准排放技术采用一级加钙和二级深度除氟剂联用工艺实现氟的去除，因此所需药剂量较大，运行费用略有提高。

【典型案例】

南昌兆和光电科技园新日光（一期）废水系统项目

项目地点：江西省南昌市

实施单位：江苏中电创新环境科技有限公司

项目模式：EPC模式（设计施工总承包）

项目概述：本项目为新建一期废水处理工程，废水收集系统以重力方式，将FAB区运转产生的不同水质废水分别收集至CUB区废水站各个收集桶和调节池，再经由提升泵定量输送至废水站的相关废水收集槽。含氟废水水量为1800t/d，其中氟离子含量为600mg/L。项目工艺采用含氟废水高标准排放技术，经一级加钙化混后，投加深度除氟剂，出水氟稳定达标排放。工艺段产生的污泥经污泥浓缩和干化处理后委外处理。滤液以重力方式回流至含氟废水调节池中与原废水混合后再处理。

## 5.1.7 生物制药废水近零排放技术

【技术简介】

生物制药废水近零排放技术，利用铁碳微电解＋芬顿法预处理提纯废水，提升其可生化性后，与具有可生化性较好的清洗、发酵废水混合，通过混凝沉降＋生化处理后，去除大部分的污染物。生化出水预处理后，再进入反渗透系统，其产水进行回用。反渗透浓水进入MVR进行蒸发浓缩。结果表明：回用水水质关键指标满足《生活饮用水卫生标准》（GB 5749—2006），可回用至纯水制水单元。该工程运行效果稳定，投资及运行费用较低的优点。

【应用范围】

该技术适用于制药废水的近零排放处理。

【技术原理】

生物制药废水近零排放处理工艺主要包含以下四个单元：提纯废水前处理单元，预处理单元，回用单元与蒸发浓缩单元。

首先，提纯废水输送至提纯废水收集至调节池，泵入pH调节池，经酸碱调节后进入铁碳微电解池。经电化学作用后，该单元可氧化一部分难降解有机物。之后废水进入芬顿氧化池，被芬顿反应产生的强氧化羟基自由基进一步氧化，提高可生化性。

芬顿反应后出水进入中和池，与经输送泵输送至中和池的发酵废水和清洗废水混合，调节pH值至中性后，依次进入混凝池、絮凝池，分别加入混凝剂和助凝剂，去除胶体、悬浮物等，进行沉淀。沉淀池出水进入两级好氧生化反应器，好氧池内设置弹性填料，可依靠丰富的生物菌落将有机物去除，其后设置二沉池，实现固液分离功能，再进入二级生化。二沉池污泥及初沉池污泥经污泥浓缩池浓缩后，进行污泥脱水，滤液输送至清洗废水调节池，残渣委外处理。

二沉池产水泵入石英砂和活性炭过滤器，脱除细微颗粒和残余 COD 后，活性炭过滤器出水进入 RO 回用系统，RO 系统产水进入回用水池进行回用；RO 浓水进入蒸发器，蒸发冷凝水回流至过滤器前端，以达到全部废水回用的目的。

【技术要点】

该技术具有以下优点：①针对可生化性好和可生化性差的废水分类处理，提高处理效果，节约运行和维护成本；②相比于常规的"缺氧＋好氧"或"厌氧＋好氧"工艺，装置启动调试周期缩短 50％以上；③"微电解＋芬顿"对进水 COD 的去除率达 60％，提高 BOD/COD 值约 70％；④此装置能够完全满足零排放的要求，RO 产水能回用。

【应用前景】

水资源的匮乏和严重污染制约着我国经济和社会的可持续发展，污水处理回用成为水处理工作者最急迫的工作。该项生物制药废水近零排放技术不仅实现废水零排放，而且资源化利用回用水，降低了新鲜水的用量，符合水环境治理的可持续发展理念。

【技术局限性】

铁碳微电解结合芬顿反应，产生的污泥量较大，增加了运行的污泥处置费用。

【典型案例】

江苏悦智生物医药有限公司污水处理工程

项目地点：常州市金坛区

实施单位：江苏中电创新环境科技有限公司

项目模式：设计施工总承包

项目概述：江苏悦智生物医药有限公司污水处理工程是为企业提供配套污水处理设施，设计产水量为 50m³/d，要求实现氮磷零排放。因此，本项目采用 RO 浓缩及蒸发结晶的工艺来实现污水零排放。结合企业生产工序，其排放废水主要分为以下三类废水：发酵废水、清洗废水和纯化废水。结合水质特点，进行分类处置：利用铁碳微电解＋芬顿法预处理提纯废水，提升其可生化性后，与具有可生化性较好的清洗、发酵废水混合，通过混凝沉降＋生化处理后，去除大部分的污染物。生化出水预处理后，再进入反渗透系统，其产水进行回用。反渗透浓水进入 MVR 进行蒸发浓缩。回用水水质关键指标满足《生活饮用水卫生标准》(GB 5749—2006)，可回用至纯水制水单元。

# 5.2　城镇生活污染控制技术

## 5.2.1　排水口治理及入河排污口控制技术

【技术简介】

城市雨水排口水质净化技术，即将地表雨水径流中裹挟污染物进行分门别类，利用水动力条件，主要通过物理过滤、净化的治理措施，将污染源从水体中分离出来；并通过吸附、净化介质彻底除去可溶性的化学物质和重金属成分。该技术适应城镇雨水管网排口量大、迅速的治理要求，结合现有检查井、管道、排口及可利用的绿地、水面空间实施。

项目总体投资建设成本低、占地少，以水流势能为动力，兼具有施工简单、维护简易和运营成本低的优势。同时，治理工艺以物理方式为主，避免化学药剂投放对河道、土地造成"二次污染"。

【应用范围】

该技术适用于城市各类用地的地表雨水，以及城市雨污混流排口。

【技术原理】

城镇雨水排口水质净化技术是基于雨水量大、快速治理的要求，有效分离除去水体中的污染物，即通过 TSS 控制确保水变清，通过介质提升水质达标。

（1）膜过滤技术。TSS 所裹挟的污染物是水体污染的主体，针对粗、中、细颗粒大小的不同，采用物理膜对水体中的 TSS 进行分级过滤，总体除去率达到 90%，达到水变清的目的。根据汇水区治理范围的雨水量、污染量，结合分散式现有检查井的改造，加装依靠水动力运行的过滤设施；或者利用排口末端的绿地、水面空间，进行末端集中处理。

粗中颗粒处理——利用一次性金属网、斜板技术以及挡板来有效去除来自地表径流淤泥、垃圾和有机物。

中细颗粒处理——利用水力涡流分离，实现经济高效的雨水处理器和溢流设置相结合，有效去除来自地表径流的 TSS 和部分有机物。

（2）介质净化技术。介质净化技术是基于水质提升的高效雨水处理方式。针对成分不同成分的污染物，选用不同功能的吸附、净化介质。在膜过滤的下游，通过检查井或者排口末端的改造，加装介质净化装置，依靠水流势能，实现水体中污染物的吸附、净化，去除垃圾、淤泥、金属以及碳氢化合物，有效提升水质。具有维护简单，占地少、建造成本相对较低、易于安装的优势。

（3）海绵体过滤技术。海绵体过滤是由一种或多种结构组成的海绵体材料，利用水动力条件，通过增加介质和水体的接触面积，保障过水能力的同时，实现水质的进一步净化。其中，海绵介质可针对性地填充更换或组合，去除 TSS、金属、总氮、总磷等。相对于普通雨水处理产品而言，具有更高处理能力和更高过滤效率，介质使用寿命和维护周期长，以及占地少、建造成本相对较低、安装简易的优势。

【技术要点】

该技术的要点是通过采集气象、地形、土壤渗透、地下管网，以及下游水体（如河流、湖泊、水库）等基础数据，对水环境治理的现状、目标设计进行系统分析和模拟，得出在水安全、水环境、水生态及水资源综合目标条件下的治理设施方案及其合理规模。

该设施包括膜过滤、介质过滤和海绵体过滤等，把各种污染物从水体中分离出来，从而为城市雨水处理提供更有效的解决方案。

【应用前景】

当前，国内海绵城市建设水环境治理的成本为 1.5 亿～3 亿元/km²，城市雨水排口水质净化技术针对城镇雨水治理，新区开发建设成本将下降至约 3000 万元/km²，老城区改造成本将下降至 5000 万元/km² 左右。对于各个大、中城市几十上百平方千米的项目总投资而言，城市雨水排口水质净化技术的实施，将有着重大的现实意义。

在保障项目投资有效投入产出的同时：一方面，将促进城镇雨水的科学治理；另一方面，更大程度上节约大量的政府资金投入；再者，也将促进我国海绵城市、水环境治理新兴环保产业的发展，符合可持续发展理念。

【技术局限性】

城市雨水排口水质净化技术主要针对雨水排口，以及雨污混流排口的二次处理，净化设施安装规模根据当地降雨条件设定。

【典型案例】

硚口区宜家片区雨水净化利用工程

项目地点：武汉市硚口区

业主单位：武汉市硚口区水务局

实施单位：上海东泽水务科技股份有限公司

项目模式：设计施工总承包

项目概述：硚口区宜家片区雨水净化利用工程项目为硚口区宜家片区海绵城市建设项目中的一个子项工程，工程设计以抽取调蓄池存储的雨水，通过除砂、过滤净化处理达标后，储存于清水池，出水回用于城市绿化浇洒、道路冲洗，实现雨水资源的合理利用。工程采用"旋流除砂模块＋TSS 净化过滤模块"的雨水净化处理工艺，出水水质参考《地表水环境质量标准》（GB 3838—2002）Ⅳ 类标准，进出水水质按 TSS 去除率 80% 控制，有效去除金属离子、氮磷、有机物和细颗粒物等水体污染物。

## 5.2.2　NXG 型内进流式旋转细格栅技术

【技术简介】

内进流式旋转细格栅是用来拦截排除供、排水系统中较小直径的悬浮物及颗粒杂质，对经过粗格栅处理后的水源中的污物进一步进行清除。

【应用范围】

该技术主要用来拦截排除供、排水系统中较小直径的悬浮物及颗粒杂质。

【技术原理】

内进流式旋转细格栅主要由驱动装置、栅框、栅框支承系统、冲洗系统、控制系统等部件组成。工作时，污水由栅框前进入，栅渣被栅网截留，栅渣通过栅网与耙齿截留后，栅渣通过回转由压力水冲洗及重力作用把栅渣冲到机体内的漏斗中，后输送至垃圾桶或高排水型螺旋压榨机中进行脱水处理后再外运。内进流式旋转细格栅的独特进水方式，污水进入格栅后污物完全被截住、清除，不会再被带入格栅后。

【技术要点】

NXG 型内进流式旋转细格栅应用渠道深 1～5m、滤网上行速度 3.0～7.0m/min、滤孔的尺寸可根据需要而定，常用的是 0.75～5mm、装置淹没深度为 1m 时，单台设备过水量为 200～1650m³/h。

【应用前景】

对水体悬浮物及颗粒杂质的去除，是污染水体治理、城市给水等领域的重要环节之一，NXG 型内进流式旋转细格栅占地少，安装方便，易操作。考虑设备的养护、维修及延长使用寿命，水下不设传动机件，可避免不必要的机械故障，未来的使用前景广阔，有待进一步推广使用。

【典型案例】

北京海淀区翠湖再生水厂升级改造工程

项目地点：北京市海淀区苏家坨镇前沙涧村

实施单位：江苏一环集团有限公司

项目概述：北京市海淀区苏家坨镇前沙涧村，污水收集范围西起京密引水渠，东至高庄排水沟，南至稻香湖，总服务面积约为 5.8km²，规划至 2020 年时总规模为 8.0 万 m³/d，规划用地 10hm²。一期规模为 1.0 万 m³/d，2011 年初正式运行。翠湖再生水厂升级改造工程是在原一期的基础上进行升级改造，改造后运行规模达到 2 万 m³/d。工程采用了江苏一环集团有限公司的 NXG 内进流式网板膜格栅作为水厂水体的预处理装置，起到了非常好的效果。

## 5.2.3　水力翻板闸式截流井技术

【技术简介】

城市污水截流井是合流制管道中一个重要的附属构筑物，其主要功能是将城市旱流污水和初期雨水截流入污水截流管，以免城市水体受到更为严重的污染。随着污水截流工程在各地的大量开展，新的污水截流井形式在具体工程中得到了不断的应用与推广。水力翻板闸式截流井是根据闸前水位的变化，依靠其水力平衡作用自动控制闸门开启和关闭，在运行过程中无撞击和拍打的一种翻板闸门，有效地将旱季污水截流输送至污水处理设施进行处理，而在雨季避免过量雨水进入处理设施。

【应用范围】

水力翻板闸式截流井技术应用于合流制污水管网的旱季污水截流，雨季时将部分雨水与污水截住并流入污水管中，输送至污水处理设施，减轻溢流污染。

【技术原理】

水力自控翻板闸门是利用水力和闸门重量平衡的原理，增设阻尼反馈系统来达到闸门随上游水位升高，而逐渐开启泄流；上游水位下降，而逐渐回关蓄水，使上游水位始终保持在要求的范围内（即上游正常水位）。它是根据闸前水位的变化，依靠其水力平衡作用自动控制闸门开启和关闭，在运行过程中无撞击和拍打的一种翻板闸门。

【技术特点】

由于水力翻板闸的应用，使水力翻板闸式截流井技术具有如下优点：①原理独特、作用微妙、结构简单、制造方便、运行安全；②施工简便、造价合理，投资仅为常规闸门的 1/2 左右；③自动起闭，自控水位准确，运行时稳定性良好，管理方便安全、省人、省事、省时、省力；④门体为预制钢筋混凝土结构，仅支撑部分为金属结构，维修方便，费用低；⑤由于能准确自动调控水位、就当前水资源短缺，在合理使用和利用水资源有其独到之处。

**【应用前景】**

由于水力翻板闸式截流井所具有的上述优点以及产品的不断升级完善,目前在合流制管网入河排污口控制上得到广泛应用。在住房城乡建设部发布的《城市黑臭水体整治——排水口、管道及检查井治理技术指南(试行)》中,水力翻板闸式截流井被列为入河排水口污染控制的主要技术之一。除了应用于截流井,水力翻板式闸门也已应用于水库溢洪、农田灌溉、城市环保景观工程中。新的一代翻板闸已加装了液压起闭装置,可使用液压推杆进行起闭,增加了管理的灵活性。

**【典型案例】**

吉林长春市鲇鱼沟截流井工程

项目地点:吉林省长春市

业主单位:长春市建委

实施单位:武汉圣禹排水系统有限公司

项目模式:政府采购服务

项目概述:鲇鱼沟位于长春市东南部,跨净月、经开两区。鲇鱼沟起源于净月开发区,按自然地势,从东向西经过绕城高速公路,进入经开区,最终排至伊通河。鲇鱼沟为伊通河上游合流制排放口,属于长春市黑臭水体伊通河整治工程范围,水体水质为劣 V 类,急需整治。项目于 2016 年 11 月实施,方案采用水力翻板闸式截流井(图 5.2),结合浮筒式截流装置,晴天时生活污水全部截流至污水提升泵站,同时防止晴天时伊通河景观水位倒灌;降雨来临时通过控制截污管断面面积对流量控制,紧急降雨时截流井不影响鲇鱼沟的行洪能力;降雨结束后,系统能自动恢复。经调试运行水力自动闸门及浮筒式截流装置均能正常运行,同时水力自动闸门能自动恢复关闭状态并且是完全关闭,避免了伊通河景观水倒灌,整个项目无动力运行,得到业主的高度肯定。

图 5.2　水力翻板闸式截流井安装施工现场

## 5.2.4　合流制雨污分流技术

**【技术简介】**

先进的合流制雨污分流技术具有一体化、无需动力、格栅自清洁等特点。对比传统方式,本技术更适合处理雨污合流制排水系统的溢流问题,并且可为相关的市政项目最多节省 50%的成本。

**【应用范围】**

（1）去除 CSO 中的漂浮物、固体沉淀物，并进行消毒。

（2）新建合流制溢流污染控制设施，或对现有设施的升级改造。

（3）雨水收集净化设施。

（4）综合沉淀、过滤和消毒功能。

**【技术原理】**

待处理的水流沿切线方向进入设备一侧，并围绕中心轴沿池壁缓慢螺旋向下运动，在流体剪切力和阻力作用下，固体物质逐渐沉降。内部导流组件引导水流沿中心轴螺旋上升，排至出口槽。排放之前，水流将通过可拦截所有 6mm 以上漂浮物的自净格栅。收集到的固体与漂浮物将在重力或泵的作用下，从设备底部排出，流入后续的处理单元。

当水量低于水力限流装置的设计流量时，水流直接进入后续的污水处理厂。

当水量高于设计流量时，一部分水流进入污水处理厂，剩余水流进入合流制污水分流装置，去除垃圾、漂浮物、沉淀物等污染物后的出水直接排入河道。

当水量持续增加，超过合流制雨污分离装置处理能力后，多余水流直接排入河道。

**【技术要点】**

（1）对于大于 6mm 的固体污染物（如漂浮垃圾、沉积物）的去除率可达 100%。

（2）对于大于 200μm 的粗砂和悬浮物的去除率可达 95%。

（3）TSS 去除率大于 50%，BOD 去除率大于 30%。

（4）占地面积小，无需人员值守。

（5）无移动部件，无需动力。

（6）自启动、自清洁，一旦设备开始运行，可持续运行两年。

（7）建设维护成本低，有堵塞问题可用水管冲洗，去掉颗粒物、油脂等。

**【应用前景】**

随着目前国内海绵城市的建设，水环境质量得到空前重视，由于国内主要采取雨污合流制排水系统，雨污水如何分离处理净化成为重点关注点，而本技术专门针对此处理难点，有效进行雨污分离，应用范围广，未来有着广泛的应用前景。

**【技术局限性】**

本技术主要针对大中颗粒物，而小颗粒物的有效去除需要配合其他技术装置，才能完成水质的分离和进一步净化。

**【典型案例】**

比利时 CSO 治理工程

项目地点：比利时那慕尔市

业主单位：比利时公用事业公司

实施单位：上海东泽水务科技股份有限公司

项目概述：在全市范围内共计安装 33 个合流制雨污分离技术措施，对合流制管网中的沉积物、沙砾与漂浮物进行预处理，以减少污水处理厂的处理负荷。相比建设一个大型的雨水处理厂，大大节省了建设运营成本和占地面积。

### 5.2.5    排水管网闭路电视检测技术

**【技术简介】**

闭路电视检测技术又称CCTV管网内窥检测技术，通过摄像机器人对管道内部进行全程摄像检测，对排水管道变形、淤积、结垢、泄漏、破裂、缺陷、沉降、错位等状况进行探测和摄像，实现管道内部长距离检测，实时观察并能够保存录像资料，将录像传输到地面，由专业的检测工程师对所有的影像资料进行判读，通过专业知识和专业软件对管道现状进行分析、评估，有效地查明管道内部结构性与功能性缺陷。

**【应用范围】**

城镇排水系统中管网的功能性和结构性缺陷检测。

**【技术原理】**

闭路电视检测技术有自走式和牵引式两种，自走式 CCTV 系统已经成为主流，CCTV 操作人员在地面远程控制 CCTV 检测车的行走，并进行管道内录像拍摄。针对管内水位较高的情况，CCTV 不能有效地拍摄水下的情况，声呐系统可作为补充，扫描出水下的积泥、异物和重大结构损坏情况。CCTV 的基本设备包括摄影机、灯光、电线及录影设备、摄影监视器、电源控制设备、承载摄影机的支架、牵引器、长度计算器。

**【技术要点】**

闭路电视检测技术操作要点：一是进行 CCTV 检测前需进行管道清洗工作，去除管内脏物，保证拍摄到效果良好的视频录像；二是 CCTV 检测作业时，通常是从上游窨井向下游窨井方向进行，声呐探头的推进方向宜与流向一致，在起始、终止的管段检修井处应进行 2~3m 长度的重复检测，以消除扫描盲区；三是当管内污水超过管径的 20% 时，通常需要对管道进行封堵、抽水，通常采用橡皮气囊进行封堵；四是检测前应从被检测管道取水样通过调整声波速度对系统进行校准；五是在进入每一段管道记录图像前，录入地名和被测管段的起点、终点编号；六是一般情况下探头行进速度不宜超过 0.1m/s，在检测过程中应根据被检测管道（渠箱）的规格，在规定采样间隔和管道（渠箱）变异处应停止探头行进采集数据，其停顿时间应大于一个扫描周期；七是声呐探头应水平安放在合适的位置，以减少几何图片变形，滚动传感器标志应朝正上方；八是探头的发射和接收部位必须超过承载工具的边缘；九是声呐探头放入管道起始位置后，应调整电缆于自然紧绷状态，检测开始时必须将电缆计数测量仪归零，在声呐探头前进或后退时，电缆应保持自然绷紧状态。

**【应用前景】**

CCTV 管网内窥检测技术为城市排水管道现状检测提供了最为直观、快速、经济的解决方案，为城市管道系统的改造和修复提供了全面、准确、科学的依据。

在住房和城乡建设部发布的《城市黑臭水体整治——排水口、管道及检查井治理技术指南（试行）》中，闭路电视检测技术被列为排水管道及检查井缺陷检测的主要技术，具有广泛的应用前景。

**【技术局限性】**

CCTV 检测其实只是将肉眼观察延伸到管道内部，视频检测只能发现肉眼可见的明显重大表观质量缺陷，可发现混接、乱接的现象，但无法保证管道整体质量合格，不能代替《给水排水管道工程施工及验收规范》（GB 50268—2008）规定的排水工程闭水试验方法，无法发现管道细小裂缝乃至渗漏等质量通病，也无法度量标高、坡度不衔接的问题。

【典型案例】

深圳市茅洲河流域（宝安片区）水环境综合治理工程

项目地点：深圳市宝安区

项目规模：74.7km 污水管网检测修复

业主单位：深圳市宝安区环境保护和水务局

实施单位：中国电建集团水环境治理技术有限公司

项目模式：政府采购服务

项目概述：针对茅洲河流域（宝安片区）沙井、松岗污水处理厂收水范围的已建设的污水干、支管网，进行系统摸排梳理，以 CCTV 检测为主（图 5.3），结合声呐检测、潜水检测、潜望镜检测等手段，排查管网缺陷、清淤共 74.7km。项目包括新铺设污水管网 700km，历时近 3 年。经过系统检测治理后，沙井、松岗污水处理厂收水率大幅提升，对深圳茅洲河水环境的提升作用明显。

图 5.3　闭路电视管网检测

### 5.2.6　多种方法相结合的城市大范围排水管网快速探测及检测技术

【技术简介】

多种方法相结合的城市大范围排水管网快速探测及检测技术，是一种综合性强、适用性广的排水管网普查技术，是通过结合人力探查、工程物探、电子潜望镜检测（QV）、声呐检测、闭路电视检测（CCTV）、水质检测、流量监测等技术，因地制宜地选取一种或多种技术配合使用，实现对排水管网的快速探测及检测，具有综合性强、效率高、有针对性的特点，对从无到有、工期紧张、需大范围开展的排水管网综合整治项目的前期数据采集工作（即排水管网探测及检测成果数据）具有较强的适应性。获取排水管网的探测及检测成果数据，可作为基础数据用于建立城市排水管网数据库、建立排水模型、排水管道结构性与功能性评估及修复等多种用途。

【应用范围】

该技术适用于城镇排水管网的探测及检测工作。

【技术原理】

多种方法相结合的城市大范围排水管网快速探测及检测技术主要用于城镇排水管网探

测及检测两大板块。

（1）管网探测。以获取地下排水管线及其附属构筑物的平面位置、高程、埋深、管径、材质、排水流向、权属单位及设施管养情况等信息数据为目的，以人力探查为主，工程物探探地雷达、声呐检测、QV、CCTV、鼓烟机、颜料示踪等多种方法为辅。常规作业以人力探查，运用钢钎、撬棍及葫芦吊等工具开启检查井及其他附属设施，检视内部情况；通过钢卷尺、皮尺、测距仪等测距工具量测其埋深、井室尺寸及管道尺寸；通过RTK、全站仪专业测量仪器及工具获取其平面及高程数据。对疑难管段可辅以特殊手段帮助探测，如深度较大的检查井，可用 QV 技术完整了解其内部构造情况；如遇满水管道，可用声呐系统检测内部情况；如排水管道检查井被掩埋，可用工程物探探地雷达探测管道走向及埋深；还可用鼓烟机喷烟雾法确定排水口管道来向；可用颜料示踪法追踪管道下游去向；可用 CCTV 技术确定支管暗接情况的管道连通性等。多种方法手段的结合运用，使管网探测不再只获取可视的数据，对不可视的、隐藏于地下设施内的数据也一目了然，加强了管网探测工作对于难点、疑点的克服能力，也提升了探测效率，适合大范围铺开进行。

（2）管网检测。以摸清排水口上游现状道路和地块内部排水管道和检查井缺陷类别、外来水种类、水量大小、评估缺陷等级和雨污混接情况为目的，为管道及检查井缺陷修复和雨污混接治理提供重要依据，以 QV、CCTV 检测为主，人工进管、声呐、反光镜、潜水等方法为辅，检查内容包括井盖、井圈、井筒、井壁、井室、管口、防坠网、警示装置及爬梯等设施部件的有无及完好状态；井室及管道内的淤积程度及积水情况；管道结构性及功能性缺陷评估。具体如下：

1）常规作业以 QV 技术将高放大倍数摄像头和高功率探照灯放置管口及各类排水设施内部，通过控制摄像头的变焦拍摄排水管道管口及排水设施内部影像资料，获取排水设施内部构造及排水管道运行情况等信息，对排水管道进行快速初步检测及评估，发现排水管道部分功能性缺陷，获取排水管道淤积情况、满水管段分布情况等信息，同时对支管暗接、破裂、外来水入渗等缺陷的发现有一定作用。QV 检测技术只可用于对排水管道内部状况进行初步判定，不可替代 CCTV 检测结果作为管道修复的依据，但宜与管网探测工作同步进行，相辅相成，对快速摸清排水管网的运行情况及部分缺陷有较好的效果。QV的基本设备包括仪器主体、伸缩杆、防触底弹簧、高清摄像头、电缆线等。

2）CCTV 技术是将带有高清摄像头的检测车驶入管道，CCTV 操作人员在地面远程控制 CCTV 检测车的行走，并进行管道内录像拍摄的一种检测技术，也是排水管道检测最主要、最主流的办法，可全方位反映排水管道的结构性及功能性缺陷，但对被检测的排水管道要求较高，对管径有一定要求，需事先对管道进行清洗作业，去除管内淤积，且一般不能带水作业，如无法满足条件，也应将水位降低至管道直径的 20%，否则需进行上游管段封堵、抽水，故可在 QV 初步检测的基础上，有针对性地对急需进行完整检测的排水管网进行 CCTV 检测，以此提高检测数据服务管网改造整治的效率。CCTV 的基本设备包括摄影机、灯光、电线及录影设备、摄影监视器、电源控制设备、承载摄影机的支架、牵引器、长度计算器等。CCTV 检测可为管网清障、管网管养、管网修复和新管的竣工验收提供技术资料和决策依据。

3) 对一些特殊管段可用其他方法进行检测，如较浅且状况良好的检查井，可在通风并确保安全后以人工进管目视的方法进行检测，应拍摄视频以免造成信息遗漏，同时也便于资料保存及分析；如满水且暂不具备降水条件的管段，可用声呐系统进行检测；如管段较短，光线满足条件的，可用反光镜检测技术进行检测；如水位很高，断水和封堵皆有困难的大型管、渠、排水口，以及倒虹管等特殊管道，可采用潜水检测的办法，由专业人员下水作业检测。

将 QV 检测与管网探测结合进行，有利于快速获取大范围管网的初步检测信息，发现管道淤堵、断头、满水等症结所在，以便快速做出响应进行治理。QV 检测结果虽不可替代 CCTV 检测结果，但 CCTV 检测耗时较长，准备工作较多，且 QV 检测可有指向性地找出一些急需进行整治处理或修复的管道，故可根据 QV 检测结果对部分管道进行有针对性的 CCTV 检测，提高效率。QV 检测的影像数据也对管网探测的精确度、完整性有巨大帮助。

**【技术要点】**

多种方法相结合的城市大范围排水管网快速探测及检测技术的各类要点如下：

（1）管网探测应与 QV 检测同步进行，同时获取排水设施、管道的基础数据、现状情况及影像资料，提高效率，节省时间。

（2）管网探测人力量测数据及测绘平面高程数据应达到相关规定的精度要求，保证数据真实有效。

（3）QV 检测应满足如下规定：①用于管道内部状况进行初步判定；②管内水位不宜大于管径的 1/2，管段长度不宜大于 50m；③当光源不能满足拍摄清晰度时、当镜头沾有泥浆等影响图像质量时、当镜头浸水时、当管道内雾气影响图像质量时以及其他无法正常检测的情况时，应中止检测。检测时还应注意，镜头中心正对管道管口、变焦不宜过快、连续清晰拍摄 10s 以上，对各类缺陷判读并记录。

（4）CCTV 检测应满足如下规定：①不应带水作业，当现场条件无法满足时，应采取降低水位措施，确保管道内水位不大于管道直径的 20%；②当管道内水位不符合要求时，应对管道实施封堵、导流，使管内水位满足检测要求；③在进行结构性检测前应对被检测管道做疏通、清洗；④当爬行器在管道内无法行走或无法推进时、当镜头沾有污物时、当镜头浸入水中时、当管道内雾气影响影像质量时以及其他原因无法正常检测时都应终止检测。检测时还应注意，顺水流检测、控制行进速度满足规范要求、中轴线拍摄不应产生过大偏移、爬行距离计数器应与爬行器同步、行进过程不宜变焦、变焦及侧向摄影时爬行器应静止、拍摄画面应持续不间断、应延长各类病害的拍摄时间确保达到检测效果等。

（5）声呐检测应满足如下规定：①管内水深应大于 300mm；②当探头受阻、被缠绕、埋入泥沙等导致无法继续正常检测时应中止检测。声呐检测宜顺水流方向进行，必要时还可辅以牵拉绳进行牵拉行进。

（6）其他类型的检测只适宜用于日常维护性检测及特殊情况的检测，以获取数据及修复为目的的检测应按实际情况运用上述三种检测办法。

（7）QV 检测及声呐检测等办法不可替代管道修复中的 CCTV 检测，确需进行管道修复的，必须按要求封堵降水、清淤除晦后进行 CCTV 检测；CCTV 检测带水作业时，水位应在管径的 20％以下，可与声呐检测同步进行，弥补水下无法拍摄影像数据的不足。

**【应用前景】**

多种方法相结合的城市大范围排水管网快速探测及检测技术，为城市管理者在短时间内获取排水管网基础数据及运行情况等信息提供了最为快捷、经济的解决方案，为城市排水管网的分步改造、城市水体的源头治理提供了全面、准确、科学的数据。

环保部发布的《水污染防治行动计划》发布后，我国各大城市均开展了水环境治理，对存在空白领域的城市排水管网探测及检测数据的获取，多种方法相结合的城市大范围排水管网快速探测及检测技术是最直接有效的办法。

**【技术局限性】**

多种方法相结合的城市大范围排水管网快速探测及检测技术其实是以快速获取大量基础数据及影像资料为目标，而将各类方法综合运用最大效率化的一种普查方式，对于需大面积、全面开展管网修复工作，仍需依赖于封堵、抽水、清淤后进行的 CCTV 检测。同时，无论本技术中何种检测办法，都只能发现肉眼可见的明显重大表观质量缺陷，可发现混接、乱接的现象，但不能替代排水工程闭水试验，亦不能用于鉴定管道质量的合格性。

**【典型案例】**

南宁市建成区排水管网专项普查

项目地点：南宁市建成区

业主单位：南宁市城乡建设委员会

实施单位：南宁市勘察测绘地理信息院

项目模式：政府采购服务

项目概述：针对南宁市市政排水管网及地块内部排水管网底数不清、部分排水管网修建年代久远缺乏有效管养病害增多、雨污水管道混接严重、城中村等合流制区域无序排放等情况，对南宁市约 400km² 的建成区范围内市政排水管网及地块内部排水管网进行全范围的探测及检测工作，摸清管网底数，对检查井及管道进行结构性和功能性缺陷评估，找出排水管网雨污混接情况，结合水质检测及水量监测技术，在关键节点及各地块排出管布控监测点，获取水质及水量数据，为排水管道修复、打通断头管、雨污混接等整治提供必要数据。本项目涉及范围广，调查管网长度大，预期工期仅为 2 年，十分紧张，在人员有限情况下，多次达到两周内完成支流流域上百公里的排水管网探测及初步检测、部分排水管网 CCTV 检测的攻坚任务。经过系统调查后，南宁市的排水管网有了较为完善的数据，主管部门据此对病害管、断头管、淤堵管、混接管等进行系统性综合治理，排水管网运行状况得到很好的改善，河道黑臭现象也在逐步消除。

## 5.2.7　市政排水管网流量监测技术

**【技术简介】**

流量监测技术是指通过对所需要测量目标的类型、特征进行总结分析，为满足流量监测实际需求，分析现有的可用于测量目标流量的测定技术，根据适用于各种技术的流量设备的工作原理、特点、应用场地进行对比分析，并且对现有的实际应用案例进行汇总的技术。流量监测原则包括河流流量监测原则和废水/污水流量监测原则。无论是河流流量测定，还是工业废水/污水排放过程中的流量测定，测量方法基本相同。主要有流量计法、容积法、浮标法、流速仪法、量水槽法和溢流堰法等。而随着城市内涝事件的时有发生，城市管网流量监测日益受到重视。通过流量监测技术可以分析市政排水管网的状态，判断入流和渗漏问题，优化对市政排水管网的维护和管理，执行理想的管道修复策略。

**【应用范围】**

通过在市政排水管网中安装流量计，对区域的管网中部分关键点进行水位、流速及流量的监测。准确全面了解区域内排水规律和管网的运行现状，为管网的日常运行管理提供有效的数据支持，提高排水管网的现代化科学管理水平。

**【技术原理】**

在市政排水管网流量监测中，最常见的流量测定方法为液位-流量法和面积流速法。

液位-流量法测定流量是利用一定直管段的水流流过某设计尺寸的槽或者堰时，被测流流过量水槽（堰）形成一定的液位高度（壅水高度），在自由流状态体下，其流过水槽（堰）液体流量 $Q$ 与水位 $H$ 满足一定的关系。因此通常这种原理的流量测定设备仅需要设置液位探头，配合特定形状的槽或者堰即可获得流量。当然，流量与液位高度（壅水高度）之间的关系将因选择的槽或堰形状不同而有差异。

面积流速法是根据原始流速、液位数据以数学模型计算出截面平均流速后乘以流体截面积而获得流量的流量检测技术。相比较液位-流量法，面积流速法的适应性更强，更加灵活。

**【技术要点】**

在使用液位-流量法测定流量时，由于槽或者堰均为一定的构筑物，因此很难在管渠内有水时候进行施工建造这些构筑物。虽然使用此类流量计的液位探测探头安装十分方便，但是由于构筑物施工工作量大，整体而言此类流量计安装略显复杂。总体来说，基于液位的明渠流量计具有以下特点：

（1）探头安装简便，维护和拆卸均很简单。

（2）探头不接触污水，维护量小，可适应恶劣环境。

（3）流量数据由液位数据换算，数据准确性容易受槽体构建、水中杂质过多等因素影响。

（4）只适用于非满管的明渠测量。

（5）需要改造排水管渠为制定形状，安装施工量大。

（6）一般需要现场供电。

在使用面积流速法测定流量时，安装流量计之前，应对水力状况和现场条件深入勘察，基本上要满足以下条件：

（1）畅通的流动和趋于中间值的峰值流速，潜在的现场应该只存在微小波纹或波浪。波涛汹涌或泡沫流将产生不利于传感器精确测量的影响。突出的管道接头，上游弯曲，或上游管道合并将会产生波浪起伏和偏离中心的峰值流速。

（2）管道底部无大量淤泥，必须考虑在一个污泥量可控的点位安装，以便获得准确的数据。传感器可能需要固定在管道侧壁以避免陷入淤泥。

（3）无过载的明显痕迹，根据检查井内阶梯或管壁上湿泥（印记）判断管道是否经常满载。如果发现经常满载/过载，考虑更换点位进行流量监测。

流量计安装成功后，需要测量排水管网的管道的内经或者渠宽，以及安装时的水位和淤泥高度，通过对应的软件进行参数设定以及校正。并需要定期对流量计进行维护和管理，以确保数据的准确性。

【应用前景】

市政排水管网是城市的地下生命线，具有流量变化大、流态复杂、水质恶劣等特征，排水管网易发生入流和渗漏等问题，容易导致城市内涝事件的发生，直接影响城市的形象。而流量监测技术可以为解决城市内涝、管道破损、管道淤堵提供基础数据，为城市管网运行维护提供依据。同时系统地研究城市管网流量，可系统掌握管网运行状况，可以直观及时地发现监测点上下游管线的过载溢流异常水入渗淤积等问题，更可以通过数据统计、模型建立为排水管网整改、新建、调配提供参考和依据。

【技术局限性】

流量监测技术在市政管网中的应用，主要限制于管网中的环境因素。地下管网具有流量变化大、流态复杂、水质恶劣等特征，而安装流量计的首要条件就是监测条件要符合流量计的基本要求，这样才能保证数据准确性。

【典型案例】

南宁市青秀区民族大道东流域水环境治理工程

项目地点：南宁市青秀区

业主单位：南宁市城乡建设委员会

实施单位：南宁市勘察测绘地理信息院

项目模式：政府服务

项目概述：针对民族大道东流域地下管网的普查及梳理，结合水质检测技术，对雨污混接管线进行整改。再以流量监测技术分段式对管网关键节点进行监测，分析数据，确定存在入流和渗流问题严重的管网区域，再以 CCTV 检测技术，确定管道破损区域，从而进行管道维护。同时针对民歌湖 P2 排口的长期监测，为最终解决溢流问题，提供了重要依据。

## 5.2.8    分流制雨污管网混接状况调查技术

【技术简介】

随着城市化进程的不断加快，各个城市都形成了各自的排水管网系统，由于不同时期修建的管道在规划、设计及施工过程中存在着较大的差异，市政管通建设与新区建设先后配合不协调；此外，对分流制概念认识不清，工厂的排放设施和必要的预处理工程大部分未按要求进行改造与实施，偷排偷放、私接乱接等原因，在分流制排水体系内形成了大量雨污混接的现状，造成了污水处理厂污水量不足，大量未经处理的污水直接排向了附近水体，需调查改造。

**【应用范围】**

城市建成区分流制排水管网的雨污混接情况调查治理。

**【技术要点】**

城镇分流制排水系统雨污混接调查内容可包括混接位置探查、混接流量测定、混接水质检测、排放口调查和混接情况评估，并对调查结果进行分析和判断，得出雨污混接程度的评估结论。

（1）混接位置探查。有下列现象之一的，可预判为调查区域内有雨污混接可能：①持续三个旱天后，雨水管道内有水流动；②持续三个旱天后，雨水管排放口有污水流出；③旱天时，雨水管道内 $COD_{Cr}$ 浓度下游明显高于上游；④旱天时，雨水泵站集水井水位超过地下水水位高度或造成放江；⑤旱天时，在同一时段内，雨水泵站运行时，相邻污水管道水位也会下降；⑥雨天时，污水井水位比旱天水位明显升高或产生冒溢现象；⑦雨天时，污水泵站集水井水位较高；⑧雨天时，污水管道流量明显增大；⑨雨天时，污水管道内 $COD_{Cr}$ 浓度下游明显低于上游。

混接点位置探查的对象为调查范围内的雨污水管道及附属设施。强排系统，调查至泵站的前一个井；自排系统，调查至进河道的前一个井。宜采用实地开井调查和仪器探查相结合的方法。在电视潜望镜无法有效查明或混接点要求准确定位的情况下，应采用 CCTV 检测。必要时可采用染色检测和烟雾检查，结合泵站配合，根据水流方向确定管道的连接现状。

开井目视检查，有下列情形之一的可判别该井为混接点：①雨水检查井或雨水口中有污水管或合流管接入；②污水检查井中有雨水管或合流管接入。

（2）混接流量测定。流量测定方法包括容器法、浮标法和速度-面积流量计测定法三种，应符合下列规定：

1）容器法适用于井的混接流量测定和检测上下游流量差；所使用的器材有容器（至少一面是平面）和秒表。其流量应按下式计算：

$$Q = V \times 3600 \times 24 / t$$

式中　$Q$——流量，$m^3/d$；

　　　$V$——容器内水的体积，$m^3$；

　　　$t$——收集时间，s。

2）浮标法适用于管道非满流的情况。所使用的器材有浮标、皮尺和秒表；浮标流动的起止点距离用皮尺丈量，读数精确到厘米；浮标流动的时间采用秒表计时。其流量应按下式计算：

$$Q = 3600 \times 24AL / t$$

式中　$Q$——流量，$m^3/d$；

　　　$A$——管道横断面面积，$m^2$；

　　　$L$——浮标流动的起止点距离，m；

　　　$t$——所用的时间，s。

3）速度-面积流量计测定法适用于满管和非满管的流量测量；所使用的器材有速度-面积流量计、探头固定装置和计算机。使用该仪器进行流量测量时应注意以下事项：安装探头时应注意避免被泥土覆盖；管中水流清澈时，该仪器无效；仪器在使用前要进行校准。

（3）混接水质检测。水质检测项目一般包括化学需氧量（COD$_{Cr}$）、pH 值。根据不同混接对象所排放的污水特性可增加特征因子；工业企业污水混接可加测铵氮（NH$_4^+$ – N），餐饮业污水混接可加测动植物油，居民生活污水混接可加测阴离子表面活性剂（LAS）。

应根据排水特点，选择取样时间，通过水质检测结果及变化的幅度可判断混接类型和混接程度。

（4）排放口调查。排放口调查方法包括：巡视、开井检查及流量和水质检测，应选择在持续三个旱天后进行，存在下列情况之一，可初步确定有雨污混接现象：①排放口巡视宜沿河岸步行、乘船目视，雨水排放口有污水流出；②排放口上游的第一个节点井内目视或检测有污水流过。

（5）混接情况评估（表 5.2）。评估分区域混接程度和单个混接点混接程度两个方面。

表 5.2                                        区域混接程度分级评价

| 混接程度 | 混接密度 | 混接水量程度 |
|---|---|---|
| 重度混接（3 级） | 10%以上 | 50%以上 |
| 中度混接（2 级） | ＞5%～10% | ＞30%～50% |
| 轻度混接（1 级） | ＞0～5% | ＞0～30% |

区域混接程度应根据混接密度（M）和混接水量程度（C）以任一指标高值的原则来确定：

混接密度（M）：

$$M = \frac{n}{N} \times 100\%$$

式中    M——混接密度；

n——混接点数；

N——节点总数，是指两通（含两通）以上的明接和暗接点总数。

混接水量程度（C）：

$$C = \frac{|Q - 0.85q|}{Q} \times 100\%$$

式中    C——混接水量程度；

q——被调查区域的供水总量，m³；

Q——被调查区域的污水排水总量，m³。

单个混接点混接程度可依据混接管管径、混接水量、混接水质以任一指标高值的原则确定等级（表 5.3）。

表 5.3                                        单个混接点混接程度分级评价

| 混接程度 | 接入管管径/mm | 流入水量/(m³/d) | 污水流入水质(COD$_{Cr}$数值) |
|---|---|---|---|
| 重度混接（3 级） | ≥600 | ＞600 | ＞200 |
| 中度混接（2 级） | ≥300 且＜600 | ＞200 且≤600 | ＞100 且≤200 |
| 轻度混接（1 级） | ＜300 | ＜200 | ≤100 |

【应用前景】

在住房和城乡建设部颁布的《城市黑臭水体整治—排水口、管道及检查井治理技术指南（试行）》中明确提出要"黑臭在水里，根源在岸上，关键在排口，核心在管网"。

要想彻底解决城市黑臭水体问题，就需要在对河道内污水进行净水处理以外，还要从源头上也就是说从管网上找原因，对现有分流制排水系统管网进行全面摸排整治是防止污水直排的根本方法。近几年越来越多地受到管理部门的关注和重视，在实施雨污混接调查的同时也可以对地下排水管道运行状况进行一个全面的了解，结合管网检测技术，如闭路电视检测技术，发现可能存在的结构性和功能性缺陷，通过采取养护或者修复的方式保证管道的正常运行。只有将管道的问题解决掉，将会从源头上解决城市的黑臭水体。

【典型案例】

上海市雨污混接调查改造项目

项目地点：上海市

业主单位：上海市水务局

项目模式：政府采购服务

项目概述：上海市某区范围内河道黑臭问题突出，辖区内几条河道是上海市挂牌督办整治的黑臭河道，为了完成 2017 年年底彻底消除中心城区河道黑臭的任务，对这一区域排水管网进行雨污混接调查。根据辖区内实际规划划分的排水系统为分界线进行雨污混接调查，辖区内工分为八个排水系统，累计调查雨污水主管道长度为 227.98km，完成混接点流量测定为 430 处，累积日混接流量约为 14000m³，COD 及 pH 值测定为 566 次，氨氮及阴离子表面活性剂测定 200 个样品。检测过程中共计检测到混接点共计 583 个，其中 249 处的混接点位于一个排水系统内，其中市政雨污水相连的 29 处，各类商铺私接、倾倒 70 处，小区内混接进入市政 150 处，日混接水量约为 8279.02m³。

## 5.2.9　紫外光原位固化管网修复技术

【技术简介】

紫外光原位固化管网修复技术为管道原位固化修复法（CIPP）的一种，渍光敏树脂的软管置入原有管道内，通过紫外光照射固化，在管道内构建新的管道内衬，形成一层坚硬的"管中管"结构。

【应用范围】

紫外光固化属于后固化成型技术，由于玻璃纤维软管灵活多样、可塑性强、可适用于各种形状、各种材质、管径在 150～1600mm 的排水管道内。适用于基础结构基本稳定、管道线形无明显变化、管道壁体无严重破损，影响使用功能的管道。适用于对管道内壁局部蜂窝、剥落、小型破裂，结构呈现变形、渗漏、腐蚀、脱节、接口错位小于等于直径的 15% 等病害的修补。

【技术原理】

紫外光固化内衬软管的主要材料为 ECR 玻璃纤维、热固性树脂以及光固化触发剂。ECR 玻璃纤维的耐腐蚀性能在所有玻璃纤维中为最佳；热固性树脂为不饱和聚酯，其具有良好的抗腐蚀性能；光子触发剂加入到合成树脂中，仅对于紫外光的照射有反应，在暴露于紫外光的条件下会产生基团，从而对聚合过程产生触发作用，形成一种固化的树脂矩阵。有研究表明，用玻璃纤维增强材料修复管道的安全性和质量，与用钢管进行修复的相当。

在紫外光固化前，要先对管道进行清淤、管道脱节预处理、管道缺陷处理，使管内部畅通，管内表面平缓，没有尖锐突出物，没有淤泥沉积及水流的涌入，保证管道的稳定性及避免后续的病害源，符合固化要求后，才能进行管道紫外光固化施工。修复后固化管端部切口应平整，切口与井壁应平齐，封口无渗水；内衬管表面光滑，无明显的褶皱、突起现象（变径、错位部位除外）；内衬管内部不得有渗漏现象；内衬管壁厚、强度符合设计要求；内衬管满足闭水试验的要求；内衬管不应出现局部凹陷、划伤、裂缝、磨损、孔洞、起泡、干斑、隆起、分层和软弱带等影响管道使用功能的缺陷。

【技术特点】

紫外光原位固化管网修复技术通过专业紫外光发射与控制设备照射管道内壁使树脂在管道内部固化，形成高强度内衬新管。选用材质非常优良的玻璃纤维内衬管，具有耐腐蚀、耐磨损的优点，耐久性强，可确保和延长使用寿命。人员、设备井下作业，路上仅放置配套工具车辆和小面积材料组装场地，施工占地小，不需要开挖路面，不会产生建筑垃圾，对于环境保护和交通影响小；施工周期短，通常修复时间仅需 3~5h，修复后排水管道即可使用，对排水系统干扰小。

【应用前景】

城市老城区道路狭窄，交通环境差，排水管道复杂，年久失修，淤泥沉积，对城市排水能力产生较大影响，采用紫外光固化法有效地解决了明挖修复带来的施工时间长、交通影响大等不利因素，且具有质量可控、使用时间长等优点，适用于直径为 200~2200mm 的排水管道修复，根据待修复管道位置一次性最长可修 500m 左右，并可通过 90°弯头。

【技术局限性】

紫外光固化前需对修补管段全面清淤清洁，待修补管段周围须有检查井连接，且不适用于存在严重结构问题的管网修复。

【典型案例】

泉州市宝洲街污水主干管修复工程

项目地点：福建省泉州市

业主单位：泉州市市政公用事业局和市排水管理中心

项目模式：政府采购服务

项目概述：宝洲街污水主干管是泉州中心城区污水截流、收集及传输至宝洲污水处理厂的主要通道。由于宝洲路污水干管建设年限较早，管道已经产生不均匀沉降，管道出现错口、起伏、脱节、破裂甚至坍塌断裂等结构性缺陷。修复工程于 2013 年年底开工，修复管段约 1km，采用紫外光原位固化管网修复技术（图 5.4）。修复完成后，进行闭水试验，工程验收一次合格率 100%，工程建设质量达到合格工程标准，解决了管道存在的渗漏、破损等问题，有利于进一步提高宝洲污水处理厂进水浓度。

图 5.4 工人将玻璃纤维内衬铺开（左）紫外光固化作业（右）

## 5.2.10 移动床生物膜反应器（MBBR）工艺技术

【技术简介】

移动床生物膜反应器（Moving Bed Biofilm Reactor，MBBR）工艺技术是污水处理厂提标改造常用的工艺技术之一。该方法通过向反应器中投加一定数量的悬浮载体，提高反应器中的生物量及生物种类，从而提高反应器的处理效率。通过运用生物膜法的基本原理，又充分结合了活性污泥法的优点，又克服了传统活性污泥法及固定式生物膜法的缺点。

【应用范围】

移动床生物膜工艺设计及运行灵活简单，可在反应池运行时投放，适应不同类型的池型，而且与其他工艺的兼容性很强，可以与已建污水处理厂的大部分工艺如 A$^2$/O、AO、SBR、CASS 及氧化沟法等相组合。可较好地提升氨氮、总氮去除效果，对于解决北方污水处理厂冬季氨氮不达标的问题也有较好效果。

【技术原理】

流动床生物膜工艺技术关键在于研究和开发了比重接近于水，轻微搅拌下易于随水自由运动的生物填料。生物填料具有有效表面积大，适合微生物吸附生长的特点。填料的结构以具有受保护的可供微生物生长的内表面积为特征。当曝气充氧时，空气泡的上升浮力推动填料和周围的水体流动起来，当气流穿过水流和填料的空隙时又被填料阻滞，并被分割成小气泡。在这样的过程中，填料被充分地搅拌并与水流混合，而空气流又被充分地分割成细小的气泡，增加了生物膜与氧气的接触和传氧效率。在厌氧条件下，水流和填料在潜水搅拌器的作用下充分流动起来，达到生物膜和被处理的污染物充分接触而生物分解的目的。另外，每个载体内外均具有不同的生物种类，内部生长一些厌氧菌或兼氧菌，外部为好养菌，这样每个载体都为一个微型反应器，使硝化反应和反硝化反应同时存在，从而提高了处理效果。

**【技术特点】**

与活性污泥法和固定填料生物膜法相比，MBBR 既具有活性污泥法的高效性和运转灵活性，又具有传统生物膜法耐冲击负荷、泥龄长、剩余污泥少的特点。运用于污水处理厂提标改造时，具有改造简单，兼容性强，节省基建费用的优势；移动床生物膜工艺设计及运行灵活简单，可在反应池运行时投放，适应不同类型的池型。

（1）镶嵌式改造。通过泥膜复合 MBBR 工艺的实施，MBBR 可以与 A²/O、SBR、氧化沟、BIOLAK 以及上述活性污泥工艺的变形工艺相结合，实现镶嵌式改造，无须新建和扩建。

（2）曝气方式灵活。主要采用穿孔管曝气，同时也可与微孔曝气、悬链曝气相结合，不影响工艺使用。

（3）项目实施周期短。由于施工安装简单，一般每组池子在 7～14d 即可完工，MBBR 改造土建量少甚至没有，MBBR 组件多为预制，可直接安装，可实现不停水改造。

（4）运行管理方便。MBBR 应用，贯彻了镶嵌的理念，能够延续已有运行人员对工艺的运行管理经验，且工艺无特殊维护需求，运行管理简单。

**【应用前景】**

移动床生物膜反应器是介于活性污泥法与生物膜法之间的一种新型、高效的复合工艺，具有强化脱氮除磷、抗冲击、应用灵活、投资成本低、管理运行简单等优点，广泛适用于污水处理厂升级改造、扩容以及分散式污水处理，具有广阔的市场前景。

**【技术局限性】**

目前悬浮载体流化仍是定性概念，缺乏定量参数。流化均匀性只能通过肉眼识别，这为 MBBR 纳入自控体系增大了难度。其次，部分污水处理厂预处理设施不完善，纤维毛屑、砂石等对悬浮填料拦截筛网构成威胁，造成筛网寿命不如预期。此外，在 MBBR 的大量应用中，膜污染和堵塞是核心问题，最重要原因在于 MBBR 旨在富集更高污泥浓度提高处理效果，而较高污泥浓度恰恰是膜污染的直接致因。

**【典型案例】**

青岛李村河污水处理厂升级改造工程

项目地点：山东省青岛市

业主单位：泉州市市政公用事业局和市排水管理中心

实施单位：中国市政工程华北设计研究总院（天津）；青岛思普润水处理股份有限公司（青岛）

项目模式：政府采购服务

项目概述：青岛市李村河污水处理厂的污水规模为 $17 \times 10^4 \, \text{m}^3/\text{d}$，分两期建设，一期处理工艺为 UCT 工艺，二期为 A²/O 工艺，工程原设计出水水质为《城镇污水处理厂污染物排放标准》（GB 18918—2002）的二级标准。由于污水处理厂出水排入胶州湾，其属于半封闭水域，根据国家环保总局、山东省和青岛市的要求，所有排向胶州湾的污水处理厂出水水质应达到一级 A 标准，因此需对现有污水处理厂进行升级改造。综合分析污水处理厂现有工艺、占地、进出水指标及运行情况的基础上，升级改造的生物处理工艺采用移动床生物膜反应器工艺 MBBR（图 5.5、图 5.6），实施改造后出水水质稳定达到一级 A标准。

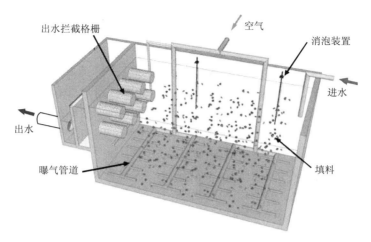

图 5.5 MBBR 好氧反应池构造

图 5.6 青岛市李村河污水处理厂改造后 MBBR 反应池

## 5.2.11 超磁分离水体净化技术

【技术简介】

超磁分离水体净化技术是用于污水处理领域替代传统混凝沉淀、加砂沉淀、斜板沉淀的悬浮物去除新技术。它不同于传统工艺依靠重力分离悬浮物，而采用稀土永磁技术，变被动沉淀为主动的吸附打捞，使分离的效率提高。超磁分离技术分离出的污泥含水率小于93%。工艺水力停留时间小于 5min，占地面积极小。

【应用范围】

治水没有捷径可走，控源截污在黑臭水体治理中扮演着重要作用，只有从源头上控制直排污水入河，才能切实提升河道水环境治理成效，对直排污水进行截污治理，削减河道总体污染物，才能持之以恒地维持良好的河道水环境。超磁分离水体净化技术适用于河道治理的前度治理暨控源截污段。

**【技术原理】**

基本原理"磁吸铁→污水中磁性物受到磁力吸附→从水中分离→污水得以净化"。

通过投加混凝剂，混凝剂在水中发生水解生成沉淀，由于微粒表面带有同种电荷，在一定条件下相互排斥而稳定。双电层的厚度越大，则相互排斥的作用力就越大，微粒就越稳定。絮凝剂在水解过程中产生某种电解质，中和微粒表面的电荷，降低表面带电量、降低双电层的厚度，使微粒间的斥力下降，出现絮状聚集，水解形成的带电荷胶体对废水中的胶体、悬浮物、部分不溶性有机物有极强的吸附性。继续投加 PAM，利用其强烈的吸附架桥作用，使细小的絮体变得粗而精密。在此过程中投加磁助剂（磁粉），磁粉颗粒非常细小，小于 325 目，可作为絮凝反应析出晶核，使得水中胶体颗粒与磁粉颗粒很容易碰撞脱稳而形成絮体，晶核众多能够使得每一粒微小的悬浮物颗粒能够形成絮体，作为晶核的磁粉与絮体通过电荷吸附力与碰撞共同作用，紧密结合，并且在每一个絮体中包裹有磁粉，从而为所有的絮凝体都赋予了磁性，从而大大提高絮凝体的去除效率。

含有磁性的絮体进入超磁分离机中，利用机器内稀土永磁磁盘将泥水分离，出水排放，含磁污泥进入磁种回收机进行磁粉及污泥的分离，磁粉分离后循环使用，污泥进入污泥处理设施进行处理。

**【技术要点】**

稀土磁盘、永磁、磁种回收循环利用。

**【应用前景】**

河湖水体黑臭、富营养化和藻华频发已经成为我国水环境的突出问题。城镇地区的河道黑臭水已经成为水生态文明建设中最为棘手的问题。根据环保部相关统计，我国 90％以上的城市地表水域受到严重污染，出现季节性和常年性的水体黑臭现象。2015 年，国务院颁布的《水污染防治行动计划》中针对黑臭河湖水质治理提出目标：到 2020 年，地级及以上城市建成区黑臭水体均控制在 10％以内，到 2030 年，城市建成区黑臭水体总体得到消除。因此超磁分离设备有广阔的应用前景。

**【技术局限性】**

对于废水中的氨氮、总氮处理效果一般，去除率低。

**【典型案例】**

苏州市建林路河道应急处理项目

项目地址：苏州市高新区建林路与嵩山路交汇

业主单位：苏州市高新区水务集团

实施单位：江苏明斯特环境科技有限公司

项目模式：设备租赁及托管运行

项目概述：苏州建林路河道，大量生活污水和沿岸废水涌入河道，导致河道散发出刺鼻的臭味，河内大量鱼虾死亡，漂浮在上面上，严重影响到当地居民、企业生产生活。

利用超磁分离设备，从下游取水，经过处理后河水自流到河道上游，不断地往复式治理，逐步消除河道中的胶体悬浮物质，河道变清澈，臭味逐渐消除。项目治理河道长度为2km，需要治理水量为12000m³，治理后水质达到《地表水环境质量标准》（GB 3838—2002）V类水标准（氨氮与总氮除外）。产生的污泥排放至污水泵站，提升至污水处理厂进行处置。

### 5.2.12 EG‑SDF 高效集约化快速处理系统

**【技术简介】**

高效集约化快速处理系统是一种基于"高效沉淀＋气浮＋过滤"技术开发出来的集约化设备，可实现污水中 SS、TP、COD 及藻类等污染物的快速去除，大大削减进入水体的污染物总量，尤其适用于占地面积小、效率要求高的大流量污水快速处理工程。

出水水质主要指标达《城镇污水处理厂污染物排放标准》（GB 18918—2002）中一级 B 标准，具体指标如下：$COD_{Cr}\leqslant60mg/L$，$TP\leqslant1.0mg/L$，$SS\leqslant20mg/L$，$NH_3\text{-}N\leqslant8（15）mg/L$，$pH=6\sim9$。

**【应用范围】**

广泛应用于大型初期雨水排放口（混接、合流制）、河道水循环快速处理、海绵城市调蓄池污水原位处理、污水处理厂提标改造、小型水体除藻除磷、封闭水体污染应急处理、厂前雨天溢流口。

**【技术原理】**

本产品核心技术是依托高效集约化物化系统，实现污水中 SS、TP、COD 及藻类等污染物的快速去除，大大削减进入水体的污染物总量，增强水体溶解氧含量及水体流动性，快速治理黑臭水体、藻类暴发等现象。

原水通过进水泵房的输水管送入静态混合器，在该区域，原水与药剂 A、药剂 B 进行混合后流入高效絮凝池，在絮凝池借助高分子药剂吸附架桥作用，悬浮物、胶体等物质迅速分离、凝聚和絮凝颗粒逐渐变大并迅速聚结，成长为可以沉淀去除的大絮体；随后原水进入高效沉淀区进行高效泥水分离过程，沉淀池较大的过水断面湿周，和较小的水力半径，在同样的水平流速 $v$ 时，可以大大降低雷诺数 $Re$，从而减少水的紊动，促进沉淀，上清液经出水堰至集水管流入气浮池；在气浮区中利用高度分散的微小气泡作为载体黏附于原水中污染物上，从而使污染物上浮至水面，形成泡沫，实现净化分离。气浮出水进入以新型轻质滤料为主的快速滤池，通过和滤料之间流动接触产生接触凝聚作用和惯性碰撞及悬浮颗粒间的吸附作用，悬浮物质被截留下来，水质得到进一步净化。

装置内剩余污泥和浮渣经重力流排至储泥池，经脱水处理后外运。如果设备关停时间较长，可根据情况对设备进行放空操作。主体设备放空时，先将设备底部的污泥放流至储泥池。

**【技术要点】**

（1）EG‑SDF 高效集约化快速处理系统以独特的反应机理为基础，实现了特定功能的快速处理。通过不同功能分区，实现了更高效、更节能的快速反应，达到针对不同水体的去除效果及串联灵活应用。表面负荷可达 $30\sim50m^3/(m^2\cdot h)$，耐冲击负荷强。高度紧凑的结构，极小的占地面积，仅为传统工艺的 $1/5\sim1/10$，可实现移动车载式。

（2）开发的 A、B、C 三种药剂的投加，解决了黑臭水体的脱色、除臭、除藻、除油、重金属、不溶性的 COD、BOD 和其他污染物质的去除。SS 去除率 90%～95%，藻类去除率≥95%，TP 去除率 80%～90%，COD 去除率 60%～80%（雨水）、40%～60%（污水），氨氮也能较高去除，并提高了水体 DO，彻底解决黑臭问题。

（3）流态合理控制，耐负荷和水量波动冲击能力强，提高了处理效果。尤其是进水和回流的合理调配，解决了上升反应中投药、混合、反应等效果。通过巧妙的池型布局，对流态及进出水的改进，再结合复合填料的充分反应，进一步提升出水水质。

（4）反应池末端设置清水区，实现了末端协同回流等功能。且通过水位的平衡，处理能力大大提高，解决了传统回流的水流不稳定。该布局池型更集约化，利于管理。系统可靠，操作简单。

（5）灵活的组合设置，可实现不同的串联与并联组合。如实现组数的增加或减少，应对不同规模处理能力和占地要求。可减少部分单元，以针对不同要求的水体进行处理达标。

（6）低碳节能，运行费用低，自动化程度高。系统装机容量小，耗电量低，无需额外增加荷载提高沉淀负荷；运行启动快，维护检修简单。

【应用前景】

国家水环境整治工作的推进，初期雨水、黑臭河湖、污水处理厂提标改造、水体污染应急处理等方面的需求不断扩大，EG‐SDF 高效集约化快速处理系统的市场需求已日益增剧，工程应用将越来越多。

【技术局限性】

系统运行期间需要定期配药等运维值班人员。

【典型案例】

顺河镇污水处理厂升级改造工程

项目地点：六安市顺河镇

业主单位：六安市顺河镇人民政府

实施单位：上海坤工环境科技有限公司

工程概况：顺河污水处理厂原先出水执行为国家一级 B 排放标准，新增两座高效集约化快速处理一体化设备和两座次氯酸钠消毒装置，出水提标到国家一级 A 排放标准。

工程特点：顺河镇污水处理厂提标改造工程，采用高效混凝沉淀气浮技术＋次氯酸钠消毒，在不改变原有构筑物的条件下，进行提标改造。

主控指标：COD、$BOD_5$、SS、TP、氨氮

工艺流程：速分 A/O＋高效混凝沉淀气浮＋过滤＋次氯酸钠消毒

处理规模：4000t/d

排放标准：《城镇污水处理厂污染物排放标准》（GB 18918—2002）一级 A 标准

## 5.2.13    KTLM 高效能污水净化系统

【技术简介】

KTLM 高效能污水净化系统集成预处理技术、高效物化技术和高效能生化技术于一体，处理水量大。能对生活污水、雨污混合水体进行高效处理，出水水质主要指标达《地表水环境质量标准》（GB 3838—2002）的五类以上。

【应用范围】

广泛应用于污水处理厂提标扩容、污水泵站就地一体化应急处理以及河道水循环快速处理。

【技术原理】

本产品核心技术是依托高效物化系统及高效能生化系统，达到生化、物化的综合治理。能快速削减水中有机物、氮磷营养盐、悬浮物、藻类的含量，增强水体溶氧含量及流动性，提升水资源品质，杜绝蓝藻、水华及黑臭现象发生。

首先，通过污水提升系统将污水输送至预处理系统。预处理系统有效地将粒径 5mm以上（根据需要可做到 1mm）颗粒物去除。

然后污水进入高效能生化系统。高效能生化系统结合国内外先进的高效溶氧系统、高效流化传质系统与均质布水系统，在组合工艺中通过培育附着在 BIO-FORM 纳米载体填料上的混合兼性菌种，形成 BIO-NET 生态系统；能够迅速有效的对污水进行深度处理，高效去除氨氮、总磷等生化污染物。

接下来水体进入高效物化系统，物化系统主要包括高效物化设备、加药设备、压泥设备。其中高效物化设备是净化水体的核心，是基于高效复合絮凝水体物理处理技术，表面负荷达到 $30m^3/(m^2 \cdot h)$，具有除磷脱氮技术。主要指标 SS 去除 90% 以上，大幅度去除COD、P 及部分氨氮，是当下消劣利器。加药设备将混凝、絮凝药剂输送至物化设备。压泥机采用板框压滤机，将污泥压榨至含水率 80% 以下，方便后续处理。

最后经过处理的污水主要指标（氨氮、COD、$BOD_5$、TP、pH 值、SS 等）达到排放要求，可直接排入就近水系。

【技术要点】

该技术的特点是系统运行稳定、占地面积小、运行成本低。系统具有处理水量、出水水质升级的功能。系统兼具淤泥预处置、除臭系统等辅助设施，运行过程中无二次污染物产生。

【应用前景】

随着治水工作的不断深入，泵站污水应急处理的需求不断扩大，KTLM 高效能污水净化系统的市场需求已日益增剧。另外污水处理厂提标扩容的工作也正在如火如荼地开展，通过 KTLM 高效能污水净化系统将污水处理厂尾水提标的工程应用将越来越多。

【技术局限性】

虽然系统具有自动运行的功能，但是还不能完全脱离运维人员的监管。系统运行期间需要少量的运维值班人员。

【典型案例】

南京市江宁区泵站前池水质应急处理服务

项目地点：南京市江宁高新技术开发区

业主单位：南京江宁高新技术产业开发区管理委员会

实施单位：杭州银江环保科技有限公司

项目模式：PPP 运维模式

项目概述：该项目选定河北桥泵站、洋桥泵站的前池水作为处理对象，采用 KTLM技术，要求出水水质达到《地表水环境质量标准》（GB 3838—2002）重点 Ⅳ 类水标准（监测的主要指标为氨氮、COD、总磷、pH 值）。其中洋桥新泵站位于南京市江宁高新区方山以南，汇水面积 5.4km²、设计流量 17m³/s。泵站北部为泵站前池，南侧为河道。洋桥新泵站周边为绿化区、道路、农田等。该项目于 2018 年 8 月开始实施，于 2018 年 9 月安装完成开始调试。最后经过调试，系统出水达到类四类水标准，得到了甲方的高度认可。

### 5.2.14    用于处理污水处理厂尾水的智能科技湿地系统

【技术简介】

经污水处理厂处理后的尾水仍含有一定的 COD、NH₃-N、TN、TP、SS 等污染物，用于处理污水处理厂尾水的智能科技湿地系统，可智能化地解决这些问题。系统采用"调节池—垂直流滤床—表面流滤床—饱和流滤床"的生态单元组合；能够将相当于地表劣 V 类水的污水处理厂尾水提标至优于地表 IV 类水的水质，处理过程不添加任何化学药剂、无二次污染；系统通过精准的设计和施工，实现系统的智慧运维，是一个自我学习的稳定系统，有效解决污水处理厂尾水水量大、水质情况复杂的问题。

【应用范围】

各类污水处理厂尾水，特别适用于尾水排放经考核断面的、有生态提标需求的园区、市政水厂以及工业污水处理厂使用。

【技术原理】

系统采用"调节池—垂直流滤床—表面流滤床—饱和流滤床"的生态单元组合；通过生态单元中的生态滤料、植物、微生物三者的物理、化学、生物协同作用，将尾水中的污染物转化为湿地生长的营养物质。该系统中的滤床是固定床反应器，生物膜固定在滤料颗粒表面，是稳定的生物反应系统。

调节池：采用"用于大型人工湿地污水处理系统的配水装置自动布水系统（ZL 201120480906.X）"专利技术；设计为湿地系统的最高点，可实现为垂直流滤床无动力自动布水；其结构尺寸及自动布水系统根据垂直流滤床单元单次配水水量、配水程序等进行设计。

垂直流滤床：采用"强化型垂直流滤床（ZL 200910216955.X）"专利技术，高效去除氨氮和有机物；设计分为若干并联的滤床单元，各单元间歇交替运行，良好的好氧环境可提高硝化反应效率，其布水与集水系统需经严格的水力计算设计，运行时可自动调控水位，滤床单元日最大水力负荷 0.2～0.5m；COD、氨氮及 SS 去除率均可达到 90％以上。

表面流滤床：植密集的挺水植物，设计利用颗粒物沉淀的水下地形，可进一步沉淀悬浮物，去除率约为 30％。

饱和流滤床：采用"用于处理受污染水体的饱和流滤床（ZL 201120480893.6）"专利技术，是全淹没式生态滤床去除总氮，设计为"丰"字形结构，在有限面积里面形成最长的蜿蜒型水道，延长水流路径，防止短流的发生，它是反硝化过程的最好步骤，总氮去除率 85％。

项目具体实施时，需要进行精准的施工，并通过智慧运维系统保证长效稳定运行，整个工艺是一个自我学习的系统。

【技术要点】

能将相当于地表水劣 V 类水的污水处理厂尾水净化至地表水 IV 类水标准，为自然水体补充生态的清洁水源。湿地系统不堵塞、不产泥，在不同气候条件下运行稳定、运行低成本且维护简单，能保证稳定运营 25 年以上。

【应用前景】

该技术借自然之力解决水问题，同时实现项目的景观化、海绵化、生态化，符合政府绿色生态发展的要求，具有多元示范意义。该技术可根据场地条件量身打造，可使客户一次投资、多重受益（如周边地块增值、业态增加、生态效益叠加等）。

对于低浓度、大水量的污水处理厂尾水特别适用这样的基于自然的生态技术，可以避免加药、大量耗电所带来了二次污染问题，在处理常规指标的同时，对于新型污染物、病原体等具有非常好的处理效果，产出的水对与自然环境是清洁和健康的。该技术在国内已有稳定运行五年的成功案例，且运行效果越来越好。实践证明，该技术具有非常广阔的应用前景。

【技术局限性】

智能科技湿地系统需要根据来水水质、出水要求进行用地计算，其用地较传统工艺大，但是比传统处理湿地占地小。该系统实现水处理功能的同时，还呈现一个多功能湿地公园。在规划时，可与当地的城市公园、绿化用地、水景相结合，智慧解决其占地问题。

【典型案例】

常熟新材料产业园水处理生态湿地

项目地点：苏州常熟海虞镇

业主单位：江苏高科技氟化学工业园投资发展有限公司

实施单位：苏州德华生态环境科技股份有限公司

项目模式：EPC＋O

项目概述：常熟新材料产业园重点发展新材料、氟化工、精细化工、生物医药等产业，园内有化工企业 30 余家。化工企业的废水达到接管标准后排入园区污水处理厂进行处理，处理后的尾水达到太湖地区城镇污水处理厂主要污染物排放标准（化学需氧量 60mg/L，氨氮 5mg/L，总磷 0.5mg/L）。但因该污水处理厂排放口处于长江和望虞河交界处，望虞河则通往太湖，故当地政府希望通过尾水提标减少相当于地表水劣 V 类水的产业园污水处理厂尾水对太湖流域水体的冲击。

该项目突破性地采用了德国尖端且跨学科的生态湿地工艺（图 5.7）。2014 年 9 月试运行，2015 年 9 月通过"三同时"竣工验收，设计处理规模 4000t/d，占地面积 5.9 万 m²，工程包括生态湿地处理中心、高盐废水监控调节池、尾水收集管道工程和太阳能电站。经生态湿地再处理达到工业用水标准回流至园区工业水厂，实现了工业废水"零排放"和水资源的循环利用。项目列为"十二五"国家重大水专项太湖流域水环境管理技术集成综合示范项目。

图 5.7　常熟新材料产业园区
生态湿地现场鸟瞰图

## 5.2.15    污泥厌氧消化（制沼气）技术

**【技术简介】**

污泥厌氧消化是在无氧条件下，厌氧微生物分解有机物，并产生沼气的一种生物处理方法，通过水解、产酸、产氢产乙酸和产甲烷 4 个阶段完成有机物分解，生成甲烷，同时大量致病菌或蛔虫卵被杀灭，具有污泥减量化、无害化、资源化及稳定化作用。污泥厌氧消化符合自然环境中有机物-无机物的循环规律，可实现能源回收利用，厌氧消化甚至能实现能量产出。因此，在国内外专家研究的污水处理概念厂中，厌氧消化工艺是其中的重要产能单元。

**【应用范围】**

污泥厌氧消化（制沼气）技术适用于大型城市污水处理厂剩余污泥的集中减量化、资源化处理。

**【技术原理】**

厌氧消化是指在无氧的条件下，由兼性菌和专性厌氧菌（甲烷菌）降解有机物，最终产生二氧化碳和甲烷的过程。厌氧消化是由多种微生物参与的复杂过程，目前对厌氧消化的原理较为全面科学的描述为三段理论和四类群理论。厌氧消化过程为水解酸化阶段、产氢产乙酸阶段和产甲烷阶段。有机物首先通过发酵细菌的作用生成乙酸、丙酸、丁酸和乳酸等，在产氢产乙酸菌的作用下，转化为乙酸、二氧化碳和氢气，在产甲烷菌的作用下，最后转化甲烷和二氧化碳。该理论将厌氧发酵微生物分为发酵、产氢产乙酸和产甲烷菌群。与三段理论不同的是，四类群理论增加了同型产乙酸菌，该菌群的代谢特点是能将氢气与二氧化碳合称为乙酸。

污泥经过厌氧消化后，易腐化发臭的有机物得到降解污泥；病原菌减少；臭味得到了消除；同时也减少了液体和固体数量，经过消化稳定的污泥能使细小污泥颗粒变少，降低了污泥颗粒的比表面积，使得和水的结合程度改变，进而改善了污泥的脱水性能，更容易脱水。

污泥厌氧消化依据反应温度分为高温厌氧消化（50～55℃）和中温厌氧消化（30～37℃）。高温厌氧消化相对有机负荷较高，产甲烷效率高。挥发性有机物负荷为 2.0～2.8kg/（m³·d），SRT 为 1015d，产气量在 3.0～4.0m³/d。虽然高温消化对寄生虫的杀灭率可达 99％。但要消化罐在高温下运行，其能量消耗较大。由于高温消化的能耗较高，大型污水处理厂一般不会采用，因此常见的污泥厌氧消化实际都是中温消化。中温消化温度维持在 35℃±2℃，挥发性有机物负荷为 0.6～1.5kg/（m³·d），SRT 为 20～30d，产气量在 1～1.3m³/d。虽然中温硝化的产气率要低一些，但其能耗较少。

**【技术特点】**

厌氧消化可以减少污泥体积，稳定污泥性质，提高污泥的脱水效果，减少污泥恶臭，提高污泥的卫生质量。污泥厌氧消化通过把有机物转化为沼气和二氧化碳，消减有机物含量，产生沼气可以作为二次能源平衡污水处理厂的能量投入，甚至实现对外输出能量。

**【应用前景】**

我国污水处理厂的污泥厌氧消化技术应用与发达国家相比差距较大。我国现有污水处理设施中，具有污泥稳定处理设施的不到 25%，处理工艺和配套设施完善的不到 10%。由于建设厌氧消化池并配套沼气发电设备加大了污水处理厂的投资和运行管理难度，因此一度污水处理厂都不建厌氧消化系统。但是随着国家政策和法规的不断完善，同时为缓解我国能源资源严重短缺的状况，污泥厌氧消化技术必将会得到进一步的发展。

**【技术局限性】**

首先，污泥厌氧消化技术处理污泥的投资较大，设备占地面积大，大型的污泥消化设备主要依靠国外进口，基础投资和运行成本较高。其次，虽然污泥含有大量的有机物，但是污泥厌氧消化的有机物降解率只有 30%～45%，并且有机物降解速率低，通常厌氧消化工艺水力停留时间长达 20～30d，大量消化残渣和消化液仍需配套处理设施处置。此外，我国污泥的含砂量较高，污泥的可生化性差，运行管理要求高，消化设备运行的稳定性、沼气产率等指标普遍都达不到国外的标准。最后，污泥厌氧消化会产生大量的甲烷等易燃气体，对消防安全等级要求和管理要求比较高。

**【典型案例】**

上海白龙港污水处理厂污泥处理工程

项目地点：上海市浦东新区

业主单位：上海白龙港污水处理有限公司

项目模式：世界银行贷款项目

项目概述：作为亚洲最大的污水处理厂的上海白龙港污水处理厂，其污泥处理工程于 2012 年建成。污水处理厂的部分污泥经过污泥厌氧消化处理。污泥厌氧消化系统由匀质池、消化池、沼气处理、沼气利用及加热系统组成。污泥消化池（图 5.8）采用蛋形结构，共 8 座。蛋形消化池的单池容积为 12400m³，总容积为 99200m³，池体最大直径为 25m，高度为 45m。进入消化池的污泥含水率为 95%，消化温度为 35℃，污泥停留时间为 24.3d，有机负荷为 1.21kgVSS/(m³·d)，每日可产生沼气 44512m³，消化处理后的污泥产量为 151t 干污泥/d。

图 5.8　白龙港污水处理厂污泥消化池

## 5.2.16　芦苇床污泥湿地技术

**【技术简介】**

污水处理厂、自来水厂污泥或河道底泥，不需要通过任何处理，直接通过污泥泵送到芦苇床污泥湿地进行自然干化和矿化，处理过程是好氧过程，不产生臭气。污泥在芦苇床年增长厚度为 10～15cm，8～20 年后成熟污泥（干物质量达到 25%～40%）可以清出，用作农肥或进行最终处置。成熟污泥清出后，该芦苇床半个月后可以重新使用，继续用于处理污泥。

该技术是全球湿地科技协会（GWT）成员丹麦 Orbicon 公司专利技术，在欧洲成功运用 30 年，丹麦 30%市政污水处理厂污泥由该技术处理。

**【应用范围】**

芦苇床污泥湿地能够处理干物质量在 0.1%~5% 的多种类型的污泥，包括污水处理厂污泥、自来水污泥、河道底泥等。

**【技术原理】**

芦苇床污泥湿地内污泥通过两种途径减量：一是脱水（重力排水、植物蒸发蒸腾）；二是污泥中有机质的矿化。污泥通过水泵提升到污泥湿地，污泥中的干物质留在湿地表面，形成污泥残渣，并通过植物、微生物、空气之间的天然的生物物理作用进行矿化，而污泥中的水分通过蒸发蒸腾和滤料基质排水作用得到去除。随着有机物质的矿化，污泥的总体积进一步减少，并成为芦苇生长的土壤。矿化的污泥层随着时间逐步积累，积累的速度取决于污泥的特性。每 8~20 年，成熟污泥清理并循环利用。

总体上说，污泥体积的减少不通过任何化学药剂的使用，而且整个过程的能耗仅仅是污泥提升的用电。污泥湿地产生的渗滤液回到污水处理厂进行处理，渗滤液水质大大优于传统技术的渗滤液，大大释放污水处理厂的容量。污泥湿地原理图如图 5.9 所示。

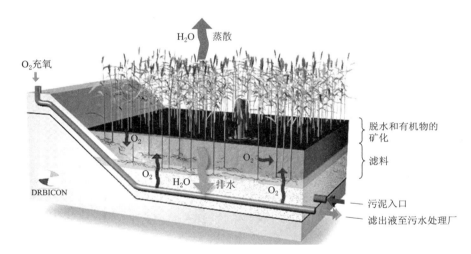

图 5.9    芦苇床污泥湿地原理

**【技术要点】**

（1）系统过程及产品。污水处理厂污泥通过污泥泵直接提升至污泥湿地单元，污泥在湿地进行自然干化和矿化，最终成熟污泥产品干物质量可达到 25%~40%，并且富含营养和土壤生物，可以用作农肥，在北欧，大量的芦苇床成熟污泥被回用到农田。

（2）运行控制。芦苇床污泥湿地（图 5.10）分成若干个单独的芦苇床，每个床的运行包括：布泥阶段和闲置阶段，每次布泥到一个床，其余闲置，布泥循环完成一轮后，又从第一个床布泥，循环继续。尽管污泥湿地的运行十分简单，但其成功运行取决于加载周期的管理，以保证滤床没有超负荷运行。要实现这样的管理，需要对整个加载/干化周期进行精确的监测，并保证每个滤床的管理能反映其动态条件。加载周期管理通过定制的自动控制系统实现。该系统主要包括两个模块：操作模块和数据收集模块。操作模块显示污泥湿地的状态，包括进水和出水。数据收集模块监测和记录每个滤床污泥加载的数据。污泥加载到芦苇床之前，还会记录污泥流量和干物质量。自动控制系统将污泥送入有足够容量的滤床。以这种方式脱水被优化，从而保证高的干物质量，也延长了污泥湿地系统的寿命。

图 5.10　芦苇床污泥湿地污水处理厂污泥处理

**【应用前景】**

芦苇床污泥湿地目前在全世界已有约 1500 个成功案例，技术成熟可靠，该技术可以解决大量污水处理厂污泥的难题，且使用该技术进行污泥的管理具有多重的关键效益：

（1）运营管理费用比带式压滤或离心技术低 70%。

（2）能耗比带式压滤或离心技术低 90%。

（3）最终成熟污泥干物质量为 25%~40%，比其他脱水技术污泥量减少，减少运输成本。

（4）脱水不需要添加化学药剂，减少运行操作风险。

（5）增加污泥的回用可能，因为最终污泥没有絮凝剂污染，含水量低更容易操作。

（6）有害有机物得到矿化，污泥湿地同时进行处理和脱水，而带式压滤/离心仅仅提供脱水功能。

（7）污泥湿地产生的渗滤液经过湿地处理，比带式压滤/离心脱水产生的渗滤液水质更好，减少内部污水处理厂处理负荷。

（8）设计寿命为 30~40 年。

**【技术局限性】**

芦苇床污泥湿地技术比传统技术占地大，污水处理厂或水厂旁边通常没有足够的预留用地，需要通过一定距离的压力管道输送到湿地。该技术建设成本比传统技术大，但运行费用极低（主要为水泵提升用电费用），4 年左右其综合成本将明显优于传统机械脱水技术。

**【典型案例】**

（1）丹麦赫尔辛厄污水处理厂芦苇床污泥处理系统。

项目地点：丹麦赫尔辛厄

业主单位：丹麦赫尔辛厄市政当局

实施单位：苏州德华生态环境科技股份有限公司

项目模式：设计施工运营总承包

项目概述：项目处理丹麦赫尔辛厄污水处理厂污泥，污水处理厂接收 4.2 万人口当量的污水，每年产生 630t 干物质。项目共设置 14 个芦苇床（其中 1996 年投入使用 10 个，2013 年扩建 4 个），占地 2.2hm²，配套建设太阳能温室及堆料场，最终成熟污泥干物质含量达到 60％～75％，各项指标均符合丹麦农田回用要求，回用到附近农田（图 5.11、图 5.12）。

图 5.11    丹麦赫尔辛厄污水处理厂苇床污泥处理系统项目平面图

图 5.12    芦苇床清床及再生

（2）英国 Hanningfield 自来水厂污泥处理系统。

项目地点：英国 Hanningfield

业主单位：英国水务企业 Northumbrain Water Limited

实施单位：苏州德华生态环境科技股份有限公司

项目模式：设计施工运营总承包

项目概述：项目处理英国 Hanningfield 自来水厂污泥，自来水厂规模 15 万 t/d，每天产生 2000～4000t 含铁的液体污泥（一年 1275t 干污泥）。项目共设置 16 个芦苇床（2012 年投入使用），占地 4.2hm²，最终成熟污泥干物质含量 40％以上。使用芦苇床处理污泥，可以减少投资和运营费用，并且还是一个环境友好型的处理系统（图 5.13、图 5.14）。

图 5.13　自来水厂污泥处理系统项目平面图

图 5.14　项目实景图片

## 5.2.17　复合式人工湿地深度净化污水处理厂尾水技术

**【技术简介】**

城市污水处理厂作为城市污水的集中处理设施，既是减轻环境污染的市政工程项目，同时也是城市的排污集中点。人工湿地系统可使城市污水处理厂尾水资源化，实现中水回用；系统中具有景观价值的水生植物还可改善生态环境的景观状况。

该技术以提升城镇污水处理厂尾水水质为目标，通过尾水湿地深度净化工程，进一步去除污水处理厂排放尾水中的悬浮物、好氧有机物、总磷和氨氮等。该湿地工程运行稳定后，将执行一级 A 标准排放的尾水处理至准地表Ⅳ类水，有效减少 COD、氨氮和总磷等污染物的排放，提升城市的地表水和地下水水质以及环境容量。

【应用范围】

该技术适用于城镇污水处理厂尾水深度净化及富营养化水体净化。

【技术原理】

人工湿地是由人工建造和控制运行的与沼泽地类似的地面，主要利用土壤、人工介质、植物、微生物的物理、化学、生物三重协同作用，对污水进行处理的技术。其作用机理包括吸附、滞留、过滤、氧化还原、沉淀、微生物分解、转化、植物遮蔽、残留物积累、蒸腾水分和养分吸收及各类动物的作用吸收养分。

人工湿地对有机污染物有较强的降解能力。废水中的不溶性有机物通过湿地的沉淀、过滤作用，可以很快地被截留进而被微生物利用；废水中可溶性有机物则可通过植物根系生物膜的吸附、吸收及生物代谢降解过程而被分解去除。随着处理过程的不断进行，湿地床中的微生物也繁殖生长，通过对湿地床填料的定期更换及对湿地植物的收割而将新生的有机体从系统中去除。

【技术要点】

该技术中复合式人工湿地工艺为潜流湿地＋表流湿地＋生态塘的组合工艺，同时，针对污水处理厂排出污水的特性，潜流湿地的结构和布水方式采取"下行流＋上行流"的组合工艺。工艺设计为阶梯式自流型竖向结构，这种阶梯式落差能最大限度降低能耗，并有利于创造更丰富的生境，在削减污染物的同时，增加生物多样性。

污水经过调节池蓄积调节，通过布水管道排向潜流下行滤池，表层水由种植层向滤料层渗透；通过滤料层中的滤料吸附净化以及种植层的植物根系吸收，有效降低尾水中 COD、BOD、SS、氨氮等污染物，提升尾水水质；通过中部挡水墙底端透水口进入上行池底部滤料层进行二次过滤净化，尾水在上行池中蓄积到一定水位后接触到种植层植物根系同时进入集水管道，再通过排水管道进入排水沟渠，顺流进入表面流湿池，进一步沉淀悬浮物，并在填料生物膜的影响下，深度去除垂直流出水的 N、P 和有机物等污染物质；最后流入生态塘，利用反硝化作用进一步净化水质。

复合式人工湿地的整体处理效果要高于单一类型人工湿地。单位面积处理效率高，硝化能力高于单一潜流湿地和表流湿地。该湿地系统中同时存在好氧及缺氧微生物群落，具有同时硝化反硝化的能力。其主要优点是投资少，操作简单和运行费用低等。

【应用前景】

污水处理厂尾水水质的提升在水环境质量改善中起到日益重要的作用，而复合垂直流湿地具有投资少、运行费用低、景观效果好等优点，对于尾水水质的提升具有良好的应用前景。目前，我国尾水型人工湿地正步入快速应用期。从尾水稳定达标排放和地表水环境改善两方面来看，污水处理厂提标改造工作势在必行，需要对尾水进行进一步处理，尤其在河湖水质敏感、河道生态基流严重不足的区域，对尾水实施提标已成为改善水环境质量、保障水生态系统的重要举措。

【技术局限性】

污水处理厂尾水中连续的营养供应以及有机负荷过高，可能会造成复合式人工湿地堵塞。同时气温的降低会影响人工湿地的正常运行，使污染物的去除率降低。

【典型案例】

宋公河五粮液江北园区尾水深度净化工程——尾水生态湿地处理中心建设工程项目

实施地点：四川省宜宾市江北园区

实施单位：南京工大环境科技有限公司；宜宾五粮液环保产业有限公司

项目概况：在宋公河岷江汇口处的北岩寺前至河口南堤岸区域内建设占地面积为 26000m² 的湿地处理中心，将五粮液江北园区 3 个污水处理站深度处理尾水进一步经湿地处理后排入堤下宋公河，以削减宋公河入河污染，并建设综合生态、环境、科研、教育及示范意义的生态湿地公园。结合五粮液集团污水站处理能力，湿地考虑处理能力 10000m³/d。新建自污水深度处理站引水污水管道 3.2km；新建不饱和垂直流湿地为 13000m²，并分别构建 2 个表面流湿地 2000m² 和 2200m²，生态塘 1500m²。生态湿地工程共考虑了三级生态湿地处理。第一级为不饱和垂直流滤床，这一级对硝化作用是最优的，不饱和垂直流滤床采用间歇布水方式，可以优化复氧；第二级为表面流滤床，表面流滤床使从深水区留出的水得到复氧，种植的挺水植物有助于悬浮物的进一步沉淀，并在填料生物膜的影响下，使得垂直流出水的 N、P 和有机物等污染物质进一步得到去除；第三级为生态塘，具有深水区的生态塘对磷的沉淀是最优的，同时反硝化过程可进一步净化水体。

# 5.3　农村生活污染控制技术

## 5.3.1　用于处理农村生活污水的组合型人工湿地

【技术简介】

组合型人工湿地采用"沉淀塘（或调节池）垂直流生态滤床—水平流生态滤床—污泥干化床"能将农村生活污水处理至优于一级 A 标准的水质，有效解决农村分散排污难题。

【应用范围】

该技术特别适用于排污分散、治理设施管理难度大的村庄；20 户及以上规模的村庄；全镇水环境点源、面源、废弃物综合整治。

【技术原理】

系统采用"沉淀塘（或调节池）垂直流生态滤床—水平流生态滤床—污泥干化床"的生态单元组合；通过生态单元中的生态滤料、植物、微生物三者的物理、化学、生物协同作用，将农村生活污水的污染物转化为湿地生长的营养物质。该系统中的滤床是固定床反应器，生物膜固定在滤料颗粒表面，是稳定的生物反应系统。

调节沉淀池（或调节池）：村庄收集的污水首先经管网到达沉淀塘（或调节池），进行初步沉淀，调节水量水质；良好的预沉淀处理是人工生态滤床长期运行的保证。

垂直流生态滤床：水力负荷一般为 100mm/d，COD 负荷 30g/(m³·d)；COD、氨氮及 SS 去除率均可达到 90% 以上。

水平流生态滤床：主要进行反硝化作用，总氮去除率可达到 75% 以上。

污泥干化床：沉淀塘（或调节池）中的污泥定期送入污泥干化床，污泥干化后转变为有机肥料返田，有效地防止二次污染。

【技术要点】

采用组合型人工湿地进行农村生活污水处理，对于排污分散、治理设施管理难度大的村庄，以及不同规模的村庄，可进行模块的灵活组合；污泥干化床解决了传统工艺需要定期清理污泥的问题；整体滤床工艺不堵塞，运行低成本、长效稳定且维护简单，能保证稳定运营 25 年以上。

【应用前景】

既能够解决当前中国农村因经济发展所带来的水污染问题，又能够与当地历史文化相结合，保持当地农村风貌，项目建设完成后，生态系统稳定持久，便于当地老百姓操作与管理，后期运行费用低，特别适用于当地农村，具有环境、经济、社会多方面的效益。

【技术局限性】

智能科技湿地系统需要根据来水水质、出水要求进行用地计算，其用地较传统工艺大，但是比传统处理湿地占地小。该系统实现水处理功能的同时，还呈现一个多功能湿地公园。在规划时，可与当地的城市公园、绿化用地、水景相结合，智慧解决其占地问题。

【典型案例】

农村生活污水生态湿地——柯家村

项目地点：苏州吴中金庭镇

业主单位：苏州吴中水务发展集团有限公司

实施单位：苏州德华生态环境科技股份有限公司

项目模式：政府示范工程

项目概述：柯家村生态湿地（图 5.15）设计水量 50t/d，处理柯家村现有 40 户农户及农家乐生活污水，出水水质可达《城镇污水处理厂污染物排放标准》（GB 18918—2002）一级 A 标准。工艺组成：沉淀塘、垂直流湿地水平、流湿地三个部分。

德华生态研发的"用于污水处理的生态单元组合湿地处理设施"技术来源于德国生态湿地技术，设施依村庄条件量身定制，因出水水质可稳定达到《城镇污水处理厂污染物排放标准》（GB 18918—2002）一级 A 标准，滤料无需冲洗、更换，不会引起堵塞，并且建成后呈现为一座美丽的花园，为当地村民提供了休闲的场所，体现出产品的多功能性，因此自 2008 年以来已在苏州的吴中区金庭镇、东山镇、横泾镇、临湖镇，相城区莲花岛，高新区浒墅关镇，常熟蒋巷村、泄水村，太仓城厢镇、双凤镇等多地的农村生活污水治理中被采用，并成为当地的亮点及示范工程，为农村环境连片整治提供了示范（图 5.15）。

图 5.15　柯家村湿地现场实景

## 5.3.2　SWW 系列污水处理技术

【技术简介】

SWW 系列污水处理装备主压迫包括电磁式曝气泵、潜污泵、电气控制元件、远程监控系统、调料、内部阀门管路等部分，主要处理工艺为 AOF 技术。目前该技术已经在江苏、浙江、安徽、陕西等多个省份推广。

【应用范围】

该技术主要运用在农村生活污水治理。

【技术原理】

设备分为 5 个功能段：缺氧、厌氧、好氧、沉淀、污泥浓缩。污水先进入设备的缺氧段，通过缺氧微生物去除有机污染物，并通过缺氧的反硝化作用去除污水中的总氮污染物；然后进入厌氧段，利用厌氧微生物去除部分有机污染物，并通过厌氧微生物释放体内的磷酸盐物质，以便在好氧阶段通过好氧微生物去除总磷；然后污水进入好氧段，在好氧微生物的作用下，去除大部分有机物，并通过好氧微生物去除总磷和氨氮等污染物质；最后出水进入沉淀池进行泥水分离，沉淀下来的污泥通过气提提升装置提升至储泥池内储存，等待外运处理。在生物处理功能段分别添加不同的生物填料，利用生物填料提高生物量，加强处理效果，而在好氧池内，生物填料采用悬浮状态运转，不需要进行反冲洗。采用生物膜法大大降低了剩余污泥产量，基本上 6～12 个月清理一次即可。

【技术要点】

进水水质为：$COD \leqslant 350mg/L$，$BOD_5 \leqslant 150mg/L$，$NH_3-N \leqslant 30mg/L$，$TP \leqslant 4mg/L$，$SS \leqslant 100mg/L$。出水水质为：$COD \leqslant 60mg/L$，$BOD_5 \leqslant 20mg/L$，$NH_3-N \leqslant 8$（15）$mg/L$，$TP \leqslant 20mg/L$，$SS \leqslant 20mg/L$，$TP \leqslant 1mg/L$。

【应用前景】

该项技术投资低、能耗少、操作管理要求低，符合国家新农村建设和节能减排可持续发展要求。

【典型案例】

德清151个行政村农村污水打包治理项目

项目地点：浙江省湖州市德清县

实施单位：江苏商达水务有限公司

项目概述：德清县对151个行政村开展农村污水治理工作，由商达环保整体打包治理，统一设计、提供设备并承担全县污水设施的运营工作，项目合同额1亿元。

项目结束后，德清农村污水处理排放的污水水质稳定达到设计出水水质标准，每年COD减排量为28.3t，节省运行费用约280万元。实现了对处理场地及设备运行状态的实时监控和及时专业的维护保养。农村"智慧水务系统"不仅大幅度提高了站点的运行率、管理水平及出水达标率，而且提供了农村生活污水治理的大数据平台，为其他地区站点的有效运行提供了运行数据，具有较好的经济效益、环境效益和社会效益。

### 5.3.3　人工快速渗滤污水处理技术

【技术简介】

人工快速渗滤污水处理系统（Constructed Rapid Infiltration System，简称CRI系统）是由深圳市深港产学研环保工程技术股份有限公司、中国地质大学（北京）与北京大学深圳研究生院联合开发的，具有自主知识产权的新型污水处理技术。该技术对传统的土地渗滤污水处理工艺进行重大改进，通过采用渗透性能较好的人工专利填料为主要介质代替天然土层，以独特的自然复氧方式大幅度降低能耗，通过湿干交替的运作方式确保系统长期稳定运行。针对我国农村地区分散式生活污水特点，深港环保在CRI系统基础上研究特别开发了人工快渗一体化污水处理设备。

【应用范围】

该技术适用于江河湖库水环境修复（含流域治理）、城镇污水集中处理（含建制镇）、分散式污水处理、污水处理厂提标扩容、饮用水安全保障、工业园区污水深度处理等领域。

【技术原理】

CRI系统一般由预处理单元、主处理单元和后处理单元三部分组成。

预处理单元主要去除悬浮物和总磷，并适当降低污染物负荷和提高进水可生化性，可选用混凝沉淀工艺、高密度沉淀、复合水解工艺、短程A/O或者A²/O工艺等。

主处理单元人工快渗池采用渗透性良好的CRI介质，以湿干交替的运行方式，使污水在自上而下流经填料过程中发生综合的物理、化学、生物反应，使污染物得以去除。其中，填料表面比表面积巨大的生物膜和两级自然复氧带入的充足溶解氧是人工快渗池优秀去污能力的重要保证。运行阶段后期利用微生物的内源呼吸作用可有效防止生物膜过量增长和脱落造成堵塞。

后处理单元为选配单元，可进一步提高CRI系统对总氮、总磷的处理效果，使出水适合排入富营养化风险较高的封闭水体。

【技术要点】

（1）水力负荷参数。河道水处理：$1.5 \sim 2.5 \mathrm{m}^3/(\mathrm{m}^2 \cdot \mathrm{d})$，深度处理：$2.0 \sim 3.0 \mathrm{m}^3/$

$(m^2 \cdot d)$，生活污水处理：$1.0 \sim 1.5 m^3/(m^2 \cdot d)$。

（2）运行方式。快渗池通过重力作用布水，采用湿干交替间歇运行方式（湿干比一般为1∶5），利用喷洒布水和污水下渗过程的2级自然复氧为污染物降解提供充足氧气。

（3）污染物去除率。COD＞90％、BOD＞90％、SS＞95％、氨氮＞90％、TP＞80％。

（4）出水水质。

河道水质净化：出水主要水质指标可达《地表水环境质量标准》（GB 3838—2002）Ⅲ类标准；城市污水处理厂扩容提标：出水主要水质指标可达《地表水环境质量标准》（GB 3838—2002）Ⅳ类标准；生活污水处理和工业园区深度处理：出水主要水质指标可达《城镇污水处理厂污染物排放标准》（GB 18918—2002）一级A标准。

**【应用前景】**

自2001年应用于实际工程以来，经过十余年的应用推广，北京、广东、广西、重庆、四川、山西、山东、江苏、安徽、湖南、湖北、河南、河北、黑龙江和香港等20多个省（自治区、直辖市）100多个处污水处理厂已采用人工快渗工艺，超过1000个小型污水处理站已安装人工快渗一体化污水处理设备，总处理规模超过100万t/d，多项应用工程被评为国家重点环境保护实用技术示范工程，湖南、湖北、重庆等地上级主管部门均将该技术列为当地污水处理推荐技术之一。

**【典型案例】**

湖北十堰市郧阳区2015年农村环境综合整治项目

项目地点：湖北省十堰市郧阳区

项目规模：4500m³/d（约550套人工快渗一体化设备）

实施单位：深圳市深港产学研环保工程技术股份有限公司；十堰市郧阳区环境保护局

项目模式：EPC

项目概述：十堰市郧阳区地处国家南水北调中线工程核心水源区，农村环境综合整治和面源污染防治是"十三五"期间丹江口库区水污染防治工作的重点。郧阳区被列入2015年国家农村环境综合整治重点扶持地区，依托人工快渗一体化污水处理设备，负责郧阳区251个村庄的农村污水治理设施建设和运行管理。

该项目共安装550多套人工快渗一体化设备，总设计处理规模约4500t/d，并实行5年免费运行维护。深港环保公司采用SMILE模式，结合液位计控制自动运行、可实现远程监控的"互联网＋"技术，对这550多套一体化设备进行运行管理，无须人员操作，即可实时掌握所有一体化设备的运行情况，每个乡镇仅需安排1个运营管理人员，负责30～50个项目的综合管理和设备定期维护。项目设备出水主要指标可稳定达到《城镇污水处理厂污染物排放标准》（GB 18918—2002）一级排放A标准。

## 5.3.4　德安分布式污水处理技术

**【技术简介】**

德安分布式污水处理技术采用特殊立体一体化结构，主要采用$A^2/O$技术，在厌氧、兼性厌氧、好氧的环境下交替运行，系统内置污泥回流和污泥去保证系统的去除效率和稳定性，采用了高效微生物增效提高系统的处理效率。

**【应用范围】**

该技术主要运用在乡镇农村居民原化粪池处理中。

**【技术原理】**

经过五段十级处理工艺,达到一级 B 标排放标准。

第一段工艺:生活污水经过一段三级工艺处理,可达到粗细格栅、沉砂、沉淀分离、高效厌氧水解等处理作用,使污水中大分子有机物分解小分子有机物,便于下段微生物分解处理。

第二段工艺:经过一段工艺处理后,进二级高效好氧生物反应,通过高效复合工程生物菌群分解小分子有机物,变成 $H_2O$、$CO_2$、$H_2$、盐类等物质,从而去除水中 COD、$BOD_5$、氨氮等污染物。

第三段工艺:一级深度过滤 DF 工艺处理,通过二段工艺处理水进入三段一级深床过滤 DF 处理,经过 DF 特殊的过滤吸附材料并促进反硝化生物膜生长。由于 DF 吸附部分碳源,因此,此脱氮工艺不需要外加碳源。

第四段工艺:经过前三段工艺处理后水流入四段工艺,四段三级处理工艺即为立体浅层沉淀技术、超浅层沉淀技术和高效界面氧化技术处理,同时进行微氧生物反应,去除 SS、残余 COD、$BOD_5$、总磷等有机物,使出水水质达到 B 标,优于 B 标。

第五段工艺:经过前四段工艺处理后水进入消毒处理工艺,达到杀灭细菌作用,出水水质达标排放。

**【技术要点】**

进水水质为:COD≤300mg/L,$BOD_5$≤150mg/L,$NH_3$ - N≤30mg/L,TP≤4mg/L,SS≤150mg/L,pH≤6~9。出水主要指标执行《城镇污水处理厂污染物排放标准》(GB 18918—2002)一级 B 标。

**【应用前景】**

近年来,随着国家产业政策的调整和升级,许多污染严重的小企业从城市转移到郊区和村镇,加之原有的乡镇企业粗放经营,布局分散,农村水体点源污染日趋严重。低投资、能耗少、操作管理要求低且具有稳定高效的污染物去除效率的分布式污水处理方式适应我国农村的实际情况,市场潜力巨大。

**【典型案例】**

浙江安吉县下汤村生活污水分散式治理技术试点工作

项目地点:浙江安吉县下汤村

实施单位:浙江德安科技股份有限公司

项目概述:浙江安吉县下汤村是"五水共治"项目第一批实施村,将完成 671 户农户污水治理任务。为更好地完成污水治理任务,同时也为全县开展农村生活污水治理提供技术借鉴,下汤村在县环保局、孝丰镇人民政府的指导下认真开展农村生活污水分散式治理技术试点工作。

主要是运用净化槽、德安 WTBOX 等 6 种技术建成 9 座污水处理系统,处理周边 20 户农户的生活污水(包括化粪池的污水)。其中净德安 WTBOX 技术 2 座,国清环保技术 1 座等。建成的污水处理设施均能直接处理来自卫生间的粪便废水,无须添加化粪池。

该项目经过一段时间的试运行后，总体来说基本能运行较平稳，处理后的出水达到预期要求，农户反映较好。通过这 6 种分散式农村生活污水处理技术在同一个行政村进行试点运用，实现了分析对比选择、因地制宜在全县范围内推广使用的目的。

### 5.3.5 农村生活污水分散式处理系统

**【技术简介】**

农村分散污水处理（无水免冲马桶＋微生物净化槽）工艺系统具有源头减量、简单易行、便于管理、生态环保，经济实用、运维费用（零）极低的特点，使环境治理实现农村污染治理减量化、资源化，同时也为高品质的有机农业提供良好的肥源基础条件。

污染治理从源头开始减量化、无害化、资源化，大大减少了污染源总量；系统实施单元治理，就地化解系统操作的复杂性比常规投资节省 50％以上；污染物资源化利用与环境微污染治理相结合，因地适宜，机动灵活，易管理，易维护；设备（施）占地面积小，结构模块化，批量分类标准化生产，不只成本低，运行费用也极低（0.15 元/d）；设备（施）布局外观美观、简单；设备极少微动力，高效节能，运行稳定、可靠。

**【应用范围】**

该系统应用范围为农村分散型生活污水处理，包括原厕所改造成具有无害化、资源化功能的生态资源型厕所（处理系统）；生活污水（杂水）成套处理净化系统及管道安装的总体设计等。

**【技术原理】**

坐便器节水技术：采用直接排污的技术方案，免除了弯曲、狭长、超高的排污通道，改变过去虹吸式的排污方式，具有污物流程短、排污快捷。水龙头节水技术：内部设有稳量节水限流器，能响应水压变化，自动稳定出水量。同时，在出水口处设有内丝节水限器加气泡吐水技术，使节水更高效，出水更柔和，水流不飞溅。花洒节水技术：运用流体力学原理，将自来水的压力能转化为动能，同时导入空气形成空心水。蹲便器节水技术：在阀门处安装节水装置，水流通过时增压装置将水流量调小，在满足冲洗洁净要求的同时，提高冲洗力度。小便器节水技术：在小便器进水口处安装稳量节水装置，在满足冲洗洁净要求的同时，通过自动调节装置，保持稳定水压；或在小便器内放置生物节水小方块，在小便器内壁喷洒生物降解液，通过生物的方法去除尿液颜色味道，无需用水冲洗。

**【技术要点】**

出水水质相关指标优于《城镇污水处理厂污染物排放标准》（GB 18918—2002）的二级标准（表 5.4）。

表 5.4　　出水水质相关参数指标

| 序　号 | 项　目 | 二级标准/(mg/L) |
|---|---|---|
| 1 | 化学需氧量（COD） | 90 |
| 2 | 五日生化需氧量（BOD₅） | 20 |
| 3 | 悬浮物（SS） | 10 |
| 4 | 氨氮（以 N 计） | 10 |
| 5 | 总磷（以 P 计） | 2 |
| 6 | 色度 | 30 |

**【适用前景】**

（1）实现环境效益。实施农户生活污水（杂水）分散式（源分离）处理系统：可从根本上改善农村生活生产方式与人居环境，降低与污染有关的疾病传播，从而减少由此引起的经济损失，为流域生态环境治理提供良好的条件。同时为村容村貌的美化提供服务。

（2）实现经济效益。农户粪便经系统规范化、无害化、资源化处理后可作为农户廉价高效的有机肥，不但可以促进农作物增产，而且从源头上遏制化学农业的恶性循环。

（3）实现社会效益。农户分散式污水处理方式不但提高了水资源的重复利用率、缓解水资源供需压力、推动农业生产的发展，还能改善地区农村的生态环境条件，促进社会的和谐进步。对地区社会经济的健康可持续发展具有积极的作用。

**【典型案例】**

贵州省农村污水分散式处理工程

项目地点：贵州省

实施单位：北京鑫水世界环境工程有限公司

项目概述：农村厕所无论是旱厕还是水冲厕，都未对粪便中排放的氮磷进行有效的（治理）资源化再利用，而是直接或间接地排入河流和湖泊，导致湖泊氮磷含量过高、河流极富营养化、水资源污染情况严重。项目使用农村生活污水分散式处理系统，能够将农村污染减量化、资源化，同时也为高品质的有机农业提供良好的肥源基础条件。另外，生活污水（杂水）大体包括洗澡水、洗脸水、洗菜水、拖地水等。通过 PVC 管道把各项生活污水及隔油后的餐厨废水收集混合后，进入微生物净化槽系统处理，实现生活污水的处理和再利用。

# 5.4    城乡生活垃圾污染控制技术

## 城市生活垃圾焚烧处置技术

**【技术简介】**

垃圾焚烧发电是指将城市生活垃圾采用焚烧方式，通过焚烧将热能转化为机械能，再将机械能转换成为动能的过程。整个过程焚烧的原料为城市生活垃圾，城市生活垃圾相对农村生活垃圾、工程垃圾废料等水分较少，易燃烧，燃烧热值较高，需要的辅料较少。垃圾焚烧具有减容量大、无害化程度高、热量可回收等优点，在世界范围内得以广泛应用，正逐渐成为我国垃圾处理的主要方式之一。

**【应用范围】**

该技术适用于城市生活垃圾的无害化、减量化和资源化处置。

**【技术原理】**

将生活垃圾进行分类收集后，送入焚烧炉内进行焚烧。高温焚烧过程中产生的热能通过余热锅炉转化为蒸汽，进入汽轮发电机，带动涡轮转动，从而使发电机做功产生电能。目前，世界上的垃圾焚烧技术主要分为四种：炉排炉、流化床、回旋和热解，其中炉排炉和流化床运用较为广泛。

垃圾焚烧发电的通用工艺流程如下：原生垃圾在垃圾贮坑中堆放 5~7 天，可去除 12% 左右的渗滤液，通常垃圾含水率每降低 1% 垃圾热值约增长 100kJ/kg，因此，垃圾热值得到提高。通过垃圾池上方的抓斗将池中垃圾运至焚烧炉的给料平台，把垃圾推进炉内进行高温焚烧处理。在第一烟道设有脱硝系统接口，通过喷入尿素或者氨液控制 $NO_x$ 的生成。焚烧烟气进入余热锅炉产生大量蒸汽，进入汽轮发电化组推动涡轮转动，从而使发电机做功产生电能进行发电。除了厂区内自用电之外，剩余电力全部接入电网系统。

垃圾焚烧的烟气处理系统是需关注的重点。SNCR 技术有着较高的经济性，其实质是选择性非催化还原法。垃圾焚烧发电中，垃圾有着复杂的成分，因此大量的氮氧化物会在焚烧过程中产生，若是这些气体不经处理排放将会严重的污染环境，因此其处理技术的选择是至关重要的。在垃圾焚烧发电中应用 SNCR 技术，其还原剂可以选择 $NH_3$ 以及尿素等，通过雾化在锅炉中加入，使焚烧产生的 $NO_x$ 与还原剂反应，从而有效地处理焚烧产生的 $NO_x$，避免污染环境。温度是 SNCR 技术应用的重要影响因素，温度若是达不到要求将会影响脱硝效率，因此在应用中需要合理控制温度。

【技术要点】

城市生活垃圾焚烧技术具有垃圾减量化、资源化、无害化的基本特征，同时有占地面积少、产出电能的特点。但城市垃圾焚烧处理厂因其环境敏感性，存在"邻避效应"，因此在选址及工艺论证阶段应广泛调研科学论证。

【应用前景】

基于我国生活垃圾无害化处理的迫切需求和政策积极推广的双重作用，焚烧处理所占比重将继续上升。根据《"十三五"全国城镇生活垃圾无害化处理设施建设规划》等政策提出的要求，到 2020 年年底，城市生活垃圾焚烧处理能力占无害化处理总能力的 50% 以上，其中东部地区达到 60% 以上。

【技术局限性】

城市生活垃圾在焚烧过程存在产生二次污染的可能，其中最主要的是烟气污染，包括飞灰颗粒物、$SO_2$、$HCl$、$NO_x$、重金属和毒害性微量有机物等空气污染物。现代垃圾焚烧技术所包含的烟气净化系统通常能较有效地控制除 $NO_x$ 和二噁英以外的一般污染物，但目前还缺乏技术可靠、经济可行的 $NO_x$ 和二噁英等的末端高效净化工艺。目前以燃烧过程中的工艺控制为主要手段，控制 $NO_x$ 和二噁英的达标后排放。

【典型案例】

杭州九峰垃圾焚烧发电项目

项目地点：浙江省杭州市

业主单位：杭州九峰环境能源有限公司

实施单位：光大环保能源（杭州）有限公司

项目模式：BOT 模式

项目概述：杭州九峰垃圾焚烧项目总投资额约人民币 18 亿元，设计总规模为日处理生活垃圾 3000t，主要负责处理杭州中心城区的垃圾，预计每年提供绿色电力约 3.9 亿

kW·h。项目采用 BOT（建造-运营-移交）模式建造，特许经营期 30 年。项目配置了 4 台 750t/d 光大国际自主研发的机械炉排炉，2 台 35MW 纯凝式汽轮发电机组，烟气净化工艺采用"SNCR（选择性非催化还原）＋旋转喷雾半干式反应塔脱酸＋干法脱酸＋活性炭吸附＋布袋除尘器＋SCR（选择性催化还原）＋湿法脱酸＋GGH＋烟气脱白"的先进组合工艺，烟气排放全面执行欧盟 2010 标准。项目配套渗滤液处理站规模达 1500t/d，渗滤液经处理后达到敞开式循环冷却水系统补充水标准，实现渗滤液"全回用、零排放"（图 5.16）。

图 5.16    杭州九峰垃圾焚烧发电项目

## 5.5    养殖污染控制技术

### 5.5.1    畜禽养殖废水 UASB 处理技术

【技术简介】

畜禽养殖废水是农业生产过程中的重要污染源，其 COD、BOD 及氨氮的数值非常高，规模化畜禽养殖废水必须得到有效处理。UASB 是上流式厌氧污泥床反应器（Upflow Anaerobic Sludge Blanket）的简称，和其他厌氧生物处理工艺一样，UASB 的厌氧反应过程包括了极为复杂的生物反应过程，在反应过程中，经过水解、发酵、产酸和产气步骤，厌氧微生物就把复杂的底物转化成了各种各样的中间产物。在一系列转化之后会产生沼气，在降解废水中有机物的同事，实现能量的回收利用。

【应用范围】

适用于大中型畜禽养殖废水的处理。

【技术原理】

上流式厌氧污泥床反应器（UASB）由反应区、气液固三相分离器（包括沉淀区）和气室三部分组成，其工作原理大致如下：首先废水从反应器的底部进入反应器，流入到污泥床中，然后流到污泥悬浮层。在这一过程中，污泥中的微生物对厌氧分解中的有机物，然后将其转化为沼气。在厌氧分解过程中会产生大量的气泡，这些气泡携带着污泥颗粒到达反应器的上部，之后气泡会破裂，大量的污泥又重新回到污泥区，这样就起到了搅拌污泥的作用。这样就在反应器上形成了污泥悬浮层。再上升到三相分离器中。从沼气管道中沼气被排出，同时经过处理过的水从沉淀区排出反应器。UASB 反应器的特点在于可维持较高的污泥浓度，较高的进水容积负荷率，从而大大提高了厌氧反应器单位体积的处理能力。但是对于 SS 含量很高的粪污水不适用，而且投资费用也较大。它处理效率高，耐负荷能力强，出水水质相对较好。

**【技术特点】**

UASB 工艺处理畜禽废水具有如下的主要工艺特征：

（1）UASB 反应器集生物反应和沉淀分离于一体，结构紧凑；在反应器的上部设置了气、同、液三相分离器，被沉淀区分离的污泥能自动回流到反应区，一般无污泥回流设备；

（2）在反应器底部设置了均匀布水系统；

（3）反应器内的污泥能形成颗粒污泥，直径为 0.1～0.5cm，湿密度为 1.04～1.08g/cm³，具有良好的沉降性能和很高的产甲烷活性。UASB 工艺与传统活性污泥法相比反应器内污泥浓度高，一般平均污泥浓度为 30～40mg/L；具有很高的容积负荷，中温消化，COD 容积负荷一般为 10～20kg/(m³·d)；不需要设置填料，节省造价及避免堵塞问题，提高了容积利用率；一般不需要设置搅拌设备，靠上升水流和沼气产生的上升气流起到搅拌的作用。

**【应用前景】**

UASB 反应器是目前使用最为广泛的高速厌氧反应器，被用应于几乎所有有机废水的处理中，包括几乎所有以有机污染物为主的废水，如各类畜禽养殖、发酵工业、农业加工、石油精炼及石油化工等各种来源的有机废水。随着人们对 UASB 反应器也在进行不断地改进和完善，特别是对其中复杂的三相分离器的优化设计，颗粒污泥的形成机理和形成条件的研究，以及启动和运行过程中各种条件的控制等各方面的探索。使 UASB 反应器在废水处理中具有更广阔的应用前景将 UASB 与其他好氧工艺联合应用，比如 UASB+SBR、UASB+MBR、UASB+AS、UASB+CASS 等，这样一来，兼容两种工艺的优点，扬长避短，不但可在厌氧段回收能量，而且可在好养段减少电耗，将从根本上改善传统畜禽废水处理方法中的以高能耗换取合理的处理水质的现状。

**【技术局限性】**

单一的 UASB 厌氧处理无法将畜禽废水中的有机物有效分解，在实际应用中多作为废水的前处理单元，降低废水中的有机负荷，因此还需后续好氧处理单元满足日趋严格的废水处理排放标准。此外，就 UASB 工艺本身也存在一些技术问题，如反应器内有短流现象，影响处理能力；运行启动时间长；对水质和负荷突然变化比较敏感等。

**【典型案例】**

杭州灯塔养殖总场沼气与废水处理工程

项目地点：浙江省杭州市

业主单位：杭州灯塔养殖总场

项目模式：亚行贷款项目

项目概述：杭州灯塔养殖总场是国内最大的综合性养猪企业之一，年出栏 20 万头，存栏 12 万头，日排放 188 吨猪粪和 3000 吨污水。该项目按照减量化、资源化、无害化的原则，设计污水性质：污水性质：$COD_{cr}=10000mg/L$；$SS=4000mg/L$；$NH_3-N=900mg/L$。处理采用"UASB＋SBR"工艺技术，UASB 采用大于 20℃的常温发酵，冬季增温。COD 总去除率达 98％，$NH_3-N$ 去除率达 99％以上，出水 $COD\leqslant150mg/L$，$NH_3-N\leqslant15mg/L$，出水达到《污水综合排放标准》的二级标准，日产沼气 8500$m^3$。沼气经气水分离、脱硫后，主要用于：锅炉燃气（67％）、肥料烘干（24％）、食堂炊事

图 5.17　杭州灯塔养殖总场沼气
与废水处理工程

（3％）、猪舍生产用能（6％）（图 5.17）。

## 5.5.2　畜禽养殖废弃物循环利用模式

【技术简介】

畜禽养殖场的大量废弃物主要来源于污水，因此循环利用模式的构建关键也在于废水及废水中的营养元素、有机物质的转化利用和技术处理环节，围绕沼-水-肥耦合的多级循环经济模式的组建，对于实现养殖场的清洁生产，减少污染物的排放及实现零排放是非常关键的循环经济技术环节。

【应用范围】

该模式适用于能够辐射大量农田、温室大棚、果树林地的大中型规模化养殖场，以及养殖规模在 500 头以上家庭农场。

【技术原理】

畜禽养殖废弃物循环利用模式有多种形式，目前应用最为广泛的是"粪尿-沼气-农田"模式。该模式以养殖污水的处理与水肥、能源利用为核心，综合项目研发的关键技术，利用生物-生态协同措施，构建不同的循环经济模式组合。在养殖场的污水处理上应用生物、生态的集成技术如高效厌氧 UASB 生物反应器、好氧 SBR 反应器、快速脱氮技术和 Lipp 制罐技术等进行 BOD、COD 的降解和消化，同时将水体的氮、磷等营养物质利用水生植物、稳定塘、农业经济作物进行合理的吸收、转化利用。厌氧消化液作为水肥用于果园、蔬菜、粮食作物的灌溉与生产。对污水中的有机物质利用水解酸化及二级、三级的厌氧消化池进行深度处理，产生的沼气用于养殖企业、区域村落的农业生产及生活活动；沼液沼渣用于进一步的处理和生物转化，从而形成了沼-水-肥耦合的循环经济模式。采用"沼-水-肥"循环经济模式的处理工艺，可使 COD 去除率在 90％以上，$NH_3-N$ 去除率 90％，TN 去除率 90％。

【技术特点】

把养殖过程中产生的粪便、粪水、屠宰废水及其他畜产品初加工废水等作为主要原料，通过厌氧发酵方式分解有机质制备沼气，沼液沼渣用于农业生产。在减轻环境负担的同时，实现了畜禽养殖废弃物的资源化利用。

【应用前景】

国务院办公厅 2017 年颁布《关于加快推进畜禽养殖废弃物资源化利用的意见》，建立科学规范、权责清晰、约束有力的畜禽养殖废弃物资源化利用制度，构建种养循环发展机制，全国畜禽粪污综合利用率达到 75% 以上，规模养殖场粪污处理设施装备配套率达到 95% 以上。畜禽养殖废弃物循环利用模式有着广阔应用前景。

【技术局限性】

该模式对于小型、分散的养殖场适用性较差，主要是由于小型养殖场畜禽粪便产量少，资源化循环原料较少，设备运行维护成本较高，消纳能力也有限，无法达到大中型养殖场的规模化处理效应。因此对于小型畜禽养殖场可结合集中处理的模式，设立集中处理设施，对小型、分散养殖场废弃物进行收集，进行统一资源化循环处理。

【典型案例】

哈尔滨雀巢 DFI 奶牛场

项目地点：黑龙江省哈尔滨市双城区

业主单位：哈尔滨雀巢 DFI 奶牛场

项目模式：企业投资项目

项目概述：雀巢 DFI 奶牛场（图 5.18）坐落于黑龙江省哈尔滨市双城区，占地面积为 60 万 m²，该奶牛场于 2014 年 6 月开始投入建设，由北京东石北美牧场科技有限公司按照"整体交付"模式为瑞士雀巢中国公司完成。牧场在初期设计及后期运行配套中，兼顾产奶的同时充分考虑并实现了循环利用操作模式，实现了牧场与周围农田作物的生态平衡。整个牧场粪污处理与种养结合基本工艺流程为：清理（拖拉机或者刮板清粪）→粪污输送（回冲系统）→收集（集污池）→干湿分离设施（筛分器、绞龙及螺旋挤压机）→液体上清液贮存储存→固体粪污用作垫料及还田，液体粪污还田。每年可产生牛粪约 14 万 t。

图 5.18　哈尔滨雀巢 DFI 奶牛场布置图

其中含磷约 224t，含氮约 476t，含钾约 560t。这些养分相当于每年约 500 万元的化肥投入。其所提供的养分可以作为约 10 万亩土地面积耕地的优质有机肥来源。

### 5.5.3　水产养殖尾水泡沫分离处理技术

**【技术简介】**

水产养殖废水的环境危害主要表现为水体富营养化，其中含有大量的氮、磷等营养物质，同时还含有细菌、溶解性有机物等，需要对其进行有效处理。泡沫分离法又称气浮法，是利用泡沫与水界面的物理吸附作用以表聚物形式去污净水的方法。泡沫分离法可以有效地去除循环水养殖水体中的溶解性有机物和悬浮物，由于其工艺简单、性能稳定、维护方便等优点，是十分适用与循环水养殖水质净化处理的技术。

**【应用范围】**

适用于集约化水产养殖中闭合循环水处理，尤其适用于海水养殖环境及对溶解氧含量要求较高的品种养殖。

**【技术原理】**

泡沫分离技术的原理是根据表面吸附原理，利用在液体中形成微小气泡作为载体，对溶质和颗粒进行分离。泡沫分离器当中的起泡装置向液体中持续输送大量微小起泡，液体当中具有的表面活性物质吸附在气液界面（即气泡表面）随着气泡上升到液体上方形成泡沫层，把泡沫层和液体分离就达到了去除（或浓缩）表面活性物质的目的，液体中的微小颗粒物等物质也会因为与表面活性物质的结合而被分离。其能很有效的利用气泡的表面张力来分离水中的蛋白质，理论上泡沫分离器能分离水中 80% 的蛋白质。泡沫分离器接触室、充气装置、集污室、进排水口、排污口、液位调整装置、冲洗装置等部分组成。废水处理时，需处理水体进入接触室上部，水体向下移动，沿出水口流走，射流注气装置产生的大量微细气泡形成巨大气泡表面积进入到接触室，这些气泡在接触室向上移动，在移动过程中，水体中悬浮的有机物颗粒聚集在微细气泡表面，并堆积向上推动脱离出水体，最后进入顶部的集污室，在集污室中随着泡沫的慢慢破碎，有机物在这里形成沉淀，然后由排污口排出。

**【技术特点】**

泡沫分离在蛋白质等有机物未被矿化成氨化物及其他有毒物质前就能将其去除，避免有毒物质在养殖水体内积累，减少了有机物分解所消耗的溶氧，这对于维护养殖水体良好水质的十分重要。泡沫分离器还能使溶解性有机物及部分悬浮物从水循环中分离出来，使 BOD 和 COD 降低，溶氧升高，能为生物滤器的功能发挥提供有利条件。所以将两者联合使用会取得更好的水质净化效果。

**【应用前景】**

泡沫分离器自问世已久，在水产养殖水处理中应用较为广泛。通常作为工厂化养殖、封闭式养殖模式里循环水净化流程的一个环节加以利用，配合生物、或化学技术，包括微生物过滤技术、臭氧处理水技术、紫外辐射消毒技术等各种技术手段来对养殖水体进行深度净化达到可以重复利用的目。

**【技术局限性】**

泡沫分离法应用于养殖水体的处理的不足之处，是会把水体中对养殖生物有益的痕量元素一并去除，所以在应用时需要注意水体中痕量元素的变化，及时加以调整。其次，由于淡水中缺乏电解质,有机物分子与水分子之间的极性作用很小,气泡形成的几率很低,气泡的稳定性也非常差,对泡沫分离器的应用十分不利。但是当水体盐度＞5‰(半咸水)时,用泡沫分离器就能有效去除水中蛋白质。此外,泡沫分离作为物理处理技术,对水中溶解性污染物的去除效果有限,因此通常需组合其他技术联用。

【典型案例】

宜昌三峡现代渔业有限公司

项目地点:湖北省宜昌市

业主单位:宜昌三峡现代渔业有限公司

实施单位:上海水产大学设施渔业研究所

项目模式:企业投资项目

项目概述:施渔业车间占地 1500m²,其中单个生产系统中养殖面积 250m²,系统养殖品种为澳洲宝石鱼(Scortum barcoo),放养密度为 50 尾/m³(宝石鱼平均规格约 300g)。日投饵率为鱼体重的 3%～4%,所用饵料为统一配合饲料。循环水处理系统单元构成为:固液分离装置、流着净化渠、生物滤器(浮球式和浸没式)、泡沫分离器以及紫外消毒装置。其中泡沫分离器是生物滤器之后的三级水处理单元,但就泡沫分离单元处理效果分析,其对 COD 和氨氮有较好处理效果,但对硝态氮几乎没有影响。

## 5.5.4 高密度水产养殖水循环利用技术

【技术简介】

海容模块温室高效节水水产养殖技术采用海容节能模块建造而成,从养殖设施上保障水产养殖生存环境,具有优异保温隔热性能的节能水产养殖温室,同时突出了养鱼先养水的水产养殖技术重点,创建了以节地、节水、生态、循环新型农业模式,改变了因土地、气候、环境因素制约贫困地区农业发展落后状况。

【应用范围】

该技术不受地理环境气候影响,可实现全年全天候养殖,满足多种水产品工厂规模化养殖。

【技术原理】

海容模块是用改性阻燃型聚苯乙烯颗粒加热发泡,通过特殊工艺和专用设备一次性加热成型的聚苯乙烯泡沫塑料型材,具有优异的保温隔热防火的性能。

海容模块温室高效节水水产养殖技术系统,根据不同鱼类对水质的要求,实行阶梯式养殖模式。首先优质水优先养优质高档鱼(大鲵、鸭嘴鱼等),排放水通过液固分离、脱氨氮、去二氧化碳、臭氧杀菌、补氧、生物吸附、紫外线杀菌、水温调节后入池养殖中档鱼(石斑鱼、虹鳟鱼、罗氏虾等),然后排放水通过二次处理再入池养殖常规鱼(红鲳、金桂、蓝沙等),然后液固分离后排入室外养鱼池养殖家常鱼,最后将养殖后的生化水液固分离供种植用,最大化提高水资源利用率,达到了科学循环、生态养殖、绿色产业发展模式。

【技术要点】

海容模块温室高效节水水产养殖技术系统设计为温室 520～700m²,保温鱼池单池分别为 50m³、100m³,养殖温室分别有 100m³、200m³、400m³、800m³ 等不同规格。

【适用前景】

该项目符合国家制定的现代农业发展战略方向,技术具有可靠性、利于推广的特点,可实现现代科技农业大产业的优质资源整合，对万众创业提供平台、带动农村经济发展，具有很好的社会和经济效益，发展前景可观。

【典型案例】

山海农业海容模块温室高效节水水产养殖

项目地点：山东省东营市广饶县大王镇西李村

项目规模：建筑面积为 $1700m^2$

业主单位：东营山海农业科技有限公司

项目概述：通过海容模块温室高效节水水产养殖实际应用示范，大大提高了南鱼北养的成活率和生长速度，减少了鱼病发生，同时对水的利用率大大提升，养殖自动化程度高，降低了劳动强度，提高了工作效率，缩短养殖周期，明显地降低了养殖成本，增加经济效益。未来会加快规模产业化推广，开发更多的养殖品种。

## 5.5.5　工业化循环水水产养殖模式

【技术简介】

工业化循环水养殖是一种结合了水产养殖技术、水处理技术等的生产方式，是现代渔业发展的趋势。工厂化循环水养殖系统的典型工艺和装备是以物理过滤结合生物过滤为主体，对养殖水体进行深度处理，并对水质进行实时监测和调控。

【应用范围】

标准水处理车间型适合于 $1000\sim3000m^2$ 养鱼水体，可以育苗为主，养成为辅，做到精养高产，特别适合土地和水资源紧张的地区；简易水处理大棚型适合 $4000\sim6000m^2$ 养鱼水面，同时进行育苗和养成；多品种综合利用大池型适合 $10000m^2$ 以上大规模生产的循环水处理养鱼系统，以养成为主，育苗为辅，进行多品种综合利用，可保持生态平衡，对环境友好，其投资风险最小，但占地面积较大。

【技术原理】

工业化循环水养殖是指通过物理、化学、生物技术对养殖水进行净化处理，使全部或部分养殖水得到循环利用的养殖方法。根据养殖水的特点，封闭式循环水养殖的水处理工艺流程一般包括固体颗粒物去除、有机物分离、生物净化、脱气、增氧、调温和杀菌消毒（sterilization）等。其中关键设备主要包括机械过滤器、生物过滤器、泡沫分离器、杀菌消毒设备、增氧设备等。典型的循环水养殖工艺技术路线：鱼池出水进入物理过滤部分（固液分离器和弧形筛等），去除残饵和粪便颗粒等直径大于 $60\mu m$ 的固体悬浮物，经水泵提升进入蛋白分离器，而后进入生物滤器，在此处对水质进行氨氧化和硝化处理，净化后的水进入消毒装置杀菌，最后经增氧后重新流入养殖池。在循环水养殖工艺流程中，多种设备协同作用共同完成对水质的净化处理。

工业化循环水养殖车间大小主要取决于建设场地大小，常见的循环水养殖车间跨度为 $14\sim16m$、长度为 $65\sim90m$。车间内部分为操作管理区、养殖区、水处理区和进水与排水区，单套系统的有效水体控制在 $200\sim500m^3$，为降低车间建设与运行管理成本，可采用多连体设计。

【技术特点】

工业化循环水养殖具有节地、节水、全自动、高密度集约化和排放可控的特点。系统因全自动运行，维护量少，可实现无人值守，降低养殖人工成本。与传统养殖方式相比，符合可持续发展的要求，是水产养殖向高端养殖方式转变的必然趋势。为了实现工业化水产养殖，首先需要建立标准化的水产养殖系统和养殖模式，即苗种集中培育、成鱼规模化养殖、环境监测、饲料投喂、病害防疫、水产品溯源等各个养殖环节都需要有统一标准，从而确保整个养殖过程的可控性和系统的推广使用；其次，工业化水产养殖方式能够控制污染排放，养殖系统中产生的废水能够集中处理并循环利用，且养殖污泥经沉淀后需要作无害化处理，从而实现节约水资源和减少对自然水体环境污染的目的；再者，工业化水产养殖是一种高密度、集约化的水产养殖方式，为了保证水资源和土地资源能够得到有效的利用，达到最佳的经济效益，集中建立起规模化、一体化的水产养殖系统。

【应用前景】

工厂化循环水养殖作为一种新型养殖模式，反映了水产养殖从农业向工业化转变的过程，具有节能减排、占地少、密度高、可控性强等优点，符合国家提出的推进渔业转方式调结构的战略需求，也是集约化养殖未来的必由之路。"十二五"期间研发的节能环保型循环水养殖系统结构合理、功能完善，建设成本是国外同类产品的 1/10，单位运行成本比传统流水养殖降低 20%，水循环利用率达到 80% 以上，养殖密度是流水养殖的 3～5 倍，生长速度比流水养殖提高 30%～100%，系统操作管理简单，运行平稳。该系统目前已在辽宁、河北、天津、山东、江苏、浙江、海南等沿海地区进行了推广应用，推广面积达 17.3m$^2$。

【技术局限性】

工业化循环水养殖模式需要成套的养殖设备、养殖车间以及相关专业技术人员等，因此在养殖前期需要大量的资金投入，在养殖期间要不间断地循环，用电过高也会导致养殖成本增加。其次，其工业属性加强，逐渐偏离了相关的农业范畴，因此对于工业化循环水养殖的管理已经不是停留在传统养殖模式的管理方式之下了，如果在管理方面无法达到要求，那养殖企业无法发挥工业化循环水养殖的全部优势，无法取得理想的成果。

【典型案例】

山东莱州明波水产有限公司标准循环水处理车间

项目地点：山东省莱州市

业主单位：山东莱州明波水产有限公司

项目模式：企业投资项目

项目概述：山东莱州明波水产有限公司构建 1720m$^2$ 养鱼水面的标准水处理车间型系统工程。主要以充分利用地热水为目的，养鱼池的排水先经过微滤机去除大颗粒杂质与悬浮物（大于 150$\mu$m），通过气浮来去除微小悬浮物（大于 50$\mu$m）和有害气体，再经生物净化降低循环水中的氨氮，臭氧消毒以防治病害，高效过滤使水质更加清澈。同时通过与臭氧的联合作用，去除部分重金属离子，在高效溶氧罐中加入纯度大于 90% 的纯氧以提高水中的溶氧量（大于 10mg/L），地下井水通过热交换器进行水温调节，处理后的水又流回鱼池进行循环使用。水处理系统每两小时循环 1 次，水的利用率为 90%。处理后 COD、SS、非离子氯稳定保持在 2.5mg/L、2mg/L 和 0.02mg/L 以下，满足渔业水质标准。

## 5.6　农业面源污染控制技术

### 5.6.1　测土配方施肥技术

【技术简介】

测土配方施肥技术是以土壤测试和肥料田间试验为基础，根据作物的需肥规律、土壤供肥性能和肥料效应，在合理施用有机肥料的基础上，提出氮、磷、钾及中、微量元素的施用数量、施肥时期和施肥方法。测土配方施肥技术的核心是调节和解决作物需肥与土壤供肥之间的矛盾，有针对性地补充作物所需的营养元素，作物缺什么元素补什么元素，需要多少补多少，实现各种养分的平衡供应，满足作物的需要的基础上，避免多余肥料的流失，减少农业面源污染。

【应用范围】

适用于专业技术人员指导下的农田施肥作业。

【技术原理】

测土配方施肥是以养分归还（补偿）学说、最小养分律、同等重要律、不可代替律、肥料效应报酬递减律和因子综合作用律等理论为依据，以确定不同养分的施肥总量和配比为主要内容。为了充分发挥肥料的最大增产效益，施肥必须与选用良种、肥水管理、种植密度、耕作制度和气候变化等影响肥效的诸因素结合，形成一套完整的施肥技术体系。测土配方施肥的基本原理富有三个方面的基本内涵：

（1）测定土壤养分。

科学的施肥方案是依据土壤中储存的养分含量和作物生长对养分的需求确定的，农作物的养分需求通常是相对稳定的，不需要定期测定，而土壤养分含量影响因素多，变化大，需要经常检测。因此，土壤养分含量测定是测土配方施肥的重要前提。

（2）制定施肥方案。

施肥方案包括作物整个生长期的施肥总量和不同的生长时期的施肥量。施肥总量是根据测定的土壤养分含量和作物生长对养分的需求确定的作物总的需肥量。由于土壤养分含量和作物需肥量的差异，同一作物在不同土壤环境或不同作物在同一土壤环境中的施肥量都是不同的。

施肥总量确定后，还要根据农作物的生长特点对肥料需求，以及土壤中的有机质含量，确定农作物每个生长阶段的施肥量。应根据作物的生长需求选择肥料种类、发育期、生长期、结果期适用化肥类型和施用量都是不同的，有的肥料适合在生长前期做基肥，如磷肥，有的需要在作物生长中期作追肥；有的则能作叶面喷肥等。

（3）实施施肥方案。

施肥方案制定后，应根据农作物生长期的需肥特点，确定合适的施肥时间、施肥方法以及施肥量。肥料施用和气候、土壤湿度以及作物生长期都有非常重要的关系。同一种肥料对不同的农作物或同种作物不同的生长期应该采用不同的施肥方法和施肥时间以及施肥量。

【应用前景】

测土配方施肥技术是联合国在全世界推行的先进农业技术。每年国家中央财政安排专项资金加快测土配方施肥技术推广普及，扩大配方肥推广应用，推进科学施肥技术进村入户到田。各地方也积极探索建立测土配方施肥技术示范区，组织农技人员知道工作开展。农业部也印发《测土配方施肥技术规范》（农发〔2008〕5号）指导技术推广。由于测土配方施肥技术在提高作物品种的同时减少了化肥的施加，降低了面源污染程度，符合节能减排的绿色农业发展方向，有着广阔的推广应用前景。

【技术局限性】

当前我国土壤养分测试方法操作程序复杂，分析速度慢，时效性较差，不能满足大批量土样的测试要求。其次，测土配方施肥技术专业性较强，对农技推广人员的专业知识要求较高，需要建立专业服务队伍。

【典型案例】

湖南省主要农作物测土配方施肥客户端软件应用

项目地点：湖南省各市县

实施单位：湖南省农业信息中心

项目模式：政府农技项目

项目概述：为了简化测土配方施肥技术应用方法，由湖南省土壤肥料工作站、湖南省农业信息中心、耒阳市农业局、西安田间道软件有限公司四家联合开发的："田间道配方施肥软件"（图5.19），解决了测土配方施肥实际操作技术难度大的问题，只要手机安装了该软件，就可轻易计算出最佳的施肥方案。各项目县市区按测土配方施肥软件形成的施用方案，嘉庆田间示范与技术指导，优化了施肥结构。据调查统计，早稻施肥氮磷钾比例由原来的1∶0.44∶0.42调整到现在的1∶0.38∶0.48，晚稻施肥氮磷钾比例由原来的1∶0.21∶0.29调整到现在的1∶0.26∶0.49。同时，有

图5.19　农作物测土配方施肥客户端软件界面

机肥与无机肥施用比例逐步趋于合理，其中早稻有机肥平均每亩施用量，由原来的417kg增加到564.6kg，增加35.4%。同时有效减少了化肥施用，减轻了农业面源污染。

## 5.6.2　前置库技术

【技术简介】

通过调节来水在前置库区的滞留时间，使径流污水中的泥沙和吸附在泥沙上的污染物质在前置库沉降；利用前置库内的生态系统，吸收去除水体和底泥中的污染物。

【应用范围】

主要运用在农村面源污染控制。

【技术原理】

通常由3部分构成——沉降系统、导流系统和强化系统。

沉降系统，主要机理是利用水源地的入库口，在引入全部或部分地表径流的同时，通过泥沙及污染物颗粒的自然伴随沉淀至底，结合系统内的水生植物有效吸收去除底部沉淀物中的营养物质，从而达到初步净化水体水质的效果。伴随着地表径流而发生的土壤侵蚀会使土壤中积累的氮、磷素随水流发生迁移，有研究表明，其中<0.02mm 的微团聚体和<0.002mm 的黏粒是养分流失的主要载体，泥粒伴随沉淀和植物的缓冲带可使水体中的颗粒结合态营养物质截留下来。

导流系统，针对突发性、大流量的污染，为防止前置库系统暴溢，超过设计暴雨强度的径流通过导流系统流出，从而不会影响水体净化处理效果，最大限度去除截留的面源污染物。

强化系统，利用砾石床过滤、植物滤床净化、深水强化净化区、放养滤食性的鱼类、蚌和螺类、岸边湿地建设等手段，对污染水体进行进一步净化，氮、磷素的去除率分别可达 35% 和 50% 以上。

【应用前景】

前置库技术很好地结合所在地区的自然特点，有效解决了突发性、大流量污染的处理，对减少水源地有机污染负荷，特别是去除进入水体的地表径流的氮、磷元素安全有效，具有广阔的应用前景。

【技术局限性】

该技术由于季节的温差和前置库中制备的习性有差异，必然会出现植被季节衔接的重大问题。此外，进入前置库水流中携带的泥沙会造成库容减少的问题，清淤时有可能会同市清除含高营养盐的表层沉积物，从而影响库内植物的正常生长等。常利用自然塘库改建，对土地资源紧张的地区不适用。

【典型案例】

深圳市赤坳水库前置库工程建设工程

项目地点：深圳市坪山新区

实施单位：深圳市广汇源环境水务有限公司

项目概述：赤坳水库位于深圳市东部坪山新区境内，总库容 1816 万 m³，是深圳市重要的供水及转输水库之一，年平均自产水供水约 1500 万 m³，承担东江境外引水向大鹏新区供水的转输能力为 40 万 m³/d，在全市的供水工程布局中具有重要的作用。

赤坳水库前置库的工程任务一是拦截赤坳河受点源及面源污染的入库径流，通过滞流、沉淀削减污染负荷；二是针对水库上游可能发生的突发性污染事件，实现污染水体的缓冲拦截并转输处理，保障水库正常供水。工程总规模为 4.2 万 m³。2015 年建成投入运行三年来，基本达到原设计工程功能。根据水质监测分析，赤坳河汛期洪水均存在较高污染水头段情况，流域降雨在 7mm 以下时，洪水全过程量较高污染情况；降雨在 20mm 左右时，洪水过程的前 1/3～1/2 段是较高污染情况。运行中在降雨形成洪水径流时，打开上下库进水闸引水，最大引水量可达设计容积 4.2 万 m³，导入前置库的初雨水一般经 5～7 天滞流期后再进入水库。由于投入运行时间较短及受降雨频次和强度、季节、气温等多种因素影响，逐次实测前置库进、出水质监测数值相差较大，大致分析其污染负荷削减量在 20%～30%。

## 5.6.3　人工湿地农业面源污染控制技术

【技术简介】

人工湿地是指通过模拟天然湿地的结构与功能，选择一定的地理位置与地形，根据需要人工建造和监督控制的。人工湿地具有独特而复杂的净化机理，它能够利用"土壤，微生物，植物"这个复合生态系统的物理、化学和生物的三重协调作用，通过过滤、吸附、沉淀、离子交换、植物吸收和微生物分解来实现对污水的高效净化，同时通过营养物质和水分的生物地球化学循环，促进绿色植物生长，实现污水的资源化和无害化。

**【应用范围】**

人工湿地技术除了适用于农业面源污染末端控制外，还用于农村生活污水处理、城市集中式污水处理厂、尾水净化及水体水质旁路净化等。

**【技术原理】**

人工湿地是一类模仿自然湿地系统而建设的综合生态系统。绝大多数人工湿地由五部分构成：各种透水性好、比表面积大的基质，如土壤、砂、砾石；适于在饱和水和厌氧基质中生长的植物，如芦苇、菖蒲等；水体（在基质表面下或上流动的水）；无脊椎或脊椎动物；好氧或厌氧微生物种群。

其中填料、植物和微生物是人工湿地的核心构成，填料在人工湿地中为植物提供物理支持，为各种化合物和复杂离子提供反应界面及对微生物提供附着。常用到的填料有土壤、砾石、砂、沸石、碎瓦片、灰渣等。湿地植物具有三个间接的重要的作用：显著增加微生物的附着（植物的根茎叶）；湿地中植物可将大气氧传输至根部，使根在厌氧环境中生长；增加或稳定土壤的透水性。微生物则是作为人工湿地主要分解者的作用，承担着水体中污染物特别是有机物的分解任务。

人工湿地按水流类型可分为表流人工湿地、潜流人工湿地和潮汐流人工湿地，其中潜流湿地又可分为水平潜流湿地和垂直潜流湿地。潜流人工湿地是人工湿地的核心技术，一般由两级湿地串联，处理单元并联组成。该工艺独有流态和结构形成的良好的硝化与反硝化功能区对总氮、总磷、石油类的去除明显优于其他处理方式。在垂直潜流湿地中，污水由表面纵向流至床底，在纵向流的过程中污水依次经过不同的专利介质层，达到净化的目的。在水平潜流湿地中，污水由进水口一端沿水平方向流动的过程中依次通过砂石、介质、植物根系，流向出水口一端，以达到净化目的。

**【应用前景】**

人工湿地工程对农业面源污染物具有较好的净化作用，农业面源具有不稳定特性，径流量和径流中污染物浓度因水文条件不同而不同，人工湿地能够适应这种变化。在正常运行情况下，面源主要污染物去除率可达到：TN 60%、TP 50%、TDN 40%、TDP 20%、TSS 70%、$COD_{Cr}$ 20%。适用于重污染农业区，如蔬菜农田。如果土地条件允许，也可广泛应用，对控制水土流失和农田径流污染均有较好效果。工程具有投资少，效益好，运行管理方便以及抗面源负荷冲击能力强等优点，适合我国国情，是我国控制农业面源污染，尤其是重污染农业区污染的有效技术手段，具有较好推广应用前景。

**【技术局限性】**

首先，人工湿地技术由于占地面积较大，单位面积处理负荷相对较低，应用该技术时，应充分考虑土地资源及降水状况。其次，由于人工湿地技术主要依靠自然生物技术，其处理效果受季节温度波动影响较大，冬季低温条件下处理效果显著下降，北方冬季寒冷地区的适用性较差。此外，长期运行的人工湿地，其基质会发生淤积堵塞现象，需要定期更换基质，增加维护成本。

【典型案例】

洱海流域村落污水前置塘-人工湿地复合处理工程

项目地点：云南省洱源县玉湖镇

实施单位：中国环境科学研究院湖泊生态环境创新基地

项目模式：政府投资

项目概述：洱源县玉湖镇地处云南第二大高原湖泊——洱海源头，农业面源污染较为严重，威胁洱海的水质健康。工程所在地，玉湖镇江干村的经济基础较差，管理水平较低，人工湿地处理来水主要是村落生活污水、农田排灌水（农田排水和农田灌溉余水）以及初期雨水径流。沟渠径流先经粗细格栅拦截大块污染物。格栅拦截下来的垃圾由人工清运到附近的垃圾池。经格栅后的污水进入生物净化塘，在其中进行碳、氮和磷的降解，将难降解物质分解为易降解物质，将大分子物质分解为小分子物质。经生物净化塘处理后的污水进入人工湿地，由植物、土壤、水生动物和微生物进行处理。有效削减了农业面源污染、改善了入洱海水体水质。

# 5.7　船舶港口污染控制技术

## 船舶污染物岸上接收与处理控制技术

【技术简介】

为了防止船舶污染物污染内河及港口水环境，我国政府及有关部门出台了多项法律、法规及规章制度，船舶污染物岸上接收处理模式是解决这一问题的有效方式之一。此模式的主要运作方式是在港口、码头或装卸站等地点配备足够数量的船舶污染物、废弃物的接收设施，签订具有接收资质和接收能力的船舶污染物接收公司，船舶到港后，其产生的污染物由船舶污染物接收公司进行统一的接收处理，从而防止船舶污染物进入内河水环境、污染内河水域。

【应用范围】

该技术适用于船舶污染物的处理，尤其适用于受船舶结构、处理工艺、经济成本等原因制约，无法在船舶上配置污染物处理设施的船舶。

【技术原理】

船舶单个航次到达某一作业港口、码头或装卸站点后，指定的船舶污染物接收公司负责对船舶污染物进行港口接收，并收取船方一定数目的排污费用，向船方开具船舶污染物接收处理单证，船方凭此接收单证接受海事部门的审查，地方环保部门负责对船舶污染物接收公司进行管理，最终实现内河船舶污染物的接收处理。适用于岸上接收处理的船舶废弃物主要包括残余油类污水（主要是指机舱含油舱底水、油轮的含油压载水和洗舱水）、残余散装化学品残液（含残留化学品的洗舱水）、生活污水（与陆上生活污水相似，主要来自饮食、卫生、医疗产生的污水）、生活垃圾及其他营运废弃物。这些污染物主要产生于船舶机舱、货仓及生活区三个部位。其中，船舶油污水产生数量巨大，一条船每年产生的机舱舱底油污水达到其总吨位的 10% 左右。按照法律法规的要求，我国船舶油污水排放浓度不大于 15mg/kg，船舶生活污水悬浮物不大于 150mg/kg，生化需氧量不大于 50mg/kg，大肠杆菌不大于 250 个/100mL。受到技术及经济条件限制，我国船舶对污染物的船上处理能力有限，主要采取船上临时收集储存，由港口或码头船舶污染物接收单位进行接收的内河船舶污染物岸上接收处理方式进行处理，从而实现船舶污染物空间位置的转移，达到防止内河船舶污染物污染内河水域的目标。

**【技术特点】**

此接收模式可实现船舶污染物由水域内向岸上的转移，起到防止内河船舶污染水域的作用，通过统一的接收处理，节约人力和财力的重复投入，减轻了对船舶污染物的处理成本。

**【应用前景】**

我国除一些小型港口及老港区外，沿海主要港口都配备了港口污染物接收处理设施，包括含油污水和生活污水接收处理设施。大的港口如广州、上海都备有污水接收船，近年来由世界银行贷款，已在广州、宁波、天津、上海、大连等港口建立污水处理厂。

**【技术局限性】**

受船舶生活污水接收量的不确定性影响，一天内水量水质变化较大，频率较高。因此岸上污水处理厂通常还需接收港口或码头生活工作区所排放的生活污水和生产废水。此外，污水处理厂通常靠近河口、海湾等敏感区域，生活污水采取常规二级工艺处理后排放容易导致水体富营养化，因此往往需要采取具有脱氮除磷能力的二级强化处理，因此往往整体投资额较高。

**【典型案例】**

天津南疆码头污水处理厂

项目地点：天津市塘沽区

实施单位：天津港集团有限公司

项目模式：世界银行项目

项目概述：天津南疆码头污水处理厂来水主要由几个货物码头泊位的库区、生活辅建区的食堂废水、洗浴废水、办公楼盥洗废水、粪便污水和船舶排放的生活污水组成。该污水处理厂占地面积为 1 万 m² 左右，其中生活污水处理量为 600m³/d，油污水处理量为 200m³/d。采用氧化沟工艺处理，氧化沟内的污水自流至二次沉淀池，池内出水达标，则直接排放。如果出水大肠杆菌超标，则通过溢流堰进入接触消毒池，消毒液为次氯酸钠溶液，由消毒池出来的水达标排放。

# 5.8 其他污染控制技术

## 5.8.1 地下水污染抽出处理技术

**【技术简介】**

地下水抽出处理（Pump and Treat）技术，简称 P&T 技术，是最常规的污染地下水治理方法。通过在场地地下水污染羽的上游建造注水井，和在下游建造一定数量的抽水井，并在地表建造相应的污水处理系统，利用抽水井将有机污染地下水抽出地表和采用地表处理系统将抽出的污水进行深度处理的技术。

**【应用范围】**

抽出处理技术可以处理重度污染地下水区域中多种污染物，修复前需将场地内污染源去除，适用于中高渗透性含水层，一般要求 $k > 10^{-5}\,\mathrm{cm/s}$。但对于吸附能力较强及水溶性较差的污染物则不宜采用此种方法。

**【技术原理】**

根据场地地下水污染范围，在污染场地布设一定数量的抽水井，通过水泵和水井将地下水捕捉区内的溶解相抽取出来，然后利用地面设备处理；将处理达标后的地下水回灌或排入管网。

地下水抽出处理技术的修复机制主要包括两个方面：

（1）控制污染羽的扩散：通过抽提地下水的过程改变了地下流场，通过该水力流场改变拦截污染的进一步扩散。

（2）移除地下水中溶解相污染物：通过抽提作用将地下水环境中溶解相污染物质移至地表进行处理。

地下水抽出处理系统包括地下水抽出系统、污染物处理和排放系统和地下水监测系统。主要设备包括钻井设备、建井材料、抽水泵、压力表、地下水水位仪、地下水在线监测设备、污水处理设施等。关键技术参数包括渗透系数、含水层厚度、抽水井间距、抽水井数量、井群布局和抽提速率。其中，抽出处理技术的关键是抽水井群布置。通常情况下抽水井布置在污染源处以及污染羽的下游。在污染羽中布置抽水井后会改变地下水的流向，从而形成一个水流捕获带，避免污染羽其向下游继续扩散，同时抽出污染羽中的污染物。由此，开发出了很多数学模型模拟和计算捕获带及地下水流线等。对一些相对简单的水文地质单元（例如均质的各向同性的含水层）通过解析方程与计算机编程联合就可以计算出来。但是对于一些复杂的场地则需要通过数值模拟的方法。抽出后的受污染地下水一般采用生物法或物化法进行处理至达标。

在利用抽提处理技术进行修复前，应进行相应的可行性测试，目的在于评估抽提处理技术是否适合于特定场地的修复并为修复工程设计提供基础参数，测试参数包括：

（1）污染源情况。污染源的位置、污染物性质及其持续释放特性，土壤中污染物类型、浓度及分布特征。

（2）水文地质条件。含水层地层情况、地下水深度、水力坡度、渗透系数、储水系数、水位变化、地下水的补给与径流，地下水和地表水相互作用。

（3）自净潜力。污染物总量、污染物浓度变化趋势、土壤吸附能力、污染物转化过程和速率、污染物迁移速率、非水相液体成分、影响污染物迁移的其他参数。

**【技术特点】**

地下水抽出处理技术工艺原理简单，设备操作维护较为容易，对含水层破坏性低，可直接移出地下环境中的污染物并控制污染物扩散，可以灵活与其他修复技术联用。

**【应用前景】**

鉴于抽出处理技术的原理及特点，当场地地下水污染物浓度较低时，不建议采用此技术；而当污染浓度较高，且场地修复时间允许时可采用此技术，后续可配合原位修复技术，使污染物浓度达标；当修复时间较为紧迫时，可选择多相抽提与抽出处理技术组合进行，同时可配合污染阻隔方式控制污染风险。

【技术局限性】

因修复过程需循环多次，因此运行费用大，抽出的污染地下水需要妥善处理，受气候影响较大，且需要相应占地面积进行设备放置。其次，修复耗时较长。工程经验一般孔隙水需置换上百次，才能真正移除污染物至达标水平，耗时可能达到几年；此外，该技术对底层条件有较高要求，难以处理含 NAPL 或黏稠性较高的污染物。

【典型案例】

原吉林市晨鸣纸业污染场地修复一期工程

项目地点：吉林省吉林市

业主单位：国开吉林投资有限公司

实施单位：北京高能时代环境技术股份有限公司

项目模式：设计施工总承包

项目概述：原吉林市晨鸣纸业于 2011 年搬迁，其所占用土地由国开吉林投资有限公司负责收储。由于原企业对地下水污染严重，根据该土地规划用途，需要对该污染场地进行修复，主要包括土壤修复和地下水处理。其中地下水处理包括设置抽水井、抽出污染地下水、预处理地下污水、检测达标后输送至污水处理厂。根据原吉林市晨鸣纸业污染场地修复方案，场地需要处理的地下水所在地理位置的面积约为 12.14 万 $m^2$。需要抽出处理的地下水体积约为 72.84 万 $m^3$。地下水抽出后经过絮凝沉淀（去除重金属）、芬顿氧化（去除有机物）、生物技术（去除氨氮）等一系列处理工艺后达标排放。

## 5.8.2　可渗透反应墙技术

【技术简介】

可渗透反应墙技术（Permeable Reactive Barrier，PRB）是一种新型的地下水原位修复技术。PRB 主要由透水的反应介质组成，它通常置于地下水污染羽状体的下游，与地下水流相垂直。污染地下水在自身水力梯度作用下通过 PRB 时，产生沉淀、吸附、氧化还原和生物降解反应，使水中污染物能够得以去除，在 PRB 下游流出处理后的净化水。

【应用范围】

适用于地下水污染原位修复，可处理的污染类型包括碳氢化合物（如苯、甲苯、乙苯、二甲苯、石油烃）、氯代脂肪烃、氯代芳香烃、金属、非金属、硝酸盐、硫酸盐、放射性物质等。

【技术原理】

可渗透反应墙技术在地下安装透水的活性材料墙体拦截污染物羽状体，当污染羽状体通过反应墙时，污染物在可渗透反应墙内发生沉淀、吸附、氧化还原、生物降解等作用得以去除或转化，从而实现地下水净化的目的。

目前投入应用的 PRB 可分为单处理系统 PRB 和多单元处理系统 PRB。单处理系统 PRB 的基本结构类型包括连续墙式 PRB 和漏斗-导门式 PRB，还有一些改进构型，如墙帘式 PRB、注入式 PRB、虹吸式 PRB 以及隔水墙-原位反应器等，适用于污染物比较单一、污染浓度较低、羽状体规模较小的场地；多单元处理系统则适用于污染物种类较多、情况复杂的场地。多单元处理系统又可分为串联和并联两种结构。串联处理系统多用于污染组分比较复杂的场地，对于不同的污染组分，串联系统中的每个处理单元可以装填不同的活性填料，以实现将多种污染物同时去除的目的。实际场地中应用的串联结构有沟箱式PRB、多个连续沟壕平行式 PRB 等。并联多用于系统污染羽较宽、污染组分相对单一的情况。常用的并联结构有漏斗-多通道构型、多漏斗-多导门构型或多漏斗-通道构型。

反应墙的活性填料是污染物去除的关键，按照填料去除污染物的原理，可以将反应填料分为 4 种类型：氧化还原型填料、吸附型填料、化学沉淀型填料和生物降解型填料。氧化还原型填料多为还原剂，反应过程中自身被氧化，使污染物被还原成难溶的单质、形成难溶沉淀或稳定的络合物、生成环境可接受气体直接挥发。常见的氧化还原型反应填料有：纳米零价铁、铁粉、双金属填料等，适用于重金属、有机污染物和硝酸根等无机阴离子的去除。吸附型填料多为具有较强吸附能力的吸附剂，主要利用反应填料的吸附性能去除地下水中污染物，原理主要为吸附和离子交换作用。此类填料包括：沸石、活性炭、生物炭、黏土矿物和铝硅酸盐等。化学沉淀型填料主要是具有通过化学反应使目标污染物转化为沉淀的试剂，常见的化学沉淀型反应填料包括：石灰、石灰石、羟基磷酸盐等。生物降解型填料主要是通过促进微生物降解污染物的反应去除地下水中污染物的填料。

【技术特点】

与传统抽取-处理方法修复地下水相比，PRB 技术有许多的优势。

（1）PRB 可以不用将污染水体移出到地表，而是在原位减少或固定污染物。因此除了监控井以外不需要昂贵的地表设备去储存、处理、运输、回送水。同时，污染物未移出地表可避免二次污染。

（2）PRB 不需要持续地投入能量，而是由地下水的自然梯度引起流动，从反应区移除污染物。只有在反应介质的反应能力耗尽或者沉淀物和微生物阻塞时才需要定期地替换或者复装反应介质。无论如何，大量降低的操作费用抵消了高昂的建造成本，使得 PRB 技术在整体处理寿命周期内的成本降低。

（3）PRB 可以完成污染物的降解，而不仅仅是相的变化。它更多的是提供有效的污染物修复，而不仅仅是简单的迁移抑制污染物。

【应用前景】

PRB 技术在早期最先用于修复地下水中的含氯有机物，如三氯乙烯（TCE）、四氯乙烯（DCE）和氯乙烯（VC）。随着对这些污染物的显著处理效果，其应用已扩展到其他污染物。这些污染物包括脂肪族卤代烃、金属、非金属、放射性核素、农药、石油烃等。欧美等发达国家已将研究和实际工程结合，并开始向商业化发展。我国工程应用还处于起步阶段，但拥有巨大发展前景。

【技术局限性】

随着有毒金属、碳酸盐和生物活性物质在墙体中的不断沉积和积累，该被动处理系统将逐渐失活，所以必须定期更换填充介质，这些填充介质须作为有害废弃物加以处理。其次，反应填料与地下水中某些物质可能会反应产生二次污染，对于复杂的含有多种污染组成的地下水处理还需要研究。

【典型案例】

腾格里经济技术开发区场地地下水应急修复

项目地点：内蒙古自治区腾格里沙漠

实施单位：国开吉林投资有限公司

项目模式：设计施工总承包

项目概述：2014 年 9 月，媒体报道，内蒙古自治区腾格里沙漠腹地部分地区出现排污池。当地企业将未经处理的废水排入排污池，让其自然蒸发。然后将黏稠的沉淀物，用铲车铲出，直接埋在沙漠里面。距离腾格里工业园区约 2km 的当地牧民饮用水中所含致癌物质苯酚超出国家标 410 倍，已严重威胁当地民众的饮水安全和健康。12 月，习近平总书记作出重要批示，国务院专门成立督察组，敦促腾格里工业园区进行大规模整改。项目规模约 46hm² 旧工业区废弃地及约 15hm² 芒硝湖场地地下水修复。采用抽出处理、可渗透反应墙技术、高级氧化技术、原位化学氧化技术、监控条件下自然衰减技术进行联合治理修复。

### 5.8.3 自循环高密度悬浮污泥滤沉技术

【技术简介】

该技术是一项新型的悬浮物处理技术，用于去除各类污染水体中的浮渣及悬浮物。

【应用范围】

该技术适用于排水口溢流和初期雨水处理。

【技术原理】

通过无动力污泥回流及高速水力混合搅拌，利用回流污泥高密度颗粒及未被充分利用的药剂，保持混合区的高污泥浓度，增加污水中颗粒、脱稳胶体等污染物的聚集机会，在高密度絮凝区污染物迅速聚集、吸附形成高密度絮凝体，通过推流接触区形成独有的高密实压载絮体过滤层，水中细小絮体被污泥过滤层截留，深度吸附水中污染物，絮凝体凝聚到一定尺寸后快速沉淀，实现污染物与水的快速分离。

【技术要点】

污染物去除效率：SS、TP 去除率大于 80%；COD 去除率大于 50%；运行成本：1t 水电费 0.10 元（主要用于污水提升），表面负荷可达 25m³/(m²·h)，适用于场地紧张的项目。

【应用前景】

该技术污染物去除效率高、运行成本低、土建工程量小，适合于在城市污染水体治理、排污口治理、海绵城市建设、人工湿地前端处理、污水处理厂提标改造等方面广泛使用。

【典型案例】

太原市市内水环境应急污水处理工程

项目地点：山西省太原市

实施单位：北京绿恒科技有限公司

项目概述：工程规模 72000m³/d，项目类型为设备供货。使用以自循环高密度悬浮污泥滤沉技术为核心技术开发的高效污水净化站，对太原市市区内污染水体进行应急处理，取得了很好的效果。

### 5.8.4　缓冲带技术

**【技术简介】**

随着人类生态环境意识的发展，缓冲带已从单纯的水土保持发展到在陆地生态系统中人工建立或恢复植被走廊，将自然灾害的影响或潜在的对环境质量的威胁加以缓冲，保证陆地生态系统的良性发展，提高和恢复生物的多样性。

**【应用范围】**

主要运用在水土保持、城市面源污染控制中。适用于居民区、公园、商业区或厂区、湖滨带，也可以设于城市道路两侧等不透水面周边，可作为生物滞留设施等低影响开发设施的预处理设施，也可作为城市水系的滨水绿化带。

**【技术原理】**

合理选择位置，利用植物或植物与土木工程相结合，有效拦截雨水径流、污染水源的迁移，对水体进行防护。在水体与陆地交错区域的生态系统形成一个过渡缓冲，满足对水质的保护功能，控制水土流失，有效过滤、吸收泥沙及化学污染、保证水生生物生存，稳定岸坡。

**【应用前景】**

该技术建设与维护费用低，可以有效拦截和减少悬浮固体颗粒和有机污染物，减少水土流失，对控制城市面源污染的迁移具有重要意义，伴随着我国城市化进程的加快将发挥更大作用。

**【技术局限性】**

该技术对场地空间大小、坡度条件要求较高，且径流控制效果有限，且需要及时清除堆积的沉淀物，人工成本相对高。

**【典型案例】**

云南省抚仙湖缓冲带污染治理工程

项目地点：云南省抚仙湖

实施单位：澄江县抚仙湖湖滨缓冲带生态建设工程管理局

项目概述：抚仙湖位于云南省境内，属于南盘江流域西江水系，是我国最大的深水型淡水湖泊。抚仙湖流域跨澄江、江川和华宁 3 县，流域总面积 674.69km²，平均水深 95.2m，湖水蓄水量约 206.2 亿 m³。根据《云南省抚仙湖保护条例》等有关法律、法规，以抚仙湖一级保护区的陆域范围为基准，沿地表水平外延 100m 建设了缓冲带。

抚仙湖缓冲带总面积约 8.22km²，地跨澄江、江川、华宁 3 县，16 个行政村，缓冲带东岸为陡坡，西岸为景区景点，北岸为农田和村落。由于管理难度大，管理力度不够严格等多方面原因，使得缓冲带逐步受到了污染。经调查，缓冲带污染主要来自生活污水、农田污水以及畜禽养殖污染，其中生活污染占比达 50%，农田污染占 33%。缓冲带治理工程通过加强管理力度，完善污水处理设施修建，取缔缓冲带内畜牧养殖，退耕还林等手段，实现了缓冲带的生态修复，有效保护了抚仙湖的水质。

### 5.8.5　天之泰透水沥青铺装技术

**【技术简介】**

运用天之泰出品的环保颗粒状彩色沥青进行道路铺装，在保证道路运营安全的情况下，使雨水进入路面结构，渗透到路基或土壤中，实现雨水储存或回灌地下水。透水铺装不仅具有良好的排水效果，同时作为一种滤体，对颗粒污染物还具有截留作用。

**【应用范围】**

该技术适用于海绵城市建设，一般适合在城市建筑小区、广场、公园人行道及非重载路面使用。

**【技术原理】**

天之泰出品的透水沥青是由多种高分子原材料和石油树脂以及无机颜料混炼而成，其过程既有物理反应也有化学反应。各种原料混炼后使其具有独特的化学组成和分子结构，从而获得了独特的热塑性以及超强的黏结性。用这种环保颗粒状彩色沥青生产的彩色沥青混凝土具有良好的高低温性能、优异的耐酸、碱、水、光等复杂环境的耐候性能和抗衰老能力，满足海绵城市必备的透水彩色沥青混凝土路面的要求，其强度和耐久性优异，色泽艳丽持久，生产和施工过程节能环保。

**【应用前景】**

天之泰透水沥青具有经济、环保、高温稳定性能好、抗水损害性能好、施工和易性好等技术特点，还能减少水雾和炫光；降低噪声；防水漂；改善路面标志的可见度；提高路面的抗滑性，可广泛运用在海绵城市建设中。

**【典型案例】**

武汉园博园海绵城市透水铺装项目

项目地点：武汉市

实施单位：深圳市天之泰道路材料有限公司

项目概述：武汉园博园融入"海绵城市"理念设计、建设，占地面积为 213hm²，其中绿化面积为 176hm²。园内花草树木每天需水量约 2600t，每天浇灌花草树木消耗的部分，主要靠收集雨水进行补充。武汉园博园有北入口、南入口两个大型广场，总面积约 7 万 m²，广场硬铺装地面，铺设的是透水混凝土和透水砖。全园建有 6 个容量各 200t 的弃流池以及 12 个大大小小的雨水花园用来收集和净化雨水。按设计要求，园博园通过透水铺装等海绵装置收集的雨水，基本能自给自足，按全园平均每天节水 2000t，每吨水费 2 元计算，武汉园博园每年可节省水费近 150 万元。

# 第6章 水环境治理技术细则

《关于全面推行河长制的意见》对水环境治理提出了明确的要求，即强化水环境质量目标管理，按照水功能区确定各类水体的水质保护目标。切实保障饮用水水源安全，开展饮用水水源规范化建设，依法清理饮用水水源保护区内违法建筑和排污口。加强河湖水环境综合整治，推进水环境治理网格化和信息化建设，建立健全水环境风险评估排查、预警预报与响应机制。结合城市总体规划，因地制宜建设亲水生态岸线，加大黑臭水体治理力度，实现河湖环境整洁优美、水清岸绿。以生活污水处理、生活垃圾处理为重点，综合整治农村水环境，推进美丽乡村建设。

根据《关于全面推行河长制的意见》确定的内容，本章分别从饮用水水源保护区安全保障技术、水环境风险控制技术、黑臭水体治理技术等方面介绍不同施用背景下的可行的水环境治理技术。本章所选取的各项技术是在充分研究各项技术的市场接受度、推广使用程度、方法实施效果的基础上，综合考虑技术自身创新性、先进性，最终得出的结果。本章技术路线如图 6.1 所示。

## 6.1 饮用水水源保护区安全保障技术

### 6.1.1 饮用水水源保护区划分方法

1. 类比经验法

【技术简介】

类比经验法按照相关法规、文件规定、依据统计结果和管理者的实践经验，确定保护区范围。

【应用范围】

类比经验法适用于水源地现状水质达标、主要污染类型为面源污染，且上游 24h 流程时间内无重大风险源的水源地。

【技术要点】

采用类比经验法划分保护区后，应定期开展跟踪监测。若发现划分结果不合理，应及时予以调整。

2. 应急响应时间法

【应用范围】

应急响应时间法适用于河流型水源及湖泊、水库型水源入湖（库）支流的水域保护区划分。

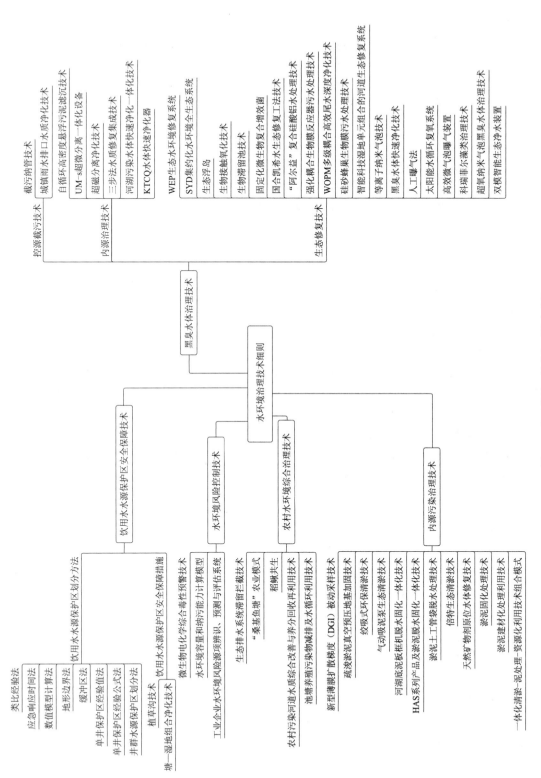

图 6.1 水环境治理技术细则技术路线

**【技术要点】**

当饮用水水源上游点源分布较为密集或主要污染物为难降解的重金属或有毒有机物时，应采用应急响应时间法。应急响应时间的长短应依据当地应对突发环境事件的能力确定，一般不小于2h，所得到的二级保护区范围不得小于类比经验法确定的二级保护区范围。

保护区上边界的水域距离计算公式为

$$S = \sum_{i=1}^{k} T_i V_i \qquad (6.1)$$

式中    $S$——为保护区水域长度，m；

$T_i$——从取水口向上游推算第 $i$ 河段污染物迁移的时间，s；

$V_i$——第 $i$ 河段平水期多年平均径流量下的流速，m/s。

应急响应时间计算公式为

$$T = T_0 + \sum_{i=1}^{k} T_i \qquad (6.2)$$

式中    $T$——应急响应时间，s；

$T_0$——污染物流入最近河段的时间，s。

3. 数值模型计算法

**【应用范围】**

数值模型计算法适用于上游污染源以城镇生活、面源为主，且主要污染物属于可降解物质的地表水水源以及需要模拟含水层介质的参数（如孔隙度、渗透系数、饱和岩层厚度、流速等）的地下水水源。

**【技术原理】**

（1）地表水。采用数值模型计算法时，其水域范围应大于污染物从现状水质浓度水平，衰减到《地表水环境质量标准》（GB 3838—2002）相关水质标准浓度所需的距离。常用的模型有二维水质模型。

（2）地下水。利用数值模型，确定污染物相应时间的捕获区，划分单井或群井水源各级保护区范围。常用的模型有地下水溶质运移数值模型。

**【技术要点】**

小型、边界条件简单的水域可采用解析解进行计算。大型、边界条件复杂的水域采用数值解，需采用二维水质模型计算确定。地下水水源缺乏含水层介质参数时，需要通过对含水层进行各种实验获取。

4. 地形边界法

**【应用范围】**

地形边界法适用于周边土地开发利用程度较低的地表水水源地。

**【技术原理】**

山脊线是水源周边地域的海拔最高点，分水岭是集水区域的边界。第一重山脊线可以作为一级保护区范围，第二重山脊线或分水岭可作为二级或准保护区边界。

**【技术要点】**

地形边界法强调对流域整体的保护。

5. 缓冲区法

**【技术原理】**

划定一定范围的陆域，通过土壤渗透作用拦截地表径流携带的污染物，降低地表径流污染对饮用水水源的不利影响，从而确定保护区边界。

**【技术要点】**

缓冲地区宽度确定考虑的因素有地形地貌、土地利用、受保护水体大小以及设置缓冲区的合法性等。

6. 单井保护区经验值法

**【应用范围】**

单井保护区经验值法适用于地质条件单一的中小型潜水型水源地，水文地质资料缺乏地区。

**【技术要点】**

应通过开展水文地质资料调查和收集获取介质类型。不同含水层介质的各级保护区半径见表 6.1。

表 6.1              中小型潜水型水源保护范围的经验值

| 介质类型 | 一级保护区半径 $R$/m | 二级保护区半径 $R$/m |
|---|---|---|
| 细砂 | 30 | 300 |
| 中砂 | 50 | 500 |
| 粗砂 | 100 | 1000 |
| 砾石 | 200 | 2000 |
| 卵石 | 500 | 5000 |

注 二级保护区是以一级保护区边界为起点。

7. 单井保护区经验公式法

**【应用范围】**

单井保护区经验公式法适用于中小型孔隙水潜水型或孔隙水承压型水源地。

**【技术要点】**

依据水文地质条件，选择合理的水文地质参数。采用经验公式计算确定单井各级保护区半径。不同介质类型的渗透系数和松散岩石给水度经验值可参考 HJ610。保护区半径计算的经验公式为

$$R = \alpha K I T / n \tag{6.3}$$

式中   $R$——保护区半径，m；

       $\alpha$——安全系数，一般取 150%（为了安全起见，在理论计算的基础上加上一定量，以防未来用水量的增加以及干旱期影响造成半径的扩大）；

       $K$——含水层渗透系数，m/d；

       $I$——水力坡度（为漏斗范围内的水力平均坡度），无量纲；

       $T$——污染物水平迁移时间，d；

       $n$——有效孔隙度，无量纲，采用水井所在区域代表性的 $n$ 值。

8. 井群水源保护区划分法

**【应用范围】**

单井保护区经验公式法适用于大型孔隙水潜水型或孔隙水承压型水源地。

**【技术要点】**

根据单个水源保护范围计算结果。群井内单井之间的间距大于一级保护区半径的 2 倍时，可以分别对每口井进行一级保护区划分；井群内的井间距不大于一级保护区半径的 2 倍时，则以外围井的外界多边形为边界，向外径向距离为一级保护区半径的多边形区域作为一级保护区。群井内单井之间的间距大于二级保护区半径的 2 倍时，可以分别对每口井进行二级保护区划分；井群内的井间距不大于二级保护区半径的 2 倍时，则以外围井的外界多边形为边界，向外径向距离为二级保护区半径的多边形区域作为二级保护区。

## 6.1.2 饮用水水源保护区安全保障措施

1. 植草沟技术

**【技术简介】**

植草沟是通过模拟自然绿地而人为设计和建造的具有可控性和工程化特点的海绵设施。植草沟利用沟渠和植物的协同作用来实现雨水的收集、传输以及净化，是实现径流总量控制、污染物总量削减、洪峰延缓、地下水补充的重要技术手段。

**【应用范围】**

植草沟适用于道路、广场、停车场等不透水面的周边，城市道路及城市绿地等区域，也可作为生物滞留设施、湿塘等低影响开发设施的预处理设施。植草沟也可与雨水管渠联合应用，场地竖向允许且不影响安全的情况下也可代替雨水管渠。

**【技术原理】**

植草沟技术对污染物的去除机理较为复杂。研究表明，植草沟对颗粒物吸附于表面的污染物（重金属、磷等）的去除主要是通过渗透、过滤和沉积等物理过程实现。对氮的去除主要是通过反硝化、生物累积和土壤交换来实现。污染物在植草沟中的去除涉及物理、化学、生物等作用，并与植被种类、土壤种类等密切相关。

**【技术要点】**

雨水在植草沟表面、沿着长度方向流动，由于颗粒沉淀、植被的截留、土壤的渗透和吸附等作用，污染物得到去除，其中以物理作用为主。许多沿着水流方向运动的颗粒与植物或土壤表面接触时被捕获，水流中颗粒迁移划过土壤表面时，在范德华力、静电引力以及某些化学键的作用下被黏附于土壤或滤料颗粒表面或以前黏附的颗粒上。土壤的渗透作用分为两种情况：粒径大于空隙的颗粒通过机械拦截被去除，小于空隙的颗粒由于偶然接触被捕获，从而使径流污染物得到去除。植物的净化作用主要是指植物在生长过程中吸收利用废水中的营养物质，使污染物得到去除。

此外，土壤中含有好氧性、厌氧性和兼性微生物，也能够对水中的悬浮物、胶体和溶解性污染物进行生物降解，并利用废水中的有机物作为营养物质进行新陈代谢。

**【应用前景】**

植草沟建设及维护费用低，易与景观结合，对控制城市面源污染的迁移具有重要意义，伴随着我国城市化进程的加快将发挥更大作用。

【技术局限性】

该技术对已建城区及开发强度较大的新建城区等区域不适合采用。并且该技术收集输送的雨水流量较小，其设计比传统的雨水管道对地形和坡度的要求高，需要更多地与道路景观设计协调。

【典型案例】

深圳市茜坑水库饮用水水源地整合整治工程，茜坑水库位于广东省深圳市北部地区，流域面积 4.98km²，水域面积约 2.0km²，正常蓄水水位 75.0m，正常库容 1980 万 m³。茜坑水库是深圳市重要饮用水源调蓄水库，其水质的保护尤显重要。茜坑水库综合整治工程采取了一系列 BMPs（最佳管理措施），包括生态植草沟的修建。

经过调查，茜坑水库的生态植草沟平均的污染物去除率分别为 TSS 69.4%、BOD$_5$ 43.8%、TP 41.6%、氨氮 19%，事实证明植草沟可以很好地收集和处理径流带来的非点源污染，同时也具有显著的景观效果，结合其他 BMPs 措施，具有很好的推广前景。

2. 塘—湿地组合净化技术

【技术简介】

塘—湿地组合净化技术是以人工湿地为主体工艺，在人工湿地工艺后增加稳定塘，从而提高处理效果，达到高效低耗的目的。

【应用范围】

广泛运用在城市面源污染的控制中，多用于污水的深度处理及微污染水处理，能够有效治理水体富营养化，改善水体环境，提高污染物去除率。

【技术原理】

该技术主体为人工湿地工艺，后置稳定塘是以太阳能为初始能量，通过在塘中种植水生植物，进行水产和水禽养殖，形成人工生态系统，在太阳能（日光辐射提供能量）作为初始能量的推动下，通过稳定塘中多条食物链的物质迁移、转化和能量的逐级传递、转化，将进入塘中污水的有机污染物进行降解和转化，最后不仅去除了污染物，而且以水生植物和水产、水禽的形式作为资源回收，净化的污水也可作为再生资源予以回收再用，使污水处理与利用结合起来，实现污水处理资源化。

【应用前景】

随着湖泊的富营养化的加剧以及国家对水质处理要求的提高，单独的人工湿地已经难以满足要求，塘—湿地组合净化系统对污染物的处理效果更好、系统稳定性更高，可用于污水的深度处理，可以更好地支撑生态文明建设，具有广泛应用前景。

【技术局限性】

塘—湿地组合净化系统的退化和堵塞问题一直困扰着该项技术的进一步推广使用。不同的塘—湿地组合对污染物的去除效果有一定的差异，实际操作中还需要根据流域污染物控制目标以及项目的实际情况确定不同的组合方式，对技术水平有一定要求。

【典型案例】

无锡城北污水处理厂尾水处理示范工程

无锡城北污水处理厂位于太湖岸边，根据要求结合该污水处理厂周边规划建设北兴唐河湿地的实际情况，采用人工湿地和稳定塘结合的方式对处理厂尾水进行深度处理。

由于该工程在厂内实施，因此考虑利用厂区三期工程周边绿化预留地约 6900m² 构建小型人工湿地示范区（其中水域面积为 4545m²，景观绿化面积为 2355m²），设计处理规模为 2000m³/d，整个人工湿地示范工程利用现有地形进行设计，根据水质净化要求将整个系统划分为四个功能单元：曝气生物强化氧化单元、表流湿地单元、潜流湿地单元、生物稳定塘单元。工程总有效面积为 4545m²，总容积为 3805m³，总水力停留时间为 45.6h。生物稳定塘采用地下式混凝土结构，总面积为 185m²，有效水深为 1.0m，总容积为 185m³。塘内放养金鱼并种植睡莲，水面覆盖率为 30%，保持一定的开敞水面以利于自然复氧、水体流动和阳光入射及从感官上感知水处理效果。

工程建设后，COD 平均去除率为 27.5%；氨氮平均去除率为 42.5%，有的时段甚至达到 60% 以上；TN 平均去除率达到 20.4%；对 TP 的去除效果更为明显，平均去除率为 29.4%，最高可达 44.7%，出水指标均达到了《城镇污水处理厂污染物排放标准》（GB 18918—2002）一级 A 标准。

## 6.2　水环境风险控制技术

### 6.2.1　微生物电化学综合毒性预警技术

【技术简介】

微生物燃料电池（MFC）是一种以微生物为阳极催化剂，将化学能直接转化成电能的装置。利用产生电流与进水毒性物质浓度的关系，来监测水体中的综合毒性。

【应用范围】

该技术适用于饮用水水源安全、交界水体和高风险水域的监控预警、应急评估以及多种污染物毒性测定。

【技术原理】

微生物燃料电池（MFC）的原理是微生物（产电菌、电化学活性菌）直接将水中的有机物降解，同时产生电子，代谢过程中的电子通过细胞色素转移转化成电流。当有毒物质流入时，产电菌活性受到抑制，因而减少产生的电流。利用产生电流与进水毒性物质浓度的关系，来监测水体中的综合毒性。

【技术要点】

测量周期：10min，检出限：ppb 级，重复性：±10%FS。

【应用前景】

《国务院关于印发〈"十三五"生态环境保护规划〉的通知》（国发〔2016〕65 号）中指出，应"严格环境风险预警管理——开展饮水水源地水质生物毒性等监测预警试点"。电化学微生物进行预警的方法具有响应速度快、响应浓度低、误报警率低、易于维护、运行费用低等优点，可以补充现有理化监测指标，实现对污染物快速响应的生物综合毒性预警。

【典型案例】

广东省韶关市三溪桥水质生物毒性在线监测系统

项目地点：广东省乐昌市三溪水质自动监测站

业主单位：广东省环境监测中心

实施单位：北京雪迪龙科技股份有限公司

项目模式：政府采购服务

项目概述：生物毒性在线监测系统，实时监测北江（武江）粤-湘省界水质，于2013年6月安装运行至今。

2015年11月初，位于三溪桥断面上游的湖南省东南部发生持续强降雨天气。15日14时，三溪桥水质综合毒性生物预警监控系统出现71.4%的毒性抑制响应，并发出报警信号。17日2时，监测站其他设备检测到含重金属Zn、Cu、Cd的污染团，并于17日4时达到峰值。

事后调查发现，位于北江上游的云锡矿业郴州锡矿尾矿库于16日23时发生坍塌，雪迪龙水质综合毒性生物预警监控系统于常规监测设备响应前36h，发出了报警信号，有效保障了流域饮水安全。

### 6.2.2 水环境容量和纳污能力计算模型

【技术简介】

水环境容量和纳污能力计算模型是基于Microsoft. NET Framework架构进行开发的新一代专业的数据计算软件，可实现对水体水环境容量和纳污能力进行准确计算，功能完备、简洁方便。该软件的核心结构主要包括水环境容量计算模型，一维、二维、湖泊水库纳污能力计算模型。

【应用范围】

水环境容量和纳污能力计算模型可服务于环境影响评价、环境规划、城市水系整治的相关决策判断，满足水环境区域风险评价的要求。

【技术原理】

水环境容量和纳污能力计算模型以满足水环境容量计算的需求为目的，将水体纳污能力计算和过渡带长度计算等功能集于一体，主要用来满足对城市主要水系水环境容量动态计算和对水污染物排放总量管理的需要，可对各县（市、区）的污染物排放量进行动态管理给予决策指导。

【技术要点】

软件主页面如图6.2所示，由水环境容量计算、参数确定、水体纳污能力计算三个部分组成，软件可实现以下操作：

（1）可通过输入水文资料，计算出水平年的相关参数。

（2）软件自带有两点法和多点法这两种计算水质降解系数的模型，在输入水体流速和各监测点的浓度后就可得出水质降解参数。

（3）在水体纳污能力计算中，软件提供有一维、二维水体纳污能力计算模型，湖泊水库纳污能力计算模型，过渡带长度计算模型这四种模型。

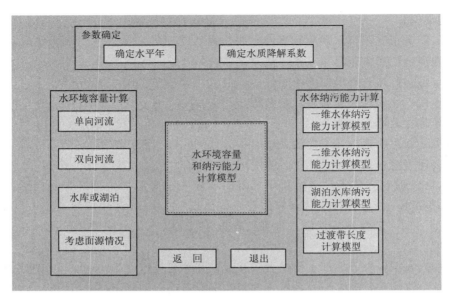

图 6.2　水环境容量和纳污能力计算模型主页面

【应用前景】

水环境容量和纳污能力计算模型在实际的水环境功能计算等领域有广阔的应用前景。

【典型案例】

张家港市水功能区达标整治方案

项目地点：苏州市张家港市

项目规模：共有 8 个不达标省级水功能区，涉及 7 条河流

业主单位：张家港市水资源管理处

实施单位：河海大学环境学院

项目模式：技术服务项目，服务内容包括水功能区调查评价、调水引流水质改善效果分析、制定水功能区整治方案。

项目概述：《张家港市水功能区达标整治方案》在区域水文、水质状况及污染源等现状系统调查与分析的基础上找到了华妙河张家港工业、农业用水区等 8 个不达标水功能区水质超标的原因，计算出整治范围内入水功能区的限制排污总量，提出水功能区水质达标的重点整治方案。

## 6.2.3　工业企业水环境风险源项辨识、预测与评估系统

【技术简介】

工业企业水环境风险源项辨识、预测和评估系统是基于 MapObjects 开发的新一代先进的水资源管理系统软件，对区域内风险源的风险值进行准确计算和精准预测。

【应用范围】

工业企业水环境风险源项辨识、预测和评估系统为企业水环境风险的评估和预警提供动态管理，给予决策指导，对水污染事故风险实现真正意义上的预警预报，确保数据的可靠性和实时性。

**【技术原理】**

工业企业水环境风险源项辨识、预测和评估系统以满足工业企业水环境的风险源项进行识别、评估以及预测的需求为目的，将环境风险区划、流域风险应急及预警以及区域内水环境污染的风险模拟与预测等功能集于一体，主要用来满足对企业排污口污染事故风险过程的动态模拟及风险值的计算预警需要。

**【技术要点】**

工业企业水环境风险源项辨识、预测和评估系统主页面，可实现以下操作：

（1）可根据提供的地理信息、区域内排污口位置和属性等，输入污染物排放量、浓度、降解系数等参数，模拟固定源对水质的影响。

（2）可连接自动监测站数据，获取实时排污口流量和浓度，进行风险值计算，并进行风险分级。

（3）可根据风险值、风险分布图对流域水质、排污情况进行应急及预警，同时可提出相应解决方案。

（4）可根据企业基本情况，原料、产品及能源使用情况，污水处理情况，企业管理情况等，提出相应管理措施方案。

**【应用前景】**

工业企业水环境风险源项辨识、预测和评估系统性能稳定、可靠性高，满足水环境区域风险评价的要求，在水利工程等领域有广阔的应用前景。

**【典型案例】**

冷轧一厂废水管道入河排污口设置论证

项目地点：张家港市锦丰镇沿江公路北侧，长江南岸，沙钢集团厂区内

业主单位：张家港浦项不锈钢有限公司

实施单位：河海大学环境学院

项目模式：技术服务项目，服务内容包括调查冷轧一厂取排水状况、入河排污口设置对水质和水生态环境的影响，污水处理措施及效果分析。

项目概述：为切实保护和改善长江生态环境，根据长江经济带生态环境保护要求，对张家港浦项不锈钢有限公司冷轧一厂废水入河排污口设置进行水资源论证，提出将张家港浦项不锈钢有限公司冷轧一厂原长江入河排污口迁建至二干河水利枢纽南侧，计算排污口年排放量为30.7万 t，尾水排放执行《钢铁工业水污染物排放标准》（GB 13456—2012），对尾水受纳水域进行影响分析，结果表明尾水正常排放工况下，对二干河和长江水质影响较小，发生水环境风险事故的可能性较小。

## 6.3  黑臭水体治理技术

### 6.3.1  控源截污技术

1. 截污纳管技术

**【技术简介】**

该技术简而言之就是将污染源单位的污水截流纳入污水截污收集管系统进行集中

处理。

**【应用范围】**

该技术可从根源上解决工业、生活等污染源对城市水体的污染，在城镇污水处理中发挥了重要作用。

**【技术原理】**

通过沿河沿湖铺设污水截流管线，并合理设置提升（输运）泵房，将污水截流并纳入城市污水收集和处理系统。对老旧城区的雨污合流制管网，沿河岸或湖岸布置溢流控制装置。无法沿河沿湖截流污染源的，采取就地处理等工程措施。

**【技术局限性】**

截污纳管是避免水体污染的最直接、最有效的措施，但由于工程量和一次投资大，工程实施难度大，周期长；截污将导致河道水量变小，流速降低，需要采取必要的补水措施。截污纳管后污水如果进入污水处理厂，将对现有城市污水处理系统和污水处理厂造成较大运行压力，否则需要设置旁路处理。

**【应用前景】**

截污纳管是黑臭水体整治最直接有效的工程，也是采取其他技术措施的前提，在流域综合治理中运用前景广阔。

**【典型案例】**

深圳茅洲河水环境综合整治工程

实施单位：中电建水环境治理技术有限公司

深圳茅洲河水环境综合整治工程有 380 多 $km^2$ 的管网工程，管网总长度约 700km，竖管有 350km，管网工程的完工确保了茅洲河水环境整理工作目标的顺利实现。

2018 年，为进一步巩固茅洲河黑臭治理成效，开展了"正本清源"工程，该工程总投资达 33.34 亿元，工程包括深圳市宝安区燕罗、松岗、沙井、新桥等 4 个街道共 1155 个排水小区的改造，包括新建 2594km 雨污分流管网（明渠），工程实现了茅洲河流域污水收集全覆盖，实现了对茅洲河水环境质量的长期保护。

2. 城镇雨水排口水质净化技术

**【技术简介】**

城镇雨水排口水质净化技术即将地表雨水径流中裹挟污染物进行分门别类，利用水动力条件，主要通过物理过滤、净化的治理措施，将污染源从水体中分离出来；并通过吸附、净化介质彻底除去可溶性的化学物质和重金属成分。该技术适应城镇雨水管网排口量大、迅速的治理要求，结合现有检查井、管道、排口及可利用的绿地、水面空间实施。

项目总体投资建设成本低、占地少，以水流势能为动力，兼具有施工简单、维护简易和运营成本低的优势。同时，治理工艺以物理方式为主，避免化学药剂投放对河道、土地造成"二次污染"。

**【应用范围】**

该技术适用于城市各类用地的地表雨水，以及城市雨污混流排口。

**【技术原理】**

城镇雨水排口水质净化技术是基于雨水量大、快速治理的要求，有效分离除去水体中的污染物，即通过 TSS 控制确保水变清，通过介质提升水质达标。

（1）膜过滤技术。TSS 所裹挟的污染物是水体污染的主体，针对粗、中、细颗粒大小的不同，采用物理膜对水体中的 TSS 进行分级过滤，总体除去率达到 90%，达到水变清的目的。根据汇水区治理范围的雨水量、污染量，结合分散式现有检查井的改造，加装依靠水动力运行的过滤设施；或者利用排口末端的绿地、水面空间，进行末端集中处理。

粗中颗粒处理——利用一次性金属网、斜板技术以及挡板来有效地去除来自地表径流淤泥、垃圾和有机物。

中细颗粒处理——利用水力涡流分离，实现经济高效的雨水处理器和溢流设置相结合，有效地去除来自地表径流的 TSS 和部分有机物。

（2）介质净化技术。介质净化技术是基于水质提升的高效雨水处理方式。针对成分不同成分的污染物，选用不同功能的吸附、净化介质。在膜过滤的下游，通过检查井或者排口末端的改造，加装介质净化装置，依靠水流势能，实现水体中污染物的吸附、净化，去除垃圾、淤泥、金属以及碳氢化合物，有效提升水质。具有维护简单，占地少、建造成本相对较低、易于安装的优势。

（3）海绵体过滤技术。海绵体过滤是由一种或多种结构组成的海绵体材料，利用水动力条件，通过增加介质和水体的接触面积，保障过水能力的同时，实现水质的进一步净化。其中，海绵介质可针对性的填充更换或组合，去除 TSS、金属、总氮、总磷等。相对于普通雨水处理产品而言，具有更高处理能力和更高过滤效率，介质使用寿命和维护周期长，以及占地少、建造成本相对较低、安装简易的优势。

【技术要点】

该技术的要点是基于 BIM 技术应用，通过采集气象、地形、土壤渗透、地下管网，以及下游水体（如河流、湖泊、水库）等基础数据，对水环境治理的现状、目标设计进行系统分析和模拟，得出在水安全、水环境、水生态及水资源综合目标条件下的治理设施方案及其合理规模。

该设施包括膜过滤、介质过滤和海绵体过滤等，把各种污染物从水体中分离出来，从而为城市雨水处理提供更有效的解决方案。

【应用前景】

当前，国内海绵城市建设/水环境治理的成本约 1.5 亿～3 亿元/km²，城市雨水排口水质净化技术针对城镇雨水治理，新区开发建设成本将下降至约 3000 万元/km²，老城区改造成本将下降至 5000 万元/km² 左右。对于各个大、中城市几十至几百平方千米的项目总投资而言，城市雨水排口水质净化技术的实施，将有着重大的现实意义。

在保障项目投资有效投入产出的同时，一方面，将促进城镇雨水的科学治理；另一方面，更大程度上节约大量的政府资金投入；再者，也将促进我国海绵城市、水环境治理新兴环保产业的发展，符合可持续发展理念。

【技术局限性】

城市雨水排口水质净化技术主要针对雨水排口，以及雨污混流排口的二次处理，净化设施安装规模根据当地降雨条件设定。

【典型案例】

硚口区宜家片区雨水净化利用工程

项目地点：武汉市硚口区

业主单位：武汉市硚口区水务局

实施单位：上海东泽水务科技股份有限公司

项目模式：设计施工总承包

项目概述：硚口区宜家片区雨水净化利用工程项目为硚口区宜家片区海绵城市建设项目中的一个子项工程，工程设计以抽取调蓄池存储的雨水，通过除砂、过滤净化处理达标后，储存于清水池，出水回用于城市绿化浇洒、道路冲洗，实现雨水资源的合理利用。工程采用"旋流除砂模块＋TSS净化过滤模块"的雨水净化处理工艺，出水水质参考《地表水环境质量标准》（GB 3838—2002）Ⅳ类标准，进出水水质按 TSS 去除率 80％控制，有效去除金属离子、氮磷、有机物和细颗粒物等水体污染物。

## 6.3.2　内源治理技术

1. 自循环高密度悬浮污泥滤沉技术

【技术简介】

该技术是一项新型的悬浮物处理技术，用于去除各类污染水体中的浮渣以及悬浮物。

【应用范围】

该技术适用于排水口溢流和初期雨水处理。

【技术原理】

通过无动力污泥回流及高速水力混合搅拌，利用回流污泥高密度颗粒及未被充分利用的药剂，保持混合区的高污泥浓度，增加污水中颗粒、脱稳胶体等污染物的聚集机会，在高密度絮凝区污染物迅速聚集、吸附形成高密度絮凝体，通过推流接触区形成独有的高密实压载絮体过滤层，水中细小絮体被污泥过滤层截留，深度吸附水中污染物，絮凝体凝聚到一定尺寸后快速沉淀，实现污染物与水的快速分离。

【技术要点】

污染物去除效率：SS、TP 去除率大于 80％；COD 去除率大于 50％；运行成本：1t 水电费 0.10 元（主要用于污水提升），表面负荷可达 25m³/(m²·h)，适用于场地紧张的项目。

【应用前景】

该技术污染物去除效率高、运行成本低、土建工程量小，适合于在城市污染水体治理、排污口治理、海绵城市建设、人工湿地前端处理、污水处理厂提标改造等方面广泛使用。

【典型案例】

太原市市内水环境应急污水处理工程

实施单位：北京绿恒科技有限公司

项目规模：72000m³/d

项目类型：设备供货

项目概述：使用以自循环高密度悬浮污泥滤沉技术为核心技术开发的高效污水净化站，对太原市市区内污染水体进行应急处理，取得了很好的效果。

2. UM-s超微分离一体化设备

【技术简介】

UM-s超微分离一体化设备是深港环保针对我国城市黑臭水体污染特征及治理要求，经反复实践开发的一种高效水质净化处理设备。设备主体采用一体化集成设计，安装启动快捷，效率高，可在短时间内消除水体黑臭，同时也可为污水处理厂尾水提标扩容、受污染水体应急处理（如"水华"治理）等提供有效的技术解决方法。主要有圆形和方形两种设备形式，圆形设备适用于处理规模在 $1000m^3/d$ 以上的污水，方形设备适用于处理规模在 $1000m^3/d$ 及以下的污水。

【应用范围】

该设备适用于黑臭水体治理、污水处理厂尾水提标扩容、受污染水体应急处理等领域。

【技术原理】

UM-s超微分离一体化设备利用特殊装置和结构设计，使空气混合在水体中并稳定产生大量超微气泡，该类型超微气泡与常规气泡相比，具有氧传质速率高、吸附能力强、污染物去除效果好等优势，通过综合的物理化学作用对水体中的污染物进行分离去除；同时，超微气泡所具有的自身增压特性，可使气液界面处传质效率得到持续增强，在去除污染物的同时可提高水中溶解氧含量，进一步提高出水水质。由于超微气泡分布均匀，无死区，设备效率可大幅提高，污水在设备中仅需停 $5\sim7min$，设备体积大幅度减小。

【技术要点】

该设备可快速去除受污染水体中的胶体、悬浮物、色度、COD、TP 等污染物，提升水体透明度，改善水体 ORP 及 DO，从而有利于水体自然生态恢复。出水指标及主要污染物去除效果：ORP 大于 $150mV$、DO 大于 $2.0mg/L$、水体透明度由不足 $10cm$ 提至 $35cm$ 以上、COD 去除率超过 $50\%$、SS 去除率大于 $90\%$、TP 去除率为 $50\%\sim80\%$。

【应用前景】

该设备在东莞、海口、延安、十堰等城市 10 余个黑臭水体治理及污水处理厂提标改造工程得到推广应用，总处理规模近 10 万 t/d。该设备可快速去除受污染水体中的胶体、悬浮物、色度、COD、TP 等污染物，提升水体透明度，同时改善水体 ORP 及 DO，从而有利于水体自然生态恢复；同时污泥含固率高，产量少，在黑臭水体治理和提标改造领域具有较好应用前景。

【典型案例】

东莞市大朗镇高英片区河涌和水口排渠水质净化应急处理服务项目

项目地点：东莞市大朗镇

项目规模：$30000m^3/d$

业主单位：东莞市大朗镇污水治理设施建设工程现场指挥部

实施单位：深圳市深港产学研环保工程技术股份有限公司

项目模式：技术服务项目，服务内容包括项目方案、设计、施工、运维

项目概述：东莞市大朗镇高英片区河涌和水口排渠水质净化应急处理服务项目采用深港环保的"圆形超微分离一体化设备"2 套（图 6.3），每套设备处理规模 $15000m^3/d$，主要处理大朗镇水口排渠水和大朗镇高英片区河涌水。经该设备处理后出水主要指标

达到《城镇污水治理厂污染物排放标准》（GB 18918—2002）一级 B 标准，加快改善水口渠水体黑臭现象，促使下游寒溪河断面水质稳定提升，恢复废弃矿坑水体健康生态系统。

图 6.3　圆形超微分离一体化设备

3. 超磁分离净化技术

【技术简介】

该技术是基于物化法的高效吸附净化技术。通过必要的物理、化学反应使不同污染物形成磁性絮团，再利用磁场快速实现污染物与水体的分离，是一种对水体中污染物"主动打捞"的水体净化技术。

【应用范围】

该技术主要用于冶金行业炼铸、轧钢废水处理；煤炭行业井下水处理；石板材行业"牛奶溪"面源污染治理；河湖景观、河道治理行业的河湖、河道应急处理以及石油行业地下回注水处理等。

【技术原理】

该技术主要包括磁种絮凝、磁分离和磁种回收三大主要步骤。在一定的化学条件下，向污水中添加专用磁种和絮凝剂或铁磁性絮凝剂（如表面处理过的三价铁盐），水中有害物质通过氢键、范德华力或静电力与经表面官能团修饰的磁种絮接，从而使非磁性物质具有磁性或使弱磁性物质的磁性增强，与污染物结合的磁絮凝剂可以被高梯度磁滤网或磁盘捕获，从而实现污染物的去除。磁分离设备分离出的废渣经输送装置进入高速搅拌剪切环节，实现磁种和悬浮物的分离，再经由回收装置回收磁种，回收的磁种又可循环利用。

【技术要点】

该技术分离出的污泥含水率小于 93%。工艺水力停留时间小于 5min，处理 10000$m^3$/d 的水量，全套设备装机功率设计用电量仅为 40 余 kW。

【应用前景】

该技术利用废水中杂质颗粒的磁性进行分离，对于水中非磁性或弱磁性的颗粒，利用磁种絮接技术可使它们具有磁性。借助外力磁场的作用，将废水中有磁性的悬浮固体分离出来，从而达到净化水的目的。处理能力效率高、能量消耗少、设备简单紧凑，不但成功应用于高炉煤气、洗涤水、炼钢烟尘、净化废水、轧钢废水和烧结废水的净化，且在其他工业废水、城市污水的净化方面也很有发展前途。

【典型案例】

实施单位：四川环能德美科技有限公司

北京市清河河北村排污口污水未经处理直接排入清河，不仅影响周围居民的生活环境，还对河道周边的土壤以及地下水造成污染。本工程采取建设临时治污工程措施，主要是以去除黑臭、提升感官指标为主，采用超磁净化处理工艺，初步改善了城区河道水环境质量。本工程于 2013 年建成，主要接纳城中村生活污水，系统处理规模为 2000$m^3$/d，站区总占地面积为 500$m^2$（含站区道路、绿化、功能房等所有设施），SS 去除量大于 153t/a、COD 去除量大于 75t/a、TP 去除量大于 1t/a，运行费用约为 0.48 元/$m^3$（含取水系统）。

4. 三步法水质修复集成技术

【技术简介】

以一水一策为方针，水体和底泥解毒为前提，降低或去除有毒有害物质生物细胞的危害，给微生物营造适宜生长和生存的环境，使其最大限度发挥分解功能，持续改善水环境。第一步解毒除臭；第二步底泥原位消减，底栖生态改良；水质还清、藻相控制与微生态复建；第三步通过投放靶向微生物，恢复水体生态环境和生物链；第四步采取生物、生态、曝气富氧等技术进行污染调控，作为三步法水质修复技术的补充，发挥协同效应，共同构成基于三步法的水质修复集成技术。

【应用范围】

（1）城乡黑臭河道、受污染湖泊和受污染的水库治理。

（2）景观水体、生态湿地的综合治理。

（3）浅海港湾、咸水湖泊和微咸水河道等污染治理。

（4）水环境污染的应急治理。

【技术原理】

对水体底泥分层疏松活化，结合非氯氧化技术、微生物固定化技术和缓释技术，既降解有机物污染物和氨氮，同时原位消减底泥。采取技术手段将靶向菌群和复合酶制剂深度均布地注入水体，增加水生态系统中微生物的种类、浓度，提高了水体微生态系统的代谢活性，而且能抑制少量的有害菌的生长，提高水体污染负荷的承载能力，复建水体的微生态和恢复水体自净功能。通过三步法修复技术的治理，水质得到很大改善，水体环境得到修复。但对于直排入河的少量污水，单靠主河道的修复不能完全解决污染问题，尚需采取生物、生态、曝气富氧等技术进行污染调控，作为三步法水质修复技术的补充，发挥协同效应，共同构成基于三步法的水质修复集成技术。

【技术要点】

水质处理效果可达到 1 周解除水体黑臭，3 周水质还清，3 个月消除蓝藻水华、有效解除水体富营养化，5 个月原位消减底泥 30% 以上。

【应用前景】

三步法水质修复集成技术是一个系统的技术工艺链，每一步所用产品均无腐蚀、无刺激，对人和水生生物安全，无残留，无二次污染。该技术是多种技术措施的优化集成组合技术，适用于河、湖、水库等污染水体。技术开始在唐山市城区水系治理中进行了应用，相继在天津东丽区东河水质提升工程等项目中得到推广应用，为水质修复提供了较好的案例，技术适用前景良好。

【典型案例】

天津东丽区东河水质提升工程

项目地点：北起津北公路，向西南流至海河左堤卧河村

项目模式：投标

实施单位：北京万润华夏环境技术有限公司

项目概述：东河位于东丽区中南部，北起津北公路，向西南流至海河左堤卧河村，全长约 6.7km，河宽为 15～30m。根据现有水体的污染现状，对东丽区范围内需治理的河道水体进行水质治理和生态维护。

5. 河湖污染水体快速净化一体化技术

【技术简介】

河湖污染水体快速净化一体化技术是一种将快速物化技术和快速生化技术组合以达到快速净化水质目的的技术。物化技术采用新型磁分离技术，该技术主要针对 SS、TP、COD 的降解；生化技术采用改进的曝气生物滤池技术，该技术主要针对 COD、氨氮、BOD、总氮的降解。河湖污染水体快速净化一体化技术将两工艺优势互补，对受污染河道的水质净化标准可达到《城镇污水处理厂污染物排放标准》（GB 18918—2002）一级 A 及以上。

【应用范围】

该技术适用于合流制截留污水、黑臭水体、市政污水溢流。

【技术原理】

新型磁分离技术是在传统混凝反应的基础之上投加了可被磁性物质吸附的磁种，主要化学成分为四氧化三铁，磁种投加到水体中后，相当于固体悬浮物，在混凝剂和助凝剂的作用下，污水中的悬浮物质发生混凝反应，生成磁性微絮团，在磁性物质（如磁盘机）的作用下微絮团从水中提取出来，或者磁性微絮团通过自然沉淀达到固液分离的目的。被分离出来的微絮团再通过机械设备使之分散，磁种被磁选设备回收重复利用，如此往复，而剩余污泥进入叠螺机脱泥，将含水率 99％以上的污泥脱水至 80％～85％，最后外运处置。此步骤之后，水体中的固体悬浮（SS）可被降低至 20mg/L 以下，总磷（TP）可被降低至 0.5mg/L 以下，生化需氧量（COD）可被降低 50％，极大地降低了后期二级生化处理的污染负荷。

改进的曝气生物滤池为钢结构式方形上流式曝气生物滤池，可包含反硝化和硝化滤池，反硝化步骤位于硝化步骤之前。曝气生物滤池出水进入清水池，此清水池既可以作为管道起到通水的作用，也可作为储水设备，用于曝气生物滤池的反洗水，一举两得。清水池出来的水利用杀菌消毒设备对出水进行最终的杀菌消毒，随后达标排放。

具体工艺流程图详见图 6.4，首先，污水通过泵坑进水口粗格栅拦截垃圾浮渣，然后使用提升泵把污水抽入格栅对污水进行预处理；接着通过加磁混合反应和磁分离系统；之后进入曝气生物滤池系统，最后进入消毒池消毒排出。

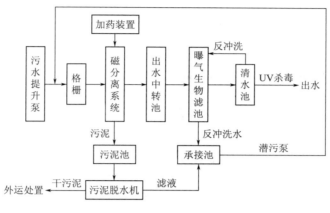

图 6.4　工艺流程图

（1）预处理工艺系统。集水池进水口设置一道粗格栅对进水大颗粒物质和垃圾进行拦截，保护水泵及后续管路不被堵塞。污水进入磁设备前设置了转鼓机械格栅机对水体中大于 2mm 的细颗粒物质进行拦截，保护磁系统不被堵塞。

（2）磁分离工艺系统。向原水中投加专用磁性介质（或称为磁性载体、磁种、磁粉），使磁种在混凝剂和絮凝剂的作用下与原水中的非磁性悬浮物结合在一起形成磁性絮团，经磁分离机里的稀土永磁体产生的高强磁力实现磁性絮团与水的快速分离，达到水质净化的目的。

磁性污泥再经磁粉回收设备，实现磁粉与污泥的分离；分离后的磁粉可以继续回用，参与下一次的絮凝过程，达到循环利用。分离后的污泥浓缩脱水后外运，滤液则回流到进水管道循环处理。

（3）曝气生物滤池系统。磁分离出水由提升泵将水从中转池提升至 BAF 系统内。污水先经过反硝化滤池（去除水中的总氮），再经过硝化滤池（去除水中的氨氮），最后进入清水箱（用于反冲洗以及回流）。清水箱的水经过消毒装置消毒后排出。

【技术要点】

磁分离技术对于磷酸盐及 SS 有很好的去除效果，一般市政原污水经过磁分离技术一级强化处理后磷酸盐和 SS 两项指标直接可达到《城镇污水处理厂污染物排放标准》（GB 18918—2002）一级 A 排放标准。但是磁分离技术对于氨氮，总氮等去除效果一般，通过将磁分离技术和对 SS 预处理要求较高的 BAF 结合后，可以高效除去水中的污染物、微粒污染物、重金属污染物等，如：COD、BOD、SS，氨氮，总氮，磷酸盐，色度，浊度等，指标可达到地表五类水。

【应用前景】

河湖污染水体快速净化一体化技术，优势在于快、省、好。

快：施工时间短，净化速度快。

省：吨水运营成本较低、占地面积小。

好：出水水质好，出水稳定，对河湖污水水质净化可以达到地表五类水标准。

针对城市生活污水、河湖水质污染，河湖污染水体快速净化一体化技术可以在短时间内，在投资较少、占地面积小的情况下，对受污染水体进行净化。可广泛应用于河湖水质的治理。

**【技术局限性】**

该技术解决了 BAF 对进水要求高的问题，但是 BAF 生物膜培养较慢（一般 10d 以上）、滤料更换繁琐的问题依然存在。磁分离设备属于物化技术，所以需要人工投药（PAM、PAC、磁粉），无法达到完全自动化。

**【典型案例】**

湖北武汉黄金口明渠水质净化项目

项目地点：湖北武汉汉阳区

业主单位：湖北武汉汉阳区水务局

实施单位：苏州市苏创环境科技发展有限公司

项目模式：设计施工总承包

项目概述：湖北武汉黄金口净化站项目位于武汉市汉阳区，占地面积约 $1000 m^2$。净化站取水于黄金口明渠，该水渠污水源于附近啤酒厂废水以及居民小区的生活污水。明渠内水质污染程度为中度黑臭，部分区域为重度黑臭。净化站采用河湖污染水体快速净化一体化技术（磁分离＋曝气生物滤池组合工艺），净化站处理水量为 $10000 m^3/d$，出水标准执行《城镇污水处理厂污染物排放标准》（GB 18918—2002）一级 A。该项目施工 23 天，调试 30 天后，净化站出水稳定达标。

6．KTCQ 水体快速净化器

**【技术简介】**

KtCQ 水体快速净化器，是高效絮凝及浮选技术，属于水处理中物理法处理的范畴。主要适用于 SS 含量高的河水处理，该技术基于向待处理的水中投入混凝剂及絮凝剂，利用絮体层流分流技术，实现水流截面的层流。形成二次絮凝反应，增大颗粒物的尺寸，提高分离效率，表面负荷可以达到 $20\sim30 m^3/(m^2 \cdot h)$，同时能去除部分的有机物和氮、磷等污染物，整体为一体化钢结构集成设备，广泛应用于河水的物化预处理。

**【应用范围】**

适用于雨污混流排放口、泵站溢流应急处理及河道水循环快速处理。

**【技术原理】**

污水经提升泵进入快速 KtCQ 水体快速净化器的配水槽，水流经配水槽时与高效复合药剂混合进入一级搅拌反应池，经一级搅拌池的高速搅拌反应 $3\sim4min$ 后流入二级搅拌反应池慢速搅拌混凝 $3\sim4min$，反应絮体聚合为大的矾花。并利用污泥回流技术，实现絮体层流分流技术，实现水流截面的层流，形成二次絮凝反应，增大颗粒物的尺寸，提高分离效率。再通过设备底部斜板沉淀进行泥水分离，同时通入曝气释放出的微纳米气体，将水中剩余的悬浮物或油浮出水面，从而达到双重固液分离之目的，对废水中细小的悬浮物分离效果比斜板沉淀更好，出水达标排放，污泥浮渣进入污泥槽，经污泥泵送至污泥脱水设备处理。

**【技术要点】**

KtCQ 水体快速净化器其成套设备与普通的沉淀和过滤相比，具有分离悬浮物效率高、工艺流程短、占地少、投资省、运行费用低等特点。针对市政污水、溢流污水、景观水等不同种类的废水，该技术具有以下特点：

处理速度快：10～20min 絮凝及浮选完毕。

占地面积较小。

运行费用低。

设备自动化程度高，操作便利，设备运行只需要 1～2 种固态絮凝剂，每天只需加药 2～3 次。

设备模块化设计，设备加工工期短，安装拆除方便，符合公路运输条件，可多项目重复使用。

设备适合野外露天使用，无需专门的设备间。

**【应用前景】**

该设备可广泛应用于黑臭合水体治理、雨污混合水体快速物化处理、河道快速净化处理。

**【技术局限性】**

不能实现完全脱离运维人员。

**【典型案例】**

福州仓山龙津阳岐水系治理及运营维护 PPP 项目一体化设备采购

项目地点：福州市仓山区

实施单位：杭州银江环保科技有限公司

项目模式：EPC

项目概述：2017 年，福州市全面开展了 102 条（分 7 个水系治理包）内河的治理运营工作，打造城市景观生态河道，构建健康水生态系统，实现"近期消除黑臭，远期长治久清"的目标。仓山龙津阳岐水系综合治理及运营维护 PPP 项目（下称：龙津阳岐水系治理）是第 5 包，中标单位是首创股份，该水系位于福州南台岛中东部，共 13 条河流河道总长 31.43km，黑臭水体 11 条，环保部联手重点挂牌督办的黑臭水体有 5 条（龙津河、阳歧河、跃进河、白湖亭河、龙津一支河）。该项目通过招标确定杭州银江环保为一体化设备供应商，因地制宜结合各河道实际水质水量和周边环境特点，采用 KtCQ 水体快速净化器应急处理初雨调蓄池污水，同时兼具河道应急处理，在短时间内快速削减水体中的 SS、总磷、氨氮和 COD 浓度，改善水体水质，消除河道水体黑臭，确保 2017 年 12 月 31 日前完成了 90% 以上指标。

## 6.3.3 生态修复技术

1. WEP 生态水环境修复系统

**【技术简介】**

WEP 生态水环境修复系统是一种提供高浓度溶解氧水的气液溶解装置（图 6.5）。

**【应用范围】**

该技术适用于封闭、半封闭大型水域（水库、湖泊、景观水体、饮用水水源地等）。

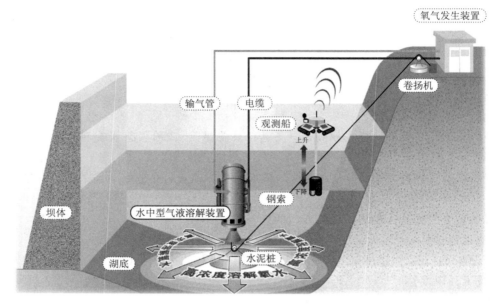

图 6.5 自动升降气液溶解装置

【技术原理】

（1）设置在陆地上的氧气发生装置将空气中的氧气浓缩为 90% 以上的高浓度氧气，然后输送给水中型气液溶解装置。

（2）安装在气液溶解装置上的水泵将缺氧水吸入装置内部，与氧气混合。经过搅拌等程序制成高浓度溶解氧水。

（3）生成的高浓度溶解氧水不含有气泡，不会卷起底泥。根据设置在水库的设备的实际数据，高浓度溶解氧水在水中以 2m 的厚度，每天 200m 的速度进行水平扩散，其半径扩散距离可以达到 500m 以上。

（4）设置在水面上的自动观测船定时测量从水面至水底的水质，在水库管理所可以随时观看被传送到那里的实时水质数据。

（5）根据上述水质数据，可以向程控盘发布指令，自动升降气液溶解装置向指定水层供氧。

【技术要点】

（1）对 DO 的改善（图 6.6）：DO 表示浓度，越深，DO 值越高。

（2）对营养盐及重金属离子的改善（图 6.7）。

（3）对底泥及微生物的改善（图 6.8）。

【应用前景】

2018 年派发各级政府《关于印发全国集中式饮用水水源地环境保护专项行动方案的通知》。全面启动饮用水水源地环境保护专项行动，着力推进集中式饮用水水源地整治，确保饮用水水源地水质得到保持和改善。WEP 以超高溶解效率、超大服务范围、无须添

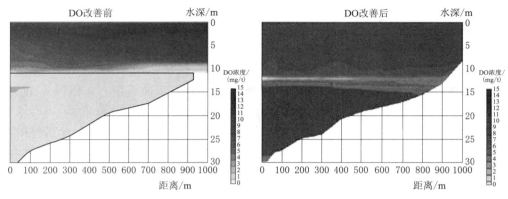

图 6.6　DO 改善效果

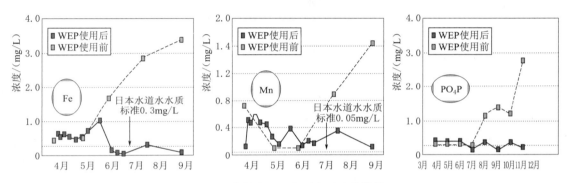

图 6.7　营养盐及重金属离子改善效果

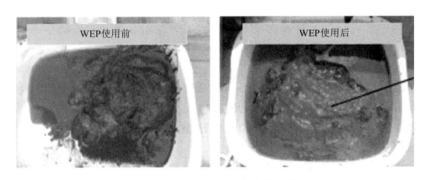

图 6.8　底泥及微生物改善效果

加化学/生物药剂、运行成本低、水质提升见效快等，得到广泛提升。

**【技术局限性】**

需水域水深 10m 以上。

**【典型案例】**

北流市龙门水库水源地修复项目

项目地点：广西壮族自治区北流市民乐镇

项目规模：1950万 m³

业主单位：北流市环境保护局

实施单位：华浩森水生态环境技术研究院；江苏中宜环科水体修复有限公司

项目模式：设备采购

项目概述：龙门水库位于北流市民乐镇境内的大容山东面石垌村，距民乐镇7km、北流城区18km。龙门水库坝址以上集雨面积为36km²，总库容为1950万 m³，有效容积为1540万 m³，水库工程等级属三等工程，主要建筑物为三级。水库以上是大容山主山脉，原始森林丛生，植被覆盖较好，属雨多区，共有二条河流流入水库。库区雨量充沛，流域暴雨主要为锋面雨、台风雨、低涡雨三类，暴雨一般集中在4—9月，年降雨天数一般为160～180d。流域多年平均降雨量为1800mm，多年平均径流量为4700万 m³/s。

龙门水库现由龙门水库管理所负责运行调度管理，水库控制运行水位由市防汛抗旱指挥部下达运行指标。2010年7月，龙门水库正式向北流市自来水公司供应生活用水原水，自来水公司目前的生产能力是日供水6万 m³，实际日供水约4万 m³，该工程为城区人民的生产生活用水发挥着巨大的作用。

2. SYD集约化水环境全生态系统

【技术简介】

SYD集约化水环境生态修复技术是集合河道自动水处理生化反应器，多功能净化漂浮湿地，"水下草坪"及微生物净化系统等技术手段，并在水体中适当配植挺水植物，放养底栖动物、鱼类等水生动物，通过建立完整的水生生态系统，使黑臭河道及受污染水体水质得到净化、水体的自净力得以恢复、水体景观得到提升。该集约化技术结合了曝气增氧、人工湿地、植物修复、微生物修复、生物操纵技术，从各个环节强化污染物质循环过程，是一种标本兼治、综合性的技术手段。

【应用范围】

该技术适用于黑臭河道治理；污染湖泊、水库、池塘和景观水系的生态修复与生态系统重建。

【技术原理】

（1）河道自动水处理生化反应器主要由纳米管曝气层、有机质吸附层和微生物净化层组成。纳米曝气装置增加水中溶氧和水的流动性，内部填充的大量多孔滤料提供了有机质吸附和微生物生存、固定的场所。微生物在多功能滤料层表面形成生物膜，利用纳米曝气装置提供的氧气去除水体有机物。

（2）多功能净化生态漂浮湿地包含了人工湿地技术、植物修复技术和微生物修复技术的优点。该系统包括了植物、附生动物、微生物、多孔基质等组分，构成完整的微型生态系统。其原理是通过植物在生长过程中对水体中氮、磷等元素的吸收利用及根系和床体基质的吸附作用，来降低水中污染物，最终通过收获植物体的形式，将氮、磷等营养物质以及吸附积累在植物体内和根系表面的污染物搬离水体。

（3）"水下草坪"直接吸收水体的氮、磷、重金属，降低水体污染元素；附着于植物体表的微生物形成生物膜系统，净化水质；光合作用产生的次生氧能杀灭有害菌；强光合作用能使水中有机絮凝体，形成气浮效应，并使其快速氧化分解，降低 $BOD_5$、COD。

（4）景观湿地系统是沿岸带的挺水植物形成的湿地系统，不但对水质净化有着良好的作用，还是多种生物的栖息地，同时搭配周边景观，配合各种驳岸类型，防止暴雨冲刷，阻截外源污染。

（5）水生动物系统包括鱼类、底栖动物、虾类及滤食性浮游动物。其通过食物链进行控制浮游植物，能够在一定程度上调控水质。

**【技术要点】**

通过对水体治理前后的水质指标对比计算出对水体总氮、总磷及 COD 的去除率：总氮去除率约 76%、总磷去除率约 85%、COD 的去除率 88% 左右。所治理水域其他各项指标达到地表Ⅲ类水。

**【应用前景】**

大量研究与实践证明水环境污染实际上是典型的生态问题。在对污染水域进行治理时，用生态学方法能使生态问题得到最终的、根本性的解决。SYD 集约化水环境生态修复技术在技术上更加强调生态修复的作用和水体自净能力的强化；在具体的实施上，趋向于多种技术的集成，需要根据目标水域的污染性质、程度、生态环境条件和阶段性或最终的目标而定；在工程效果上污染去除效率高、运行稳定、能耗低且景观效果良好。

**【典型案例】**

合肥·蜀峰湾人工湖生态修复工程

项目地点：安徽省合肥市高新区大蜀山东麓

实施单位：上海水源地建设发展有限公司

项目规模：95833m²

项目概述：蜀峰湾位于安徽省合肥市高新区大蜀山东麓。人工湖湖水深度约为 1～3m，水系驳岸多为自然式驳岸。每年 5 月以后，气温升高，水生动植物生命代谢活动加快，菹草（冬春季型沉水植物）腐烂沉积水底，导致湖底污染物质得不到有效净化；每年市政雨水、径流雨水、约 1000m³/d 生活污水流入湖中，造成严重的水质污染。通过水生态修复，水质等级净化为Ⅲ类水（图 6.9），水体透明度达 1.5m 以上。

图 6.9　治理前后对比

3. 生态浮岛

**【技术简介】**

该技术是一种针对富营养化的水质，利用生态工学原理，降解水中的 COD、氮、磷含量的人工浮岛。它能使水体透明度大幅度提高，同时水质指标也得到有效的改善，特别是对藻类有很好的抑制效果。

【应用范围】

该技术操作方便、成本低，能美化水岸景观，广泛运用在污染水体的生物治理中。

【技术原理】

一方面，利用表面积很大的植物根系，吸附水体中悬浮物，并逐渐在植物根系表面形成生物膜，膜中微生物吞噬和代谢水中的污染物成为无机物，使其成为植物的营养物质，通过光合作用转化为植物细胞的成分，促进其生长，最后通过收割浮岛植物和捕获鱼虾减少水中营养盐；另一方面，通过遮挡阳光抑制藻类的光合作用，减少浮游植物生长量，通过接触沉淀作用促使浮游植物沉降，有效防止"水华"发生，提高水体的透明度。

【技术要点】

浮岛载体主要使用塑料、泡沫、竹子和纤维等。浮岛植物主要有香蒲、千屈菜、芦苇、美人蕉、水芹菜、香根草、牛筋草、荷花、多花黑麦草、灯心草、水竹草、空心菜、旱伞草、水龙、菖蒲、海芋、凤眼莲、茭白等。浮岛水下常用重量式、船锚式、桩基式固定，一般还需在浮岛本体和水下固定端之间设置一个小型的浮子。

【应用前景】

生态浮岛技术作为一种新兴的水处理技术，虽然还存在着不少的缺点，但相比于传统的水处理方法，生态浮岛技术具有前所未有的优势，随着技术的不断完善，这些现存的缺点将会慢慢得到改善，生态浮岛技术在今后的水处理中将会得到更广阔的应用。

【技术局限性】

该技术的可靠性还不是很高，大量的实验数据都是基于实验室生态浮床模型、特定的水质及温度条件下得出的，并且多数浮岛材料的抗风浪性及耐腐蚀性并不理想。此外，生态浮岛植物受季节的影响较大，导致该技术不能实现连续净化污水。

【典型案例】

南京外港河人工纳污生态浮岛工程

项目地点：江苏省南京市江宁区东山街道

项目概述：外港河位于江苏省南京市江宁区东山街道。于 1972 年人工开挖而成，其主要功能是汇集上游两条撤洪沟行洪水进入秦淮河，是江宁区的重要防汛通道。外港河沿岸周边居民小区众多，大部分生活污水汇入河道，久而久之，河道黑臭现象严重，严重影响居民的正常生活。2013 年开始对外港河进行黑臭河道生物治理及黑臭河道生态修复治理。

工程采用生物方法结合生态手段进行治理，生态手段主要是人工纳污生态浮岛、人工水下森林等，辅助消耗水体中的营养物质，同时为微生物提供场所，加快水体自净能力，同时还可以美化水环境，增加水体景观效果。工程结束后，外港河恢复了以前的魅力，人工浮岛也为外港河增加了一抹新的色彩。

4. 生物接触氧化技术

【技术简介】

该技术是一种好氧生物膜污水处理方法，该系统由浸没于污水中的填料、填料表面的生物膜、曝气系统和池体构成。在有氧条件下，污水与固着在填料表面的生物膜充分接触，通过生物降解作用去除污水中的有机物、营养盐等，使污水得到净化。

【应用范围】

在可生化条件下，不论应用于工业废水还是养殖污水、生活污水的处理，都有较好的效果。

【技术原理】

该技术是一种介于活性污泥法与生物滤池之间的生物膜法工艺，其特点是在池内设置填料，池底曝气对污水进行充氧，并使池体内污水处于流动状态，以保证污水与污水中的填料充分接触，避免生物接触氧化池中存在污水与填料接触不均的缺陷。其净化废水的基本原理与一般生物膜法相同，以生物膜吸附废水中的有机物，在有氧的条件下，有机物由微生物氧化分解，废水得到净化。

【技术要点】

运用该技术处理污水，其污染物的去除率设计应参照《生物接触氧化法污水处理工程技术规范》（HJ 2009—2011）确定（表6.2）。

表6.2　　　　　　　　　　污染物的去除率设计参数表

| 污水类别 | 污染物去除率/% | | | | |
|---|---|---|---|---|---|
| | 悬浮物（SS） | 五日生化需氧量（BOD₅） | 化学耗氧量（COD） | 氨氮 | 总氮（TN） |
| 城镇污水 | 70～90 | 80～95 | 80～90 | 60～90 | 50～80 |
| 工业废水 | 70～90 | 70～95 | 60～90 | 50～80 | 40～80 |

【应用前景】

该技术除了应用于生活污水处理外，在石油化工、农药、中药、抗生素和制药、印染、丝绸、造纸、皮革等工业废水的治理中有广阔的应用前景。

【技术局限性】

该技术会随污染物负荷增加，引起生物膜过厚，在某些填料中易于堵塞。并且由于填料设置使氧化池的构造较为复杂，曝气设备的安装和维护叫活性污泥法麻烦。此外，填料选用不当，会严重影响该技术的正常工作，填料的开发有待进一步研究。

5. 生物滞留池技术

【技术简介】

该技术主要通过植物-土壤-填料的作用渗滤径流雨水，净化后的雨水渗透补充地下水或通过系统底部的穿孔收集管输送到后续设施中，是一种具有景观效果的自然生态处理技术，在维持自然的水文循环的同时达到控制径流污染的目的。

【应用范围】

该技术在城市降雨径流控制以及水体污染治理中有重要作用。

【技术原理】

生物滞留设施主要通过腐殖质、土壤微生物、植物、填料等物理、化学和生物的综合作用净化雨水，包括过滤沉淀、物理吸附、离子交换、化学吸附、微生物吸收转化与降解植物同化吸收挥发蒸发等。因此，生物滞留设施的植物、填料种类、微生物的繁殖情况等会不同程度地影响污染物的去除效果。

**【技术要点】**

生物滞留池面积应根据城市雨洪管理目标和场地限制共同确定，生物滞留池面积百分比由目标污染物种类（TP、TN、有机物等）及其预期去除效率确定（表 6.3）。

表 6.3　　　　　　　　各污染物目标去除率与 $R$ 对应关系

| TSS | | TP | | TN | |
|---|---|---|---|---|---|
| 目标去除率/% | $R_1$/% | 目标去除率/% | $R_2$/% | 目标去除率/% | $R_3$/% |
| 75 | 0.5 | 60 | 0.5 | 33 | 0.5 |
| 84 | 1 | 65 | 0.75 | 40 | 1 |
| 86 | 1.5 | 67 | 1 | 43 | 1.5 |
| 90 | 2 | 70 | 1.5 | 45 | 1.8 |

$$a = R_x \times A \tag{6.4}$$

式中　$a$——生物滞留池面积，$m^2$；

　　　$R_x$——面积百分比；

　　　$A$——集水区面积，$m^2$。

**【应用前景】**

近年来，生物滞留池在改善城市雨水径流方面取得的良好效果。然而，总体来说生物滞留池用于城市雨水径流控制方面的研究还很缺乏，如何合理设计、维护生物滞留池，使之能有效减缓或者消除城市开发所带来的水环境问题将是今后的研究热点。

**【技术局限性】**

该技术目前在我国的研究基础较为薄弱，应用案例较少，需要开展更加深入的研究，转变传统观念，借鉴国外的成功案例和已有的研究成果，更好地发挥生物滞留技术的效果。

6. 固定化微生物复合增效菌

**【技术简介】**

固定化微生物复合增效菌是一系列载有高效混合菌的菌剂颗粒，能够降解水中污染物，激活水体原有微生物活性，协同处理受污染水体，恢复水体生态自净能力，实现受污的水质提升及生态恢复。

**【应用范围】**

固定化微生物复合增效菌适用于黑臭水体治理与维护、景观水体治理与维护、水环境与水生态修复等领域。更适用于集成到一种可以快速实现黑臭水体治理的原位生态修复设备中，做到集微生物的原位激活、培养扩繁、水体修复、推流复氧、底泥消解等多功能于一体。

**【技术原理】**

固定化微生物复合增效菌是将自然界中的优势菌种进行筛选、驯化、复配，组合成高效复合菌群，根据复合菌群的特征和代谢的差异性，为之提供最适宜菌群居住的"保育基地"，该基地具有增强菌群的富集性，缓解外界毒害作用，能够对微环境中悬浮物及大分子有机物强有力的吸附、抓捕，实现污染物质快速降解，进而修复大环境的生态平衡。

【技术要点】

氨氮降解菌：对氨氮的耐受阈值可达 1000mg/L。

生物絮凝剂：无毒无害，可实现水体快速澄清。

COD 降解菌：快速降解水体有机物，耐冲击性强。

耐盐 COD 菌：对盐的耐受性可达 40000mg/L。

污泥减量菌：改变污泥结构及性质，泥水共治。

嗜酚菌：对酚的耐受性达 600mg/L。

除磷菌：将有机磷分解为离子态磷，促进磷的沉淀。

【应用前景】

固定化微生物复合增效菌具有原位长效保持，功能复合性强，泥水共治，污泥减量，消解内源污染，工程措施少、综合投资低等优势，在黑臭水体治理与维护、景观水体治理与维护、水环境与水生态修复等领域将得到大范围的推广和使用。

【典型案例】

（1）天津青光镇坑塘水系治理项目。

实施单位：博天环境集团股份有限公司

项目概述：天津市北辰区青光镇坑塘水系治理项目共 10 条沟渠，1 个坑塘列入农村坑塘水系污染治理任务中，由于受到多年生活污水和生活垃圾的污染，周边环境脏乱，水体黑臭，富营养化现象严重，需要整治。应用固定化微生物复合菌后，DO≥2mg/L、透明度≥30cm，COD≤40mg/L、氨氮≤8mg/L，水质稳定提升。

（2）厦门黑臭坑塘治理项目。

实施单位：博天环境集团股份有限公司

项目概述：项目位于厦门某社区，社区常住人口 2400 多人，社区污水无市政管网外排，大部分排入社区河道和湖泊。河水受生活垃圾和污染，黑臭现象明显，夏季富营养化现象严重。对河面垃圾进行清理，采用载体微生物设备进行治理后，黑臭及富营养化现象消失，河水透明度大幅度增加。

7. 国合凯希水生态修复工法技术

【技术简介】

国合凯希水生态修复工法是运用最原始的生态材料（石头、木材）还原最自然的生态河川，结合有生命和无生命材质改善水质，同时营造美好的亲水空间。凯希水生态修复工法将生态理念和水质改善相结合，不仅达到防洪的要求，还具有旅游、娱乐、景观、改善人居环境等多方面功能。

【应用范围】

该技术适用于黑臭水体治理与维护、景观水体治理与维护、水环境与水生态修复等领域。

【技术原理】

利用椰棕材料、防腐木材和造景石等天然材料，组成各种生态工法，通过椰棕材料等布置的护岸，有效地保持护岸稳定，防止水土流失，并可营造美好的景观效果；河道内设置的植被构架工法内部填充碎石，不仅根据"区间接触氧化法"可以改善水质，还可以为水栖生物提供避难、产卵和休息的空间。通过不同工法的合理化组合，可提升河道内生物多样性，从根本上提高河道的自净能力。

**【应用前景】**

《水污染防治行动计划》（"水十条"）要求，2017 年，直辖市、省会城市、计划单列市建成区污水基本实现全收集、全处理；2020 年，地级及以上城市建成区黑臭水体均控制在 10% 以内；2030 年，城市黑臭水体得到消除。凯希水生态修复工法技术以安全环保、施工方便、景观效果好、综合投资低等优势将得到大范围的推广和使用。

**【典型案例】**

（1）韩国清溪川改造工程项目。

项目地点：韩国首尔市

实施单位：国合凯希水体修复江苏有限公司

项目规模：全长 5.8km

施工时间：2003 年 7 月至 2005 年 6 月

总投资：3800 亿韩元（23 亿元人民币）

施工内容：整体土建工程，生态河道建设，周边休闲设施建设

主要运用工法：椰棕卷护岸工法，植被构架护岸等。

实施意义：减少了热岛效应，开辟了水边低温风路，改善了城市水循环，提高了空气质量，为生物营造了栖息空间。

（2）韩国温泉川覆盖河川生态复原项目。

项目地点：韩国忠清南道牙山市

实施单位：国合凯希水体修复江苏有限公司

项目规模：全长约 1.7km（覆盖河川复原 1.0km，生态河川 0.7km）

施工时间：2012 年 4 月至 2015 年 1 月

总投资：496 亿韩元（约 2.83 亿元人民币）

施工内容：生态池、杨柳河中岛、浅滩、生态群落生境、鱼类栖息地、水生昆虫走廊、生态停车场、小溪和道路树群、亲水步道、水岸连接道路、休闲广场、水边景点（喷泉、垫脚石、木偶）、护岸（亲水台阶）、景观照明。

主要运用工法：三角构架护岸、植被构架生境工法、椰棕卷工法、椰棕土袋工法、植被构架生境工法、石垫湍滩工法、生态桥砌块工法。

水质改善效果见表 6.4。

表 6.4                            水 质 改 善 效 果

| 状  态 | pH 值 | DO | BOD$_5$ | COD | SS | TN | TP |
|---|---|---|---|---|---|---|---|
| 施工前 | — | — | 40.5 | 42.0 | 23.21 | 27.6 | 1.030 |
| 施工后上游 | 7.9 | 9.3 | 1.4 | 3.1 | 0.6 | 1.970 | 0.130 |
| 施工后下游 | 7.8 | 9.6 | 1.2 | 2.8 | 1.8 | 2.059 | 0.138 |

8．"阿尔益"复合硅酸铝水处理技术

**【技术简介】**

"阿尔益"复合硅酸铝处理剂由具有较强催化功能的自然元素化合物为核心，高吸附

功能的活性物质为载体，经过特殊工艺纯提取及纳米化处理，与二氧化硅、三氧化铝复合而成的新型多功能水处理材料。它是一种功能性材料，具有标本兼治，综合治理的效果，与化学材料、生物材料等水处理技术有着根本区别。

**【应用范围】**

该技术可应用于被各类有机物、无机物、重金属及蓝藻等污染的湖泊、水库、池塘等水体的污染防治，水生态环境修复以及饮用水源地水体和城镇居民饮用水的深度净化处理。

**【技术原理】**

主要机理在于材料进入水体后快速均匀扩散，利用其高吸附功能对水体悬浮物质产生强烈吸附、絮凝、团聚并沉积效应，增加水体透明度，提高水体光合作用，增加水体溶解氧，同时通过降解作用消除有机污染物，通过催化作用促进氮磷等物质加速转化，通过离子交换与吸附络合作用治理汞、镉、砷、铅等重金属离子。在此基础上，通过活性物质的催化作用，激活土著微生物酶的活性，加速微生物对底泥及水体中大分子有机质的转化与降解，如有机农药、多环芳烃、芳香烃、酚、醇、蛋白质、脂肪等，促进氮、磷等营养物质在水体中的生物链循环，原位治理及修复，综合物理、生物及化学等多重优势，安全、快速、有效、持久地消除水体污染，完善水体生态系统，还原水体自净能力。

**【技术要点】**

"阿尔益"复合硅酸铝水处理剂作为一种优质、安全、高效的水处理剂。通过絮凝、吸附、催化、降解及离子交换等机理，能够将受污染的水质由劣Ⅴ类、Ⅴ类转变为Ⅲ类和Ⅱ类水质，尤其对重金属、富营养物质的去除能力显著。对相对流速缓慢的水体富营养化及蓝藻水华爆发的预防和治理效果显著，能有效控制蓝藻水华污染问题。

**【应用前景】**

"阿尔益"复合硅酸铝水处理技术经过检验是满足环保技术要求且安全可靠的。该技术产品可广泛用于城乡居民饮用水水源地的治理，流速相对静止河道湖泊治理，黑臭河道、塘库水体治理，生态治污及节水治水中去除氮磷等无机污染物、砷镉等重金属，适用前景广。

**【典型案例】**

崇州市向阳水库水环境治理服务

项目地点：四川省崇州市

项目规模：设计总库容1310万 $m^3$，治理时库容800万 $m^3$

业主单位：崇州市水务局

实施单位：四川瑞泽科技有限责任公司

项目模式：政府采购服务

项目概述：向阳水库地处四川省成都市崇州市道明镇以西罗汉沟出山口，属岷江水系，属中型水库。向阳水库为饮用水源一级保护区，关系崇州市5个乡镇居民饮用安全。治理前，由于向阳水库周围的农业生产、旅游业、养殖业等对水库水体造成了不良影响，水生态环境遭受破坏，水质为《地表水环境质量标准》（GB 3838—2002）地表水劣Ⅴ类，经过勘察设计、检测分析，决定采用复合硅酸铝水处理技术进行治理和生态修复，治理完成后1个月，水质恢复到Ⅲ类水质，治理完成3个月水质达到Ⅱ类水质，水生态得以恢复，水质持续优化。

9. 强化耦合生物膜反应器污水处理技术

【技术简介】

强化耦合生物膜反应器污水处理技术（EHBR）是一种有机地融合了气体分离膜技术和生物膜水处理技术的新型污水处理技术。与传统污水处理技术相比，EHBR 技术具有投资少、运行成本低、效率高、安全等特点。

【应用范围】

EHBR 技术可应用于河道、湖泊等流域水体净化与维护（尤其黑臭河道水体治理）、城镇及农村生活污水处理、污水处理厂提标改造、工业废水处理、特种废水处理等。

【技术原理】

该技术的核心部分是由中空纤维膜和生物膜组成的生物膜反应器。其原理是将微生物通过选育、挂膜和驯养在中空纤维气体分离膜表面形成微生物膜，微生物膜利用气体分离膜提供的氧气将水体中的污染物质通过一系列生化反应降解去除。污水处理过程中生物膜所需要的氧气由中空纤维膜供给，中空纤维膜不仅起着供氧的作用，同时又是固定生物膜的载体。空气通过中空纤维膜为生物膜供氧，在中空纤维膜外侧的生物膜与污水充分接触，污水中的营养物被生物膜吸附和分解，从而使水体得到净化。

【技术要点】

EHBR 膜组件采用复合层中空纤维的膜丝形状，膜材质是改进高分子复合材料，适用 pH 值为 3～13，质保期 1 年。

【应用前景】

该技术利用其技术优势、工程优势、成本优势和运行管理优势逐步拓宽其适用前景。

【典型案例】

天津市北辰区丰产河水体治理工程项目

项目地点：天津市北辰区

项目规模：1500m

业主单位：天津市北辰区水务局

实施单位：天津海之凰科技有限公司

项目模式：政府采购服务

项目概述：河道治理段长 1500m，平均宽 30m，平均水深 1.7m，底泥约 0.7m，有污水渗排现象，劣 Ⅴ 类水质，黑臭。采用 EHBR 强化耦合生物膜技术。运行 2 个月后黑臭现象消失，半年后指标达到地表 Ⅴ 类并保持至今，通过验收。

10. WOPM 多级耦合高效尾水深度净化技术

【技术简介】

WOPM 多级耦合高效尾水深度净化技术是在人工湿地处理系统的基础上，结合不同类型生态处理单元去除机理和去除效果，实现对尾水水质的综合治理和深度净化。

【应用范围】

WOPM 多级耦合高效尾水深度净化技术可应用于城市污水处理厂、再生水厂尾水深度净化与水资源管理，原位分散式生活污水处置与环境综合整治，河湖水质安全与大流域生态修复，自然湿地生态恢复与人工湿地生态系统构建，河道综合整治与河岸带生态系统构建与再开发，景观水系生态修复与生态系统重建，雨洪生态调控与雨污净化综合利用等领域。

**【技术原理】**

按污水处理单元顺序，该技术依次包括综合进水区、综合调节净化区、一级多功能生态净化区、氧化塘区、兼性净化区、二级多功能生态净化区、深度调节净化区及水质稳定调节区。

（1）综合调节净化区是 WOPM 系统工艺中的汇水区与初级净化区。本区域内水深为 1.5～2m，通过生物膜强化工艺、生态浮岛净水工艺、人工复氧工艺对项目区景观水源进行水体调蓄、颗粒物沉降及氨氮、总磷等污染物的强化去除。

（2）本系统技术共设置两个多功能生态净化区，分别为一级多功能生态净化区与二级多功能生态净化区。多功能生态净化的技术内核是潜流湿地，通过铺设于地下的填料床对水体中的硝态氮及总氮进行去除。

（3）在两个多功能生态净化区之间，本系统技术分别设置了氧化塘区、兼性净化区来对前面处理单元残留的氨氮、总磷及由有机氮经氨化反应新产生的氨氮进行转化、消减。氧化塘区主要应用水生态系统构建技术、生态浮岛技术及人工复氧技术。兼性净化区应用表面流湿地工艺、生态透水坝工艺进行设计。

（4）在二级多功能生态净化区后，本系统工艺设置了深度调节净化区及水质稳定调节区。深度调节净化区主要技术内核为表面流湿地工艺，水质稳定调节区水深约 1.5～2m，末端设置水闸对整个系统内的水力停留时间进行调节。

**【技术要点】**

在进水水质达到污水排放一级 A 标准的前提下，出水水质可总体提高至地表水Ⅲ～Ⅳ类，其中 COD 去除率为 40%～60%，总氮去除率为 60%～67%，氨氮去除率为 70%～80%，总磷去除率为 40%～60%，系统占地面积为 5～8m²/t。

**【应用前景】**

WOPM 多级耦合高效尾水深度净化技术以人工湿地净化工作原理为依据，旨在构建一个适合于各类生物生存，符合自然演替规律的健康平衡生态系统。

**【典型案例】**

合肥滨湖新区塘西河再生水厂尾水湿地生态示范工程

项目地点：安徽省合肥市滨湖新区庐州大道与方兴大道交叉口的西北侧，塘西河南岸，塘西河污水处理厂西侧

项目规模：项目占地 21481m²，日处理滨湖新区再生水厂 3000m³ 尾水

业主单位：合肥市滨湖新区建设投资有限公司

实施单位：中科嘉亿生态工程技术有限公司

项目模式：政府采购服务

项目概述：合肥滨湖新区塘西河再生水厂尾水湿地生态示范工程是对塘西河再生水厂尾水进行深度净化的示范性工程，在进水水质达到《城镇污水处理厂污染物排放标准》（GB 18918—2002）一级 A 的前提下，出水水质总体提高至《地表水环境质量标准》（GB 3838—2002）Ⅲ～Ⅳ类。根据项目现状情况及水质达标分析，设计整体工艺采用 WOPM 多级耦合高效尾水深度净化技术，并辅以针对性强化修复策略，将 21481m² 的区域设计为强化预处理区、综合调节净化区、兼性净化区、多功能生态净化区、深度调节净化区及

水质稳定调节区；"强化措施"采用接触氧化、水质净化组合、水生态修复等工艺。

11. 硅砂蜂巢生物膜污水处理技术

**【技术简介】**

硅砂蜂巢生物膜污水处理技术包括硅砂蜂巢沉淀池、硅砂蜂巢调蓄净化池、硅砂蜂巢调料滤池以及硅砂高效湿地，通过硅砂材料的收集径流，综合利用物理和生物处理技术对收集到的污水进行处理。

**【应用范围】**

该技术适用于城市广场、建筑小区、绿地与湿地的水体治理中。

**【技术原理】**

硅砂蜂巢生物膜污水处理系统由四个子系统〔W（物理过滤）＋S（生物净化）＋T（填料吸纳）＋Z（植物吸收）〕组成，采用蜂巢砌块制作，井壁孔隙将污水分割成小颗粒，使水体、生物膜、溶解氧三者充分均匀接触，生物净化更加高效。井体内部好氧反应，井壁之间厌氧反应，每个井体形成一个 A/O 系统，好氧、厌氧交替进行，高效除氮。

**【技术要点】**

经过硅砂蜂巢生物膜污水处理技术深度处理的出水水质可达到《地表水环境质量标准》（GB 3838—2002）Ⅲ类、Ⅱ类水质要求。

**【应用前景】**

目前已实际运用在贵安新区月亮湖公园整治工程、北京中关村展示中心雨洪利用示范工程等项目中，取得了很好的治理效果，随着我国海绵城市建设的进一步发展该技术必将得到更加广泛的运用。

**【典型案例】**

贵安新区月亮湖公园整治工程

实施单位：北京仁创科技集团有限公司

项目概述：月亮湖公园位于贵安新区中心区西南方向，规划用地紧邻文化行政中心。公园四周分别以中心大道、百马路、贵安路、轨道环线为界，南北长约 2800m，东西宽约 1800m，规划面积约 503hm²。工程位于月亮湖东侧，紧挨百马路，是公园内部的主要行人及观光车辆通道。运用硅砂蜂巢生物膜污水处理技术打造"河底水净化＋河面水景观＋生态驳岸"的生态河道系统（图6.10），工程结束后监测水质达到地表水环境质量标准Ⅲ类。

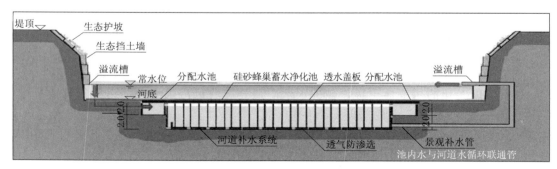

图 6.10　生态河道系统

12. 智能科技湿地单元组合的河道生态修复系统

**【技术简介】**

本系统通过精准化、系统化的设计，对河道排口雨污水、河道水体进行处理。针对排污量大的排口雨污水采用曝气型垂直流湿地技术，针对分散型排口雨污水采用岸滤湿地、雨水截留湿地技术，针对河道内污染水体采用河水湿地技术分别进行处理，所有湿地产出的清水入河。运维过程中，工艺根据不同降水情况、外来污染情况等进行自我调节，实现自动化控制和智慧运维。

**【应用范围】**

该系统适用于各类黑臭水体的治理，能将河道水体主要指标稳定保持地表Ⅳ类水。

**【技术原理】**

整个系统需进行精准的设计，并能实现自动化控制和智慧运维。

针对排污量大的排口雨污水采用曝气型垂直流湿地技术，专利为"曝气强化型垂直流滤床（ZL201020693032.1）"，是强化型的高效湿地，水力负荷可达1m/d，占地小，可应对短时大水量的雨污水、突然性重度污染的雨污水，当突发情况结束后，可关闭曝气系统，作为垂直流滤床做日常处理。

针对分散型排口雨污水采用岸滤湿地、雨水截留湿地技术。岸滤湿地采用"一种用于黑臭河道治理的科技湿地岸滤系统（ZL201721346267.1）"专利技术，设置于排口附近的河道内，可拦截并处理排口雨污水，湿地最大水力负荷1m/d；雨水截留湿地采用"适用于人口、建筑密集河道的生态修复系统（ZL201821636331.4）"专利技术，设置于河岸带，根据周边雨污水漫流情况，构建峰谷地形及湿地带，拦截、收集、处理漫流雨污水，湿地最大水力负荷可达到0.5m/d。

针对河道内污染水体采用河水湿地技术，采用"强化型垂直流滤床（ZL200910216955.X）"专利技术，可沿河设置，河水湿地可沿河设置，循环处理河道内水体；滤床单元日最大水力负荷为0.2～0.5m。

项目具体实施时，需要进行精准的设计与施工，并通过智慧运维系统与清水动力系统相结合，保障各湿地产出的清水能够自流入河；同时整个工艺是一个自我学习的系统，当突发性降雨期、大暴雨期、旱季等外来水质、水量不确定的情况下，长效保障河道水体达到地表Ⅳ类水。

**【技术要点】**

能够对河道排口雨污水、河道水体进行处理，解决河道控源截污、内源治理、生态修复、活水保质四方面内容。能为当地百姓的生活提供停歇、观景、纳凉的亲水环境，深受老百姓的喜爱。

**【应用前景】**

本系统能够对河道排口雨污水、河道水体进行处理，特别是针对治理仍未见效的黑臭河道、不达标的省考/国考断面、缺乏生态空间却急需恢复活力的集镇，能够因地制宜，与当地大环境相融合，为百姓的生活提供停歇、观景、纳凉的平台，体现出系统景观化、海绵化、生态化，同时深受老百姓的喜爱。同时为客户一次投资，带来多重受益，如周边地块增值、业态增加、生态效益叠加等，实践证明，该技术具有非常广阔的应用前景。

**【技术局限性】**

规划、设计前的调研花费时间较长、人力较多；实施中需要与较多的相关利益方沟通协调（如当地百姓、政府各部门、周边项目等）。

**【典型案例】**

珠泾中心河水体生态修复

项目地点：苏州昆山周市镇

业主单位：昆山市周市基础建设开发有限公司

实施单位：苏州德华生态环境科技股份有限公司

项目模式：政府采购服务

项目概述：珠泾中心河（珠泾排涝站—翠薇西路，含杨庄河）总长 1720m，两岸涉及新镇和珠泾村两个社区，沿街商铺上百家等，共涉及人口约 1.6 万人。沿河分布有 43 个排口，主要类型为合流排口、雨水排口、溢流堰排口等。

项目采用智能科技湿地嵌入珠泾中心河岸上、水边，对河道排口雨污水和河水进行处理，实现全面消除黑臭，且河道主要水质指标稳定达到地表Ⅳ类水标准的目标（即 DO≥3.0mg/L，COD≤30mg/L，氨氮≤1.5mg/L，TP≤0.3mg/L，透明度≥0.8m）；同时项目还给市民提供河边亲水湿地花园、给学校提供生物多样性教育场地、给城市吸纳和净化雨水的海绵体，呈现出"珠泾湿地清水河岸"的湿地美景（图 6.11）。

图 6.11　治理前后对比

13. 等离子纳米气泡技术

**【技术简介】**

等离子纳米气泡发生器通过一系列反应产生直径为 100~600nm 的等离子化的纳米级气泡，作用主要表现在高效增氧、污染物强氧化、增强土著微生物活性和生化降解能力、提高水体透明度、抑制底泥污染、杀藻抑藻等多个方面，可消除水体黑臭，促进生态系统的快速建立，改善水体水质，恢复水体自净能力。可应用于黑臭河道治理，水质提升。

**【应用范围】**

消除水体黑臭，防止河道水质反弹，对水质进行净化，促进水体生态系统的建立，恢复水体自净能力。

**【技术原理】**

空气经加压后进入离子化单元，经高频电流作用，产生等离子化、极性化。经离子化后的气体经输气管路通过进气口进入气液平衡单元，等离子化气体与水在气液平衡腔单元经高速搅拌和分压实现气液平衡，平衡后的气水流进气液搅拌单元，气水流在气液搅拌单元经高速搅拌产生细小气泡，搅拌腔出来的气泡流经气液喷射腔内压力喷嘴的高速喷射使气泡进一步细小化，达到纳米级水平，经导流板排出（表6.5）。

表6.5　　　　　　　　　　　　设　计　参　数

| 设　备　参　数 | 等离子纳米气泡气液分散系统 |
|---|---|
| 充氧能力/(kgO₂/h) | 7.4 |
| 氧利用率/% | 60～100 |
| 功率/kW | 0.8 |
| 理论动力效率/[kg/(kW·h)] | 7.8 |

**【技术要点】**

产生的气泡达到了纳米级水平，直径为100～600nm，提高了气泡的内能、传播距离、存活时间和氧利用率等特性，将气泡产生过程前的空气源进行离子化处理，使产生出的气泡具备等离子气泡功能。

（1）产生大量具有强氧化性的自由基离子·OH，对有机污染物进行高强氧化，形成最终产物（$CO_2$、$H_2O$）。

（2）将污染物从大分子结构破环（开环）降解成小分子结构，更容易被土著微生物摄食利用，提高生化降解效率。

（3）改善溶解氧、透明度等生境条件，促进生态系统自主修复，提高水体自净能力。

（4）减小水分子簇缔合数，活化水体。

（5）活化"土著微生物"，提高生化降解效率。

（6）抑制蓝藻生长。

（7）促进水体生态完善。

**【典型案例】**

宁波再生水回用于河道生态化修复应用性研究项目

项目概述：在宁波再生水回用于河道生态化修复应用性研究项目中利用等离子纳米气泡为核心技术结合生态治理措施，经生态化修复后的水体主要水质指标达到地表Ⅳ类水水质要求。

**14. 黑臭水体快速净化技术**

**【技术简介】**

黑臭水体快速净化技术是以纳琦环保黑臭净复合多功能水体净化材料为核心的水环境治理技术（图6.12）。已成功提交PCT国际专利申请，受理号为PCT/CN2019/070013，同时成功落地中国区发明专利。在PCT现有的152个缔约国中，专利申请工作也在稳步、有序推进中。

纳琦环保黑臭净是以几十种纯天然矿物质粉为载体，应用$Na_2O_2$改性，经过离子交换的技术制成的多孔纯天然矿物质综合体，再经过$Ti(OH)_4$悬浊液和$Ca(OH)_2$悬浊液

图 6.12　纳琦黑臭净多功能复合净水剂水体治理

多重先进的生产工艺活化，形成具有 $TiO_2$ 光催化活性及分子筛功能的复合多功能水体净化材料。

纳琦黑臭净复合多功能水体净化材料表面超多的微孔与通过离子交换技术改性使其内部孔道变大，空间位阻变小。确使其具有优异的亲水性，极强的吸附性能，投入水体后可快速去除水体中的 COD、氨氮及总磷等污染物质，提高水体中的溶解氧及透明度；$TiO_2$ 光催化及分子筛功能具有去除黑臭，分解底泥，激活水体和淤泥中休眠的有益土著微生物，并为其提供生长和繁殖的场所。

【应用范围】

该技术适用于城市黑臭河道，生活污水坑塘，养殖废水大坑，受污染的湖泊、水库，工业污染坑塘等。

【技术原理】

（1）通过离子交换、吸附、絮凝、沉积水体中有毒有害悬浮物质，增加水体透明度，提高水体植物光合作用效率，增加水体溶解氧含量，同时吸附、络合重金属离子、无机配基等将其固化于水底。

（2）在物理净化的基础上，黑臭净矿物质粉的多孔性结构，大的比表面积，作为水体有益微生物的着床载体，同时矿物质粉的有效活性成分具有催化作用，激活微生物酶的活性，加速微生物对底泥及水体中有机物的转化与降解，激化电负性较低的活性组分通过界面反应对电负性较高的重金属元素有效还原。

（3）光催化技术是将光能直接转化为化学能，产生出氧化能力极强的自由氢氧基和活性氧，具有很强的光氧化还原功能，可氧化分解接触到膜表面的各种有机化合物和部分无机物，能破坏细菌的细胞膜和固化病毒的蛋白质，可杀灭细菌和分解有机污染物，把有机污染物分解成无污染的水（$H_2O$）和二氧化碳（$CO_2$），是一种高效、安全的环境友好型环境净化技术。

（4）通过物理净化沉降产生的微粒激活酶的活性，促进微生物的加速作用，通过微生物分解产生的氮、磷等营养物质通过藻类和水生植物的吸收，促进其生长；通过滤食性鱼类及软体动物等生物模式消除浮游生物、吞噬藻类，消除了富营养化问题，抑制了水华的产生；鱼类产生的粪便经过软体动物吞噬和微生物的分解又能产生氮、磷等营养物质形成了完整的生态循环体系。纳琦黑臭净活化矿物质粉催化促进氮、磷等营养物质在水体中的生物链循环，完善水体生态系统，还原水体自净能力。

【技术要点】

该技术特点是快速净化水体，去除水体中的 COD、氨氮及总磷等污染物质。黑臭净复合多功能净水剂具有的大比表面积，较大阳离子交换容量、高吸附功能的多孔结构；可通过离子交换、吸附、絮凝、沉积水体中有毒有害悬浮物质，增加水体透明度，提高水体植物光合作用，增加水体溶解氧，同时吸附、络合重金属离子、无机配基等固化于水底。在物理净化的基础上，通过活性成分的催化作用，激活水体中有益的微生物的活性，加速微生物对底泥及水体中有机物的转化与降解。

【应用前景】

根据住房城乡建设部网站数据，截至 2017 年年底，全国 295 座地级市及以上城市中，有 220 座城市发现黑臭水体，占 74.6%。南方地区有 1350 个，占 64.3%；北方地区有 750 个，占 35.7%，我国黑臭水体污染形势依然严峻。

在 2018 年 5 月举办的"全国生态环境保护大会"上明确指出要"加大力度推进生态文明建设、解决生态环境问题，坚决打好污染防治攻坚战，推动我国生态文明建设迈上新台阶"。这将为水污染治理、改善生态环境质量提供了有效的支撑与发展动力。

【技术局限性】

黑臭净离子交换分子筛微生物坐床技术，不适用于高盐、强酸、强碱工业废液的处理。

【典型案例】

顺平县高于铺镇纳污坑塘治理项目-王各庄苏辛庄村金线河西治理项目

项目地点：顺平县高于铺镇

实施单位：纳琦环保科技有限公司

项目模式：施工专业承包

项目概述：王各庄苏辛庄村金线河西坑塘面积为 35387.67$m^2$、坑深为 6.98m、水深为 5.47m、水量为 37676.1$m^3$，底泥量为 36672.6$m^3$，主要污水来源雨水、生活污水，可能有工业废水，垃圾量 1000$m^3$。本次设计达标标准，按经过处理后的废水 COD、氨氮两项指标达到《地表水环境质量标准》（GB 3838—2002）中的 V 类标准，处理前后水质见表 6.6。

表 6.6　　　　　　　　　　　　处 理 前 后 水 质

| 状态 | 水　样 | COD/(mg/L) | 氨氮/(mg/L) | 总氮/(mg/L) | 总磷/(mg/L) | 矿化物/(mg/L) |
|---|---|---|---|---|---|---|
| 处理前 | 金线河东 | 116 | 5.4 | 8.53 | 0.3 | 748 |
| | 金线河中 | 248 | 6.0 | 16 | 0.6 | 938 |
| | 金线河西 | 284 | 6.0 | 12.97 | 0.6 | 1142 |
| 处理后 | | ≤40 | ≤2.0 | ≤2.0 | ≤0.3 | ≤40 |

15. 人工曝气法

【技术简介】

该法是一种经过人工强化的、利用机械式或扩散式曝气器供氧的氧化塘系统。

【应用范围】

该法可改善水体黑臭现象，可以作为应急措施在突发性水体污染的治理中使用。

【技术原理】

溶解氧在水体自净过程中起着非常重要的作用，水体的自净能力直接与曝气能力有关。人工曝气技术是根据河流受到污染后缺氧的特点，人工向水体中充入空气（或氧气），加速水体复氧过程，以提高水体的溶解氧水平，恢复和增强水体中好氧微生物的活力，使水体中的污染物质得以净化，从而改善河流的水质。

【技术要点】

人工曝气时曝气器的技术参数见表 6.7。

表 6.7　　　　　　　　　　　　曝 气 器 的 技 术 参 数

| 技 术 指 标 | 增强 PVC 软管型 | 橡胶膜盘型 | 陶瓷刚玉板型 | 钛板型 |
|---|---|---|---|---|
| 氧利用率/% | ≥17 | ≥20 | ≥20 | ≥20 |
| 充氧能力/(kg/h) | ≥0.10 | ≥0.13 | ≥0.13 | ≥0.13 |
| 理论动力效率/[kg/(kW·h)] | ≥4.0 | ≥4.5 | ≥5.0 | ≥50 |
| 曝气器阻力损失/Pa | ≤3000 | ≤3500 | ≤5000 | ≤4000 |

注　1. 测试试样：

　　增强（PVC）软管型：内径 65mm，孔缝 5.5mm，曝气区长度 1000mm；橡胶膜盘型直径 192m；陶瓷、刚玉板型：直径 178～200mm；钛板型：直径 178mm。

　　2. 测试条件：

　　服务面积 0.5m²，曝气深度 4m，标准通气量 2m³/h，水温 20℃。

　　3. 其他型号的曝气器应参照以上的指标。

【应用前景】

该法可实现消除黑臭，减轻污染，恢复生态的目的，且无二次污染，并且由于其投资少、见效快，在我国河流污染的整合整理中具有广阔的应用前景。

【典型案例】

上海苏州河是一条遭受严重污染的河流，河水黑臭，平均 DO<0.5mg/L、COD 高达 100～200mg/L。在德国 Messer 集团协助下，上海环境科学研究院在苏州河支流新径港下游进行了 BIOX 工艺的现场中试。结果表明，纯氧曝气可有效降低黑臭水体中 COD 浓度，特别是河水流速较平缓时，COD 的去除率可达 19.5%～55.6%。水体的颜

色由黑变浅，臭味减弱。另外，安装有英国 BOC 气体公司的 PSA 制气设备和 Vitox 充气系统的平气发气船在苏州河已经成功地试航，制氧能力 150m³/h，制样纯度在 93%以上。

16. 太阳能水循环复氧系统

【技术简介】

太阳能水循环复氧系统是一台以太阳能为动力，通过高效水循环技术来改变局部水动力条件，给水体复氧，破坏蓝藻的生存环境和竞争优势，提高水体自净能力，以零运行成本全天候对水体进行治理和修复的环保设备。其核心机制为零提升水动力学结构设计，不仅属于国内首创，也达到国际先进水平，已取得相关专利（图 6.13）。

图 6.13　太阳能水循环复氧系统

【应用范围】

该系统适用于河道、湖泊、水库、景观水体的水质提升（包含复氧、水动力提升、控藻、生态修复等）。

【技术原理】

太阳能水循环复氧系统将底层水体提升至表层水体，实现水体的交换；同时表层水体以层流状的形式向外扩散形成表面流。随着表面流扩散，覆盖面积增加，改善水体的表面张力，提高气水界面的氧浓度，并通过交换提升至底层，进而逐步提高水体溶解氧，促使水体均匀化（图 6.14）。

该系统持续运行，水体中溶解氧保持较高水平，促进水体中发生的反应有：①水生植物、藻类的光合作用、呼吸作用；②同化作用、异化作用；③好氧菌、厌氧菌或兼性菌的作用；④硝化作用、反硝化作用等处于新的动态平衡中，进而去除水体中污染物，消除水底黑臭、持续降解底泥等。

该系统的运行，改变了水生生物的生长环境，降低了水体中的藻类，促进水体中鱼类、底栖生物、浮游动物的生长，在此过程中好氧微生物得到激活，厌氧微生物受到抑制，促使水体中食物链健康发展，生态修复的良性循环得以实现。

【技术要点】

太阳能水循环复氧系统具有如下技术特点：

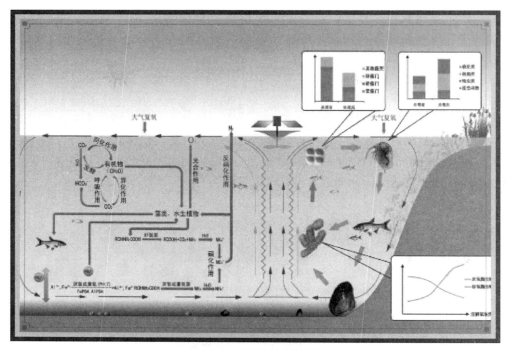

图 6.14    生态修复过程

（1）可以消除水体分层，引入水体纵向循环，增加水体溶解氧含量。

（2）提高水体透明度，增强水体自净能力，彻底解决水体黑臭。

（3）降低水体中 N、P、COD 含量，有效抑制水华暴发。

（4）抑制底泥中磷、铁、锰、盐的释放，加快底部淤泥的降解。

（5）设备运行过程无噪声，不影响周边的居民。

（6）设备后期维护简便，经济。

（7）设备安装简单，无需额外的管路和电线。

（8）设备可以有多种增项功能，可对水质进行实时监测、采用互联网运维管理。

（9）利用太阳能作为驱动力，无运行费用，低碳、节能、减排。

【应用前景】

随着河湖生态治理工程的不断开展，各种曝气技术涌现出来，如何在保证功能的前提下选取节能、低碳、品质优异的产品，成为一个普遍关注的问题。

太阳能水循环复氧系统以太阳能为动力，以零运行成本全天候对水体进行治理和修复的环保设备。太阳能水循环复氧系统通过高效水循环技术来改变局部水动力条件，给水体复氧，破坏蓝藻的生存环境和竞争优势，提高水体自净能力，设备的零运行成本与水环境治理的可持续发展理念高度吻合（图 6.15～图 6.16）。

【技术局限性】

为更好地实现产品功能，太阳能水循环复氧系统的应用要求水深不低于 1.5m。

【典型案例】

许郑河、任庄河水环境综合治理工程

图 6.15 太阳能水循环复氧系统应用现场（一）

图 6.16 太阳能水循环复氧系统应用现场（二）

项目地点：泰州市

业主单位：泰州市第二城南污水处理有限公司

实施单位：南京领先环保技术股份有限公司

项目模式：设计施工总承包

项目概述：泰州市许郑河、任庄河水环境综合治理工程位于泰州市海陵区春兰路和兴泰北路之间。许郑河总长度约 1.5km，任庄河总长度约 1.2km。两条河道均自南向北流经村落、农田、企事业单位最终汇入新通扬运河。许郑河上现设有第一城南污水处理厂尾水排污口、第二城南污水处理厂（北厂）尾水排污口；任庄河上现设有第四城北污水处理厂尾水排污口。

现有排入许郑河的尾水规模为 4.4 万 t/d，设计排入许郑河的尾水规模为 11.5 万 t/d；现有排入任庄河的尾水规模为 3.3 万 t/d，设计排入任庄河的尾水规模为 4 万 t/d。污水处理厂处理后达到一级 A 标准排放河道。

工程治理的目标是通过治理提高许郑河和任庄河水质到地表Ⅳ类水，保证在园区污水处理厂现行排放规模下新通扬运河的断面达标。

具体工程内容包括太阳能水循环复氧系统、生态滤墙、生物生态岛、配套微生物工程、水生生态系统构建工程、河坡修整、岸坡草籽补种。

项目治理后效果：通过太阳能水生态复氧系统的投放结合其他措施，提升并维持许郑河和任庄河水质在地表Ⅳ类水标准，降低入新通扬运河污染量，保障南水北调东线和通榆河江水北调水质的需要。项目以其先进的技术工艺水平、良好稳定的治理效果得到了业主的一致认可。

17. 高效微气泡曝气装置

【技术简介】

根据自然界水体自净和生物体内水自净的规律，采用仿生学原理，建立模仿自然生态的净化系统是有效的水体净化方法。曝气复氧能高效增加水体中的溶解氧，释放有害气体，同时满足水生态系统对氧的需求；增强水动力，让洁净的水流到水体的各个地方，流水不腐有利于水体的自我净化；微生物的硝化与反硝化反应，可以将有机物中的氨氮转化成微量的无机颗粒和氮气，可以有效去除水体中的有机物，能实现和强化河道的自身免疫力。

【应用范围】

该装置适用于河湖等微污染水体的曝气复氧。

【技术原理】

通过曝气的方式对水体进行净化处理的原理在于通过向水中输出氧气或者含有氧气的气体可以增加水中的含氧量，从而促进微生物对于水中氨氮的降解。微生物降解氨氮的原理是采用好氧微生物（即硝化细菌）的降解（在给定场景下需要消耗水中溶解氧4.57mg/L），以及厌氧微生物（即反硝化细菌）的降解（在相同给定场景下会对水体贡献溶解氧2.86mg/L），从而实现对水中氨氮的降解。由此也可以看出，在给定场景下，需要1.71mg/L的正输入来维持好氧微生物的数量，从而使得其能够良性繁殖。对于含氧量低造成好氧微生物数量不足的待处理水体，通过大量曝气增加水中的含氧量，使得水体中的好氧微生物达到良性繁殖的水平，能够实现后期的复氧效果，整个过程称为复氧。

高效微气泡曝气装置，可以作为水处理系统设备的一部分安装在其他水处理设备上，也可以独立安装于待处理水体中。高效微气泡曝气装置的各个单元相互协作，并且可以采用统一控制和动力供应，来实现复合式的水处理效果。

高效微气泡曝气装置包括安装单元、供气单元和曝气溶氧单元。其中，安装单元将曝气装置安装或者固着到待处理水体附近或者待处理水体中的设施或其他水处理设备。供气单元提供空气进入曝气装置的通道。曝气溶氧单元对所处理水体进行曝气复氧。

供气单元固定连接在安装单元上部并可根据所处理水体的液面调节上下位置使该供气单元置于液面上方；曝气溶氧单元固定连接在安装单元下部并可根据水体深度、水质情况调节上下位置及曝气的角度以达到最适合的曝气复氧深度。

曝气溶氧单元核心的旋流管包括喷嘴、进气管、旋流切割结构、混合管。曲线型喷嘴可以实现更高的气水比，旋流切割结构使得气体螺旋进入与水混合，能够使气液混合得更彻底，混合效果更好。工作时，水流冲击叶片带动叶轮快速旋转使吸入的空气不断被切割成微小的气泡，有利于气液的混合和气体的溶入，而气液水流能从叶轮叶片间隙中顺利通过，扩散效果更好，充氧率高，能耗损失小。

本曝气装置的运行过程为：在水泵作用下，水经过进水网罩的过滤进入到曝气主管内，后分流至旋流管经过喷嘴喷射，随着喷嘴直径变小，水以更高的速度从喷嘴喷射出来，高速喷射出来的水穿过混气导流管后冲击叶轮使其旋转、再进入混合管，此过程会产生负压而通过供气单元吸入大量空气，从而空气与水进行激烈混合并通过叶轮进行切割从而使水气更充分的混合产生更微小的气泡，最后在混合管的出水口处排出，并产生水流，扩大影响区域。

本曝气装置可以根据需要控制水泵的流量、调节供气单元的固定位置、调节曝气溶氧单元的固定位置、曝气主管相对于安装支架的角度等。

**【技术要点】**

本曝气系统装置专为河湖等浅水型水体开发，曝气复氧的综合能效比高，能够根据水域水流情况调整曝气方向从而产生足够的水动力；能够根据水域深度调整曝气深度提高充氧效率；能够适用于较浅或较深水域等不同工况。

**【应用前景】**

河道黑臭是我国城市环境污染和生态破坏的代表性恶果和待解决的重要问题，其中氨氮等有机物超标是目前许多城市黑臭河道中急需解决的突出问题。在外源输入有效控制后，从底泥中释放的内源有机物将成为水体氮污染的主要来源。

本曝气系统装置是依据仿生学原理，建立模仿自然生态的净化系统：曝气复氧效率高，能高效增加水体中的溶解氧，释放有害气体，同时满足水生态系统对氧的需求；增强水动力，让洁净的水流到水体的各个地方，流水不腐有利于水体的自我净化；配合主动给微生物给料，微生物的硝化与反硝化反应，可以将有机物中的氨氮转化成微量的无机颗粒和氮气，可以有效去除水体中的有机物，能实现和强化河道的自身免疫力。并且安装简单，维修方便，适用于各种工况。

**【技术局限性】**

高效微气泡曝气装置需配套使用潜水泵，潜水泵普遍寿命不长，且水泵进水口易堵塞，宜搭配使用潜水泵自清洁保护装置，可以延长潜水泵的维护和维修更换周期。

**【典型案例】**

鼓楼区西北护城河水质提升工程

项目地点：南京市鼓楼区

实施单位：南京天河水环境科技有限公司

项目模式：设计施工总承包

项目概述：本工程为江苏省南京市鼓楼区西北护城河水质提升工程，主要涉及西北护城河自小桃园泵站起至金川门泵站的河道。工程范围内河道约 5.66km，水域面积 332486m²。截至 2017 年 12 月，项目区域已全面完成了清淤疏浚、截污纳管、景观驳岸等工程，本工程主要针对的是河道水生态系统修复和水质提升（含必要的辅助设施工程）。

18. 科瑞菲尔藻类治理技术

**【技术简介】**

该技术采用以大黄素杀藻化合物为主的一种新型杀藻剂，可以有效杀灭水体中菹草、蓝藻、浮萍、水葫芦等一系列影响水环境的水生植物及浮游生物，有效防止水华的发生，对改善水质起到重要的促进作用。

**【应用范围】**

该技术主要应用于菹草治理、浮萍治理、蓝藻治理、芦苇治理、水绵治理以及其他水生杂草的综合治理。

**【技术原理】**

由于所有的原材料全部为食品级，并以大黄素为有效成分的药剂是植物在生长发育过程中产生的次生代谢产物，所以使用药剂具有高效、低毒、低残留与环境相容等特点，是一种环境友好的新型杀藻剂。

**【技术要点】**

该技术对于各种藻类都具有高效的灭杀作用，实施简单，见效快，通常一周左右，治理范围内对各种藻类、浮萍全部消失，无需打捞，不造成二次污染。

**【典型案例】**

（1）内蒙古芦苇治理项目。

项目地点：巴彦诺尔乌拉特后旗

项目规模：30000m²

业主单位：内蒙古润国科技有限公司

实施单位：成都百雅科技有限公司

项目模式：合作

项目概述：巴彦诺尔乌拉特后旗政府广场公园连续多年出现芦苇泛滥的情况，占据整个河道，有关部门连续五年多处寻求治理方法，均未成功。自 2018 年起，采用科瑞菲尔藻类治理技术进行芦苇环保治理，一次性彻底治理，目测范围内灭除率接近百分之百（图 6.17）。

（2）齐齐哈尔市劳动湖菹草治理项目。

项目地点：黑龙江省齐齐哈尔市劳动湖

项目规模：170 万 m²

业主单位：齐齐哈尔劳动湖风景区管理处

实施单位：成都百雅科技有限公司

项目模式：政府采购

项目概述：劳动湖继 2007 年出现水草疯长的现象后，2015 年再次暴发，170hm² 水系全部受到污染。市政府投入大量的人力、物力、财力进行打捞，由于打捞不彻底，不仅造成二次污染，还出现越捞越多的现象。自 2015 年起，连续三年，由该项研发技术进行针对性的菹草治理，目测范围内菹草灭绝达到百分之百。

（3）太湖蓝藻治理试点项目。

项目地点：江苏省宜兴市茭渎港

项目规模：800m²

图 6.17 治理效果

业主单位：宜兴市政府

实施单位：成都百雅科技有限公司

项目模式：项目试点

项目概述：2015 年 9 月在江苏省宜兴市茭渎港港口蓝藻聚集区进行了太湖蓝藻灭除实验，实验期 3 天。实验现场蓝藻厚度 10～50cm，实验面积 800m²。经过 3 天的实验，目测治理区域内，除藻率达到 95% 以上。灭藻过程中，没有出现任何因施药造成的鱼虾死亡现象。芦苇等水生植物正常生长。

19. 超氧纳米气泡黑臭水体治理技术

【技术简介】

超氧纳米气泡黑臭水体治理技术是将高浓度的纳米气—水混合液充入污染水体，使溶解氧快速增加，好氧微生物快速激活，水中污染物被降解，黑臭现象开始改善，水体透明度提高。生物活性被强化，生物现象开始显现，氨氮、总磷、有机污泥物等各项指标逐步降解、消减，水体生态的良性循环系统开始建立。一周内可消除黑臭，三个月达到 V 类水，四个月达到 IV 类水。

**【应用范围】**

该技术适用于黑臭河道治理，湖泊、水库、景观水体等水质提升。

**【技术原理】**

（1）纳米气泡物理性。纳米气泡比表面积大，拥有超强的气体溶解能力，气泡中的溶解氧浓度可达到饱和浓度以上，且气泡衰减期低，气泡中承载的氧气、超氧等气体能在水中充分利用，保证了活性氧的必须反应时间。纳米气泡的高表面能和携带负电荷等独特的理化特性，能对水中污染物、悬浮物和蓝藻等有效吸附，并产生大量氢氧自由基，具有增强氧化能力的效果。纳米气泡治理过的水体净化能力远高于自然条件下水体的自净能力。

（2）纳米气泡化学性。在水中有强氧化作用，可针对溶解性物质氧化。气泡直径越小，越能显现其氧化能力，而达到纳米级的气泡，其氧化能力和吸附能力显著，所以降解污染物的速度也更快。而常规曝气装置产生的厘米、毫米级直径的气泡，因不具有氧化能力，所以仅能实现单纯的水体增氧功能，不具备化学效应。在水处理中，纳米气泡为水体修复系统提供了高浓度的活性氧化剂，参与氧化降解反应，有效降低 $BOD_5$、$COD_{Cr}$、氨氮、总磷和粪大肠菌群等水质指标，提高了水体含氧量，同时有机淤泥也得到氧化和分解，从而去除水体异味，优化水色，提高水质和透明度。

（3）纳米气泡生物性。江河湖泊污染治理，增加溶解氧是富营养化水体生态治理的关键突破口，利用超氧纳米气泡水生态修复技术进行溶氧复氧，溶氧率高，能快速增加水中溶解氧含量，满足微生物降解有机污染物的耗氧需要，为激活、加强水体的生态链（由微生物、水生植物、浮游动物、鱼类等构成）创造必要条件。生态链激活后又强化水体中氮、磷、有机物、无机盐等转化分解，使富营养化水体向洁净好氧生态系统转化，为水体中各种水生动物呼吸提供氧气，促进新的水生生态系统的恢复重建，最终使水体提高了对污染物的自净能力，污染物总量得到有效控制。

**【技术要点】**

（1）快速提高水体溶解氧，消除水体黑臭。

（2）气浮分离悬浮物，提高水体透明度。

（3）激活本土微生物，强化水体活性。

（4）提升水质指标，降解氨氮、总磷、总氮、COD，消除蓝藻。

（5）不清淤，消除内源污染，降解有机底泥。

**【应用前景】**

目前国家正在大力开展黑臭水体治理和水生态修复工作，超氧纳米气泡黑臭水体治理技术在黑臭水体治理和水质提升领域都可大力推广应用。

**【技术局限性】**

纳米气泡设备供电需要 380V 动力电源，对于偏远地区，技术实施成本会偏高些。

**【典型案例】**

（1）昆山张浦镇阴泾江河道治理（静止水体）。

项目地点：昆山市张浦镇

业主单位：昆山市张浦镇水利站

实施单位：太仓昊恒纳米科技有限公司

项目概述：阴泾江全长约 670m，宽约 17m，平均水深约 1.5m，淤泥厚度约 60~120cm，为断头浜，水体流动性差。河道东侧企业较多，有振泰塑胶、鸿驰电子、卡罗比亚釉料公司、昆山骅盛电子、昆山南洋电缆、昆山楠田服饰、国雄纸业等；西侧为瑞芳电子、新张浦人居住中心等企业居民混杂区。大量工业和生活污水排入河道，造成河道污染，严重黑臭。2017 年 12 月开始治理，2 周消除水体黑臭，到 2018 年 5 月，COD、氨氮、总磷水质指标已达Ⅳ类水标准。6 月底已达到Ⅲ类水指标。

（2）山东东营五干排治理项目（流动水体）。

项目地点：山东东营市

业主单位：东营区环保局

实施单位：太仓昊恒纳米科技有限公司

项目模式：采购服务

项目概述：五干排治理段自西五路至下游新广蒲河，长约 13km，河道流速约 10m/min，流量较大。河道来水为 3 家大型石化企业的治理尾水，沿途排入化工废水、生活污水、农田灌溉尾水和混合雨水等，河道呈劣Ⅴ类水质，黑臭现象严重。2017 年 6 月进场治理，采用分段集中安置设备，以提高下游水体水质。7 月 13 日（1 个月后），第一治理段橡胶坝附近水体臭味消除，黑色明显减轻，坝内水体清澈透明，并开始出现鱼群。9 月中旬（约 3 个月），治理河段水质明显好转，DO、COD、$NH_3-N$ 等几个重要指标已达Ⅴ类水标准。

（3）昆山市周市镇洪双娄治理项目。

项目地点：昆山市周市镇

业主单位：昆山市周市镇水利站

实施单位：太仓昊恒纳米科技有限公司

项目概述：洪双娄呈东西走向，全长约 890m，水域面积约为 15314m²，中部有直径 100m 的圆形池塘，水深 1.5m 左右。治理前水体情况差，藻类多，水色发绿浑浊，局部厌氧上泛，底泥淤积腐烂有明显臭味，表面垃圾悬浮，整体感官差。治理前洪双娄为黑臭水体，治理后水体感官良好，水质明显提升，在未排污的情况下，常规指标基本稳定在Ⅲ~Ⅳ类水之间。

20. 双模智能生态净水装置

【技术简介】

自 2015 年 4 月 16 日国务院发布《水污染防治行动计划》以来，很多城市河道通过截污控污、点源处理、活水补水、生态治理等措施初步消除了河道黑臭现象，但是仍有不少河道不断出现返黑返臭现象，水质仍属于劣Ⅴ类，主要原因是：①虽然前期已进行了清淤，但仍然存在内源污染的新的释放问题；②雨水（特别是初期雨水）对于河道来说本身就是污染源；③合流制雨水管网雨天向河道进行排污；④纯生态系统（特别是沉水植物）比较脆弱，在受到雨水夹带污水负荷的冲击下河水有机物浓度升高、透明度降低，使得生态净化系统很容易崩溃；⑤纯生态系统季节性较强，在植物生长季净化能力较强，在植物非生长季净化能力较弱。

为了巩固治理后的成果以及后期水质提升并长效保持的要求，针对以上现象，需要解决以下两个问题：①在雨天后如何尽快提高水体透明度，恢复纯生态系统的净化功能；②晴天如何快速提升水质并持续稳定使水质达标。

双模智能生态净水装置既能满足雨天后较快提高水体透明度的要求，又能满足晴天快速提升和稳定水质的要求。

【应用范围】

该装置适用于河道微污染应急处理和水质提升的综合一体化水处理装置，也可用于河道的泵站前池水处理设备。

【技术原理】

双模智能生态净水装置采用新型高效 BAFF 工艺包，利用工艺包优化的曝气生物滤池有针对性地净化水质（特别是氨氮的去除）和精密过滤器（肾滤）的快速过滤（去除 SS）的原理，实现水质应急模式时，能快速去除悬浮物（SS），提高水体透明度，水质提升模式时，能高效去除氨氮等有机物；装置优选多孔填料（滤料），并接种多种专属复合优势微生物菌群，集成吸附降解技术、微生物富集技术和低耗高效快速过滤技术于一体。

在水质应急模式时，粗格栅拦截大的漂浮物和杂质，泥水分道旋流过滤器进行粗滤，一级曝气生物滤池单元进行再次分级过滤，渗滤单元进行快速精密的过滤，出水水质（浊度）可靠有保证。

在水质提升模式时，一级曝气生物滤池单元从上部进水，经过填料层时水体中的有机物被多孔填料吸附，继而被多孔填料孔洞中的一代优势微生物菌群吸收降解，底部曝气充氧，使多孔填料处于半悬浮状态，使得空气、污水和微生物之间有了更多的接触机会，增强了滤池内部的传质效率，填料之间的碰撞使微生物膜的更新速度加快，促进了微生物活性的增强。它兼有活性污泥法和生物膜法两者优点，不同比重的填料使微生物分层并富集而不流失，从底部出水后进入二级渗滤单元进行慢速精密的过滤；它兼具生物过滤和物理过滤两者优点，保证了较高的有机物去除效率，特别是对氨氮的高效去除。

【技术要点】

双模智能生态净水装置能根据待处理水体水质情况自动调节相对应的水处理工艺模式，并调节自身的各项运行参数从而使水体达到所需各项水质指标；双模智能生态净水装置具有降解有机物速度快（水力停留时间只有传统生物工艺的 20%）、效率高、综合能耗低、自动化程度高的特点。

【应用前景】

河道黑臭是我国城市环境污染和生态破坏的代表性恶果和待解决的重要问题，其中氨氮和总磷等有机物超标是目前许多城市黑臭河道中急需解决的突出问题。目前的整治河道污染水体的技术而言，生物—生态技术是较为科学的整治途径，根据生态学原理，利用水生生态动植物及微生物的自净能力吸收水体中的有机污染物，以达到水质净化的目的。

目前的生物—生态技术一般为建造人工湿地、生物氧化塘、生物滤床等形式，此种方法需要投入大量基础设施建设，带来成本及维护工作的增加，并且这种水处理方案对于处理量和处理地点的灵活度很有限，不能应对水质迅速变差的情况。

此外，现有的置于河道等水体中的水处理装置，其控制方式也比较简单，不能根据水体参数的变化进行自动调节。

双模智能生态净水装置采用生态学原理，根据待处理水体水质情况自动调节相对应的水处理工艺模式：应急模式和水质提升模式，能耗小，自动化程度高；外形多变，应急型集装箱式实现车载快速运输，景观画舫型、潜水艇型可以适用各种项目场地；装置的处理量和处理地点的选择灵活度高。

**【技术局限性】**

双模智能生态净水装置是一体化综合水处理装置，虽然体积只有传统设备的 1/4，但相对设备外形还是比较大，对项目的安装场地有一定的要求。

**【典型案例】**

建邺区怡康河水质提升工程

项目地点：南京市鼓楼区

实施单位：南京天河水环境科技有限公司

项目模式：设计施工总承包

项目概述：本工程为江苏省南京市建邺区怡康河水质提升工程。工程范围内河道约 2km，水域面积 20000m²。截至 2017 年 6 月，项目区域已全面完成了清淤疏浚、截污纳管、景观驳岸等工程，本工程主要针对的是河道水生态系统修复和水质提升（含必要的辅助设施工程）。

# 6.4 农村水环境综合治理技术

## 6.4.1 生态排水系统滞留拦截技术

**【技术简介】**

对于大面积连片旱地，在田间可以建设若干地表径流收集系统，收集田间流水，并输送入生态塘系统。生态塘通常因地制宜依当地地势、地形、地貌和当地实际情况而建，采取废弃塘改造成本低，泥质和硬质化均可，取决于当地土地和经济发展水平。

**【应用范围】**

适用于农村生态环境综合整治、农村地区生活污水后处理、污水处理厂二级处理出水的深度处理。

**【技术原理】**

包括生态沟渠和生态塘系统。生态沟渠主要用来将污水输送至生态塘，生态塘通过在塘中种植水生作物，进行水产和水禽养殖，形成人工生态系统，在初始能源太阳能（日光辐射提供能量）的推动下，通过生态中多条食物链的物质迁移、转化和能量的逐级传递和转化，将进入塘中污水的污染物进行降解和转化，不仅可以去污，还可以水生植物（芦苇、荷莲）和水产（鱼、虾等）、水禽（鸭、鹅等）的形式作为资源回收，净化的污水也可作为再生水资源回收再用，使污水处理与利用相结合。

**【应用前景】**

生态排水系统滞留拦截技术能充分利用地形，结构简单，同步实现污水资源化和污水回收再利用，处理能耗和运行成本低，符合节能环保和可持续发展的要求，在城市、农村生态环境综合整治、生活污水后处理、污水处理厂出水深度处理上应用前景广阔。

【技术局限性】

该技术占地面积大，在用地紧张的区域不太适用，且容易产生不良气体和滋生蚊虫，不适合在居民区附件建设。

## 6.4.2 "桑基鱼塘"农业模式

【技术简介】

桑基鱼塘是种桑养蚕同池塘养鱼相结合的一种生产经营模式。在池埂上或池塘附近种植桑树，以桑叶养蚕，以蚕沙、蚕蛹等作鱼饵料，以塘泥作为桑树肥料，形成"池埂种桑，桑叶养蚕，蚕蛹喂鱼，塘泥肥桑"的生产结构或生产链条，二者互相利用，互相促进，达到鱼蚕兼取的效果。

【应用范围】

"桑基鱼塘"农业模式是长三角和珠三角地区农业较为常用的模式，适合在南方地区农业推广。

【技术原理】

基本模式：以鱼塘和田地（田埂）为基础，在田埂上种植桑树，桑叶养蚕（还做成鱼桑茶），蚕茧做丝绸，蚕粪投入鱼塘或田地，蚕粪为鱼塘带来有机的饲料和肥料，最后鱼塘的淤泥再投入田地和田埂，又反向为桑田提供了有机肥料，最终实现生态循环。这样的循环系统可以内部解决各环节所需物质，最终向外输出的经济产品有粮食、蚕丝、桑茶、有机鱼。

桑基鱼塘的形式经过反复实践，不断改进，后来将基堤的面积和池塘水面的比例确定为"基七塘三"或"基六塘四"，基堤之上种蚕桑并同时养蚕、缫丝，这是取得高产值的最优形式。

桑基鱼塘中的各个子系统，可形成更复杂的结构和层次。例如，水体子系统的层次较多，食物链较长，能量和物质的投入、输出也比较复杂。按照鱼类的特性，鱼塘一般分为上、中、下三层。上层适合喂养鳙、鲢，中层喂养鲩鱼，底层则主要喂养鲮、鲤鱼。鳙鱼以食浮生动物为主，鲢鱼则以食浮生植物为主。食剩的饲料、蚕沙、浮游生物尸骸等有机物质下沉底层，一部分成为鲮、鲤鱼和底栖动物的饲料，一部分经微生物分解而充当浮游生物的食料和养分。鲩鱼吃蚕沙和青饲料为主，它排放的粪便，既可促进浮游生物的繁衍，又可供杂食性鱼类饲料。至于蚕丝子系统，除作为陆地和水体两个子系统的联系环节外，其产品蚕茧可制成高价的丝货，由此演绎出农、牧、渔、副相结合的经济整体。

【技术要点】

（1）建塘。新开桑基鱼塘的规格，要求塘基比 1:1。塘应是长方形，长 60~80m 或 80~100m，宽 30m 或 40m，深 2.5~3m，坡比 1:1.5。将塘挖成蜈蚣形群壕或并列式渠形鱼塘 6~10 口单塘，基与基相连，并建好进出水总渠及道路（宽 2~3m）。这样利于调节塘水、投放饲料、捕鱼、运输和挖掘塘泥等作业，也利于桑树培管、采叶养蚕。新塘开挖季节以选择枯水、少雨的秋末冬初为宜。挖好的新塘要晒几天，再施些有机粪肥或肥水，然后放水养鱼。加强塘基管理，塘基桑树的生长好坏，产叶量高低，叶质优劣，直接影响到茧、丝、鱼的产量和质量。因此，培管好塘基桑树，增加产叶量，是提高桑基鱼塘整体效益的关键。塘基桑园的高产栽培技术，应坚持"改土、多肥、良种、密植、精管"十字措施，以达到快速、优质、高产的目的，实现当年栽桑、当年养蚕、当年受益。

（2）改土。挖掘鱼塘，使原来肥沃疏松的表土、耕作层变为底土层，而原底土层填在塘基表面，作为新耕土层，虽有机质含量有所增加，但还原性物质也在增多。因此，在栽桑前应将塘基上的土全部翻耕一次，深度10～15cm，不破碎，让其冬天冰冻风化，增强土壤通透性能，提高土壤保水、保肥能力。若干年后，因桑基随着逐年大量施用塘泥肥桑而随之提高，基面不断缩小，影响桑树生长。所以，塘基要进行第二次改土工作，将高基挖低，窄基扩宽，整修鱼塘，使基面离塘常年最高水位差约1m，并更换老桑。

（3）多肥。应掌握增施农家有机肥料和间作绿肥的原则。一是要施足栽桑的基肥，亩施拌有30～40kg磷肥的土杂肥100～200担，再施入粪尿10～20担或饼肥150～200kg，并配合施用石灰25～50kg，改良酸性土壤。二是在桑树成活长新根后，于4月下旬至5月上旬施一次速效氮肥，每亩施20kg尿素或50kg碳铵，最好施用腐熟人粪尿50～80担。7月下旬再施一次，肥料用量较前次要适当增加一些，促进桑树枝叶生长，以利用采叶饲养中秋或晚秋蚕。三是桑树生长发育阶段要求养一次蚕施一次肥。并注意合理间种、多种豆科绿肥，适时翻埋。四是在冬季结合清塘，挖掘一层淤泥上基，这样即净化了鱼塘，又为基上桑树来年生长施足了基肥。

（4）良种。塘基栽桑，应选用优质高产的嫁接良桑品种，如湖桑197号、199号、32号，团头荷叶白及7920等，还应栽植15%左右的早、中生桑品种。

（5）密植。塘基因经过人工改土，土层疏松，挖浅沟栽桑即可。又因塘基地下水位高，桑树根系分布浅，宜密植。栽桑时采用定行密株，株行距以33cm×132cm或50cm×100cm为好，亩基栽桑1000～1300株。栽桑处须离养鱼水面70～100cm，桑树主干高20～30cm，培育成低中干树型。

（6）精管。塘基栽桑后，桑树中耕、除草、施肥、防治病虫害、合理采伐等培管都必须抓好，确保塘基桑园高产稳产，提高叶质。

【应用前景】

桑基鱼塘是我国传统农业在实践中探索出的一种独特的土地利用方式，是劳动智慧与当地自然生态环境实际情况相结合、协同发展的产物，充分利用了珠三角当地的水利环境，将水资源与土地资源相结合，形成良性的生态循环，减少农业活动产生的面源污染具有积极意义。符合我国大力推广的生态农业特点，在南方地区具有良好的推广前景。

为了稳定和持续发展我国的蚕桑产业，确保全国丝绸产业的创汇能力，考虑到我国西部地区在生产要素的成本上具有明显优势，如土地资源相对丰富，劳动力充足且价格相对低廉等。在这种情况下，桑蚕业向西转移成为一种必然趋势。为此，国家在"十一五"发展规划中实施了"东桑西移"工程。即从2006年起，在我国西部15个省（自治区、直辖市）开始建设蚕桑基地项目。随着这项工程的实施，标志着我国蚕桑业的发展中心已经由东部向西部开始了战略大转移。

"东桑西移"工程的实质是把我国蚕桑基地和初级茧丝绸加工的中心移向西部地区，

而不是将蚕桑业首次引进到西部地区。"东桑西移"工程希望通过大力发展桑叶种植扩大西部植被覆盖率，减少水土流失，达到发展蚕桑业的同时保护西部生态环境的目的。由于我国西部的水资源相对短缺，耕地原本就不肥沃，缺乏有机质，加上地势高，受雨水的冲刷和搬运能力较强，在这样一个生态环境比较脆弱的地区，发展这种对耕地肥力消耗巨大的蚕桑产业，极有可能发生耕地退化等严重的生态环境问题。因此，在西部发展桑叶种植时，必须要充分考虑蚕沙还地、多施有机肥，严格控制化肥用量，加强对耕地肥力和水分的保护就显得格外重要和紧迫。因此，"东桑西移"工程的生态保护工作，是该工程持续发展的关键之所在。相关部门在实施"东桑西移"工程中，一定要坚持科学发展观，科学地评估环境风险，发展生态蚕桑业推动产业综合利用，应用生态学原理解决好"东桑西移"可能带来的耕地退化、水体污染等环境问题，不仅要实现良好的经济效益和社会效益，而且要以良好的生态效益确保该项工程的可持续发展。

**【技术局限性】**

适用该模式发展的农业产品相对单一。

**【典型案例】**

浙江省湖州桑基鱼塘系统

项目地点：浙江省湖州市南浔区菱湖镇

项目概述：桑基鱼塘系统是湖州地区先民遵循着早已有之的植桑、养蚕、蓄鱼生产规律，将桑林附近的洼地深挖为鱼塘，垫高塘基、基上种桑，以桑养蚕、蚕丝织布，蚕沙喂鱼、塘泥肥桑，形成可持续多层次复合生态农业循环系统，至今其科学的物质循环利用链和能量多级利用依旧堪称完美。青、草、鲢、鳙四大家鱼在水塘中分 4 层充分利用了水体生物链，废弃物被循环利用，达到和谐共生零污染，实现了人与自然和谐发展。1992 年"湖州桑基鱼塘系统"被联合国教科文组织誉为"世间少有美景、良性循环典范"，湖州先民向世界提供了洼地开发利用、生态循环发展的中国模式（图 6.18）。

图 6.18　浙江湖州的"桑基鱼塘"

### 6.4.3 稻鳅共生

**【技术简介】**

稻田养殖泥鳅是一种种养结合的生态农业模式。稻田为泥鳅的生长提供了天然适宜的场所，稻田中的浮游生物、水生昆虫、其他底栖动物及杂草等能为泥鳅提供天然饵料，泥鳅的排泄物能被水稻吸收利用，泥鳅在浅水中游动，可起到松土、增加水中溶氧量作用，防止水稻缺氧烂根，壮根促长。水稻和泥鳅发挥共生互利的作用，从而获得一田两用、一水两用、一地双收的效果。

**【应用范围】**

本技术适用于全国各地水稻种植区，要求水源充足，水质符合无公害养殖的要求，稻田土质肥沃，有腐殖质丰富的淤泥层。

**【技术原理】**

泥鳅具有生命力强、疾病少、底栖性、杂食性、耐低氧等生理学优势，与水稻共生相得益彰。利用泥鳅的生理学特性，巧妙地将泥鳅与水稻结合在同一生态环境内，充分利用稻田与泥鳅的共生互利关系。泥鳅在稻田中还起到除草造肥、除虫、增加水体溶解氧等作用。此模式充分发挥了稻田生态系统最大负载力，使两者共同的生活基础和利害关系得到了更好的协调和发展。

**【技术要点】**

（1）稻田改造：稻田田埂加高加宽加固，应高出水面20cm以上，为避免泥鳅外逃其内侧斜面采用水泥固化。进排水口应用网布扎牢，防止泥鳅逃逸。稻田四周开挖宽100cm、深80cm的鱼沟，并在稻田最低面开挖宽200cm、深100～120cm的鱼溜。鱼沟、鱼溜约占稻田面积的10%。稻田应向鱼溜和排水口倾斜，鱼溜底部铺设密眼网。

（2）水稻的选择和栽种：选择抗倒伏、高产、耐肥的优质杂交稻，株行距30cm×15cm，每穴栽插4～5株。

（3）泥鳅放养：泥鳅苗要求无病无伤，体质健壮，规格控制在6cm左右，每亩投放2万尾。

**【应用前景】**

稻鳅共生是提升综合效益的一种新技术模式，这种新模式对于加快转变农业发展方式，促进生态农业发展，为社会提供优质安全粮食和水产品，提高农业综合生产能力，具有十分重要的意义，具有较好的应用前景。

### 6.4.4 农村污染河道水质综合改善与养分回收再利用技术

**【技术简介】**

农村污染河道水质综合改善与养分回收再利用技术针对农田径流排水及农村生活污水排放造成的汇水区河道水体污染问题，在近岸带构建生态拦截屏障对入河的污染物进行滞留削减，再经定向导流、漂浮植物安全控养、立体生态浮岛和微孔曝气等多重手段逐级强化净化河道水体，通过收获植物回收水体氮磷，并利用肥料化、饲料化、能源化技术完成氮磷资源回用，实现农村污染河道生态治理与养分再利用的有机结合，进而实现农村面源污染减排与河道水质的改善。

**【应用范围】**

该技术适用于专业技术人员指导下的规模经营农田面源污染治理、农牧结合种养单元径流污染物拦截与强化净化、农村生活污水处理厂尾水深度净化、富营养化水体修复和黑臭河道生态治理。

**【技术原理】**

（1）农村污染河道水质综合改善技术。该技术主要利用各种物理、化学和生物手段，吸收、降解、转化水体环境中的污染物质，使受污染的水体环境得到明显改善。该技术运用"协同控制、立体控制和全程控制"理念，采用"陆源污染物拦截屏障技术、岸带缓冲带污染物拦截技术、生态护坡构建技术、漂浮植物安全控养和生态浮岛原位强化净化技术、RSH超微孔高效曝气充氧技术"有效衔接形成技术体系，实现汇水区重污染水体的强化净化与生态修复。

1）陆源污染物拦截屏障技术。以柔性围隔的布设技术为依托，集景观型复合型浮岛、底层微孔曝气系统、导流、水动力优化等技术手段，实现排污口污水在导流过程中得到过程净化，最大化减少农田排水、农田径流污染物进入汇水区域的量。

2）岸带缓冲带污染物拦截技术。根据河道实际水文条件、污染物负荷及来源，综合考虑岸带季节、植物品种及密度等因素，优化配置景观植物组合带，构建近岸带缓冲带，滞留和削减污染物。

3）生态护坡构建技术。利用透水性和透气性良好的蜂窝状生态混凝土构建岸线护坡，并种植适宜的植被，既可有效去除氮磷等污染物，同时植物发达的根系又能够对混凝土起到锚固和加筋作用，从而起到保护水体生态环境的作用。

4）漂浮植物安全控养原位净化技术。基于漂浮植物具有生长迅速，根系发达、氮磷富集能力强等特点，结合汇水水域水文条件，采用低成本、防逃逸围栏设施安全控养漂浮植物，实现汇水水域的原位强化净化。

5）生态浮岛原位强化净化技术。以高分子材料制作生态浮岛，通过优化人工种植不同季节、种类的功能性水生植物，增强了其原位强化净化能力的同时，也丰富了水面景观的感官性。

6）RSH超微孔高效曝气充氧技术。在保留岸线自然状态的前提下，通过设置高效曝气设施将大量的溶解氧带入底泥和水体中，促进水生生态生物多样化，恢复其水体自净能力，实现水体稳定和清澈状态。

（2）多级净化生态塘技术。对于农村生活污水处理厂尾水的深度净化，可利用周边低洼地建设多级净化生态塘，其一端设有污水输入口，另一端设有净化水输出口，生态塘内种养有漂浮植物，生态塘尾水输出口处设有溢流堰以使生态塘内水体达到一定高度后排出。多级净化生态塘设有多个隔墙可将多级净化生态塘分隔为多个部分并形成S形导流通道。每年5月进行漂浮植物种苗投放，投苗量为 $0.6\sim1.0\text{kg/m}^2$，不同漂浮植物之间利用漂浮植物围栏隔开，形成漂浮植物组合镶嵌模式，为了避免漂浮植物冬季枯萎造成二次污染，于11月底进行采收。

（3）水生植物资源化利用技术。在水质综合改善技术完成氮磷削减任务后，利用自主研发的移动式打捞处置专用设备，将其中的水生植物打捞上岸、挤压脱水，并采用适宜的资源化利用方式，实现环境效益与经济效益的双赢。

目前水生植物的资源化利用途径主要有三类：

1) 水生植物肥料化技术。可将水生植物与水稻秸秆、畜禽粪便、花生壳及烟草等废弃物混合，选用高温堆制方式生产生物有机肥料。研究显示：水生植物制成的生物有机肥料施用后，能显著提高小麦旗叶和水稻剑叶花后氮代谢酶活性，提高作物灌浆叶片氮代谢，为籽粒输送充足的养分，为作物高产奠定基础。

2) 水生植物饲料化技术。水生植物营养成分均衡，可作为饲料替代部分常规饲料，用于饲喂鹅、鸡、鸭、猪、羊等禽畜，产生的经济效益可补贴治污成本。

3) 水生植物能源化技术。将水生植物作为厌氧发酵底物，采用水生植物固液分离，挤压汁、挤压渣分开厌氧发酵的技术工艺，制取生物质能，形成水生植物能源化利用新途径。

【应用前景】

农村污染河道水质综合改善与养分回收再利用技术已形成了"氮磷源头拦截削减—植物微生物联合修复—植物加工处置—回收养分再利用"工程技术，工艺路线完善，技术集成度和成熟度高；专用装备衔接配套，运行畅通、稳定。通过技术的工程化应用可有效控制入河外源污染和削减河道内源污染负荷，改善农田汇水区及周边水体的水质状况，缓解下游流域污染负荷压力，降低了面源污染程度，推动流域生态环境质量的提升，符合节能减排的绿色农业发展方向，而且该技术在治污效果、成本收益和安全性等方面，都具有明显的优势，有着广阔的推广应用前景。

【技术局限性】

当前我国污染水体治理情况十分严峻，农村民众环境保护意识淡薄，水体污染治理一次性投入较大，而且治理成本与区域内农业种植品种、水土环境、水体地形条件、水动力特性等相关性比较大，经济效益不显著；其次，"农村污染河道水质综合改善与养分回收再利用技术"专业性较强，对农技推广人员的专业知识要求较高，需要建立专业服务队伍。

【典型案例】

(1) 规模经营农田汇水区重污染河道水质综合改善技术示范工程。

项目地点：江苏省镇江市新区现代农业产业园

实施单位：江苏省农业科学院农业资源与环境研究所

项目模式：产学研合作模式

项目概述：为了改善镇江江苏润果农业发展有限公司规模经营农田汇水区重污染河道的水质，2015—2017 年，江苏省农业科学院资源与环境研究所联合江苏润果农业发展有限公司实施了规模经营农田汇水区重污染河道水质综合改善技术示范工程，该示范工程在稻麦种养区内选择农田面积 2000 亩，配比示范工程水面面积 20000m²，示范河道水面控养水生植物带 1.0km，陆源拦截屏障 150m，生态护坡 100m，面积 500m²；构建近岸挺水植物缓冲带 2000m²，种植植株 7000 株；河道中设立体浮岛 96 座，面积 864m²，构建控养漂浮植物单元 60 个，面积 10000m²；设置曝气充氧装置 3 套，长 0.6km。监测数据显示示范工程运行前河道水体为劣 V 类水，TN、TP、$NH_4^+$ - N 和 $COD_{Cr}$ 四种水质指标浓度分别为 3.59mg/L±0.65mg/L、0.56mg/L±0.20mg/L、2.01mg/L±0.80mg/L 和 51.04mg/L±3.58mg/L；在工程运行期间，四种水质指标浓度平均降至 1.9mg/L±0.85mg/L、0.34mg/L±0.15mg/L、1.01mg/L±0.44mg/L 和 16.21mg/L±3.88mg/L，与工程运行前相比分别下降了 47.05%、38.62%、49.88% 和 68.23%，河道下游监测断面水质优于地表 V 类水标准。三年来通过入河源头减量以及河道强化净化工程的内源消减，有效减轻了区域内农业面源污染。

（2）农牧结合种养单元径流污染物高效拦截与养分回收再利用工程。

项目地点：宿迁市泗洪县四河乡

业主单位：泗洪县鑫源养猪专业合作社

实施单位：江苏省农业科学院资源与环境研究所

项目模式：产学研结合

项目概述：2015—2018 年，为解决万头规模猪场粪污发酵沼渣、沼液回用农田导致径流污染问题，在四河乡建设了与种养单元规模匹配、水系相连的污染物拦截生态沟渠（总长累计 3000m）与面积累计 10050m²（总长累计 2100m）的原位净化生态塘工程，并收获的水生植物堆制有机肥与农田施用，实现农田径流氮磷养分回收再利用。三年监测数据显示：生态工程进水总氮、总磷平均浓度为 8.21mg/L 和 1.05mg/L，经过生态工程拦截净化后，出水总氮、总磷平均浓度降至 1.93mg/L 和 0.20mg/L，削减率分别为 76.5%和 80.9%，出水水质总氮、总磷浓度达到地表 V 类水的标准。通过水生植物的采收，约带走水体氮 0.8t，磷 0.09t。利用水生植物与农作物秸秆、畜禽粪便，共生产生物有机肥 100 多 t，为合作社新增利润 1 万多元。

（3）高淳区东坝镇生活污水处理厂尾水深度净化生态工程。

项目地点：江苏省南京市高淳区东坝镇污水处理厂

业主单位：江苏省南京市高淳汪姚果蔬专业合作社

实施单位：江苏省农业科学院资源与环境研究所

项目模式：产学研结合

项目概述：2015—2017 年，在高淳区东坝污水处理厂北部构建占地 8400m² 的尾水深度净化工程，平均日处理一级 A 标准尾水约 2000t，水体总氮、总磷浓度平均分别由 12.05mg/L 和 0.40mg/L 降至 1.42mg/L 和 0.10mg/L，削减率分别达 88.2%和 75.2%。尾水 TN 浓度降低幅度达 10.0mg/L，出水水质优于地表水 V 类标准。生态修复工程每天每平方米去除尾水氮、磷负荷量分别达 2.48g 和 0.12g，2015—2017 年，通过污水处理厂尾水深度净化工程拦截入胥河水体氮、磷负荷分别约 14.4t、0.45t。每吨水处理成本小于 0.50 元。漂浮植物有机肥农田养分回用替代约 80t 化肥，可有效减轻农田氮磷的流失，从而降低农业面源污染发生风险。

### 6.4.5  池塘养殖污染物减排及水循环利用技术

【技术简介】

本技术通过优化配置高效净化单元控制水产养殖水源水质和逐级强化净化尾水等，高效去除 COD、总氮、总磷、病原微生物，促进尾水的再生与循环利用。具有大幅度节水、增效的优点。

【应用范围】

该技术适用于池塘养殖，包括高密度工厂化池塘养殖和规模化养殖。

【技术原理】

针对水产养殖水源水质恶化、养殖尾水排污造成面源污染的问题，利用前置库物理、化学、生物技术手段，实施养殖用水的水源水质改善技术；采用生态浮岛、生物膜反应器以及养殖模式优化等原位修复技术对池塘水质进行原位改善；养殖尾水通过生态沟渠拦截、沉淀以及高密度水生植物的池塘进一步强化净化。净化后水体采用生物膜反应器、蛋白质泡沫去除、臭氧消毒等设备，实现水资源再生和污染物减排。

**【技术要点】**

该技术的特点是减排效率较高，有利于大幅度节水、增效。减排 COD 约为 1000kg/(hm² · a)；总氮约为 30kg/(hm² · a)；总磷 4.3kg/(hm² · a)。尾水循环利用率 80％以上，节水 15300t/(hm² · a)。亩增加经济效益 15％以上。

**【应用前景】**

蓄淡养殖过程中投放的饲料所含的氮、磷只有约 25％和 17.4％被鱼同化，水产养殖业成为农业面源污染的重要产业，同时是最消耗水资源的产业。因此，从水污染治理行业来看，其应用前景非常广阔，形成的节水、减排、水资源循环利用模式符合水环境治理的可持续发展理念。

**【技术局限性】**

冬季气温显著降低会影响污染物的去除效率，针对冰冻和凌汛需注意适当覆盖、隔离，生物处理单元需及时调配耐寒物种。

**【典型案例】**

太湖流域池塘养殖水净化与循环利用示范工程

项目地点：苏州市吴江市

实施单位：江苏省农业科学院农业资源与环境研究所

项目模式：总体设计与技术服务

项目概述：太湖流域池塘养殖水净化与循环利用示范工程分别在吴江市横扇镇、同里镇、平望镇、桃源镇实施，技术示范总面积 8300 亩。基础工程建设方面包括：①标准化鱼池建设，每个池塘面积 10 亩；②进水渠工程；③排水渠工程（面 200cm×底 100cm×深 200cm）；④道渣路工程；⑤驳岸。净化处理工程方面包括：①生态河护坡工程；②各种功能池（微生物降解池，净化池、消毒池，曝气池等）。此外，还有相应的电力、绿化配套设施。"净化水"大部分实现循环再利用，小部分达标排放到自然水体。

# 6.5　内源污染治理技术

## 6.5.1　新型薄膜扩散梯度（DGT）被动采样技术

**【技术简介】**

新型薄膜扩散梯度（Diffusive Gradients in Thin－films，DGT）被动采样技术是一种新的原位定量采样和测量技术，可很大程度上消除传统采样方式对样品采集和测定的影响。可溶性物质在扩散层和外部水体间形成一个稳定的浓度梯度，通过固定相的性质选择性吸收待测物质，能够在原位状态下比较真实地反映水体元素天然存在形态和浓度，是测定元素可溶性形态和空间分布的较为理想方法。另外，DGT 反映的是一段时间内的平均浓度，代表性更强，可以克服传统方法带来的不确定性，因为传统采样都是某一个时间点采样，而可能某种异常状况会导致这一时间点测定值偏高或偏低，从而影响样品的代表性和准确性。因此 DGT 方法的分析结果更加科学可靠，而这一特点正是传统有效态测定方法所欠缺的，因此 DGT 是一项革命性的技术。

新型 DGT 技术（Easy Sensor DGT，www. easysensor. net）自 2010 年开始发展，至 2017 年形成完备的产品体系。自 2010 年以来，该技术已在国际著名期刊 Environmental Science & Technology、Analytical Chemistry 和 Water Research 等发表论文 60 余篇，申请中国发明专利 15 件，授权 8 件，实用新型与外观专利 17 件。目前，EasySensor DGT 已被成功用于水体多种元素单一或同步测定。

新型 DGT 技术具有以下优势：①具有选择性，测定那些能够通过扩散相并且能被固定膜累积的可溶性目标物；②可以通过延长采样时间来对痕量物质进行富集，提高其浓度，减小分析误差；③同步获取多种元素，对研究不同元素之间的耦合作用具有重要意义；④实现某些元素（比如磷和硫）的二维高分辨信息获取。

【应用范围】

新型 DGT 技术可广泛应用于水体、沉积物、土壤等环境基质中多种元素单一或同步测定，应用对象可拓展到高污染、高营养、高 pH 值的复杂环境介质，满足绝大多数水体和沉积物的测定要求。

【技术原理】

DGT 技术主要利用自由扩散原理（Fick 第一定律），通过目标物在扩散层的梯度扩散及其缓冲动力学过程的研究，获得目标物在环境介质中的（生物）有效态含量与空间分布、固-液交换动力学信息。

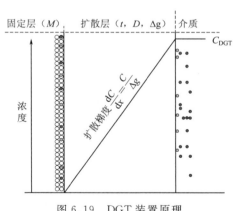

图 6.19    DGT 装置原理

DGT 装置主要由固定层（固定膜）和扩散层（扩散膜加滤膜）组成（图 6.19）。

$C_{DGT}$ 的计算公式为

$$C_{DGT} = (M\Delta g)/DAt \qquad (6.5)$$

式中    $A$——DGT 装置暴露窗口面积，$cm^2$；

$\Delta g$——扩散层厚度，cm；

$D$——目标离子在扩散层中的扩散系数，$cm^2/s$；

$C_{DGT}$——扩散层线性梯度靠近环境介质一端的浓度，mg/L。

固定膜中目标离子积累量（$M$）一般采用溶剂提取的方法，根据公式：

$$M = C_e(V_e + V_g)/f_e \qquad (6.6)$$

式中    $C_e$——提取液浓度；

$V_e$——提取剂体积；

$V_g$——固定膜体积；

$f_e$——提取剂对固定膜上目标离子的提取率。

【技术要点】

（1）DGT 测定的含义。当 DGT 装置测定水体时，DGT 吸收自由态离子，会促使弱结合态络合物的解离，因此 DGT 浓度反映水体自由态目标离子的含量及络合物对该形态的动力学解离和缓冲能力。

（2）DGT 测定值。DGT 反映的是一段时间内的平均浓度（一周左右），代表性更强。

（3）DGT 测定痕量元素。DGT 可以通过延长采样时间来对痕量物质进行富集，提高其浓度，减小分析误差。

（4）DGT 同步获取多种元素。通过选择不同类型的复合固定膜，可以实现多个元素的同步测定，对研究不同元素之间的耦合作用具有重要意义。

【应用前景】

与传统的破坏性测定技术相比，新型 DGT 技术能够在原位状态下比较真实地反映环境介质中目标物的可移动性和生物可利用性，从而更好地反映环境介质的营养或污染水平。新型 DGT 技术测定元素多，且可以实现十几种元素同步测定，流程简单，操作环境要求低，具备很强的推广性，未来可替代传统分析方法，应用前景非常广阔。

【技术局限性】

DGT 测定水体时，投放时间较长，一般需要 4～7d，同时需要配合不同厚度的扩散膜用于计算扩散边界层的厚度；原位采集水样时，DGT 投放在水体中目标较明显，在投放期间容易被人为破坏。

【典型案例】

长江干流武汉段水质监测

项目地点：湖北省武汉市

实施单位：长江水利委员会水文局；南京智感环境科技有限公司

项目模式：设计施工总承包

项目概述：本项目使用新型 DGT 技术（Zr-oxide DGT 产品），每个月在监测区进行 DGT 原位采样，监测水中磷及部分重金属的含量。该项目设置了 10 个监测断面，每个断面布设 3 个采样点，每个点位设置 3 个平行样品，整个项目历时一年 12 个月，监测了不用月份长江干流武汉段水体磷和重金属含量的变化规律。结果表明，该方法操作方便，分析简单，监测结果真实可靠，可有效节省成本，提高监测效率，是一种原位监测的有效方法和手段。

## 6.5.2　疏浚淤泥真空预压地基加固技术

【技术简介】

真空预压是近几十年来发展迅速并得到广泛应用的一种软基处理技术（图 6.20）。真空排水预压法的一般做法是：先在欲加固的软土地基上铺设一定厚度的砂垫层，然后按一定的间距搭设塑料排水板或袋装砂井等竖向排水体，再将不透气的塑料密封膜铺设在砂垫层上，并将超出加固区域外的密封膜埋入周围密封沟，防止漏气，借助埋设在砂垫层中的排水滤管，通过抽真空装置将膜下土体的空气和水抽出，伴随排水的同时，土体骨架所承受的应力，即土体的有效应力增加，土体压缩而密实使土体得以排水固结，进而达到加固土体的目的。真空预压加固系统主要有抽真空系统、排水系统和密封系统三个主要部分组

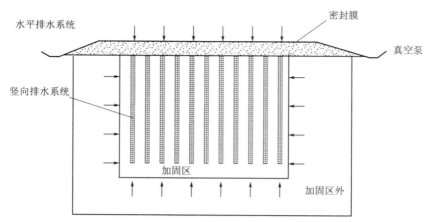

图 6.20　真空预压法

成。真空预压法加固软土地基的基本原理仍然是太沙基有效应力原理。工程实践证明，真空预压法是处理吹填土软基的一种有效方法。

**【应用范围】**

该技术适用于河道疏浚淤泥处理，污泥原位固化处理，海绵城市综合管廊开挖预处理，围海造地，铁路公路码头等对强度要求高以及工后沉降小的工程的地基处理。

**【技术原理】**

从有效应力原理看，土中施加一真空压力相当于增加一个有效压力，而土体的变形是受有效压力控制的，有效压力的增加将引起土体的压缩。这一过程中骨架变形过程与孔隙水排出过程是不可分割的统一过程的两个方面。没有排水条件，不管加多大荷载，饱和土是不可压缩的；反之，只要在土中形成一个排水过程，土体必然会随之产生压缩。排水过程可以通过不同的方法形成。真空预压法就是在土体边界上加一真空吸力以促成排水过程的一种方法。

由于黏土的透水、透气性能很差，真空作用的传递也非常缓慢，因此真空预压处理的地基都要打设排水板。打设了排水板后，其加固的过程如图 6.21 所示。

土体的压缩首先从 B、D 小室开始，水平向的弹簧压缩，有效应力增加，同时水流的渗出也会令小室体积收缩产生水平收缩和竖向沉降，此外由于砂垫层的存在使得竖向有效应力也从上至下增加，由于竖向排水板的井阻影响，令 D 小室的孔压降低程度小于 B 小室，该影响也令 B 小室的竖向有效应力增加。因此打设了排水板的地基进行真空预压，其水流主要是横向排出，并产生土体收缩而导致沉降。此时水的流出路径只有砂井间距的一半，因此大大加快加固过程。

**【技术要点】**

在工作期间必须严控淤泥翻浆现象的出现，目的是确保抽真空后不会因为泥浆堵塞排水滤管而干扰抽真空的效果。为了确保施工过程的密闭，整个环节还需铺设密封膜，一般为 2 层，铺设前，需工人清理作业场地，避免有锥形物体出现，密封膜在加固区一定要留出足够宽度，通常有 2.5m。施工时，务必将加固区边界的密封膜封入淤泥中，其深度需

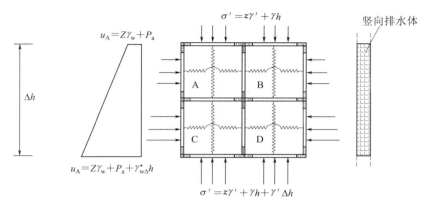

图 6.21　真空预压受力模型

不小于 1m，在施工过程中，由专人定时巡查，避免突发情况导致施工的气密性下降，而影响工程质量。要使抽真空过程中真空度达到施工标准并确保稳固，则需要在抽真空刚开始先进行 10～15d 试抽。在整个过程中，开泵率慢慢提高，然后定时观察其密闭性，以免出现故障，等到膜下真空度至 80kPa 时，开泵率至少控制在 80%。

**【应用前景】**

这种方法是瑞典皇家地质学院杰尔曼（W. Kjellman）于 1952 年提出。1958 年，美国在费城国际机场跑道扩建工程中，首次利用真空井点降水与排水砂井联合加固地基。在早期，由于工艺上存在问题，因而真空预压未能在工程中应用。直到 20 世纪 80 年代，交通部一航局、天津大学和南京水利科学院等单位对这项技术进行室内和现场的试验研究，取得了成功的经验，膜下真空度可以达到 85～92kPa，并成功地将这项技术应用于天津新港软基加固工程中。随后日本、法国、苏联等国家都有该方面应用技术的报道。自 2000年以来，该方法在全国得到推广，已经大量应用于沿海吹填淤泥处理、内陆吹填鱼塘淤泥处理、高速公路软土地基处理等工程中。

**【技术局限性】**

在施工前必须要做的是在淤泥地基上铺沙垫层，其厚度约 50cm，而砂垫层的使用导致施工成本高，耗时长。

地下水位的下降程度对真空预压加固软土地基的效果有很大的影响。地下水位下降与抽真空作用强度、地基土的渗透性质、周围水源补充情况等因素有关，如果地基中存在贯穿连通的薄沙层，或者预压区域附近有恒定的水源补充如河流湖泊的话，应该慎用真空预压处理，或者采用一定措施加以处理，消除或减少不利的地质条件影响。

采用真空预压方法加固软土地基，浅层处理效果显著，但深层土体的加固效果与地下水位下降程度和持续时间密切相关。

## 6.5.3　绞吸式环保清淤技术

**【技术简介】**

环保清淤是指以减少底泥内源负荷和污染风险为目标，用机械或人工的方法将富含营养盐、有毒化学物及毒素细菌的表层沉积物进行清除的技术方法。绞吸式环保清淤技术则是依靠绞吸式挖泥船，利用绞和吸相结合，通过有效防护和高精度定位等技术手段，防止淤泥扩散，以实现环保清淤。"绞"是由绞刀进行的，即通过绞刀的旋转对底泥进行切削将泥土破碎并使之与水相混合；"吸"则是由泥泵实现的，通过泥泵的抽吸作用将泥水混合物抽出水体并排出。

**【应用范围】**

绞吸式环保清淤技术适合泥层较厚的大中型河道，该方式通过一体化的挖、运、吹施工和全封闭管道输送泥浆，避免了泥浆的泄漏和散落，防止转移过程中的二次污染，也不会影响河道通航，该技术施工可以运用 GPS 回声探测仪加强控制，精确度高。

**【技术原理】**

环保绞吸式挖泥船采用自动化监控系统，由 GPS 全球定位仪实时监控船位；由深度监控仪表动态控制挖深及调节绞刀下放深度；回声测深仪通过回声测深信息反馈数据与深度监控仪表配合操作，调整绞刀的开挖深度，实现了挖深 ±5cm 级精度监控。挖泥船密封开挖、薄层开挖和开挖系统通过速度限制实现低扰动清淤施工，专用环保绞刀配备导泥挡板、绞刀密封罩、绞刀水平调节器，控制有效开挖厚度为 20～50cm，并使绞刀始终保持水平，绞刀外罩底边平贴河（湖）底，外罩将绞刀扰动控制在罩内，使作业范围内的淤泥被泥泵充分吸入，避免出现逃淤的情况，保证开挖断面质量。

绞吸式挖泥船施工的一般步骤为：下放绞刀入水→切削底泥→制造泥浆→抽吸泥浆→输送泥浆。由于绞刀在整个疏浚过程中不出水，则可很大限度减少悬浮的泥沙量。同时经过环保改造后的绞吸式疏浚设备，其绞刀切削泥土时对底泥的扰动很小；在绞刀上加装防止底泥扩散的罩壳，又可防止切削泥土时产生的悬浮底泥颗粒向周围水体扩散。因此，在以环保疏浚为目标的疏浚工程中，绞吸式挖泥船是一种使用率较高的疏浚船型。

挖泥船机舱内设置消音设施，并采用吸音板等吸声材料进行隔音，有效控制了施工噪声。排泥管道采用浮管、潜管和岸管组配，每隔一段距离配一节波纹橡胶管，防止管道因热胀冷缩而拉裂，以及泥浆在高流速的情况产生爆管现象，开挖淤泥经排泥管道运输至排泥场。

**【技术要点】**

施工的过程中，对清淤点周边的底泥扰动较小、减轻施工过程中底泥的污染释放。绞吸式环保清淤技术的挖泥、输泥和卸泥都是一体化完成，采用全封闭管道输泥，不会产生泥浆散落或泄漏，减小转移过程中二次污染风险。

**【应用前景】**

该技术通过挖泥船密封开挖、薄层开挖和限制开挖速度等措施，实现了低扰动清淤施工。同时采用全封闭管道输送淤泥，避免了二次污染，采用自动化监控系统动态控制挖泥船挖深，提高了开挖精度，值得在河湖库塘清淤施工中大力推广

**【技术局限性】**

排出泥浆需铺设管道，对河道通航具有一定的影响；并且，自航能力差，挖掘深度有限，对水流和波浪较为敏感，在施工过程中产生底泥扩散的现象需要通过设置保护罩进行控制。

【典型案例】

杭州市拱墅区余杭塘河清淤工程

项目地点：杭州市拱墅区

实施单位：杭州市拱墅区河道监管中心

项目模式：市政总承包

项目概述：杭州市区拱墅区余杭塘河河道清淤范围东至京杭运河东闸，西至省女子监狱西闸，河道疏浚长度约为 2004m，河道平均宽度为 19m，水深约为 2m，计算清淤量约为 2.2 万 m³。因余杭塘河位于城市中心区，且水体量大，采用挖掘式清淤、泥浆泵式冲淤等方式均受到制约，因此研究采用绞吸式环保清淤技术。在清淤过程中，在河道西闸外侧设置围堰一道，设立淤泥临时沉淀池，沉淀脱水后，运输到专门消纳场地处理。

## 6.5.4　气动吸泥泵生态清淤技术

【技术简介】

气动吸泥泵生态清淤技术能够在不扰动清淤层、不形成悬浮质扩散二次污染的情况下，彻底清除河、湖、库及城镇黑臭沟的污染底泥，消除水污染内生源，实现真正的环保清淤。

【应用范围】

该技术可应用于水库环保疏浚与库容恢复、湖泊河道的生态清淤、港口的高效环保疏浚等领域。

【技术原理】

核心部件气动活塞吸泥泵是采用空气的充与排，依次启闭阀件，连续吸、排泥。进泥是靠水深产生的负压差，排泥以压缩空气为动力。有别于传统挖泥船的叶轮转动离心泵或机械传动。泵体呈长圆柱状，中间为可移动圆形隔板（活塞板），两端为进出泥空间与充放气空间。进出泥空间端连有一根钢管，钢管上下端装有同方向活塞板，为排泥阀和进泥阀，与吸泥铲和排泥管相连。泵体置于水底放气，受水底压力，圆形隔板向充放空气间移动，排泥阀关闭，进泥阀打开，进泥；充气，在高压空气推力下，圆形隔板向进出泥空间移动，进泥阀关闭，排泥阀打开，排泥。气动活塞吸泥泵由 3～4 个泵体组成，按序轮换充气和放气，形成连续的进、泥排泥过程。

【技术要点】

（1）优异的环保性。进泥口采取半圆弧状，成吸尘器形式埋入待清淤的浮泥（或流泥）中。清淤时，淤泥是在水压差（或借助真空装置）的作用下进入泵体，没有机械的动作过程，因而不会扰动清淤土层及水体，不产生泥浆泛出、水体浑浊等二次污染现象。整个吸泥、排泥、运泥与吹泥等全过程均为封闭式作业，具有优异的环保性能。

（2）清淤效果彻底。水下吸泥泵的进泥口下端与设计的浚后标高持平，进泥口两侧各按重叠 50cm 实施清淤。并依据水位报告和回声测深仪逐点扫描反馈的清淤高程进行实时调整水下吸泥泵的进泥口深度。确保了控深精确，浚后湖底平整，没有浅点、超挖与漏挖，清淤效果彻底。

（3）余水处理量成倍减少。采用绞吸式挖泥船或抓斗式（需转吹）进行清淤施工，通常的排泥浓度是水下方的 15%～25%，但由于浮泥（或流泥）厚度远小于绞刀的直径，因此，排泥浓度会更低，因此清淤所产生的余水量极大。气动吸泥泵清淤船的排泥浓度可在水下方的 60%～90% 范围内调控，最高可达水下方的 95%，远高于抓斗式（需转吹）或绞吸式挖泥船的排泥浓度，排泥场规模可成倍缩减，余水处理的工程量也可成倍减少。

（4）排泥方式多样。浅水、深水气动吸泥泵清淤船的直接装驳的排泥浓度可达 1.35～1.45t/m³，无需溢流可直接装驳外运，也可调低泥浆浓度实施管输吹填。当排泥浓度为 1.20～1.25t/m³ 时，额定吹距为 2000m；当排泥浓度为 1.25～1.35t/m³ 时，额定吹距为 1500m。每增加一个同原理的加压泵，相应可增加 1.5 倍的额定吹距。排泥管直径可取 300mm 或 400mm，浮管、潜管、岸管均取此口径。

【应用前景】

该技术能彻底清除污染底泥，并很好地解决生态清淤工程中的"深度、浓度、精度"三大难题，可实施性能强，前景广泛。

【典型案例】

（1）太湖生态清淤工程项目。

项目地点：江苏省苏州市平望镇长漾湖

实施单位：天津海辰华环保科技股份有限公司

项目规模：155.3 万 m³

项目概述：江苏省苏州市平望镇长漾湖位于吴江市西南部，呈狭条形，从西南到东北长为 5km，面积为 6.85km²。主要工程内容包括岸线形态调整、生态清淤、堤防护岸、生态湿地、排泥场及绿化等六项。其中生态清淤工程是对长漾、雪落漾区域按照设计要求控制好每一区域的清淤厚度及标高清除湖底全部淤泥，清淤范围为湖泊岸线前推 50m 范围的全域。本工程生态清淤总土方量约为 155.3 万 m³，平均清淤厚度 43cm。气动吸泥泵清淤船吸泥泵泵体采用一级标准排量配置，为 1200m³/h，水下吸泥口上方安装有 GPS 定位及水深测深仪系统，吸泥口上端设有观察标杆。气动吸泥泵清淤船工作时排泥浓度为水下方的 60%～90%，清淤效果好。

（2）泉州市山美水库水生态清淤工程。

项目地点：福建省泉州市山美水库

项目规模：清淤面积约为 130.9 万 m²；清淤工程量为 101.2 万 m³

业主单位：泉州市山美水库管理处

实施单位：天津海辰华环保科技股份有限公司

项目模式：政府采购服务

项目概述：山美水库是一座集供水、灌溉和发电于一体的大型深水水库，担负着泉州市 400 万人口的生活和生产用水。山美水库年供水量约为 10 亿 m³，同时供水台湾金门。近年来，由于泉州地区工农业的快速发展，山美水库的水质污染有加重的趋势，特别是总氮超标，已威胁库区供水安全。泉州市山美水库水生态治理工程通过采用海辰华气动泵生态清淤系统，排泥方式灵活，可采用长距离管输和直接装驳等不同排泥方式，排泥浓度高，余水处理量小，达到项目设计标准，运行管理规范，有效去除了被污染的底泥，消减内源污染，减少底泥中污染物对水体及生物体的污染和生态危害风险，保障了饮水安全，并通过水利部专家组评审，授予该工程为"水利先进实用技术优秀示范工程"。

### 6.5.5　河湖底泥板框机脱水固化一体化技术

**【技术简介】**

河湖底泥板框机脱水固化一体化技术，即利用板框式压滤机，对经分选、浓缩及添加剂混合后的泥浆进行压滤和浓缩作用，可促使淤泥中泥质和水质迅速分离。成品泥饼的体积只有泥浆的50%，更利用存放和运输，也能较好避免淤泥对河道、土地造成"二次污染"，还可以废物利用，用于制砖、绿化和道路填土等，具有占地少、无污染、利用率高等优点。

**【应用范围】**

该技术适用于河湖底泥的异位处理及后续资源化利用。

**【技术原理】**

板框机脱水固化一体化技术属于机械脱水固化技术的一种。常见的板框机脱水固化工艺一般由垃圾分选及处置单元、泥沙分离及余沙淋洗单元、泥浆调理改性单元和压滤脱水单元构成。

首先，垃圾分选及处置单元将泥浆通过管道输送至岸上沉沙池重力分选，先经平格栅去除浮渣和块状砖石，安排专人负责收捡集中堆放。采用封闭式垃圾车进行外运，转运至指定垃圾处理厂。

疏浚泥浆经过垃圾分选后，进入泥沙分离及余沙淋洗单元，经过两级自然沉淀，将0.1mm以上颗粒的沙沉淀下来，通过链板机集中，采用链斗式洗沙机挖除，并输送至斗轮式洗沙机进行清洗，经清洗后的余沙经皮带机输送至沙堆场堆放待运。由于粗颗粒所含的重金属只能附着在颗粒的表面，通过水洗将附着物尽量洗掉以降低重金属的附着量，同时粗颗粒的自重较大，这样就可以保证重金属含量不超标。清洗的水采用余水处理系统处理后的清水，清洗废水抽排至沉淀池。

之后污泥进入泥浆调理改性单元，沉淀池浓缩，静置沉淀，上清液进入余水处理池。通过螺旋输送机和泥浆搅拌机加入固化剂、絮凝剂、重金属捕捉剂等复合材料，通过自身紊流完成调理调质，泥浆搅拌均匀后，自行流入调理池，通过反吹、放气实现对调理池泥浆的搅拌，从而加速所添加材料中有效成分的释放，并保证有效成分与泥浆的充分反应。实现对泥浆的调理调质及均化。

在当泥浆完成调制调理后，将其通过管道输送到压滤脱水单元进行脱水处理。该单元系统主要构成为滤板、滤框、滤室、板框压滤机。滤板表面有凹凸槽。用以凹凸部分支撑滤布。在滤板和滤框上打孔，拼接组装成为一个完整路径，使其可以穿过悬浮液，洗涤剂和引出滤液。而在滤板和滤框左右两侧各安装支托2枚，用于压紧装置。滤板和滤框间的滤布也起到了密封垫片的作用。随后，利用高压泵将淤泥悬浮液压入滤室，滤渣逐渐附着在滤布中，直到将滤室填满。当滤液通过滤布沿滤板沟槽流至板框边角通道，集中排出。最后，加入清水将滤渣润洗，还可加入压缩空气将其污渍洗涤。对上述过程进行重复即可开始下一工作循环。

**【技术要点】**

该技术的特点是脱水率较高，生产效率较高、稳定，是目前最为成熟的脱水设备之一；运用全密闭式操作方式，场地卫生环保；对物料的适应性强，适用于各种底泥；单台处理能力大。压滤后泥饼含水率（水比总质量）一般不高于40%，无二次泥化，无需养护，可直接资源化利用。

【应用前景】

随着内源治理工程的不断开展，清淤出来的河湖底泥需要选择合适的处置工艺，防止二次污染问题的发生。因此对河道底泥的处理和处置成为普遍关注的问题。河湖底泥板框机脱水固化一体化技术不仅可以解决底泥的污染问题，将污染物转移至水相，利用成熟水处理工艺处置，还可以将减量化的底泥处置产出物进一步资源化，符合水环境治理的可持续发展理念。

【技术局限性】

河湖底泥板框机脱水固化一体化技术利用间歇性工作装置，需要人工配合才能完成，原液给料口易堵塞，拆装维修频繁；换滤布麻烦，费用较高。

【典型案例】

茅洲河流域 1 号底泥处理厂工程

项目地点：深圳市宝安区

业主单位：深圳市宝安区环境与水务局

实施单位：中国电建集团水环境治理技术有限公司

项目模式：设计施工总承包

项目概述：清淤及底泥处置工程为茅洲河流域（宝安片区）水环境综合整治项目中的一个子项工程，有清淤和底泥处置两个部分，其中底泥处置工程量达到约 417 万 m³。为此，在松岗街道碧头社区茅洲河边畔新建 1 号底泥处理厂工程（图 6.22），工艺采用河湖底泥板框机脱水固化一体化技术（图 6.23），疏浚底泥经过泥砂分离、机械脱水后，产物为退水、垃圾、砂砾、泥饼四种，退水处理达标后还河；垃圾运至垃圾焚烧发电厂进行焚烧发电或运至垃圾填埋场进行填埋，较粗颗粒（砂石料）清洗后就近资源化利用，固化后泥饼按照不同用途可用于筑堤、造地等，部分泥饼可烧陶、制砖后用于水生态修复工程、补水工程、形象提升工程的景观铺砖和湿地，其余泥饼检测符合《危险废物鉴别标准》（GB 5085.3—2007）规定的浓度限值，进入建设单位指定的消纳场所或用于造地、填埋、管沟回填等。

图 6.22　茅洲河流域 1 号底泥处理厂

图 6.23　板框压滤机滤室固液压滤分离

## 6.5.6　HAS 系列产品及淤泥脱水固结一体化技术

【技术简介】

HAS 土壤固化剂是由具有潜在矿物活性的无机材料与核心母料按比例混合磨细而成的一种粉末状新型无机硅铝基固化材料。根据不同固化对象，加入不同的核心材料，形成 HAS 土壤固化剂、HAS 淤泥改性剂、HAS 尾砂胶结剂、HAS 土壤修复剂、HAS 海泥固化剂等系列产品。从而孵化出稳定混合料道路基层、黏结桩复合地基技术、淤泥原位固化处理技术、海泥改性固化技术、全尾砂胶结充填技术、固化粉煤灰/尾砂筑坝技术以及淤泥机械脱水化学改性一体化处理技术等一系列技术。

【应用范围】

该技术可广泛用于市政道路交通工程、水利工程、环境工程、矿山充填等领域。

【技术原理】

（1）同相或类同相硅铝酸盐接触反应。同相或类同相接触的产物是稳定存在的岩石矿物，能够提高固化土壤的强度与耐久性。

（2）钙矾石相吸水填充效应。反应生成的钙矾石，需要消耗大量的水分，促进同相接触，同时钙矾石的膨胀效应会填充土壤颗粒之间的空隙，起到强度支撑作用。

（3）外加剂的促进作用。HAS 固化剂中外加剂，加快硅铝酸盐稳定体系建立，促进土壤颗粒表面吸附离子被不同离子基团替代，减少了土粒表面吸附水膜的厚度，增加分子引力和静电引力利于土壤颗粒之间的类同相和同相接触。

【应用前景】

HAS 固化剂系列产品和技术能够提供环境问题、工程问题的解决方案，满足环保要求。

【典型案例】

（1）竹皮河流域水环境综合治理 PPP 项目。

项目地点：湖北省荆门市

项目规模：50km

业主单位：葛洲坝水务（荆门）有限公司

实施单位：中国葛洲坝集团绿园科技有限公司

项目模式：PPP

项目概述：荆门市竹皮河流域水环境综合治理（城区段）PPP项目是湖北省在国家财政部PPP示范项目中第一个成功落地的项目，总投资约14.1亿元。其中河道综合治理工程包括竹皮河（约22.5km）、王林港河（约30km）、杨树港河（约7.0km）三条河道，主要有环保清淤工程、截污干管工程、水质生态修复工程、生态补水工程、生态护岸工程、桥梁工程、堰坝工程、生态景观改造工程、绿化工程等，将原劣V类水质提升至Ⅳ类，全面恢复竹皮河的生态环境，实现"水清、水满、水生态、成景观"的治理目标。

（2）云南滇池生态清淤工程。

项目地点：云南滇池

项目规模：400万m³

业主单位：昆明市滇池投资有限公司

实施单位：中国葛洲坝集团绿园科技有限公司

项目模式：PPP

项目概述：葛洲坝集团拥有的污泥机械脱水化学改性一体化处理技术表现出了优秀的性能，大幅度提升了淤泥的脱水效率，增加了泥块凝结强度，滇池治污效力得到了有效提升。目前该工程是全球最大的湖泊治理机械化脱水工程。

### 6.5.7　淤泥土工管袋脱水处理技术

【技术简介】

土工管袋（Geotube）是一种由聚丙烯纱线编织而成的具有过滤结构的管状土工袋，其直径可根据需要变化（1～10m），长度最大可达到200m，具有很高的强度、过滤性能和长期抗紫外线性能。

【应用范围】

该技术适用于环保清淤泥浆的脱水处理工程，清淤泥浆有足够的处理场地和开发时间，同时对处理后的土地或土材料有使用要求的情况下，可以采用本技术。

【技术原理】

土工管袋脱水步骤分为三个阶段，分别是充填、脱水、固结（图6.24）。

（a）充填　　　　　　　　　（b）脱水　　　　　　　　　（c）固结

图6.24　土工管袋脱水工作现场

（1）充填。把淤泥或污泥充填到土工管袋中，为加速脱水，必要时可投加絮凝剂促进固体颗粒固结。

（2）脱水。清洁的水流从土工管袋中排出，其脱水原理主要是土工管袋材质所具有的过滤结构和袋内液体压力两个动力因素，同时还可以添加脱水药剂促进脱水速率。经脱水后超过99％的固体颗粒被存留在土工管袋中；渗出水可以进行收集并再次在系统中循环利用。

（3）固结。存留在管袋中的固体颗粒填满后，可以把土工管袋及其填充物抛弃到垃圾填埋场或者将固结物移走，并在适当的情况下进行利用。

实际上土工管袋的制作非常简单，关键是要选择适宜的材料。其技术规格通常根据实际情况如土质等进行设计，确定如材料的孔径、克重、密度等参数。根据充填物的不同土工管袋，可采取单层和双层两种形式，对于双层袋体来说，一般外部采用高强度的编织物，而内部采用渗透性高的编织物或非织造布。按照设计要求选择好符合要求的材料后，接着就要对材料进行缝制。因为袋体的薄弱点往往在缝接处，因此对缝制有特殊要求，目前内外层一般采用双蝶形缝制方法。袋体可根据应用的实际情况缝制成宽1～5m、长数十米的袋状。

**【技术要点】**

该技术的主要特点有以下几点：

（1）便利。土工管袋直径及长度可根据需要调整，可塑性强，且可堆叠，运输方便。

（2）环保。全封闭施工，几乎没有噪声，不易造成二次污染。

（3）效率高。完全可满足废水和污泥的处理量，处理量可根据泵的流量来增加和减少管袋的数量。

（4）减容效果好。一个月内污泥体积基本上可减少90％以上，对后续的移除和处理更加简便。

（5）应用广。大小废水处理工程及污泥脱水工程均可使用。

**【应用前景】**

土工管袋作为一种高效的污泥脱水媒介具有良好的应用前景。该技术脱水效率高、操作简单，特别是便于运输组装，使其在水体污泥污染原位环境修复方面，如河道底泥与湖泊污染淤泥的现场处理，具有巨大的优势，经济效益、环境效益巨大。在目前我国越来越重视环保问题的背景下，土工管袋在环境保护中将会发挥重要的作用。

**【技术局限性】**

土工管袋脱水时液体渗流时间比较长，管袋中污泥含水率要达到60％以下，需要脱水固化的时间较长，最少需要10天以上。若提高管袋内的压力来增加过滤速度，管袋抗压强度需要增加甚多，必须选用造价更高的原材料，造成管袋成本的提高。

## 6.5.8　倍特生态清淤技术

**【技术简介】**

倍特生态清淤技术是环境友好型水环境治理新技术。该技术的核心是以40多种纯天然矿物质为原料，应用特殊离子交换工艺制成的倍特生态清淤剂。

**【应用范围】**

倍特生态清淤技术自诞生以来，已先后在韩国、日本、中国实施30余项内源污染控制工程，处理对象广泛，包括饮用水源地水库、湖泊、河道、景观水池、核污染水等不同类型的、不同污染程度的水体。

**【技术原理】**

倍特生态清淤剂的净化原理如下：首先，清淤剂结构特殊、吸附能力强、表面带正电荷，可引导水体中的有机污染物和底泥浮脱物向其表面聚集，形成凝聚体后沉淀。其次，水体透明度提高后，清淤剂中的光敏成分在光照条件下产生催化作用，将大分子和难分解的有机污染物转化为小分子物质，部分无机污染物被氧化为营养盐，为土著微生物提供养分。再者，清淤剂孔隙率高、亲水性好、微生物附着率高，可增加水体中的溶解氧，为土著微生物的增殖提供良好环境，促进底层微生物族群的组建。此外，底泥中的重金属离子与清淤剂电荷作用，形成稳定的无机沉淀物，被永久固化，不再溶出。长此以往，底泥被微生物吸收、转化、分解、沙化，上层沙化可阻断下层底泥污染物的再悬浮，内源污染得到有效控制。

**【技术要点】**

根据已实施的 30 余项工程的验收结果显示，经倍特生态清淤技术处理后，底泥每年可消减 15～30cm、表层淤泥中的重金属浓度下降 96％以上、$NH_3 - N$ 浓度下降 98％以上、TP 浓度下降 99％以上、上覆水体的溶解氧浓度至少能提升到 4.5mg/L 以上、底泥中的污染物释放速率减缓 95％以上。

**【应用前景】**

（1）河流。流速较缓、淤积严重的河道，尤其适合于城市内河、黑臭水体的治理。

（2）湖泊。天然湖泊或人工湖的治理。

（3）水库。水库水体内源污染控制。

（4）饮用水源地。饮用水源地水体内源污染控制。

（5）景观水体。景观水池、造型水体内源污染控制。

**【典型案例】**

（1）温岭市坞根镇八一塘农业氧化池养殖废水原位处理。

项目地点：温岭市坞根镇

项目规模：氧化池内有近 3 万 m³ 的养殖直排废水，池底淤积约 60cm 有机质和底泥

业主单位：温岭市坞根镇镇政府

实施单位：长江勘测规划设计研究有限责任公司

项目模式：政府采购服务

项目概述：坞根镇境内八一塘污染严重，水体呈红色，散发恶臭，每日产生至少 100m³ 的养殖废水，其中大部分通过管道直接排入氧化池中。经温岭市环保局检测，养猪场排放污水 COD、氨氮、总磷等污染物分别为 14500mg/L、1240mg/L 和 546mg/L，超过规定排放标准 38 倍、17 倍和 78 倍。此外，池塘底部还沉积着约 1 万 m³ 的污泥，治理难度大。经倍特生态清淤技术治理后，八一塘内水体恢复原本天然的颜色，清澈透明，恶臭消失，水生植物和动物开始在池塘内繁殖，水生态得到修复。施工结束两个月后，可明显看到底泥减少并沙化，水质基本达到《地表水环境质量标准》（GB 3838—2002）中规定的 V 类标准。

（2）新洲河下游段水质应急改善工程。

项目地点：广东省深圳市

项目规模：处理河段长 2.32km、宽约 20～25m、水深约 0.6～2.2m

业主单位：深圳市水务局（市防洪设施管理处）

实施单位：长江勘测规划设计研究有限责任公司

项目模式：政府采购服务

项目概述：处理前，该段河道水质发黑、发恶臭，根据深圳市2011年大运会相关要求，本工程需快速改善该段河道水质，达到水体不黑、不臭、透明度达到0.5m以上，水质保持良好的目标。经倍特生态清淤技术处理后，河道底质污泥开始大量分解，水质迅速达到治理要求，且保持良好。项目实施期间，对处理段河道水生物无影响，项目质量达到合同要求，项目费用控制合理。

### 6.5.9　天然矿物剂原位水体修复技术

【技术简介】

天然矿物剂是利用40多种纯天然矿物质制备而成，保留完整的矿物质所具有的物理性质和化学性质。天然矿物剂原位水体修复技术与其他水处理技术相比，具有绿色环保、无二次污染、易施工、低成本、高效稳定等特点。

【应用范围】

该技术可广泛用于江河、湖泊、水库、饮用水源、蓝绿藻、养殖污水、垃圾渗透液、黑臭水体及黑臭底泥等水体污染的修复，土壤改良修复，河道底泥修复以及水质净化。

【技术原理】

天然矿物剂采用粉碎、分散、除砂、磨粉、分级、低温冷冻、高温膨胀、中温焖烧、煅烧活化、钝化、冷却、复配等工序加工矿物剂制造而成。矿物剂具有比表面积大、超多纳米级的微孔以及强大的离子交换基团，使其表面永久带有正电荷以及优异的亲水性，天然矿物剂投入水体后能快速吸附水中的有机物、总磷、色度、蓝绿藻以及置换水中的氨氮、重金属等离子状污染物且被平衡后的重金属及有害物质将被永久固化不再溶出，同时天然矿物剂能迅速增加水中的溶解氧，激活水体和淤泥中休眠的有益土著微生物，并为其提供生长和繁殖的场所，微生物对黑臭底泥分解消减，对底泥进行彻底处理，使水体水质、底泥得到改善，使河道形成一个健康的水体环境，并且具有自净能力。

【技术要点】

天然矿物剂原位水体修复技术用于黑臭河道的治理（以潍坊市虞河潘家庵段应急治理工程为例）可以将各项主要污染指标均已恢复到地表水Ⅴ类标准，$COD_{Cr}$、氨氮、总磷的去除率可达到90%、96%、90%，治理后水体清澈见底。

【应用前景】

随着"水十条"执行，黑臭水体的治理将有更大的市场前景，该技术市场普及率将达到15%，未来具有广阔的适用前景。

【典型案例】

（1）潍坊市寒亭区虞河寒亭段部分水体应急修复工程。

项目地点：潍坊市寒亭区

项目规模：治理水域5万m³

业主单位：潍坊市寒亭区水利局

实施单位：中水卫士生态科技有限公司

项目模式：政府采购

项目概述：河道常年受到上游排放的高浓工业废水的污染，上游康达污水处理厂中水残留物及雨季降水所携带的污染负荷进入河道，导致水体及河道底泥污染严重，水体浑浊泛红，底泥呈现出红褐色，经取样检测水质为劣Ⅴ类水。使用该技术约1个月后河水水体透明度、水生植物生长状况、河道底泥有效改善。现阶段河段整体的水体环境生态系统正逐步恢复并向自然状态下演替。经现场取样检测结果显示各项主要污染指标均已恢复到地表水Ⅴ类标准。

（2）潍坊滨海经济技术开发区围滩河河道污染治理项目。

项目地点：潍坊滨海经济技术开发区

项目规模：治理水域 8 万 m³

业主单位：潍坊滨城建设集团有限公司

实施单位：中水卫士生态科技有限公司

项目模式：政府采购

项目概述：河道常年受到上游排放的高浓工业废水的污染，雨季降水所携带的污染负荷进入河道，导致水体及河道底泥污染严重，水体浑浊泛红，无生命特征，底泥呈现出红褐色，经取样检测水质为劣Ⅴ类水。采用天然矿物剂原位水体修复技术对围滩河水体及底泥进行修复治理后，水体颜色清澈，透明度达 50cm，已消除水体及底泥黑臭现象，在治理近 50 天后出现红虫及水蛭、蝌蚪等生命迹象。

## 6.5.10　淤泥固化处理技术

【技术简介】

固化处理是在淤泥中添加固化材料，利用固化材料和淤泥之间发生的一系列物理、化学作用，降低淤泥含水率，提高淤泥的强度，并使存在于其中的有机物、重金属封闭于土颗粒中，同时固化后的淤泥透水系数很小，使得有害物质很难再次淋滤和溶出而形成二次污染，并且不会发生二次泥化。处理完毕后的淤泥有多种用途：筑路、回填、筑堤、绿化等。淤泥固化不仅解决了土的出路问题，产生了附加经济效益，治理了环境，一举数得。因此，疏浚淤泥固化处理技术是一种环保经济型的新技术。

【应用范围】

该技术适用于环保清淤淤泥的处理工程。当施工工期短、处理土使用要求高，以及对于受重金属污染严重的淤泥处理，适用本技术。

【技术原理】

化学固化主要加入无机硅酸盐类材料和有机高分子吸水材料，通过材料的水化反应转化底泥中多余的水分来提高强度，固化材料本身不含重金属和其他污染物。而且流动态的底泥经过固化处理以后可以达到以下指标：

（1）底泥经过固化处理以后，由于固化材料的吸附、结晶和胶凝反应，底泥中可迁移的污染物如有机质、N、P、重金属的物质形态发生了转化（图6.25），由易于迁移的可溶态转化成为稳定程度很高的铁锰结合态和残渣态，即使在酸浸的作用下，也难以使污染物由稳定态重新变成可溶态。这是固化处理最重要的机理。

（2）另外固化方法本来针对的是重污染危险废物，经过固化处理后转变危险成分的形态，使其可以安全填埋，经过处理后都要经过浸出试验，满足一定标准是才算合格，这一技术在世界各国都有着广泛的使用。

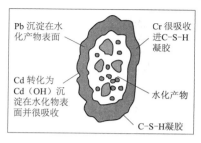
（a）固化程中的污染物稳定原理

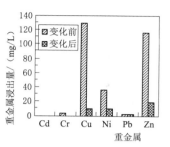
（b）固化前后的污染物浸出量的变化

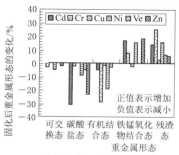
（c）固化前后重金属形态的变化

图 6.25 淤泥固化过程中的污染物稳定原理

（3）底泥固化土的渗透系数大大降低，固化土的渗透系数可以达到 $10^{-8} \sim 10^{-7}$ cm/s，这个渗透系数已经可以满足垃圾填埋场中防渗层的设计要求，也就是说固化土在填筑以后外界的水分难以渗入和穿过，没有水分的迁移，固化体中的污染物就不存在向外迁移的风险。

【技术要点】

固化土处理后承载力可达到 $50 \sim 100$ kPa，含水率低于 $60\%$，固化土浸出液中重金属含量可根据项目达到相应环保指标要求。

【应用前景】

2017 年 9 月 25 日环境保护部、农业部发布的《农用地土壤环境管理办法（试行）》（环保部令第 46 号）中第十二条规定：禁止在农用地排放、倾倒、使用污泥、清淤底泥、尾矿（渣）等可能对土壤造成污染的固体废物。

【技术局限性】

该技术需要一定面积堆场，固化土需要 28d 的养护期达到设计指标。

【典型案例】

（1）太湖梅梁湖生态清淤（2010、2011）年度淤泥固化工程项目。

项目地点：无锡市滨湖区太湖白旄堆场

项目规模：淤泥总量 275 万 m³，项目金额 1.41 亿元

业主单位：无锡市重点水利工程建设管理处

实施单位：江苏聚慧科技有限公司

项目模式：政府采购服务

项目概述：对 2010 年度和 2011 年度太湖梅梁湖生态清淤工程产生的淤泥进行固化处理。本工程位于滨湖区，东面为山水西路，西面为太湖，堆场建设于太湖之滨，在白旄村外湖中。无锡市水利局向太湖局申请，临时租用了滨湖区白旄村外的太湖湾 55 万 m² 的太湖水面，建设了淤泥堆场。该堆场堆放了 2010 年度、2011 年度太湖清淤淤泥 275 万 m³（图 6.26）。

（2）梅梁湖生态清淤 2011 年度工程孔湾堆场淤泥固化工程项目。

项目地点：无锡市滨湖区孔湾淤泥堆场

项目规模：淤泥总量 35 万 m³，项目金额约 1808.8 万元

业主单位：无锡市重点水利工程建设管理处

图 6.26　白旄堆场平面

项目模式：政府采购服务

项目概述：对 2011 年度太湖梅梁湖生态清淤工程产生的堆放在孔湾淤泥堆场的淤泥进行固化处理（图 6.27）。

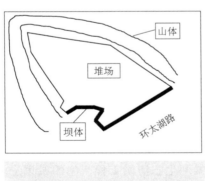

图 6.27　孔湾淤泥堆场

（3）无锡市 2013 年太湖应急清淤工程淤泥固化工程项目。

项目地点：无锡市滨湖区太湖白旄堆场

业主单位：无锡市重点水利工程建设管理处

实施单位：江苏聚慧科技有限公司

项目模式：政府采购服务

项目概述：对 2013 年度应急清淤工程产生的堆放在白旄淤泥堆场的淤泥进行固化处理。白旄作为无锡太湖生态清淤工程的一部分，主要负责对梅梁湖三山西南附近水域的淤泥进行生态处理。本工程位于滨湖区，东面为山水西路，西面为太湖，堆场建设于太湖之滨（围堰筑堤形成，详见图 6.28 平面布置图）。堆场面积约 55.14 万 m²。本次应急清淤约 20 万 m³，堆场内淤泥面高程约 6.0m。

图 6.28　白旄应急清淤堆场平面图

### 6.5.11　淤泥建材化处理利用技术

【技术简介】

淤泥中含有大量无机质，可以作为制砖、水泥和陶粒等建筑材料的原料。淤泥建材化处理是指通过热处理的方法将淤泥转化为建筑材料，按照原理的差异又可以分为烧结和熔融。

【应用范围】

淤泥建材化处理适用于清淤工程量较小、淤泥中粘粒含量高、清淤工程附近有砖瓦厂的情况。

【技术原理】

烧结是通过加热 800～1200℃，使淤泥脱水、有机成分分解、粒子之间黏结，如果淤泥的含水率适宜，则可以用来制砖或水泥。熔融是通过加热 1200～1500℃ 使淤泥脱水、有机成分分解、无机矿物熔化，熔浆通过冷却处理可以制作成陶粒。热处理技术已经比较成熟，产品的附加值高，但是对淤泥的性质有选择性，并且处理量有限，处理产品的销路也受到制约。

**【技术要点】**

淤泥建材化主要通过加热干化和焚烧等方式，可促使污泥稳定、浓缩和减量。不仅解决了淤泥大量淤积对水生态环境造成的负面影响，还可以解决烧结砖和陶粒等烧结材料对黏土资源依赖的问题，并且在烧结过程中淤泥中的重金属可以得到有效固化，进而解决因对淤泥处置不当可能造成的二次污染等问题。采用淤泥制备建材促进淤泥的无害化、资源化利用，具有显著的环境和社会效益。

**【应用前景】**

在未来应进一步研究废泥生产建材的二次污染问题，如脱水水质特征、烧结气污染特征，并提出适宜的治理措施，如产品重金属稳定化、生产过程环境友好、烧结气净化等，强化治理措施的实施效果。针对不同的泥生产不同的类型建材，推荐相应的工法，制定相应的技术标准，使废泥的建材生产有章可依。

对于已经成熟的工艺技术，各级政府应加大引导力度，制定明确具体的政策，并协助宣传推广，获得消费者的认可和支持，从源头推动产业化推广。

对于废泥的收集、运输、加工，应实现规范化运营加强引导和监管，设立专门的管理部门以监管生产过程二次污染和产品质量。

**【技术局限性】**

淤泥建材化过程中经历高温烧制，污泥中所含的重金属成分基本得到固化，污染程度大大降低，但其中重金属会发生部分挥发，含氯塑料等还可能生成二噁英。对于污泥用于高温烧制建材制品，仍需要进行重金属和二噁英挥发的风险评价和控制技术研究。

污泥气味来源于其中的含硫化合物、含氮化合物和烃类化合物，虽然这些物质高温下能被完全处理，但是在建材制备过程中的气味污染仍是主要问题之一，需要借鉴污泥焚烧采用的气味控制技术，并结合现有建材生产工艺条件，对生产过程中的污泥气味进行控制。

高含水率的污泥是不能够被应用于建材原料中的，要想加以利用，除了进行处理外，还要与其他物质混合，例如页岩、煤灰等。但是这种混合的难度又比较高，如何确定混合时机、混合比例，都是要经过大量的试验才能够确定的。混合得好，可以有效利用污泥这一垃圾废料，反之，就会给建材成品的质量和性能带来极大的不利影响。

## 6.5.12    一体化清淤-泥处理-资源化利用技术组合模式

**【技术简介】**

一体化清淤-泥处理-资源化利用是一种全新的不占用堆场的环保清淤泥浆处理模式，该技术针对清淤与泥浆处理速度严重不匹配的问题，通过对清淤的泥浆采用振筛、混凝浓缩、机械脱水等方式，进行快速的粗粒分离、浓缩减量方式，减少后期需要处理的泥量，经过混凝浓缩后的淤泥，再利用板框压滤脱水处理技术，直接转化为满足工程使用要求的泥饼或固化土。该方法在实施前需要根据清淤工期、现场条件、处理土的用途对整个泥浆处理工艺进行匹配性设计，并对各种药剂的掺加量进行试验，以确定最优的工艺参数和药剂配方。

**【应用范围】**

本技术适用清淤泥浆没有堆放场地，处理土有合适工程用途的清淤工程。通过工艺和参数设计得到泥浆各种处理技术组合，利用组合式的处理设备，在清淤现场附近底泥处理场，直接将疏浚泥浆转化为土材料进行转用。

**【技术原理】**

本技术主要采用绞吸式环保清淤船清淤，通过泥浆泵输送至底泥处理场，泥浆通过振动筛，在振动筛中筛除 2~3mm 的垃圾及砂石等大直径颗粒，筛分后泥浆进入均池，再加入絮凝剂，通过均池搅拌机将泥浆与絮凝剂充分搅拌，使泥浆与絮凝剂相互混凝浓缩以提高泥浆的浓度，在均池混凝浓缩后的泥浆通过柱塞泵提升至高压板框压滤机进行脱水处理，处理后固化土含固率达到 60% 以上，尾水达标排放。

**【技术要点】**

处理后固化土含固率达到 60% 以上，尾水检测可确保相比原河道水未增加新的污染物。

**【应用前景】**

针对城市河道、黑臭水体整治和没有堆场的项目。

**【技术局限性】**

原理机械能降低了含水率，如果不加固化材料改变理化性质就不能有效防止二次泥化降低污染程度。

**【典型案例】**

苏州市中心城区清水工程——清淤贯通 2017 年河道清淤工程 1 标段项目

项目地点：苏州市姑苏区

项目规模：疏浚土方合计 23.5753 万 m³，淤泥固化处理合计 23.5753 万 m³

业主单位：苏州市水利局（苏州市城市中心区清水工程——活水扩面、清淤贯通、生态修复项目建设处）

实施单位：江苏聚慧科技有限公司

项目模式：政府采购服务

项目概述：包括外塘河（含护岸整治）、外塘河支浜、凤凰泾、白莲浜、彩香浜等 11 条河道。总长为 16.8513km，疏浚土方合计为 23.5753 万 m³，淤泥固化处理合计为 23.5753 万 m³，土方开挖为 3.8557 万 m³，土方回填为 1.9526 万 m³。外塘河新建护岸为 1013.9m。项目处理要求：处理后淤泥含固率大于 60%；排水标准符合环保要求。

# 第7章　水生态修复技术细则

《关于全面推行河长制的意见》对水生态修复提出了明确的要求，即推进河湖生态修复和保护，禁止侵占自然河湖、湿地等水源涵养空间。在规划的基础上稳步实施退田还湖还湿、退渔还湖，恢复河湖水系的自然连通，加强水生生物资源养护，提高水生生物多样性。开展河湖健康评估。强化山水林田湖系统治理，加大江河源头区、水源涵养区、生态敏感区保护力度，对三江源区、南水北调水源区等重要生态保护区实行更严格的保护。积极推进建立生态保护补偿机制，加强水土流失预防监督和综合整治，建设生态清洁型小流域，维护河湖生态环境。

水生态修复是河长制湖长制的重要内容。本章介绍了河流生态修复技术和湖库生态修复技术两方面内容。针对当前较为成熟的技术从技术的适用范围、技术要点、技术方法、限制因素、技术比选和案例分析等几个角度进行了介绍。河流生态修复技术涉及了山地型河流、平原型河流、硬质化河流以及城市水体的生态修复技术，同时介绍了滨水空间的构造技术；湖库生态修复技术涉及出入湖库河流的生态修复技术以及湖泊生态修复技术。本章技术路线如图 7.1 所示。

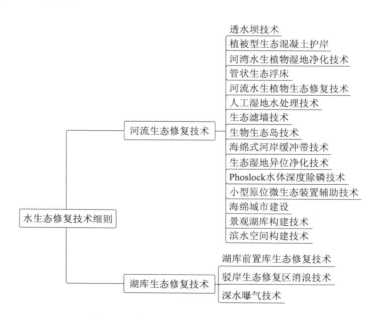

图 7.1　水生态修复技术细则技术路线

# 7.1 河流生态修复技术

## 7.1.1 透水坝技术

**【技术简介】**

透水坝技术用砾石或碎石在河道（不能是航道）垒筑坝体，利用坝前河道的容积储存一次或多次降雨的径流或间歇排放的面源污染，通过控制透水坝的渗流量，拦蓄地表径流，从而使径流在设计时间内流过透水坝，抬高上游水位，同时也有一定的净化效果。

**【应用范围】**

该技术适用于非航道的河流。

**【技术原理】**

透水坝技术的净化机理是通过建立透水坝的渗流模型来计算渗流量和水力停留时间，原理是渗液力学中的渗流方程和达西定律。一般来说，在渗流量不是很大的情况下，可以用矩形模型进行计算；而在贴坡流不可忽略的情况下，应采用梯形模型精确计算渗流量。

**【技术要点】**

透水坝技术的设计内容分为可控渗流和净化效果两部分，可控渗流主要涉及透水坝的渗流计算、坝体结构、渗透系数等；净化效果主要涉及径流在透水坝中的停留时间、筑坝材料等。

**【应用前景】**

透水坝利用河流坡降无需动力运行，采用砾石、铁丝等建造成本低，与水生植物一起具有一定的水质净化效果。

**【技术局限性】**

透水坝的设计处于探索阶段，如何优化透水坝的结构，选择什么样的材料来达到透水坝的可控渗透，如何保证它的长期有效性和可靠性，还有待进一步研究。

**【典型案例】**

（1）溧水城南新区南门河水系整治项目。

项目地点：南京市溧水区

项目规模：本次城南新区中规划建设水位控制建筑物54座，其中拦水坝53座，节制闸1座；实行区域活水补水方案，利用湫湖灌区补水线路；实行滨水生态护坡驳岸工程项目。

业主单位：溧水区水务局

实施单位：南京市水利规划研究院有限公司

项目模式：政府采购服务

项目概述：溧水城南新区河道位于丘陵山区，高低起伏，地形条件复杂。其中，南门河河道上下游落差较大，非汛期河道水量少；通过在南门河道内设置水位控制建筑物，实现了对河道非汛期河道水位的多级控制。生态输水方案中，利用现有湫湖灌区的灌溉和提水泵站，可将水引至王家甸水库，在此基础上继续向西延伸，沿无想山北麓新开环山河向规划区水系自流引水，通过此次区域补水活水工程，能够保证河道常年的正常需水量。生态护坡驳岸工程不仅加强河岸土体的稳定性和抗冲刷性，起到固土护坡的作用，还能够提高河道水体的自净能力。

（2）合肥瑶海区塘桥河黑臭水体整治工程。

实施单位：南京领先环保技术股份有限公司

项目简介：塘桥河是南淝河左岸的一条支流，属南淝河水系，位于合肥市瑶海区境内，北起裕溪路，南至南淝河，全长约为450m，河面宽为7～10m。塘桥河长期处于黑臭状态，严重影响着周边居民的身心健康及日常生活，水环境治理迫在眉睫。

主要技术手段：下卧式闸门工程，下卧式闸门是一种可以绕安装在闸室地板的转动轴转动以适应不同水位和流量控制要求的新型闸门。闸门的启闭采用安装在闸墩两侧的液压启闭机系统。其管路系统可通过河床底部廊道，上部不需要单独设置支撑结构，容易与周边环境相协调。闸门全开时，闸门隐藏在水下门库内，不干扰水流；闸门挡水运行时，水流从闸门顶溢流，形成跌水瀑布，不仅景观优美，在跌水的过程中还能曝气复氧，增加水体溶解氧。

工程效果：项目实施后，河道水质提升，水体黑臭现象消除，河道水环境生态系统恢复良好，打造出了宜人的河道景观（图7.2和图7.3）。

图7.2　塘桥河治理前

图7.3　塘桥河治理后

### 7.1.2 植被型生态混凝土护岸

**【技术简介】**

植被型生态混凝土亦称绿化混凝土，由多孔混凝土、保水材料、缓释肥料和表层土组成。在城市河道护坡结构中，可利用生态混凝土预制块进行铺设，或直接作为护坡结构，既实现了混凝土护坡，又能在坡上种植花草，美化环境，使江河防洪与城市绿化完美结合。

**【应用范围】**

植被型生态混凝土护岸适用于河流凹岸冲刷剧烈或较陡岸坡。

**【技术原理】**

利用混凝土结构保护易冲河岸岸坡，防止水流冲刷岸坡造成水土流失。混凝土的整体性好，抗冲能力强，对岸坡坡度变化的适应性好，方便施工。坡面设计成台阶状，台阶面预留孔洞，孔洞贯穿与边坡连接，孔洞中填土种植，减少了对河道生态链的破坏。阶梯平台呈水平，孔洞内的填土不易被河水冲走，植物成活后可更好地保护岸坡及美化岸坡，达到生态美观的要求。山区河道洪水暴涨暴落，历时不长，利于植物成活生长。

**【技术要点】**

抗冲刷植生混凝土生态护坡结构有三种形式：抗冲刷可植生阶梯型现浇混凝土生态护坡结构、抗冲刷可植生混凝土预制构件生态护坡结构、抗冲刷可植生混凝土生态护坡结构。

**【应用前景】**

（1）整体性好，抗水流冲刷能力强，经久耐用，对不规则岸坡的适应能力强，能因地制宜，运行管理简单，兼具生态、美观；可实现水与土体的自然交换，植被能自然生长，一段时间后，结构与自然真正达到和谐统一。

（2）对水流冲刷力较强河段，既满足稳定要求，又满足生态景观要求，且造价适中。

**【技术局限性】**

施工工艺要求相对较高。

**【典型案例】**

桂林市草坪乡渡船头村漓江生态护岸示范案例

项目地点：广西桂林市草坪乡渡船头村

项目规模：护岸长度共 0.6km，抗冲刷可植生阶梯型现浇混凝土生态护坡结构、抗冲刷可植生混凝土预制构件生态护坡结构、抗冲刷可植生混凝土生态护坡结构这三种生态护岸形式分别试验段长 0.2km。

业主单位：桂林市水利局

实施单位：广西恒晟水环境治理有限公司

项目模式：政府采购服务

项目概述：漓江发源于广西壮族自治区兴安县华江乡猫儿山东北面海拔 1732m 的老山界南侧，经灵川县过桂林市在平乐县平乐镇北与恭城河汇合。漓江属于典型的山区型河流，河谷深切，河道弯曲，蜿蜒于丛山之中，河床比降大，平均为 4‰。河槽宽为125～585m，河岸高为3～5m，两岸为一级阶地的堆积物，河床由砂、卵石组成。漓江上游年降雨量平均达2600mm，且降雨分布不均，洪水暴涨暴落，水流湍急，对两岸的冲刷严重，极易造成洪涝灾害、水土流失、河道淤积及河流生态遭破坏等突出问题。

由于近年来河道整治所采用的格宾网垫＋填土种植型式的护岸方法，仍然不能有效抵抗漓江洪水的冲刷，表面植被被洪水冲走。再加上漓江中大型游船的频繁往来，产生的波浪对两岸边坡长期拍打，植被无法生长，导致两岸边坡消落带裸露，生物多样性遭到破坏，河流净污和纳污能力降低，影响了漓江的水生态环境与生态景观、人文景观。

受桂林市水利局委托，为解决岸坡冲刷问题，同时又能满足漓江生态景观要求，广西恒晟水环境治理有限公司提出了抗冲刷植生混凝土生态护坡结构方案。

本设计方案应用于草坪乡渡船头村，该段岸坡原来已经用宾格网垫进行了护坡，但在高速水流冲刷下寸草不生，宾格网垫裸露。本方案于2018年4月施工完成。

实施效果：采用本方案建成后，经过一个汛期洪水考验，岸坡能够维持稳定，植被长势良好，说明本方案不仅可以提高河道抵御洪灾的能力，减少洪灾引起的水土流失，也可让各种微生物和植物，边坡和水体之间有更好的接触，维持了水体生态系统自我调节、平衡和演替能力。岸坡重披绿装，达到水生态环境与生态景观、人文景观的和谐统一（图7.4和图7.5）。

图7.4    项目实施前照片

图7.5    项目实施后照片

### 7.1.3    河湾水生植物湿地净化技术

【技术简介】

运用河湾水生植物湿地净化技术，充分利用河网区河道的弯曲地带，利用原生的或在河道原岸坡一侧开挖出一块洼地，在洼地中合理配置水生植物群落，形成河湾湿地。

【应用范围】

该技术适合于处理水量不大、水质变化不很大、管理水平不很高的城镇污水，如我国农村中、小城镇的污水处理。湿地作为一种处理污水的新技术有待于进一步改良，有必要更细致地研究不同地区特征和运行数据以便在将来的建设中提供更合理的参数。

**【技术原理】**

可以利用水生植物净化河道水质，同时也成为鱼类和底栖动物的良好栖息场所，利于增强河道水生生物的多样性。河湾湿地中设置了水生植物平台，在此平台中可以根据水位情况依次配置沉水、浮水和挺水植物，并在河道中形成了一处浅滩，为水生生物的绝佳栖息场所，是物质和能量交换频繁的活跃地带。可在河湾湿地的上游设置跌水，并利用跌水控制水流方向，可以使水流沿较佳角度进入河湾湿地，进行水体交换，通过水生生物的活动完成水质净化。

**【技术要点】**

该技术要点是确定结构设计和人工湿地的植物选择，选择植物时需注意的是：①耐污能力和抗寒能力能力强，又易于本乡土生长，最好以本乡土植物为主；②根系发达，茎叶茂密；③抗病除害能力强；④有一定的经济价值。

**【适用前景】**

①建造和运行费用便宜；②易于维护，技术含量低；③可进行有效可靠的废水处理；④可缓冲对水力和污染负荷的冲击；⑤可提供和间接提供效益，如水产、畜产、造纸原料、建材、绿化、野生动物栖息、娱乐和教育。

**【技术局限性】**

①占地面积大；②易受病虫害影响；③生物和水力复杂性加大了对其处理机制、工艺动力学和影响因素的认识理解，设计运行参数不精确，因此常由于设计不当使出水达不到设计要求或不能达标排放，有的湿地反而成了污染源。

**【典型案例】**

广西桂林市阳朔县城区河湖水系连通工程水生态修复案例

项目地点：广西桂林市阳朔县城区

项目规模：叠翠湖、蟠桃湖、度假湖和公园湖

业主单位：桂林市水利局

实施单位：广西恒晟水环境治理有限公司

项目模式：政府采购服务

项目概述：主要是针对现状城区水系富营养化严重、生物多样性低，本工程在完善城区截污工程的基础上，提出生态系统修复措施，保护渠溪、河道、湖塘水环境质量。

具体包括：通过清淤和微生物载体技术，削减营养盐浓度；增加水体置换频次，通过局部水动力调节，增加水体交换和自然复氧；制定水生植被修复方案，增加滨水岸带大型水生植物覆盖面积，合理调整鱼类等的种群结构，提高生物多样性。

（1）生物强化处理系统工程。生物处理系统集生态浮岛、强化生物处理单元为一体，氨氮去除率达90％以上，总磷达到80％以上。从水质净化效果和水面景观效果出发，于游蛟湖、宝泉湖、清风塘、葫芦塘、莲花塘等水域，以占水面10％～15％的比例布设浮岛式生物处理系统。

（2）水生植物系统恢复工程。对于小型景观水体，如公园湖，利用现状营养丰富的湖底淤泥，构建以沉水植被为核心的水生植物系统，通过科学放养浮游动物、底栖动物和鱼类等，调整水生态系统结构，营造草型清水生态景观，提高水生态景观及环境质量。

　　实施效果：本工程水质目标要求，除暴雨外，城区主要河湖塘水体主要指标（氨氮、$COD_{Cr}$、溶解氧）一年中80%时间达到《地表水环境质量标准》（GB 3838—2002）Ⅲ类标准；水生生态系统结构与功能完整，具有一定的抗逆能力和修复能力，主要河湖塘（游蛟湖、叠翠湖、度假湖、蟠桃湖等）水生植物覆盖率不小于60%，营造草型清水态景观（图7.6和图7.7）。

图7.6　实施前照片

图7.7　双月溪、游蛟湖实施后的预期效果

## 7.1.4　管状生态浮床

**【技术简介】**

同漂浮板状生态浮床。

**【应用范围】**

小型河流，水流水位变化小。

**【技术原理】**

同漂浮板状生态浮床。

【技术要点】

采用PVC管制成框架，上层节点处安放植物，框架下方悬挂线形弹性材料。植物多采用狐尾藻、凤眼莲等浮叶植物。

【适用前景】

PVC管无毒无污染，持久耐用，价格便宜，重量轻，能承受一定冲击力。不锈钢管、镀锌管等硬度更高、抗冲击能力更强，持久耐用。

【技术局限性】

PVC管质量大，需要另加浮筒增加浮力，价格较贵。

【典型案例】

丹阳市内城河生态修复项目一期（2016）

实施单位：南京领先环保技术股份有限公司

项目简介：丹阳内城河西南侧至开泰桥（老内成河），东南侧至香草河交界，东北侧至京杭运河，三处均设有节制闸。河道总长约3800m，河宽约21～27m，水深约4.3m，水域面积约9万m²。开泰桥至迎春桥约900m、迎春桥至香草河交界处约1000m，挡墙形式为直立护坡，其余为二级护坡，水体流动性差。多年以来，沿河两岸污水直排现象严重，导致水体黑臭，河道生态功能基本丧失。

项目目标：主要水质指标达到Ⅳ类水水质标准。

主要技术方法：

（1）生态浮床技术。泰桥至迎春桥河段、迎春桥至香草河段两侧均为硬质直立坡岸，水深为4.3m。由于这两河段水位较深，无法进行挺水及沉水植物的恢复。为构建健康的水生生态系统，于该河段布设生态浮床，同时布设立体和普通型两种生态浮床。

（2）人工湿地工程技术。阜阳桥至郑家桥段、郑家桥至迎春桥段、迎春桥至开泰桥段分布有多处集水井，当降雨量过大时，集水井会有雨污溢流发生。为避免溢流污水对河道水质造成太大冲击，本工程于每个集水井处设计小型人工湿地，使这部分雨水经由人工湿地处理之后，再排入河道。人工湿地系统是将污水有控制地投配到土壤处于饱和状态且生长有湿生沼泽植物的土地上，污水在沿一定期方向流动的过程中，在水生植物和土壤联合作用下得到净化的一种土地处理系统。在植物、微生物、填料在根际系统内的协同净化下，实现了有机物去除以及脱氮除磷的效果。

工程效果：项目实施后，河道水质满足设计目标，水体恢复清澈洁净，透明度达到2m以上，河道水生态系统功能恢复，水体景观及整体面貌焕然一新（图7.8）。

## 7.1.5　河流水生植物生态修复技术

【技术简介】

水生植物是水生态系统的重要组成部分，在物质循环和能量传递方面起着重要的调控作用。按照水生植物的生长特点，应用在水生态修复中的水生植物主要分为挺水植物、浮水植物、沉水植物等三大类。该技术主要是在不影响生态系统的前提下，通过在河道中合理种植水生植物，帮助河流进行自我修复，使河流的修复更为健康，保持了原有的自然状态，是一项具有可持续性的技术。

【应用范围】

该技术适用于河道生态修复，受污染自然水体修复。

图 7.8    央视对丹阳市内城河新颜的报道截图

**【技术原理】**

按照水生植物的生长特点，应用在水生态修复中的水生植物主要分为挺水植物、浮水植物和沉水植物三大类。水生植物是水生态系统的重要组成部分，在物质循环和能量传递方面起调控作用，在水生态修复中的作用方式主要包括物理过程、吸收作用、协同作用和化感作用。在河流中合理种植水生植物，通过其庞大的枝叶和根系形成天然的过滤网，对水体中的污染物质进行吸附、分解或转化，从而促进水中养分平衡；同时通过植物的光合作用，释放氧气，使水体中的溶解氧浓度上升，抑制有害菌的生长，减轻或消除水体污染。

挺水植物是指植物的根、根茎生长在底泥之中，茎叶挺出水面，常分布于 $0 \sim 1.5\text{m}$ 的浅水处，其中有的种类生长于潮湿的岸边，挺水植物能吸收水体及底泥的氮、磷等营养物质，促进自身的生长，通过竞争的方式抑制水体中同样需要氮、磷等营养物质的藻类。浮水植物是指生长于浅水中，叶浮于水面，根长在水底的植物，浮水植物的根状茎发达，花大，色艳，无明显的地上茎或茎细弱不能直立，叶片漂浮于水面上，仅在叶外表面有气孔，叶的蒸腾作用非常强，根一般缺乏氧气。浮水植物对水体中的营养物质有很强的吸附作用，能直接吸收水体中的有毒物质和过剩营养物质，而且其繁殖能力强，可更好地净化水体。

沉水植物是指整个植株沉入水中，根茎生于泥中，具有发达的通气组织，有利于进行气体交换。叶多为狭长或丝状，能吸收水中部分养分，在水下弱光的条件下也能正常生长发育。沉水植物整个植株都处于水中，根、茎、叶等都可以对水中的营养物质进行吸收，在营养竞争方面占据了极大的优势，沉水植物可通过光合作用向水体输送氧气，从而提高水体中溶解氧的量，促进水体中的微生物分解营养物质，但其对水质有一定的要求，因为水质浑浊会影响植物的光合作用。

**【适用前景】**

2016 年的中国环境状况公报提及，108 个监测营养状态的湖泊（水库）中，贫营养的 10 个，中营养的 73 个，轻度富营养的 20 个，中度富营养的 5 个。湖泊的富营养化已经成了我国湖泊的第一大问题，亟待有效地解决。水生植物生态修复技术由于其安全环保、工程措施少、综合投资低等优势将得到大范围的推广和使用。

**【技术局限性】**

（1）普及度不高。在很多"体面"工程中，由于水生植物净化污水的起效时间相对物理、化学等办法来说偏长，所以，水生植物净化技术通常会被忽略，从而致使水域生态的二次破坏。

（2）对相关水生植物在污水中的成长规律的研究比较缺乏。早些年国内外研讨的对污水具有强大的净化能力的凤眼莲，因为顽强的生命力，以及国内没有凤眼莲天敌的情况，导致其在水体中野蛮生长，严重影响其他水生生物的生存和成长，较之污水损害而言有过之而无不及。

（3）对多种植物调配进行污水净化的研究比较缺乏。当前，对单一水生植物净化能力的研究相对较多，但是对水生植物之间的相互作用、多种水生植物调配构成的水生植物群落净化能力、水生植物之间的关系是不是会影响水生植物的净化效果，由于实验条件的约束，现阶段的研究还十分有限。

（4）对净化污水的水生植物的回收利用比较缺乏。植物经过在污水中的生长之后，吸收了污水中的无机营养盐，经人工收割，就可以有效去掉水体中的氮、磷等营养盐，但是仍然缺乏系统的研究回收植物如何利用这一课题。

（5）水生植物生态功用和景象功用相结合的研讨比较缺乏。在挑选植物对污水进行净化时，通常只根据其生态修复功用强弱来挑选，而疏忽了水生植物自身的景象功用。

（6）对具有净化效果的水生植物的开发十分缺乏。

**【典型案例】**

项目地点：江苏省南京市溧水区护城河。

项目规模：水生植物生态修复面积 1200m²

业主单位：溧水区水务局

项目模式：政府采购服务

项目简介：溧水护城河东起二里桥涵闸，西讫小西门闸，河道全长约为 1.9km，河道上口宽约为 20m，现状河道底宽约为 15m，两侧规划保护带各为 20m。护城河位于溧水区城区中部，为东西走向河流，属于溧水区区级河流。水质综合评价指标现状为劣 V 类。结合景观浅水区域，通过设置再力花、梭鱼草、黄花鸢尾、水生美人蕉等水生植物，吸附水中氮、磷等污染物，其总面积估计可达 1200m²（图 7.9）。

## 7.1.6　人工湿地水处理技术

**【技术简介】**

人工湿地水处理技术是通过填料和水生植物的协同作用，实现对污染物的截留、分解和吸收，从而达到净化水质的效果，同时通过湿地植物的合理配置，增加景观效果。

图 7.9　溧水护城河设置植物

**【应用范围】**

该技术适用于黑臭水体治理与维护、景观水体治理与维护、生活污水处理、水环境与水生态修复等领域。

**【技术原理】**

污水在床体的填料缝隙中或在床体表面流动的过程中，主要利用湿地生态系统中的物理、化学、生物三重协同作用，通过过滤、吸附、共沉淀、离子交换、植物吸收和微生物分解，来实现对污水的高效净化。废水中的不溶性有机物通过湿地的沉淀、过滤作用，可以很快地被截留进而被微生物利用；水中可溶性有机物则可通过植物根系生物膜的吸附、吸收及生物代谢降解过程而被分解去除，通过定期更换湿地床填料及收割湿地植物将污染物移出水体。

**【技术特点】**

因地因类制宜原则，是紧紧围绕当地的自然、社会和经济条件进行构建人工湿地的原则；生态学原则，包括适当输入辅助能的原则、再生循环及商品生产原则、生物多样性原则、环境的时间节律与生物的机能节律原则、生物种群选择原则、种群匹配原则、人工压缩演替周期原则、种群置换原则、经济效益原则。

**【适用前景】**

人工湿地水处理技术具有投资少、见效快、易维护、运行费用低、景观效果好等特点得到大范围的推广和使用。

**【技术局限性】**

生态湿地要求面积大，净化效率低，且建设周期长，占地面积大，而且对于重度污染水源无法治理，甚至会使湿地遭到破坏，植被死亡产生腐殖质，释放到水体，造成更严重的环境污染。

【典型案例】

象山圩区一夜河水系整治工程

项目地点：镇江市京口区

项目规模：长 2400m，宽 40m

业主单位：镇江市水业总公司

实施单位：江苏山水环境建设集团股份有限公司

项目模式：政府采购服务

项目概述：项目河道全长为 2.4km，宽为 40m，两侧为老居民区，污染源主要为生活污水的直接排入。水质为劣 V 类，水体呈现黑臭状态。2017 年 12 月进场开始治理，主要采用生物接触氧化技术，内容包括生物接触氧化池、提升泵房、人工湿地、植物护坡、雨污分流管道改造等。污水进入反应池内，经过接触氧化、混合反应及沉淀过滤过程，中水进入人工湿地，污泥进入处理厂，菌类材料 4 年更换一次，其他材料 3 个月更换一次。2018 年 6 月完工，设施运行半年后，水体变化明显，没有黑臭现象，水体清澈透明，形成了特有的河道生态系统，水处理设施正常工作。

## 7.1.7 生态滤墙技术

【技术简介】

生态滤墙选用多孔载体和高效微生物制剂，采用固定化微生物技术，将功能微生物菌群固定于载体表面和孔道内部形成稳定的生物膜，污水流经载体时，污染物在微生物的作用下得以去除，生态滤墙技术属于国内首创，已取得相关专利。生态滤墙由浮体、框架、太阳能光电板、多孔载体、曝气系统、控制系统等组成，采用漂浮式结构，进行模块式组装。根据水深设计模块高度、滤墙宽度，进行并联式拼装（图 7.10）。

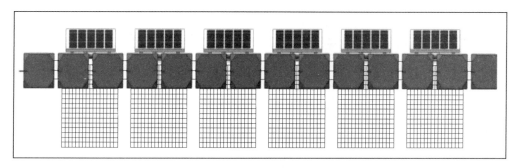

图 7.10　生态滤墙

【应用范围】

该技术适用于河道断面达标、污染支浜与主干流的生态隔离、入湖库河道的提标前置处理、尾水排放口预净化处理等。

【技术原理】

生态滤墙沿进水方向填充不同孔径的多孔载体，载体底部进行微孔曝气。通过调节曝气强度和曝气频率，使污水流经生态滤墙的过程中，在氨化菌、反硝化菌、产酸菌、氨氧化菌、硝化细菌等的共同作用下，降解有机物，进行硝化反硝化脱氮。

生态滤墙具有耐污、耐腐蚀且弹性、韧性和柔性强等性能。在进行高效脱氮的同时，通过多孔载体的物理截留及生物膜的絮凝沉淀作用截留水体中的悬浮物，增加水体透明度。生态滤墙同时可以填充除磷滤料，吸附水流中的磷，磷的去除率可以达到90％（图7.11）。

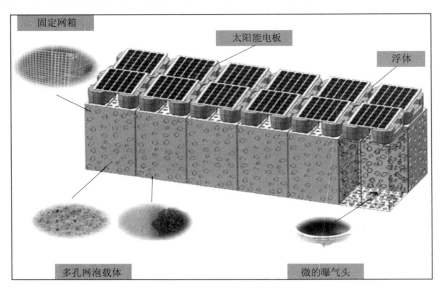

图 7.11　生态滤墙结构

**【技术要点】**

生态滤墙具有如下技术特点：

（1）生态滤墙以微生物滤池技术为基本原理，以多孔填料为核心的净水技术。

（2）不同孔径的多孔填料能够直接对水体中泥沙、颗粒物、悬浮物质进行过滤、吸附。

（3）比表面积较大的多孔填料，为土著微生物附着提供条件，通过微生物的直接吸收和降解作用，降低水体营养盐水平。

（4）多孔填料表面附着的微生物能够产生絮体，对水体悬浮物具有较强的絮凝、吸附、拦截作用，从而在较短的停留时间下显著降低水体中的浊度、SS。

（5）生态滤墙能够降低水体流速，增加水力停留时间，促进水体中泥沙、颗粒物等的沉降。

（6）不存在旁路处理系统的大面积用地难题，同时降低了泵提升水体的电能消耗。

（7）采用太阳能曝气，节能环保。曝气作用，既能加速多孔网泡载体填料上附着生物膜的生长，促进悬浮态有机物降解，又能降低生态滤墙的堵塞风险。

**【应用前景】**

随着河湖生态治理工程的不断开展，如何对污染支浜进行生态隔离，如何提高入河湖的河道的停留时间，以及在生态隔离的同时还能起到净化水质的作用，成为一个普遍关注的问题。

生态滤墙以成熟水处理工艺——微生物滤床技术为核心，利用漂浮式结构，对河道采取平面拦截的处理方式，能够降低水体流速，增加水力停留时间，促进水体中泥沙、颗粒物等的沉降，同时，滤墙的核心还可有效削减有机物及N、P等污染物。通过生态滤墙对水体中泥沙、颗粒物、悬浮物质进行过滤、吸附，可大大降低水体的营养盐水平，符合水环境治理的可持续发展理念。

**【技术局限性】**

为更好地实现产品功能，生态滤墙技术的应用要求流速不大于 0.5m/s。对于大型船舶航道或等级较高的航道，不适宜设置横跨河道的全断面生态滤墙，可分区域设置半断面旁路生态滤墙处理片区。

**【典型案例】**

许郑河、任庄河水环境综合治理工程

项目地点：泰州市

业主单位：泰州市第二城南污水处理有限公司

实施单位：南京领先环保技术股份有限公司

项目模式：设计施工总承包

项目概述：泰州市许郑河、任庄河水环境综合治理工程位于泰州市海陵区春兰路和兴泰北路之间。许郑河总长度约为 1.5km，任庄河总长度约为 1.2km。两条河道均自南向北流经村落、农田、企事业单位，最终汇入新通扬运河。许郑河上现设有第一城南污水处理厂尾水排污口、第二城南污水处理厂（北厂）尾水排污口；任庄河上现设有第四城北污水处理厂尾水排污口。现有排入许郑河的尾水规模为 4.4 万 t/d，设计排入许郑河的尾水规模为 11.5 万 t/d；现有排入任庄河的尾水规模为 3.3 万 t/d，设计排入任庄河的尾水规模为 4 万 t/d。污水处理厂处理后达到一级 A 标准排放河道。

工程治理目标：通过治理提高许郑河和任庄河水质到地表IV类水，保证在园区污水处理厂现行排放规模下新通扬运河的断面达标。

具体工程内容包括太阳能水循环复氧系统、生态滤墙、生物生态岛、配套微生物工程、水生生态系统构建工程、河坡修整、岸坡草籽补种。

项目治理后效果：项目通过在污水处理厂尾水排放口采用生态滤墙工程，将一级 A 的尾水提升至地表IV类水标准，降低入新通扬运河污染量，保障南水北调东线和通榆河江水北调水质的需要。项目以其先进的技术工艺水平、良好稳定的治理效果得到了业主的一致认可（图 7.12 和图 7.13）。

图 7.12 生态滤墙应用项目现场（一）

图 7.13　生态滤墙应用项目现场（二）

### 7.1.8　生物生态岛技术

**【技术简介】**

生物生态岛以 SMI-微生物滤床技术为核心，集过滤、生物处理和复氧于一体，产品中心为水动力循环系统，待处理水在水动力循环系统作用下进入 SMI-微生物滤床进行强化净化，处理后的出水以喷泉的形式喷出，并且出水在回落的过程中复氧，整个循环过程既促进了处理区水体的流动又使水体得以复氧，同时被抽走的水由邻近的水体替代，从而对水体进行循环修复。

生物生态岛在显著提升水体透明度的同时促进水体复氧，而且能够长期保持水质，与景观水体的景观相结合，保证景观效应。

**【应用范围】**

该技术适用于河道、湖泊、景观水体等微污染水体的原位治理与修复。

**【技术原理】**

生物生态岛以 SMI-微生物滤床技术为核心，SMI-微生物滤床技术选用高效复合微生物菌剂和多孔载体，将功能微生物固定于多孔载体表面和孔道内部形成稳定的生物膜，污水流经载体时在微生物的作用下，污染物得以高效去除，对氨氮、COD、SS 的去除效果尤其突出，出水清澈透明。

设备通过曝气-停曝阶段的设置，使处理系统经历好氧-厌氧阶段的循环，为硝化作用和反硝化作用的进行创造条件；同时，多孔载体的表面及孔道内均负载生物膜，载体从表面至内部及生物膜从外层至内层均能形成从好氧、兼氧至缺氧的氧浓度梯度区域，在好氧区形成硝化微生物菌群，在兼氧及缺氧区形成反硝化微生物菌群，使微生物处理区中形成完整的硝化反硝化等氮循环功能微生物，实现在同一个反应区内同步进行硝化反硝化。由于微生物处理区填料填充率高，老化脱落的生物膜大多被截留在载体孔隙中，作为营养物质被新生的生物膜分解利用，因此污泥产量很低，节省了大量污泥处置费用，减轻了运维压力（图7.14）。

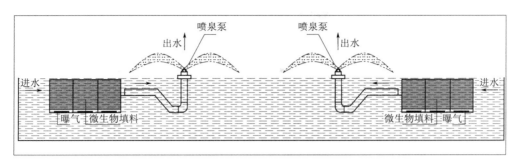

图 7.14　生物生态岛结构

**【技术要点】**

生物生态岛具有如下技术特点：

（1）对氨氮、COD、SS去除效率尤其高，均在90%以上，出水清澈透明。

（2）容积负荷高，占用水域面积小。

（3）同步进行硝化反硝化，有效削减水体的氮负荷。

（4）水质适应范围广，对不同污染程度的水体均具有很好的净化效果。

（5）配置处理量可调装置；在设备的控制部分对喷泉的流量、喷高可以调节，可以依据实际的水质调整。

（6）集水质净化、水体复氧、景观效应于一体。

（7）不影响行洪。

（8）安装方便快捷，施工周期短。

**【应用前景】**

随着河湖生态治理工程的不断开展，各种技术应运而生，如何选择合适的处置工艺，能够有效地削减污染负荷，防止二次污染问题的发生，还能维持好的景观效果，成为一个普遍关注的问题。

生物生态岛设备集过滤、生物处理和复氧于一体，利用成熟水处理工艺——微生物滤床技术，有效削减有机物及N、P等污染物，对氨氮、COD去除效率可达90%，出水清澈透明，设备同时还能呈现优美的景观效应。通过生物生态岛的处理，可大大降低水体的污染负荷，进一步提高水体的环境容量，符合水环境治理的可持续发展理念。

**【技术局限性】**

生物生态岛技术由于自身结构和锚固的固定工艺，因此产品对河道的水深和流速有一定的要求，为更好地实现产品功能，要求水深大于1.5m，流速小于1m/s。

**【典型案例】**

丹阳市内城河环境综合整治工程

项目地点：镇江市丹阳市

业主单位：丹阳水务集团有限公司

实施单位：南京领先环保技术股份有限公司

　　项目模式：设计施工总承包

　　项目概述：丹阳市内城河环境综合整治的工程范围为西南侧至开泰桥，东南侧至香草河交界，东北侧至京杭运河，总长约为3800m，水域面积约为90000m²。内城河环境综合整治项目的目标是通过治理使得丹阳市内城河水质主要控制指标必须达到Ⅳ类水水质标准，能见度达到1m以上，同时消除水体黑臭现象，并通过生态修复手段恢复河道水环境生态系统。丹阳市内城河水环境综合整治技术服务项目内容主要包括丹阳市内城河水环境感官质量改善、水质指标达标提升及恢复河道水生态环境等内容。

　　具体工程内容包括：

　　（1）针对补水进行处理的SMI-微生物滤池工程，主要包括土建结构施工、钢结构施工、微生物体系构建和机电设备安装施工等。

　　（2）集水井处人工湿地构建工程，主要包括结构框架施工、湿地构建、水生植物栽种等。

　　（3）生物生态岛，主要包括生物生态岛设备安装、微生物系统调试、景观植物栽种等。

　　（4）立体式生态浮床工程，主要包括浮床组装、浮床定位固定、水生植物栽种、填料挂装等。

　　（5）水下森林构建工程，主要包括沉水植物栽种和维护等。

　　（6）水生植物栽种，主要包括挺水植物、浮水植物的栽种和维护等。

　　项目治理后效果：项目通过采用生物生态岛技术原位净化内城河河道内水体，设备出水稳定，对COD、$NH_3-N$、TP都有很好的去除效果，各水质指标均达Ⅳ类水标准，水体能见度达到1m以上。项目以其先进的技术工艺水平、良好稳定的治理效果得到了社会各界人士的一致认可，也获得了CCTV及各大媒体的广泛宣传（图7.15）。

图7.15　项目治理后河道现状展示

## 7.1.9　海绵式河岸缓冲带技术

### 【技术简介】

　　海绵式河岸缓冲带技术即在生态岸线改造工程的基础上融入海绵城市设计的理念。该技术是对河道两侧岸线进行生态恢复工程建设，综合采用乔木、灌木、地被，营造生物多样性的同时兼具景观美化。可实现自然缓冲，减少洪涝灾害；净化水体，减轻污染；构建生态廊道等目标。

【应用范围】

该技术适用于有面源污染源的河湖区域，并可促进海绵城市的建设。

【技术原理】

在面源污染区构建"海绵体"，发挥海绵体的"渗、蓄、滞、净、用、排"作用，延缓暴雨期间城市降雨径流形成时间和高峰，同时净化径流污染物，通过沿程净化＋末端强化净化以及末端拦截的治理思路对径流进行处理，处理后排入河湖。结合目前的河岸现状，该技术采用植草沟＋下凹式绿地＋植被缓冲带＋地下填料净化单元组合形成的河岸缓冲带。

海绵式河岸缓冲带植被主要由耐湿树种、湿生灌木并搭配草本植被组成，拟采用规定品种和乡土品种相结合的植物配置方式。考虑项目实施地点本土植物为主，适当引进异地本地区生长的优良植物；在发挥林草防护和观赏等综合功能的前提下，做到既具有生态缓冲功能又美观的效果。在缓冲带范围内布设生态植草沟及旱溪，融入雨水花园设计理念，在削减面源污染的同时，提高城市的防洪蓄水能力并提升景观效果。

【技术要点】

该技术的特点是可以减缓地表径流，减轻水流的冲刷作用。植被的枝干和根系与土壤相互作用，增加土层的机械强度，直接加固土壤，起到固土护坡的作用。该技术通过渗透、过滤、吸收、滞留作用以及活跃的根际微生物活动，协同降解污染物，以减弱进入地表和地下水的污染物毒性，消除大部分有害微生物和寄生虫的负面影响。

【应用前景】

随着人口的迅速增加和社会经济的快速发展，人类的生产和生活对河流的干预不断加剧，水环境恶化的问题日益严重，直接导致水生生态系统的破坏。海绵式生态缓冲带除了能有效地控制污染物输入水体，在水环境污染防治中发挥重要作用之外，融入海绵城市理念，构建低影响雨水系统，逐步实现小雨不积水、大雨不内涝、水体不黑臭、热岛有缓解，契合水环境治理的可持续发展理念。

【技术局限性】

该技术对于净化水体、减轻污染的功能受径流中营养物质的含量、酸碱度、水中有机质含量、气候以及周围土地利用格局的影响。与此同时，该技术的后期管理及维护需安排专人负责。

【典型案例】

宋公河上游河段（岸坡）生态恢复建设工程

项目地点：四川省宜宾市江北园区

实施单位：南京工大环境科技有限公司；宜宾五粮液环保产业有限公司

项目概况：针对五粮液厂区面源污染拦截区构建"海绵体"，发挥岸坡生态海绵的"渗、蓄、滞、净、用、排"作用，延缓暴雨期间城市降雨径流形成时间和高峰，同时净化径流污染物，通过沿程净化＋末端强化净化以及末端拦截的治理思路对厂区径流进行处理，处理后排入宋公河。方案采用植草沟＋下凹式绿地＋植被缓冲带单元组合构建河岸缓冲带，结合厂区管网改造工程，拦截面源污染，并促进河道岸坡生态恢复。

该部分工程内容为对宋公河（五粮液段）上游酿酒车间外河道左岸荒地进行生态恢复建设。生态恢复带全长为620m，总面积为6200m²。以促进河道面源污染拦截效果，结合河段内强化净化生态浅滩构建措施整体促进河道生态健康状况改善。

### 7.1.10    生态湿地异位净化技术

**【技术简介】**

该技术以环境工程学、生态工程学和生态经济学的基本原理为指导，采取多功能水质综合净化反应原理，根据进水水质以及对出水水质的要求，针对性采取治理措施，在提升出水水质的同时，将工程区建成具有良好景观效果的生态示范区。该技术将人工湿地修建在河道周边，利用地势高低或机械动力将河水部分引入湿地净化系统中，污水经净化后，再次回到原水体。

**【应用范围】**

该技术适用于河湖污染物拦截与生态修复。

**【技术原理】**

通过新型模块化生物接触氧化-生态滤池组合工艺、农村生态沟渠和密植型生态浮床等技术的集成与优化，因地制宜，利用河边滩等荒弃地，采用异位净化方式，在入河之前对污染物进行生态拦截与深度净化，最终实现入河污染物负荷的有效削减，为水体水功能稳定达标和饮用水水质安全提供保障。

**【技术要点】**

前置库是一种地表径流收集与调节系统、沉降系统和植物净化系统组成的治理系统。在排污口区域设置前置库，滞留来水在前置库区，可使其中泥沙和污染物质沉降，减轻湖泊淤积及底泥污染蓄积；前置库中的生态系统，能够吸收去除水体和底泥中的污染物，快速净化入湖的污染水体。再设置复合型强化人工湿地对前置库处理后的水体进一步生态强化处理后排入湖中。此外，在人工湿地与主湖区边界隔墙上考虑设置过水性栈道，一方面提升景观及增强亲水效果，另一方面可满足在雨季入湖水量较大时，快速排水的需求。

**【应用前景】**

湿地系统作为地球上生态服务最高的生态系统之一，其功能主要体现在生物多样性恢复、固定 $CO_2$ 和调节气候、污染物消解、水源涵养、丰富的产品功能以及湿地的社会功能等。由于城市中天然湿地逐渐减少和消亡，人工湿地以其独到的优越性受到了越来越多的关注和发展。较与普通的人工湿地系统，河道（河滩）生态湿地的水力负荷和污染负荷大，对 BOD、COD、SS、重金属等污染指标的去除效果好，且很少有恶臭和滋生蚊蝇现象，是目前国际上较多研究和应用的一种湿地处理系统。

**【技术局限性】**

河道（河滩）生态湿地在处理污水过程中，众多生物新陈代谢过程（包括植物根系腐烂），产生大量有机质并积累起来，使基质通透性降低，需要人力维护。

【典型案例】

宋公河下游暗河出口生态湿地异位净化工程

项目地点：四川省宜宾市江北园区

实施单位：南京工大环境科技有限公司；四川省宜宾五粮液环保产业有限公司

项目概况：针对宋公河上游来水较差、污染较重等问题，在宋公河暗河出口至入岷江河口处河道内通过新建人工生态湿地对河水进行异位净化。设置湿地拦水围堰，通过改建拦水围堰，围堰内填筑方式设置抗淹没、抗冲刷淤积的阶梯式湿地处理系统，异位处理宋公河河水，共设置 2 块垂直流湿地系统，占地约为 6700m²（2 块湿地分别占地为 3000m² 和 3700m²，另结合地形设置前置沉沙池占地约为 520m²），该工程将河水通过暗河下前置池溢流进入导流槽，再经过导流槽进入前置库（沉沙池），流出沉沙池后经布水槽引入湿地系统进行处理后排入宋公河，改善宋公河河道水质，并削减入岷江污染物总量。

## 7.1.11 Phoslock 水体深度除磷技术

【技术简介】

Phoslock 水体深度除磷技术，于 1997 年由澳大利亚联邦科学与工业研究组织研发成功，2005 年 Phoslock Water Solutions Ltd 购买其专利和商标，并开展国际应用，迄今在全球拥有 300 多个成功案例，2016 年在浙江长兴设立生产工厂供应全球，2017 年开始在中国开展大规模市场应用推广。其产品主要成分是镧改性膨润土，去除水体中的可溶性磷酸盐，同时也可以作为一种原位修复技术来控制底泥营养盐的释放替代清淤。再者，将总磷降低后可以降低水体藻类水平控制富营养化，并促进生态系统的自然恢复。

【应用范围】

该技术适用于河湖的总磷考核、富营养化治理和水生态修复。

【技术原理】

Phoslock 水体深度除磷技术主要成分是镧改性膨润土，其深度除磷原理是利用膨润土三维空腔结构中的层间阳离子镧与磷酸分子结合，形成稳定的磷稀土矿（$La^{3+} + PO_4^{3-} \longrightarrow LaPO_4 \downarrow$），这种矿物质在水中溶解性极低，Ksp 沉淀平衡常数仅为 $1 \times 10^{-25}$，不产生二次释放污染。

（1）调研分析。调研分析水体中总磷、可溶性磷酸盐含量和底泥中可释放磷的含量，通过计算得出 Phoslock 锁磷剂的使用量。

（2）均匀喷洒。然后根据水体大小不同选用水上施工船或采用岸上均匀喷洒的方式进行施工。先将 Phoslock 锁磷剂按照 10：1 的比例与水混合形成均匀的悬浊液，然后用投加泵将悬浊液通过喷洒管均匀地喷洒到水体表面。

（3）快速锁定。Phoslock 锁磷剂投加到水体表面后，在下沉过程中快速锁定水体中的磷酸根，切断蓝藻生长的营养源。

（4）原位覆盖。下沉到水底底部的 Phoslock 锁磷剂覆盖在底泥表面继续吸附从沉积物释放的磷，阻止沉积物中磷营养释放到水体中，降低水体中的磷营养。

【技术要点】

该技术的特点是安全、降磷效率较高，并具有多重功效，主要成分是镧稀土矿和膨润土矿两种矿物质混合形成，取自于自然回归于自然；镧可以入药，碳酸镧可以治疗人体肾病晚期高磷血症；镧存在于 Phoslock 锁磷剂的分子结构当中，游离镧浓度极低，生态风险低。不仅可以去除水体中的磷还可以吸收底泥释放的磷，可以将总磷降至 0.01mg/L，并长期稳定。降低总磷浓度后，可以降低藻类水平，控制富营养化，并促进水生态恢复。

【应用前景】

Phoslock 水体深度除磷技术作为一种已在发达国家应用 20 余年并具有安全、高效、稳定、经济而又使用方便的成熟技术，必将成为我国湖库富营养化的治理和水生态修复的有效技术，尤其湖库水体降磷。

【技术局限性】

Phoslock 水体深度除磷技术作为一种专利除磷技术需要结合其他技术手段一起构建综合的湖库富营养化治理和水生态修复技术体系。另外对于海水或者高盐度、高 pH 值（pH＞10）的水体除磷不太适用。

【典型案例】

东湖天鹅湖生态治理工程

项目地点：武汉市东湖

业主单位：湖北金浪勘察设计有限公司

实施单位：北京林泽圣泰环境科技发展有限公司

项目模式：实际施工总承包

项目概况：东湖天鹅湖位于武汉东湖宾馆之内水域面积为 13.5hm²。治理前，水体中总磷含量为 0.24mg/L，超过《地表水环境质量标准》（GB 3838—2002）湖库类 V 类水标准，因此水体富营养化导致湖中藻类肆意生长。通过除藻、Phoslock 锁磷剂技术内源控磷、沉水植物种植等重建了水生态系统，治理后天鹅湖水体主要指标上升为地表水 IV 类，总磷低于 0.1mg/L。水体透明度由 40cm 以下上升到 60cm 以上，整个水域生态景观得到大幅提升。

## 7.1.12    小型原位微生态装置辅助技术

【技术简介】

小型原位微生态装置主要包括：开发"河道自动水处理生化反应器"以应对水体内源性污染；开发"PourBoat 系列"原位修复设备，筛选土著微生物进行固定化包埋处理，并将得到的固定化包埋菌剂作为净化核心处理单元，组合曝气充氧、推流、深水提升循环等技术，配备太阳能发电、在线监测等功能，实现微生物的原位激活、培养扩繁、水体复氧、推流搅拌、底泥消减等多种功能，解决了传统微生物修复菌剂处理效果单一、易流失，经济成本高的问题。

【应用范围】.

截污不彻底，仍有少量污水进入的河道、城市湖泊、公园水体、住宅区景观水体、农村坑塘。

【技术原理】

曝气复氧技术是根据水体受到污染后缺氧的特点，人工向水体中充入空气（或氧气），加速水体复氧过程，提高水体的溶解氧水平，恢复和增强水体中好氧微生物的活力，促进上下层水体的混合，使水体保持好氧状态，同时抑制底泥氮、磷的释放，防止水体黑臭，使水体中的污染物质得以净化，从而改善水体水质。

生物膜法是指用天然材料（如卵石）、合成材料（如纤维）为载体，在其表面形成一种特殊的生物膜，生物膜表面积大，可为微生物提供较大的附着表面，有利于加强对污染物的降解作用，使水体在生物降解、物理吸附、沉降、过滤等作用下得到净化。

水生态系统架构是以生态系统中完整的食物网链为基础的，即从初级生产者到水体最高消费者，充分利用食物链摄取原理和生物间相生相克关系，构建健康的生物群落结构，从而维持生态系统平衡，使水体水质长久维持较好的状态。

【技术要点】

（1）小型原位微生态装置（发明专利：一种污水河道自动水处理生化反应器，授权号：ZL201410820243.X；发明专利：一种厌氧菌固定化方法 ZL201610003981.4；外观专利：鱼跃形水质原位修复装置 ZL201730119214.5）：此系列装置是基于高效多孔填料、固定化包埋菌的黑臭水体原位修复治理设备，该系列设备最大化的组合包埋菌净化、曝气、充氧、推流等功能，配套漂浮装置、动力装置，并可以扩展在线监控系统，集微生物的原位激活、培养扩繁、水体复氧、推流搅拌、底泥消解等多种功能于一体提升改善水质的先进设备。

（2）"水下草坪"（发明专利：一种低矮无花苦草的选种方法，授权号：ZL201210032406.9）是通过改变苦草的生存环境，抑制植株的高度生长，阻止性成熟，并通过数代的选育，最后得到可遗传的低矮的不开花结果，冬季不枯萎只有无性繁殖的植株品种。在改良过程中只限制了苦草的高度、耐寒性、繁殖方式，而对其他的苦草特性，并没有加以改变。由于低矮无花苦草具有植株矮小，不易蔓延等优点，可极大减少后期养护的烦琐工作。

（3）多功能净化生态漂浮湿地（发明专利：多功能净化生态漂浮湿地及制作方法，授权号：ZL201110318108.1）是基于生态浮床的一种原位修复技术，通过植物（水生花卉或经济植物）、多孔介质、微生物、动物的联合作用强化污染物在水-土壤-大气中循环转化过程，达到去除水中污染物目的，具有工程量小、不占地、无负面环境效应等优点。

【应用前景】

小型原位微生态装置具有独特外形特征的一体化设备形式，兼具景观效果。可以针对不同的水体环境，并能够灵活组合使用，产品使用时，能够减少水体复氧设备数量，减少投资。除基本的滤料吸附、承载菌剂和曝气推流功能外，还增加了水质在线监测、无线传输、智能控制以及远程监控等功能，方便实时监测水质，并能够远程操控设备，保证运行管理的精细化，其对国内的水处理产业将产生深远的影响。多功能净化漂浮湿地综合了生态浮床和潜流湿地系统的双重水质净化功效，漂浮载体内形成生物膜，生物膜能从根本上解决水体的富营养化问题；由于漂浮湿地上可种植陆生植物，解决了传统浮床冬季没有景观的问题。"水下草坪"由于植株低矮、不开花结果、冬季不枯萎，水质净化效果好，易于维护，对于修复水体的水环境生态系统，尤其对较浅水体有极大优势。

【技术局限性】

流动性较强的河道，由于停留时间比较短、流速较快，此集成技术净化效果不显著。

【典型案例】

合肥滨湖新区塘西河（宿松路橡胶坝-徽州大道闸坝）水质治理工程

项目地点：合肥市滨湖新区

实施单位：上海水源地建设发展有限公司

项目概述：塘西河流经合肥市经济技术开发区和滨湖新区，是巢湖水系的一条支流，流域面积 50.0km²。治理河道长度约为 3km。由于有生活污水排放，加上补水不足，水质为劣 V 类，水体富营养化严重，水体呈浑绿色，溶解氧和透明度较低，部分区域呈黑臭状。沿岸存在 14 处排口，其中 2 处的污水管道、5 处雨污合流管中污水对河道的冲击，超出了河道本身的水环境容量。

项目通过清淤疏浚、截污工程、排口处通过拦水围隔构建生态滞留净化区（河道自动水处理生化反应器＋高性能接触材料净化床＋框架浮床），将污水口排入的污染负荷削减 21.5%（以氨氮削减为主要参考指标），再排入河道，河道内再通过强化处理措施与全食物链生态系统进行净化。河道内通过构建 SYD 集约化水环境全生态系统修复等手段，通过食物链级别操纵，把水体中的营养盐通过食物链逐级传递转化给水生植物、动物并进行收割、收获，维持种群之间类型和数量相对稳定，使水域生态系统维持平衡状态，以恢复及增强水体的自净能力，后期便可减少设备的开启频次，降低后期运行费用。工程完工后，主要水质指标 $COD_{Mn}$、$NH_3 - N$ 和 TP 等已达到《地表水环境质量标准》（GB 3838—2002）的 IV 类标准，削减量分别为 363948kg/a、35022.4kg/a 和 192.98kg/a（图 7.16 和图 7.17）。

图 7.16 治理前实景排口措施

图 7.17 治理后实景

## 7.1.13 海绵城市建设

**【技术简介】**

将强调优先利用植草沟、渗水砖、雨水花园、下沉式绿地等"绿色"措施来组织排水，以"慢排缓释"和"源头分散"控制为主要规划设计理念，既避免了洪涝，又有效地收集了雨水。雨水通过这些"海绵体"下渗、滞蓄、净化、回用，最后剩余部分径流通过管网、泵站外排，从而可有效提高城市排水系统的标准，缓减城市内涝的压力，又可加大河流枯季流量。

【应用范围】

要以城市建筑、小区、道路、绿地与广场等建设为载体。

【技术原理】

指城市能够像海绵一样，在适应环境变化和应对自然灾害等方面具有良好的"弹性"，下雨时吸水、蓄水、渗水、净水，需要时将蓄存的水"释放"并加以利用。

【适用前景】

城市规划。

【技术局限性】

工程量较大，耗时较长。

【典型案例】

重光湖滨公园海绵城市

项目地点：重庆北部新区

项目规模：占地面积约为 45617m²，其中重光水库属嘉陵江水系小河支流，水域面积为 41430m²

业主单位：重庆北部新区环保局

实施单位：艾奕康环保技术顾问（广州）有限公司

项目模式：政府采购服务

项目概述：重光湖滨公园位于重庆北部新区及两江新区快速城市化发展建设的核心地带，在多条城市干道之间，交通便利。

治理前状况：开发建设前水库水质达到Ⅳ类水质标准。

治理技术：以"源头削减—中途转输—末端调蓄"为主线，采用了低势绿地、渗透铺装、绿色生态水渠、生态护岸及植被缓冲带等措施，在保证公园景观体系完整性的基础上，兼顾雨水径流污染控制及水量调控，实现雨水从源头到末端的连续管理，从而确保水库水质安全及水量平衡。

治理后：重光湖滨公园海绵城市建设过程中，在水质控制方面，开发后重光湖滨公园水库水体和水质基本维持了开发前水平；在水量控制方面，既保证有足够量的雨水径流来补给重光水库，维持水库生态环境不再恶化并逐渐改善，又不易引发洪涝、水域大面积缩减及水库功能退化。

## 7.1.14　景观湖库构建技术

（1）湖库水体水生植被生态恢复及景观设计。

【技术简介】

其技术核心是植被选择和水生群落的建立。水生植物要选择耐污性好、去除氮磷能力强的植物。

【应用范围】

城市湖库基本均适用。

【技术原理】

水生植物在水生态修复中的作用方式主要包括物理过程、吸收作用、协同作用和化感作用。

【技术特点】

湖库水体水生植物是指生长在湖库中的沉水、浮水、漂浮和挺水植物。其技术核心是植被选择和水生群落的建立。在满足生态恢复的前提下，设计植物在水平和垂直方向的分布，色彩也要进行搭配，以及一年四季中不同植物间的功能替代。

【适用前景】

水生植物修复技术具有成本低、低耗少、环境扰动小等优点，前景广阔。

【技术局限性】

不适合不适宜生物生长生存的环境。

（2）湖滨带生态恢复及景观设计。

【技术简介】

湖滨带作为水体的缓冲区，湖滨湿地景观设计时应注意：①提供合适的水源，水中不含对湿地生物有害的物质；②保护当地物种多样性；③按照水流方向，在紧邻湿地的上游提供缓冲区，保障在湿地边缘生存的物种（如水鸟）的栖息场所和食物来源；④在不同湿地、水道和周围地区建立能供物种迁徙的廊道；⑤在湿地中建立走道来规范人类活动，防止对湿地系统的随意破坏。

【应用范围】

城市湖库基本均适用。

【技术原理】

湖滨带湿地生态恢复和景观建设以人工湿地技术为核心，结合水利工程和园林景观技术，恢复湖滨带的自然条件和植物类型，形成以湿地为主的滨水景观。

【适用前景】

前景广阔，适宜景观湖库的构建。

【技术局限性】

适宜生物生长生存的环境，因地制宜。

（3）湖岸、沟渠生态恢复及景观设计。

【技术简介】

1）将湖岸改造成为不规则的河湾，延长湖岸线长度，并根据不同物种需要将湖岸改造成平缓型、陡峭型、泥泞型等多种类型，美化视觉效果。

2）在湖岸外侧种植阔叶林或高大乔木，减少热辐射，为湖岸外侧的湿地生物提供遮阴场所，但要避免成行成排的树木所带来的视觉单一以及树木太密影响水面阳光直射。

3）采取过渡性的景观设计方法使湖库景观及周围景观自然相连，从而形成亲水区-见水区-远水区-望水区四个层次的景观格局，在三维空间内丰富湖区景观。

【应用范围】

城市湖库基本均适用。

【技术原理】

一方面恢复堤岸和沟渠的生态功能；另一方面结合景观建设，美化湖岸、沟渠的视觉效果。

**【适用前景】**

前景广阔，适宜景观湖库的构建。

**【技术局限性】**

因地制宜，经济因素，生态环境因素。

**【典型案例】**

卧龙水库湖长制"一库一策"行动方案

项目地点：南京市溧水区

项目规模：集水面积 18.2km²

业主单位：南京市溧水区水务局

项目模式：政府采购服务

项目概述：卧龙水库规划环湖开发房地产，随着周边小区住宅和农田面积的扩建与发展，生态文明建设和保护修复形势严峻。

治理前状况：森林面积逐渐减小，部分段存在水土流失隐患，水体浊度变高，恒大小区生活污水排放，导致排水口处水生植物腐败，水体浊度的增高、水生植物的腐败不仅对卧龙水库水景观造成一定的影响，而且植物腐败残体会造成水质的恶化。

治理技术：建设 100～200m 宽的防护林，卧龙湖小镇段、恒大小区与韩家边段对其进行水生态景观娱乐化改造，海绵城市化建设，改善生态环境，合理空间布局，挖掘水文化，促进人、水和景观的和谐景观发展。

### 7.1.15 滨水空间构建技术

（1）水文化构建。

**【技术简介】**

城市滨水空间结构的更新应先从大局入手，从城市整体空间结构的完善和延伸，达到地域的融合。

**【应用范围】**

该技术适用于水质状况良好的水体。

**【技术原理】**

城市滨水空间是天然的开放空间，其线形本身已具有保持连续性的先决条件，可作为城市开发空间系统的有利载体。

**【技术特点】**

保持和突出建筑物及其他历史因素的特色。

**【适用前景】**

城市的广场、教堂及传统的街坊、里弄、寺庙等都是城市景观的重要场所因子，它们在城市居民的深层意识中形成某种固定的观念，具有重大的凝聚力作用。前景良好。

**【技术局限性】**

结合当地气候特点，严格控制建筑与水体边缘的距离，考虑从水上或者对岸观赏沿河景观时水域与周边城市环境的和谐。

（2）水景观构建。

**【技术简介】**

城市滨水空间的用地功能主要有六种模式，即滨水商办金贸区、滨水餐饮娱乐区、滨水文体博览区、滨水居住区、滨水休闲活动区、滨水营运码头区。城市滨水用地调整可分为开发型、更新型、保护型三种方式。

**【应用范围】**

水质状况良好的水体均适用。

**【技术原理】**

在滨水城市，滨水空间的景观是城市意象生成的主导因素。

**【技术特点】**

保持和突出建筑物及其他历史元素的特色。

**【适用前景】**

前景好。

**【技术局限性】**

根据城市开发的强度、基地城市化程度和历史价值的差别。

（3）水安全构建。

**【技术简介】**

城滨水城市在水滨高筑堤坝以预防洪水灾害，护岸设计的关键在于处理好安全与亲水的矛盾。在保证防灾功能的同时，规划设计应考虑景观的美感和生态的平衡。

**【应用范围】**

水质状况良好的水体均适用。

**【技术原理】**

根据剖面形态的差别，可分为垂直型、斜坡型和阶梯型三种。垂直型护岸节约用地，通常只用于河道狭窄的水网城市。其他两种适用于水面宽阔的岸线，有利于保护滨水生态环境，并使水面易于亲近。在不同的滨水环境氛围，城市中心或城市边缘、风景旅游区或城市广场、高原地带或海滨，护岸可采用不同材料建造，就地取材，因地制宜。常见的有绿化护岸、碎石护岸、沙滨护岸、石积护岸、混凝土护岸、碎石贴面护岸等类型。

**【技术特点】**

与当地气候、水位、地形地势有关。

**【适用前景】**

前景好。

（4）水生态、水环境构建。

**【技术简介】**

正确建立城市废物、雨水、废土地和其他城市要素的联系，使之变成有用的资源。把生活污水同农业、林业生产连接，既处理了污水又促进了生产，还补充了地下水。

**【应用范围】**

水质状况良好的水体均适用。

【技术原理】

根据生态环境的差别，可分为生态方法和维护地方生态系统的平衡。

1）生态方法。运用自然资源为原料，投入小，收益大，是水质净化的一种有效途径。

2）维护地方生态系统的平衡。乔木、灌木、攀援植物、地面的植被都是森林系统不可分割的组成部分。滨水绿化林带的培植应从大自然中吸取经验，向立体化发展，使各种植物相互依存，形成稳定的生态结构，达到局部生态系统的平衡，吸引鸟类、昆虫类等生物回到城市中来，保护自然土壤的物理、化学属性和微生物区系。而且，城市滨水空间的绿化种植鼓励利用丰富的乡土树种和特色树种，注重展现层次变化、质感变化、色彩变化、季相变化、图案变化等，以适应城市气候环境和城市特点。

【典型案例】

四川广元苍溪杜里坝滨水景观

项目地点：四川省

业主单位：广元苍溪

实施单位：深圳毕路德建筑顾问有限公司

项目模式：政府采购服务

项目概述：有效减免洪水对保护区造成的损失和次生灾害发生的县城防洪能力，并凭借新增建设用地1300亩进一步完善城市配套基础设施，拓展城市外延空间，对促进城市生态环境改善和当地经济建设可持续发展具有积极的作用。针对杜里坝场地特色，以更理想、更自立的城市滨江景观地标的方式创造出滨江绿地与河流廊道，在苍溪城市化进程中保留山水与人文绿色基底；以新生态城市主义理念，融入都市休闲设施与生态旅游服务功能，营造生态形象展示与独特地域景观地标的公共滨水景观空间。

多彩步道的材料铺装意向；层次丰富的景观小品意向；精巧多样的灯具氛围意向；缤纷活泼的水景与室外家具意向；引风绿林降温、雾喷降温、透水地坪、屋顶绿化、耐践踏草坪、可再生滩涂等生态的技术应用。对拓展城市空间、完善城市功能、改善人居环境、提升城市品质具有十分重要的意义（图7.18）。

图7.18　河道治理后状况

# 7.2　湖库生态修复技术

## 7.2.1　湖库前置库生态修复技术

【技术简介】

前置库就是在大型河湖、水库等水域的入水口处设置规模相对较小的水域（子库），将河道来水先蓄在子库内，在子库中实施一系列水的净化措施，同时沉淀污水挟带的泥沙、悬浮物后再排入河湖、水库等水域（主库）。前置库的设立，能够有效减少外源有机污染负荷，并且占地少、成本低。

【应用范围】

该技术适用于平原河网圩区，可因地制宜利用天然塘池、洼地、河道构建；充分利用所有可以利用的沟渠，从面源的不同入水口到生态库塘，进行全过程处理；充分发挥平原河网地区现有的闸站的调控作用，有效汇集、调蓄地表径流，进行深度处理。不影响河道的防洪排涝功能；利用砾石构筑生态透水坝，形成库区的水位差，解决了平原河网地区前置库系统停蓄时间和水流流动的问题；解决生物处理技术中常见的二次污染问题；出水可回用于农灌、鱼塘，改善农村水域的水质状况。

【技术原理】

前置库就是利用水库存在的从上游到下游水质浓度变化梯度的特点，根据水库形态，将水库分为一个或若干个子库与主库相连，通过延长水力停留时间，促进水中泥沙及营养盐的沉降，同时利用子库中大型水生植物、藻类等进一步吸收、吸附、拦截营养盐，从而降低进入下一级子库或者主库水中营养盐的含量，抑制主库中藻类过度繁殖，减缓富营养化进程，改善水质。

【技术要点】

消除水体黑臭，水质指标达到《地表水环境质量标准》（GB 3838—2002）Ⅴ类水体（溶解氧≥2mg/L、化学需氧量≤40mg/L、氨氮≤2mg/L、总磷≤0.4mg/L）前置库系统出水TN、TP、SS平均值分别为1.55mg/L、0.09mg/L、28.46mg/L，水质基本上可达Ⅲ～Ⅳ类。

【适用前景】

研究表明这种因地制宜的治理措施，对于控制面源污染，减少水体有机污染负荷，特别是去除地表水中N、P是一种安全有效的方法，具有良好的应用前景。

【技术局限性】

前置库技术的主要困境是植物的选取以及如何保证在温度较低的天气下的净化效率。除此之外，前置库的净化功能与河流的行洪功有时候会矛盾，所以有必要寻求一种将两者有效结合协调的方法。

【典型案例】

玉林市苏烟水库水源地污染水体修复工程

项目地点：玉林市玉州区大塘镇苏烟村

项目规模：苏烟水库总库容1934万 m³

业主单位：玉林市苏烟水库水电管理处

实施单位：广西恒晟水环境治理有限公司

项目模式：政府采购服务

项目概述：确定修复改造方案如下：

（1）重新设计进水闸门，改为水位自动控制闸门。防止雨水季节携带大量泥沙的洪水进入生态系统。

（2）将原生态床体重新分隔，使用"微生物产电自传导生态净化技术"重构生态净化系统。

（3）新建冲沙闸门，避免坝前积沙进入生态系统。

（4）沉淀池改为折板式沉淀池，提高沉淀效率。

实施效果：项目完成后，经过一年的运行，经历几次洪水过程，进水闸都能够按临界水位自动开关，有效阻挡了含泥沙量大的洪水进入生态系统。重构的生态系统运行稳定，污染去除效果理想，出水水质达到水源地水质标准（图7.19）。

图7.19　实施后项目

## 7.2.2　驳岸生态修复区消浪技术

（1）石坝消浪技术。

【技术简介】

石坝消浪技术一般采用水下抛石，水上砌筑浆砌石、干砌石或浇筑混凝土等支护结构，用以消减波浪。

【应用范围】

石坝的结构选型应根据自然条件材料来源、使用要求和施工条件等，经技术经济比较确定。斜坡堤适用于地基较差和石料来源丰富的情况，正砌方块直立堤适用于地基较好的情况。

【技术特点】

石坝消浪具有消浪效果好、使用年限长、结构稳定性好等优点，缺点是投资较大，施工比较复杂，对湖泊水动力影响和景观影响较大，不能保持水面完整，同时也影响了湖滨区的生态交换。

**【技术要点】**

石坝的结构型式、石坝与湖堤的距离、石坝的高度以及堤顶宽度。

**【适用前景】**

随着人们在工程中对生态和谐性的要求越来越高，单一的实体防波堤应用越来越少。但是也可以对石坝消浪加以改造，适当采用，能够比较便捷地打造亲水平台，为人民提供休闲娱乐的平台，满足人们的亲水需求。在一些特殊地质条件下，实体坝消浪技术仍然有其独特的优势。

**【技术局限性】**

需要考虑如何减少投资，降低施工难度，保持湖库景观效果等。

（2）桩式消浪技术。

**【技术简介】**

桩式消浪技术是利用木桩或混凝土桩，打入靠近水面的滩地边缘，以改变波浪形态，消减作用于滩地上的波浪。

**【应用范围】**

该技术适用于土质松软的地方。在水深、波浪较小的内河、湖泊的近岸水域，可采用经济实用的木桩；在湖泊和水库等开阔水域，采用小直径混凝土桩。

**【技术特点】**

桩式消浪技术结构简单、易于施工和成本较低，适用于水深相对较小的水域。但是桩式消浪也存在一定的缺陷，波浪大小、桩间距及堤身高度等对其消浪效果影响比较大。

**【技术要点】**

波浪大小、桩间距以及堤身高度。

**【适用前景】**

桩式离岸堤既可有效消减作用于滩地上的波浪，又能在较大范围内改变波浪形态，使其由破波转变为浅水推进波，改善了滩上的水流波浪等动力条件，从而达到保护湖滩免受波浪掏刷的目的，是一种具有广泛应用前景的新型保滩促淤结构。

**【技术局限性】**

木桩容易被腐蚀，存在使用寿命的问题，也使得维护成本增加。

**【典型案例】**

上海市奉贤南门港段的保滩工程

项目地点：上海市奉贤区

实施单位：上海奉贤贤润水务建设有限公司

项目概述：奉贤南门港段保滩工程长为 766.2m，采用桩式离岸堤方案作为保滩试验工程，以取代传统的斜坡式抛石离岸堤。离岸堤堤轴线距主海堤约为 50m，堤身由圆形管桩间隔排列构成，以减少作用于桩体的波浪压力。堤线处滩面高程为 $z_b = +1.0$m（吴淞零点，下同），堤顶高程 $z_0 = +4.0$m，桩的自由端长 $h = 3.0$m。为了保护离岸堤附近滩面免受因波浪破碎而造成的冲刷，在其前后各布设一段平抛块石护底，宽度分别为 10.0m 和 5.0m，桩基处抛石顶标高 +2.0m，设计高潮位为 $z = 6.15$m，设计波高

$h_0 = 3.60m$,设计波周期 $t = 6.8s$。考虑到离岸堤处的滩面高程力 $z_t = +1.0m$,设计高潮位时的水深为 $d = 5.15m$,此时的设计波高 $h_0 = 0.7d$,已为极限波高。奉贤南门港段在修建透空桩式离岸堤之前,海堤部分堤脚已因滩地淘刷而被淘空,修建桩式离岸堤保滩工程一年后,堤后滩面已淤高 1.0m 左右,起到了明显的消浪保滩效果。

（3）管袋消浪技术。

**【技术简介】**

管袋围堰技术就是将湖底的部分淤泥灌入生态管袋内,再把多个管袋围堰起来。围成 U 形的管袋能降低风浪对大坝的冲击,也能让围堰区域内水域保持相对静态,有利于芦苇生长。

**【应用范围】**

该技术适用于基底较稳定的地方。

**【技术原理】**

管袋筑坝基本理论主要为管袋的固结理论和稳定性理论,后者包括在波浪及水流作用下管袋的稳定性理论。

**【技术要点】**

管袋的材料类型和规格、填充物的强度等。

**【适用前景】**

管袋筑坝已被广泛地应用于海岸防护、抗洪抢险、沼泽地修复、冲刷防治、填海造陆和垃圾处理等领域中,利用土工织物充填管状袋还可以构筑堤防、丁坝和砂丘等结构物,在国内外的各项工程中发挥着重大的作用。

**【技术局限性】**

波浪作用力的大小以及分布形式。

**【典型案例】**

太湖湖西大堤宜兴八房港湖滨带生态修复工程

项目地点：江苏省宜兴市

业主单位：江苏省宜兴市水利局

实施单位：江苏三正华禹环境工程有限公司

项目模式：政府采购服务

项目概述：江苏三正华禹环境工程有限公司于 2013 年开始建设“太湖湖西大堤宜兴八房港湖滨带生态修复工程”,属太湖湖西大堤宜兴保滩固堤结合湖滨带生态修复工程的第九期,位于太湖沿岸八房港,行政区划隶属于宜兴市丁蜀镇。工程实施范围为大堤东侧八房港南北两侧湖滨带,南至定化港,北至双桥港。其中八房港南侧为 550m,八房港北侧为 900m,宽为 200m,总面积为 290000m² （约 435 亩）。设计内容为消浪工程、基底修复工程、保滩促淤工程和植被恢复工程。工程竣工至今,生态管袋潜堤及基底修复区稳定性良好,经受住了 2016 年 7 月 8 日的太湖最高水位 +4.87m 和 2017 年 18 号台风“泰利”的严酷考验。

## 7.2.3 深水曝气技术

**【技术简介】**

深水曝气技术利用向底层水体直接充氧、通过混合上下水层间接充氧和将水体提升至表层水体充氧的功能，提高下层水体溶解氧浓度，抑制沉积污染物内源释放；同时借助其垂向混合功能，破坏水体分层，迫使富光区藻类向下层无光区迁移，抑制其生长繁殖，进而达到控制内源污染、抑制藻类生长、改善水源水质的目的。

**【应用范围】**

该技术适用于水较深的湖库区域。

**【技术原理】**

利用向底层水体直接充氧和通过混合上下水层间接充氧的功能，提高下层水体溶解氧浓度，抑制沉积污染物内源释放；同时借助其垂向混合功能，破坏水体分层，迫使富光区藻类向下层无光区迁移，抑制其生长繁殖，进而达到控制内源污染、抑制藻类生长、改善水源水质的目的。

**【技术要点】**

水体溶解氧含量，有机质含量。

**【技术局限性】**

往往适用于小型水体，在大型湖泊则受到经济技术条件的限制而难以奏效。

**【典型案例】**

徐州市小沿河饮用水源河道水质改善工程（2010）

项目地点：徐州市小沿河地处铜山县柳新镇北部

项目规模：流域面积约 10km²

业主单位：徐州市饮用水管理所

实施单位：南京领先环保技术股份有限公司

项目模式：政府采购服务

项目概况：2010 年 4 月开始小沿河饮用水源地水质保障工程，先对小沿河流域进行了调研和水质监测，通过污染物削减计算得到需布置 14 台（套）太阳能水生态循环修复系统才能确保水质达标，该方案获得业主认可后当年实施了一期工程，至 2013 年 7 月完成第四期工程，共计安装太阳能水生态循环修复系统 14 台（套）（图 7.20）。

图 7.20  治理后状况

工程运行后的取水口 COD、$NH_3$ - N、TN、TP 和叶绿素的去除率分别达到 16%、35%、20%、40% 和 50%，水体浮游动物、浮游植物群落结构趋于转好，蓝藻丰度明显下降。取水口总体水质已逐渐接近 Ⅱ 类水。

# 第8章 河长制湖长制执法监管技术细则

《关于全面推行河长制的意见》对执法监管提出了明确的要求，即建立健全法规制度，加大河湖管理保护监管力度，建立健全部门联合执法机制，完善行政执法与刑事司法衔接机制。建立河湖日常监管巡查制度，实行河湖动态监管。落实河湖管理保护执法监管责任主体、人员、设备和经营，严厉打击涉河湖违法行为，坚决清理整治非法排污、设障、捕捞、养殖、采砂、采矿、围垦、侵占水域岸线等活动。本章将会以指南中的四大类机制为基础，对已经成功运用到实践中的河长制湖长制相关制度进行详细介绍，供河长湖长们在对所负责的河湖进行执法监管时参考借鉴。本章技术路线如图8.1所示。

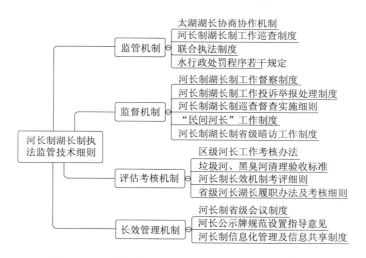

图8.1 河长制湖长制执法监管技术细则技术路线

## 8.1 监管机制

### 8.1.1 太湖湖长协商协作机制

【基本目的】

建立跨省湖长协商协作机制，进一步凝聚河湖治理和保护的合力，为深化河长制湖长制工作提供新的思路和范例。

【基本要求】

一是加强交流合作，强化信息互通、资源共享，着力构建齐抓共管、群策群力的太湖湖长工作新格局；二是狠抓任务落实，进一步统筹太湖湖长制目标任务，加强各地河长制湖长制重点工作的衔接，抓实抓好议定事项的落实；三是强化系统治理，建立完善"一湖一档"，编制完善"一湖一策"，齐心协力推动落实。同时，不断完善工作形式，丰富工作内容，促进机制规范化、常态化、长效化运作，为流域各地乃至全国，特别是跨省跨区域湖泊实施湖长制提供示范借鉴。

【基本内容】

水利部太湖流域管理局联合江苏省、浙江省河长办建立太湖湖长协商协作机制。机制设江苏、浙江省级太湖湖长和太湖局主要负责人三位召集人，成员包括沿太湖省、市不同层级湖长、主要出入太湖河流的县（市、区）河长、太湖局和相关省市河长办人员，并在面积大、岸线长的江苏省河长办设办公室，由江苏省河长办会同浙江省河长办和太湖局共同负责日常工作。

【典型案例】

政策文件：《太湖湖长协商协作机制规则》。

## 8.1.2　河长制湖长制工作巡查制度

【基本目的】

为规范河长湖长的巡查工作，有效落实河长湖长履职责任，加强河道保护管理，早发现、早处理、早解决有关问题。

【基本要求】

原则上市级河长一季度一巡查，县级河长一月一巡查，乡级河长一周一巡查。对水质不达标、问题较多的河道应当加密巡查频次。巡查应当及时、准确记录巡查日志，并存档备查。对巡查过程中发现的问题，由各级河长签署河长令或河长办下发督办令分解整改。

【基本内容】

制度要点包括适用对象、巡查范围、职责分工、巡查内容、巡查频率、巡查记录、问题处理、保障措施。

重点巡查内容：

（1）河道有无垃圾，是否存在倾倒垃圾、废土弃渣、工业固废等，河面、河岸保洁是否到位。

（2）河中有无障碍，河床是否存在明显淤塞，河底是否存在明显淤泥。

（3）河岸有无违章，是否存在涉水违法建筑物、违章搭盖、擅自围垦、填堵河道，以及其他侵占河道的行为；是否存在破坏涉水工程的行为，主要包括破坏、侵占、毁坏堤防、水库、护岸等，擅自在堤防、大坝管护范围内进行爆破、打井、采砂、挖石、修坟等。

（4）河水有无异常，水体是否有发黑、发黄、发白、发臭等现象。

（5）污水排放有无违规，现有排污口是否存在异常情况；是否有违法新增入河排污口。

（6）水生态有无破坏，是否存在电鱼、毒鱼、炸鱼，以及违法砍伐林木等破坏水生态环境的行为；水电站是否落实生态下泄流量。

（7）告示牌设置有无规范，河长公示牌、水源地保护区公示牌等是否存在倾斜、破损、变形、变色、老化等影响使用的问题。

（8）历次巡查发现的问题是否解决到位。

（9）是否存在其他影响水安全、水生态、水环境的问题。

【典型案例】

政策文件：《福建省河长巡查工作制度》。

### 8.1.3 联合执法制度

【基本目的】

全面加强河湖管理保护，建立健全多部门联合执法机制，严厉打击涉河湖违法行为。

【基本要求】

联合执法适用于全省范围内涉及水资源保护、水域岸线管理、水污染防治、水环境治理、水生态修复等河长制湖长制方面的执法工作，按照"统一指挥、依法依规、分工协作、严厉打击"的原则。

【基本内容】

执法队伍由辖区内公安、水利、生态环境、自然资源、住建（城管）、交通运输（海事）、农业农村（畜牧水产）、林业等部门抽调业务熟练、具有行政执法资格的人员组成。各部门各司其职，相互配合，形成合力，公安机关对妨碍公务、暴力抗法等违法犯罪行为，应当依法查处。联合执法重点围绕河长制湖长制工作监管的突出问题，重点打击跨区域或交界水域围垦湖泊、侵占水域和洲滩以及非法排污、养殖、采砂、设障、捕捞、取用水等涉河湖违法行为。探索建立"一河一警"等工作模式，各级河长办应将联合执法工作纳入河长制湖长制工作年度考核内容。

【典型案例】

政策文件：省河长办、省公安厅联合制定《湖南省全面推行河长制湖长制联合执法制度》。

### 8.1.4 水行政处罚程序若干规定

【基本目的】

为进一步规范水行政处罚程序。

【基本要求】

听取当事人陈述、申辩或者听证结束后，对违法行为调查终结，案件承办人员应当就案件的事实、证据、处罚依据和处罚意见等，向水政监察机构负责人提出书面报告，水政监察机构负责人应当对调查结果进行审查，并按照权限处理。

【基本内容】

（1）拟作出不予行政处罚或者对公民处以三千元以下罚款、对法人或者其他组织处以三万元以下罚款的，由水政监察机构负责人作出决定，经水行政处罚机关法制机构法制复核后报水行政处罚机关印章管理机构用印盖章。

（2）拟对公民处以超过三千元至十万元以下罚款、对法人或者其他组织处以超过三万元至三十五万元以下罚款的，经水政监察机构内设法制工作机构法制审查后，由水政监察机构负责人进行集体讨论，参加人数不得少于负责人职数的四分之三。列席人员应为案件承办人、内设法制工作机构负责人和其他相关人员。水政监察机构负责人集体讨论达成共识后提出行政处罚建议，经水行政处罚机关法制机构进行法制复核，报水行政处罚机关负责人审查同意后用印盖章。

（3）对情节复杂或者拟对公民处以超过十万元罚款、对法人或者其他组织处以超过三十五万元罚款、吊销许可证等水行政处罚，由案件承办人员提出行政处罚建议经水政监察机构负责人签署意见后，报水行政处罚机关法制机构进行法制审核，由水行政处罚机关法制机构报请水行政处罚机关主管负责人审查，提请水行政处罚机关负责人集体讨论决定。参加人数不得少于水行政处罚机关负责人职数的四分之三。列席人员应为案件承办人、水政监察机构负责人、水行政处罚机关法制机构负责人和其他相关人员。

【典型案例】

政策文件：京水务法〔2018〕39 号《北京市水行政处罚程序若干规定》。

# 8.2　监督机制

## 8.2.1　河长制湖长制工作督察制度

【基本目的】

为加强对全面推行河长制湖长制实施情况督察，落实各相关部门工作职责。

【基本要求】

适用于市各级总河长、河长对下一级党委、政府及同级相关部门河长制湖长制实施情况和河长履职情况进行督察。督察工作坚持问题导向、实事求是、统筹协调、强化整改的原则。

【基本内容】

根据督察事项、内容及时间要求，按照以下程序开展督察：

（1）督察准备。河长制湖长制办公室根据督察工作计划或工作实际制定督察方案，组建督察组，明确督察时间、督察对象、督察内容，梳理查阅资料清单、问题线索等。例行督察方案报请总河长批准，专项督察方案报请同级河长湖长批准。

（2）督察实施。河长制湖长制办公室向被督察对象发送督察通知书，告知其督察事项、督察时间及督察要求等。督察组通过听取情况汇报、审阅自查报告和文件资料、实地查看核查、与有关河长及政府部门开展个别谈话、听取公众意见等形式开展督察。

（3）督察报告。督察结束后 10 个工作日内，督察组向河长制湖长制办公室提交督察报告，河长制湖长制办公室汇总审核后报同级河长湖长，其中定期督察报告经河长湖长审定后报河长制湖长制工作领导小组。

（4）督察反馈。督察结束后 20 个工作日内，河长制湖长制办公室对督察中发现的问题，向被督察对象下达《督察建议书（意见书）》。

（5）督察整改。被督察对象要按照《督察建议书（意见书）》整改要求，制定整改方案，并在 1 个月内报送整改情况。对逾期未完成整改的，视情开展"回头看"，组织重点督察，实行警示约谈。

（6）督察台账。督察组长单位应当对督察事项登记造册，统一编号。督察任务完成后，及时将督察事项原件、领导批示、处理意见、督察报告、督察建议书（意见书）等资料立卷归档以备核查，并于每年年底前将台账移交河长制湖长制办公室统一保管。

【典型案例】

政策文件：《佛山市河长制湖长制工作督察制度（试行）》。

## 8.2.2 河长制湖长制工作投诉举报处理制度

【基本目的】

为规范河长制湖长制工作投诉举报处理程序，有效维护和保障人民群众的环境权益。

【基本要求】

处理河长制湖长制工作咨询投诉，实行"属地管理、分级负责"的原则。市、区、镇（街）三级河长湖长分别负责组织本级河长制湖长制工作投诉举报的处理，日常工作由同级河长制湖长制办公室承担。各级河长湖长也可指定由其他部门负责承担投诉举报的日常处理工作，同级河长制湖长制办公室应当予以配合。

在受理投诉举报时，要做到有报必接、违法必查，事事有结果、件件有回音。除发生不可抗力情形外，监督电话、微信公众号应当保证畅通。

【基本内容】

（1）依法受理涉及河道问题、河长制湖长制工作相关问题的举报事项。

（2）对举报件及时转送、交办、催办、督办。

（3）向上级交办部门报告交办件的办理结果。

（4）研究、分析河长制湖长制办公室举报投诉工作情况，提出改进工作的意见和建议。

（5）向本级和上一级河长制湖长制办公室提交年度工作报告，报告举报事项受理情况以及举报件的转送、交办、答复、催办、督办等情况。

（6）检查、指导和考核下级河长制湖长制办公室举报热线工作，总结交流工作经验，组织工作人员培训。

【典型案例】

政策文件：《佛山市河长制湖长制工作投诉举报处理制度（试行）》。

## 8.2.3 河长制湖长制巡查督查实施细则

【基本目的】

做好全市河湖的日常巡查和重点督查。

**【基本要求】**

坚持依法依归、实事求是、及时督查、突出重点、注重实效的原则，以日常巡查、重点督查结合第三方测评，对各县（市、区）巡查督查情况进行考核。

**【基本内容】**

巡查内容：

（1）河面、河岸保洁是否到位。

（2）岸坡坍塌情况、倾倒废土弃渣，河道是否有阻水物。

（3）是否有新增入河排污口。

（4）现有排放口周边水体颜色、气味。

（5）是否存在乱占、乱建及其他侵占河道的情况。

（6）是否存在乱排的行为（沿河畜禽养殖、鱼塘养殖、码头、砂场、工矿企业等）。

（7）涉及河道施工的行政许可项目是否按照许可内容规范施工。

（8）其他河长制湖长制工作需要巡查的督查内容。

1）河长制湖长制年度目标任务落实情况。

2）市级总河长、副总河长、河长批示贯彻落实情况。

3）河长巡查、信访件、群众举报、监督员及新闻媒体提出的意见和建议、政府热线交办事项落实情况。

4）疑似黑臭河湖及排污口整改落实情况。

5）"一事一办"及交办单任务落实情况。

6）其他河湖长制工作需要督查的事项。

工作考核考核内容：

（1）河道管护情况，主要是对河面清洁、河岸整齐、河道通畅、河水洁净等方面。

（2）河湖三乱治理，对乱占、乱建、乱排等侵害河湖行为的治理情况。

（3）督查相关事项，主要是对市级河长督查、市河长制湖长制工作领导小组督查、市河长制湖长制办公室督查、"一事一办"工作清单完成情况等进行考核。

（4）对河湖周边群众进行满意度测评。

**【典型案例】**

政策文件：《苏州市河长制湖长制巡查督查实施细则》。

## 8.2.4  "民间河长"工作制度

**【基本目的】**

为全面发动民间力量参与河湖的管理保护工作。

**【基本要求】**

担任"民间河长"的条件：一是熟悉河流（湖），群众口碑好、社会威信高、热心于公益事业；二是身体健康，有一定的文化程度；三是实行就近就地原则，一般应居住在河流（湖）附近。

**【基本内容】**

（1）对河道进行每周不少于2次的巡查、监督周边企业污染排放，对发现的河面漂浮物、河岸垃圾、河道违章及偷排偷倒垃圾等问题及时上报，并做好巡查记录。

（2）积极宣传河湖保护理念，向周边群众广泛宣传党委政府落实河长制湖长制决心，宣传所实施的相关管理保护措施与项目，引导全社会广大人民群众积极参与河长制湖长制工作。

（3）发挥熟悉河湖环境与民情的优势，在政府相关措施、项目实施前提出合理化建议。

（4）及时向乡镇（街道）、村河长反馈周边群众加强河流（湖）管理意见和建议，搭建起政府与社会、群众的沟通桥梁。

【典型案例】

政策文件：滁州市《关于全面推行"民间河长"工作的意见》。

### 8.2.5 河长制湖长制省级暗访工作制度

【基本目的】

为了深入推进河长制湖长制落地见效，进一步规范河长制湖长制暗访工作，切实提高暗访工作针对性和实效性。

【基本要求】

依法依规开展，坚持实事求是、客观公正的原则。采取"不预发通知、不打招呼、不听汇报、不用陪同，直奔现场、直面群众"（简称"四不两直"）方式进行。

【基本内容】

暗访工作一般由省河长办组织实施。根据工作需要，可组织省级河长会议成员单位、相关方面专业人员参加，必要时可通过委托第三方抽查、抽检、抽测等方式进行。暗访一般由一个部门或多个部门、3人及以上人员组成。由省河长办根据省委、省政府确定的重点工作任务和年度工作计划安排，采取定期与不定期相结合的方式进行，重要时期、重点时段应根据工作任务需要增加暗查暗访频次，原则上每年不少于2次。

暗访检查的主要内容：

（1）党中央、国务院关于河长制湖长制的重大决策部署贯彻落实情况，以及国家部委关于河长制湖长制的工作部署贯彻落实情况。

（2）省委、省政府关于河长制湖长制的具体要求贯彻落实情况。

（3）上级领导批示及上级部门督办事项落实情况。

（4）河长制湖长制主要任务、年度重点工作贯彻落实情况。

（5）对中央及省级环保督察反馈问题整改、水污染防治攻坚战、固体废物非法倾倒等有关要求的贯彻落实情况。

（6）突出问题整改情况。

（7）河长制湖长会议成员单位履职情况。

（8）河湖日常管理和保护情况。

（9）河长制湖长制公示牌设置、更新、管护等情况。

（10）投诉举报事项处理情况。

（11）上级督查、暗访发现问题整改落实情况。

（12）其他需要暗访的事项。

【典型案例】

政策文件：安徽省《全面推行河（湖）长制省级暗访工作制度（试行）》。

## 8.3　评估考核机制

### 8.3.1　区级河长工作考核办法

**【基本目的】**

适用于市级总河长对各区总河长（含副总河长，下同）、市级河长对各区河长的考核，以及根据考核结果进行表彰、批评等。

**【基本要求】**

坚持客观公正、科学合理、系统综合、规范透明、奖惩并举等原则。根据不同河湖管理特点和要求，实行差异化考核评价。

考核工作在市级总河长统一领导下进行，市河长制办公室会同市环境保护局、国土规划规划局、住建管理局、水务局、农业局等市直责任单位组成河长制考核工作组，负责组织实施，每年考核一次。

**【基本内容】**

主要对各区总河长、河长年度推行河长制目标任务完成情况和河长履职情况进行考核。包括指标考核、工作测评和公众评价等三部分。

指标考核主要包括水资源保护、水安全保障、水污染防治、水环境改善、水生态修复、水域岸线管理、执法监管等七大类指标，见表 8.1。分别按行政区和河湖设定考核指标，考核对象为区级总河长，河湖类指标考核对象为区级河长。工作测评主要包括河长制体制机制建设、河长履职、任务落实等内容。按各区总河长、河长的职责，分别制定相应的工作测评，见表 8.2。公众评价主要调查公众对所在流域的河长制建设、河湖管理和保护等工作的满意度，由市河长制办公室或委托第三方评估机构通过门户网站、微信公众号等开展网络问卷调查的形式进行，并结合省的公众评价结果综合考虑。

表 8.1　　　　　　　　　　　　　　指　标　考　核　（一）

| 考核内容 | 序号 | 考 核 指 标 | 权重 | 评分责任单位 |
|---|---|---|---|---|
| 水资源保护 | 1 | 用水总量（30 分） | 10% | 市水务局 |
| | 2 | 万元国内生产总值用水量降幅（30 分） | | 市水务局、统计局 |
| | 3 | 省划定水功能区水质达标率（20 分） | | ××省水文局××水文分局 |
| | 4 | 市划定水功能区及重要河涌水质达标率（20 分） | | ××省水文局××水文分局 |
| 水安全保障 | 5 | 河涌、水库治理建设目标任务完成率（50 分） | 10% | 市水务局 |
| | 6 | 堤防、水闸、电排站等水利工程建设目标任务完成率（50 分） | | 市水务局 |
| 水污染防治 | 7 | 城市生活污水处理率（20 分） | 20% | 市水务局、环境保护局 |
| | 8 | 规模化畜禽养殖粪便综合利用率（15 分） | | 市农业局 |
| | 9 | 城市生活垃圾无害化处理率（15 分） | | 市住房和城乡建设局 |
| | 10 | 污水处理厂进出水浓度差达标率（15 分） | | 市水务局 |
| | 11 | 年度管网建设目标任务完成率（20 分） | | 市水务局 |
| | 12 | 各污水处理厂提标改造任务完成率（15 分） | | 市水务局 |

续表

| 考核内容 | 序号 | 考核指标 | 权重 | 评分责任单位 |
|---|---|---|---|---|
| 水环境改善 | 13 | 跨区河流交接断面水质达标率(20分) | 30% | 市环境保护局 |
| | 14 | 地表水水质优良(达到或优于Ⅲ类)比例(20分) | | 市环境保护局 |
| | 15 | 劣于Ⅴ类水体断面比例(20分) | | 市环境保护局 |
| | 16 | 重要水域大面积漂浮物出现频次(10分) | | 市水务局、××海事局、××航道局 |
| | 17 | 全市集中式饮用水源地和乡镇级集中式饮用水水源水质达标率(20分) | | 市环境保护局 |
| | 18 | 水质变差率(10分) | | 市环境保护局 |
| 水生态修复 | 19 | 水域面积比例(20分) | 20% | 市水务局、国土规划局 |
| | 20 | 河道生态流量保证率(40分) | | 市水务局、环境保护局 |
| | 21 | 湿地保护率(40分) | | 市农业局 |
| 水域岸线管理 | 22 | 自然岸线保有率(30分) | 5% | 市水务局、国土规划局 |
| | 23 | 河湖管理范围划定完成率(40分) | | 市水务局、国土规划局 |
| | 24 | 岸线乱占滥用处理情况(30分) | | 市水务局、国土规划局 |
| 执法监管 | 25 | 涉河违法行为立案处理率(100分) | 5% | 市水务局、环境保护局、国土规划局、农业局、住房和城乡建设局 |
| 扣分项 | 26 | 发现违法采砂未及时处理的频次,1次扣1分,不超过10分 | | 市水务局 |
| | 27 | 发现乡镇船舶、农自用船和"三无"船舶存在违法行为(如非法载客、非法倾倒垃圾等),1次扣1分,不超过10分 | | ××海事局 |
| | 28 | 发现乡镇船舶、农自用船、"三无"船舶、住家船、餐饮船和采砂船发生碰撞桥梁事件或发生突发事件至人员重伤或死亡,1宗扣1分,不超过10分 | | ××海事局 |

**表 8.2** 工作测评

| 考核内容 | 序号 | 考核指标 | 权重 | 评分责任单位 |
|---|---|---|---|---|
| 水资源保护 | 1 | 水功能区水质达标率(100分) | 10% | ××省水文局××水文分局 |
| 水安全保障 | 2 | 河涌、水库治理建设目标任务完成率(50分) | 10% | 市水务局 |
| | 3 | 堤防、水闸、电排站等水利工程建设目标任务完成率(50分) | | 市水务局 |
| 水污染防治 | 4 | 规模化畜禽养殖粪便综合利用率(100分) | 20% | 市农业局 |
| 水环境改善 | 5 | 跨区河流交接断面水质达标率(20分) | 30% | 市环境保护局 |
| | 6 | 地表水水质优良(达到或优于Ⅲ类)比例(20分) | | 市环境保护局 |
| | 7 | 劣于Ⅴ类水体断面比例(20分) | | 市环境保护局 |
| | 8 | 重要水域大面积漂浮物出现频次(20分) | | 市水务局、××海事局、××航道局 |
| | 9 | 全市集中式饮用水源地和乡镇级集中式饮用水水源水质达标率(20分) | | 市环境保护局 |

续表

| 考核内容 | 序号 | 考核指标 | 权重 | 评分责任单位 |
|---|---|---|---|---|
| 水生态修复 | 10 | 河道生态流量保证率(50分) | 20% | 市水务局、环境保护局 |
| | 11 | 湿地保护率(50分) | | 市农业局 |
| 水域岸线管理 | 12 | 自然岸线保有率(30分) | 5% | 市水务局、农业局 |
| | 13 | 河湖管理范围划定完成率(40分) | | 市水务局、国土规划局 |
| | 14 | 岸线乱占滥用处理情况(30分) | | 市水务局、国土规划局 |
| 执法监管 | 15 | 涉河违法行为立案处理率(100分) | 5% | 市水务局、环境保护局、国土规划局、农业局、住房和城乡建设局 |
| 扣分项 | 16 | 发现违法采砂未及时处理的频次,1次扣1分,10分封顶 | | 市水务局 |
| | 17 | 发现乡镇船舶、农自用船和"三无"船舶存在违法行为(如非法载客、非法倾倒垃圾等),1次扣1分,不超过10分 | | ××海事局 |
| | 18 | 发现乡镇船舶、农自用船、"三无"船舶、住家船、餐饮船和采砂船发生碰撞桥梁事件或发生突发事件至人员重伤或死亡,1宗扣1分,不超过10分 | | ××海事局 |

区级河长考核得分由河湖的指标考核得分、河长工作测评得分和河长公众评价得分构成。区级总河长考核得分由行政区内各区级河长平均得分、行政区指标考核得分以及总河长工作测评得分构成。考核评定采用评分制,满分为 100 分。考核结果划分为优秀、良好、合格、不合格四个等级,90 分以上为优秀、80 分以上至 90 分以下为良好、60 分以上至 80 分以下为合格、60 分以下为不合格。

考核结果送交组织人事部门,作为各区党政领导干部综合考核评价的重要依据。对年度考核结果为优秀的总河长、河长,市人民政府予以通报表扬。市发改、财政等部门将考核结果作为水务、环保、住建、国土规划、农业等相关领域项目安排和资金分配优先考虑的重要参考依据。对考核结果为不合格的总河长、河长,市人民政府予以通报批评,由市级总河长、副总河长或河长组织约谈。年度考核评定为不合格的区级总河长、河长,当年不能评优,一年内不予提拔使用;连续两次不合格的区级总河长、河长,要在市级新闻媒体向全市人民作出公开检讨。年度考核不合格的总河长、河长,应在考核结果公告后一个月内,向市级总河长、河长做出书面报告,提出限期整改措施。对整改不到位的,由相关部门依法依纪追究该地区有关责任人员的责任。

【典型案例】

政策文件:《佛山市全面推行河长制工作考核办法(试行)》。

## 8.3.2　垃圾河、黑臭河清理验收标准

【基本目的】

为确保垃圾河、黑河、臭河治理取得预期效果,实现"河畅、水清、岸净、景美"的目标。

【基本要求】

全省各地主要干流和支流及严重影响群众生活质量的河段均适用。

【基本内容】

垃圾河清理验收标准：

(1) 河面无成片漂浮废弃物、病死动物等。

(2) 河中无影响水流畅通的障碍物、构筑物。

(3) 河岸无垃圾堆放，无新建违法建筑物。

(4) 河底无明显污泥或垃圾淤积。

(5) 建立河道沿岸垃圾收集处理及河道保洁长效管理制度，落实保洁人员和工作经费，建立工作台账，明确河长及职责，建立巡查监管制度。

黑臭河清理验收标准：

(1) 符合垃圾河清理验收标准。

(2) 河道水体无异味，颜色无异常（如发黑、发黄、发白等由于污水排入造成的水体颜色变化）。

(3) 河道沿岸无非法排污口设置，河道沿岸排放口设置规范。

(4) 河道沿岸无企业与个体工商户将未经处理的超标污水直接排放情况。

(5) 水体透明度不低于 20cm，高锰酸盐指数浓度不高于 15mg/L。

(6) 建立河道定期清理及保洁机制。

【典型案例】

政策文件：《浙江省垃圾河、黑臭河清理验收标准》（浙治水办发〔2014〕5 号）。

## 8.3.3　河长制长效机制考评细则

【基本目的】

进一步细化河长制长效机制考评。

【基本要求】

遵照细则执行。

【基本内容】

河长制长效机制考评包括组织体系建设、河长工作制度建设和落实、考核奖惩机制和保障措施落实，见表 8.3。

表 8.3　　　　　　　　　　指 标 考 核 （二）

| 类　　别 | 项　目 | 考 核 内 容 | 标准分 |
|---|---|---|---|
| （一）组织体系建设（8分） | 1. 河长制办公室建设 | 市、县(市、区)应设置相应的河长制办公室,明确河长制办公室人员、岗位及职责,设立负责人及联系人 | 2 |
| | 2. 河长制工作方案制定 | 市、县(市、区)制定落实相应河长制工作方案,工作方案应包括中央文件规定水污染防治、水环境治理、水资源保护、河湖水域岸线管理保护、水生态修复、执法监管六大主要任务 | 3 |
| | 3. 健全河长架构 | 市、县、乡党政主要负责人担任总河长,根据河湖自然属性、跨行政区域、经济社会、生态环境影响的重要性等确定河湖分级名录及河长,所有河流水系分级分段设立市、县、乡、村级河长,并延伸到沟、渠、塘等小微水体。劣Ⅴ类水质断面河道,必须由市县主要领导担任河长。县级及以上河长要明确相应联系部门 | 3 |
| （二）河长工作制度建设和落实（11分） | 1. "一河一策"方案制定 | 县级及以上河长负责牵头制定"一河一策"治理方案,协调解决治水和水域保护的相关问题,明晰水域管理责任,并报上一级河长办 | 2 |

续表

| 类 别 | 项 目 | 考 核 内 容 | 标准分 |
|---|---|---|---|
| （二）河长工作制度建设和落实（11分） | 2. 河长督查指导制度 | 制定督导制度，县级以上河长定期牵头组织对下一级河长履职情况进行督导检查，发现问题及时发出整改督办单或约谈相关负责人，确保整改到位 | 1 |
| | 3. 河长会议制度 | 市、县总河长每年至少召开一次会议，研究本地区河长制推进工作。每次会议需形成会议纪要或台账资料 | 1 |
| | 4. 信息管理及共享制度 | 实现河长制管理信息系统全覆盖，对河长履职情况进行网上巡查、电子化考核；乡镇以上河长建立河长微信或 QQ 联络群；加强信息报送，县级以上河长制办公室每季度通报一次本行政区域河长制工作开展情况，并报上一级河长制办公室 | 3 |
| | 5. 报告制度 | 市级制定所辖区域河长报告制度，市级河长每年 12 月底前向当地总河长报告河长制落实情况 | 0.5 |
| | | 各市党委和政府次年 1 月上旬将本年落实河长制情况报省委、省政府 | 0.5 |
| | 6. 河长公开制度 | 按照《关于印发河长公示牌规范设置指导意见的通知》要求，规范设置河长公示牌，信息要素齐全、准确，公开的电话畅通，公示牌管护到位 | 2.5 |
| | | 河长人事变动的，应在 7 个工作日内完成新老河长的工作交接 | 0.5 |
| （三）考核奖惩机制（10分） | 1. 河长制落实考核 | 加强河长制落实情况考核。制定市考县、县考乡、乡考村的河长制落实情况考核办法和各级各有关部门和河长联系部门考核办法，并组织实施 | 1 |
| | 2. 河长履职考核 | 加强对河长履职情况的考核。制定河道、小微水体河长履职工作考核办法并组织实施，实现河道、小微水体河长考核全覆盖 | 2 |
| | 3. 清三河反弹考核 | 河道水质发黑发臭等情况；河水水质呈现牛奶河等水质异常情况；河道保洁不及时，河岸垃圾堆积、河面垃圾漂浮等情况；河道淤积等情况 | 7 |
| （四）保障措施落实（11分） | 1. 河长巡河 | 市级河长巡河每月不少于 1 次，县级河长每半月不少于 1 次，乡级河长每旬不少于 1 次，村级河长每周不少于 1 次。乡级河长每月、村级河长每周的巡查轨迹覆盖包干河道全程。河道保洁员、巡河员、网格员等相关人员按规定巡查，发现问题及时报告河长 | 5 |
| | 2. 业务培训 | 市、县每年至少组织一次，乡（镇）、街道每年至少组织两次河长制工作专项培训，提高河长履职能力 | 1 |
| | 3. 河长制宣传教育 | 发动干部群众参与治水行动，采取多种形式开展"五水共治"、河长制宣传教育活动；建立信息报送制度，组织开展信息员培训，充分展示各地河长制工作中好的经验做法；营造河长制宣传教育的良好氛围，积极引导公众参与 | 5 |
| 总 计 | | | 40 |

**【典型案例】**

政策文件：《浙江省 2017 年度河长制长效机制考评细则》。

## 8.3.4 省级河长湖长履职办法及考核细则

**【基本目的】**

为完善河长湖长工作机制，规范河长湖长履职行为。

**【基本要求】**

适用于全省县级以上总河长和河长湖长的履职。履职办法关乎长远，每年适用；考核细则一年一策，当年适用。

**【基本内容】**

《履职办法》对工作量进行了数字"量化",《考核细则》则亮出了评价机制。

各级总河长是本行政区域内推行河长制湖长制的第一责任人,负责辖区内河长制湖长制的组织领导和推进工作。各级河长湖长是相应河湖推行河长制湖长制的第一责任人,负责组织协调和落实河道的管理、保护、治理工作任务。

省级总河长巡查调研每年不少于1次,市级总河长巡查调研每年不少于2次,县级总河长巡查调研每年不少于4次。总河长原则上每年主持召开1次河长制工作会议;负责对本级河长湖长、下级总河长下达河长制湖长制工作指令,组织协调解决辖区内河长制湖长制推行过程中的重大问题;组织布置对本行政区域内河长制湖长制工作督促检查、考核问责,确定考核结果。

省级河长湖长巡查调研每年不少于2次,市、县级河长湖长巡查调研每年不少于4次。省级、市级河长湖长原则上每年主持召开2次工作会议,县级河长湖长原则上每年主持召开4次工作会议。河长湖长负责组织编制、审定和实施"一河一策""一湖一策";组织开展河道乱占、乱建、乱排专项整治,统筹协调上下游、左右岸、干支流的综合治理;对巡查调研、群众举报、媒体曝光、第三方监测、考核评价等发现的问题,交相关部门和下级河长湖长办理;对下级河长湖长履职情况进行督促检查和考核问责,落实工作责任,细化目标考核,确定考核结果;了解和掌握河湖上发生的水资源、水污染、生态环境恶化等突发事件,组织或参与处置。

省河长制湖长制工作考核由省、市、县分级负责。省级河长制湖长制工作考核包括对设区市河长制湖长制工作的考核、对省级河长湖长所管河湖市级河长湖长的考核、对省河长制工作领导小组成员单位的考核。考核内容包含河长制湖长制工作机制、重点任务、河湖管护等3个方面。

考核由日常考核、年终考核、省级河长湖长评价等3部分组成。年度考核结果分为优秀、良好、合格、不合格4个等次。对成绩突出的总河长和河长湖长以及在河长制湖长制工作中表现突出的单位和个人分别给予表扬。

省河长制工作办公室将各设区市、省级河长湖长所管河湖市级河长湖长的考核结果,报送省委、省政府。组织部门将河长制湖长制工作纳入干部考核内容,把河长制湖长制工作年度考核结果作为党政领导干部综合考核评价的重要依据。省河长制工作领导小组各成员单位在制订资金安排方案时,与河长制湖长制工作考核结果进行挂钩。

**【典型案例】**

政策文件:《江苏省河长湖长履职办法》《江苏省河长制湖长制工作2018年度省级考核细则》。

# 8.4 长效管理机制

## 8.4.1 河长制省级会议制度

**【基本目的】**

为进一步规范和推进河长制省级会议相关工作,切实加强对河长制工作的领导。

**【基本要求】**

建立和完善河长制工作会议制度，制定省级总河长会议、省总河长专题会议、省级河长会议、省河长制办公室成员会议、省级责任单位联席会议等制度。

**【基本内容】**

制度要点包括会议类型、召集人与出席人员、召开次数、会议组织、会议内容、会议落实（表 8.4）。

表 8.4                                           会 议 制 度 要 点

| 会议制度 | 会议类型 | 召集人 | 出 席 人 员 | 召 开 次 数 | 会 议 内 容 |
|---|---|---|---|---|---|
| 山东省河长制省级会议制度 | 省总河长会议 | 省总河长或省总河长委托省副总河长 | 省总河长、省副总河长、省级河长，省河长制办公室成员单位主要负责人，省其他有关部门主要负责人，市级总河长等 | 会议原则上每年召开一次。根据工作需要，经省总河长同意，可增加召开次数 | 研究全省河湖管理保护和河长制重大事项;总结上年度工作和考核情况，审议通过下年度工作计划和考核实施细则，部署河长制重要工作;研究河长制表彰、奖励及重大责任追究事项;经省总河长同意研究的其他事项等 |
| | 省总河长专题会议 | 省总河长或省副总河长 | 省总河长或省副总河长，省河长制办公室有关成员单位负责人，省其他有关部门负责人，有关市市级总河长或市级副总河长等 | 会议根据工作需要召开 | 贯彻落实省总河长会议工作部署;通报河长制工作进展情况;组织、协调、督促省河长制办公室成员单位履行职责;研究河长制推进过程中需省级层面进行决策和协调解决的重要事项;协调解决全局性重大问题;讨论通过重要规划、重要方案、重要制度等;研究确定年度工作计划、考核实施细则及其他拟提交省总河长会议审议的事项;经省总河长或省副总河长同意研究的其他事项等 |
| | 省级河长会议 | 省级河长 | 省级河长，省级河长联系单位主要负责人，省河长制办公室有关成员单位负责人，省其他有关部门负责人，省级河长相应河湖有关市市级河长等 | 会议根据工作需要召开 | 贯彻落实省总河长会议、省总河长专题会议工作部署;调度相应河湖河长制工作进展情况，协调解决重大问题，确定推进措施;部署相应河湖突出问题清理整治;组织河流上下游、左右岸实行联防联控;研究确定相应河湖河长制督导检查、工作考核及拟提交省总河长会议、省总河长专题会议研究的事项;经省级河长同意研究的其他事项等 |
| | 省河长制办公室成员会议 | 省河长制办公室主任 | 省河长制办公室主任、副主任、有关成员 | 会议根据工作需要召开 | 贯彻落实省总河长、省副总河长、省级河长工作部署;调度河长制工作进展情况;协调解决河长制工作中遇到的问题;研究确定拟提交省总河长会议、省总河长专题会议研究的事项等 |
| | 省河长制办公室联络员会议 | 省河长制办公室主任 | 省河长制办公室主任、有关副主任、有关成员单位联络员 | 会议根据工作需要召开 | 贯彻落实省总河长、省副总河长、省级河长工作部署;协调调度河长制工作进展情况;沟通河长制相关信息及重要事项;讨论提出河长制重点、难点问题的解决意见和建议;研究拟订年度工作计划、考核实施细则及其他拟提交省总河长会议、省总河长专题会议、省河长制办公室成员会议研究的事项等 |

| 会议制度 | 会议类型 | 召集人 | 出　席　人　员 | 召开次数 | 会　议　内　容 |
|---|---|---|---|---|---|
| 山西省河长制省级会议制度 | 省总河长会议 | 省总河长或副总河长 | 省级河长,省级河长对口副秘书长,设区市总河长、副总河长,省直有关单位主要负责人,省河长制办公室负责人等,其他出席人员由省总河长、副总河长根据需要确定 | 会议原则上每年年初或年底召开。根据工作需要,经省总河长或副总河长同意,可另行召开 | 研究决定河长制重大决策、重要规划、重要制度;研究确定河长制年度工作目标和考核方案;研究河长制工作表彰、奖励及重大责任追究事项;协调解决全局性重大问题;经省总河长或副总河长同意研究的其他事项 |
| | 省级河长会议 | 省级河长 | 省级河长对口副秘书长、有关市河长,省直有关单位主要负责人或责任人,省河长制办公室负责人等,其他出席人员由省级河长根据需要确定 | 会议根据需要召开 | 贯彻落实省总河长会议工作部署;专题研究所辖河湖保护管理和河长制工作重点、推进措施;研究部署所辖河湖保护管理专项整治工作;经省级河长同意研究的其他事项 |
| | 河长办联席会议 | 省河长制办公室负责人 | 省直有关单位负责人 | 会议原则上每年召开,具体时间由省河长制办公室确定。根据工作需要,可适时召开不定期会议 | 贯彻落实省总河长会议和省级河长会议工作部署;协调推进河长制工作;协调解决河长制工作中遇到的问题;督导河湖保护管理专项整治工作;研究报请省总河长和省级河长会议研究的其他事项等 |
| 贵州省河长制省级会议制度 | 省级总河长会议 | 省级总河长或委托省级副总河长 | 由省级河长、市(州)总河长、省级河长制部门联席会议成员单位主要负责人和省河长制办公室主要负责人等组成。根据需要安排有关部门、单位负责同志列席会议 | 原则上每年年初召开一次,根据工作需要,经省级总河长同意,可临时召开 | 研究决定河长制重大决策、重要规划、重要制度;研究确定河长制年度工作要点和考核方案;研究河长制表彰、奖励及重大责任追究事项;协调解决全局性重大问题;经省级总河长同意研究的其他事项 |
| | 省级河长会议 | 各省级河长 | 由各省级河长对应的省级责任单位和相关责任单位主要负责人或责任人、河流所经有关市州市(州)河长和省河长制办公室负责人等组成。根据需要安排有关部门、单位有关负责同志列席会议 | 会议不定期召开 | 贯彻落实省级总河长会议工作部署;专题研究所负责河湖水库需要解决的河长制工作重点难点问题,提出解决办法和具体措施;研究布置河湖管理保护日常工作;经省级河长同意研究的其他事项 |
| | 省级河长制部门联席会议 | 分管水利工作的副省长 | 由相关省级责任单位(名单附后)责任人和联络人、省河长制办公室负责人等组成。根据需要安排有关部门、单位有关负责同志列席会议 | 会议原则上每年不少于一次,可根据需要临时召开 | 调度河长制工作进展;研究解决河长制工作中遇到的问题;督导河湖管理保护专项整治工作;研究报请省级河长和省级总河长会议研究的事项等 |
| 宁夏回族自治区河长制会议制度 | 总河长会议 | 自治区总河长或副总河长 | 自治区级河长,自治区党委办公厅、政府办公厅、自治区级河长制责任单位(部门)负责人,自治区河长制办公室主任及副主任,其他参会人员根据会议需要确定 | 会议原则上每半年召开一次。特殊情况,经请示总河长或副总河长同意,可临时加开 | 决定自治区河长制重大决策、重要制度,安排部署全局性工作,审定河长制年度工作要点、考核标准、表彰奖励及重大责任追究事项,以及需总河长会议议定的其他事项 |

| 会议制度 | 会议类型 | 召集人 | 出席人员 | 召开次数 | 会 议 内 容 |
|---|---|---|---|---|---|
| 宁夏回族自治区河长制会议制度 | 自治区级河长会议 | 自治区级河长 | 有关市级河长,自治区河长制有关责任部门负责人,自治区河长制办公室有关负责人,其他参会人员根据会议需要确定 | 会议根据工作需要,由自治区级河长决定会议召开的时间 | 贯彻落实自治区总河长会议工作部署,研究决定责任范围内河湖管理保护的重大事项、治理保护的年度目标任务、相关单位责任分工等,协调解决所辖河湖上下游、左右岸联防联控重大问题,以及需自治区级河长会议议定的其他事项 |
| | 河长制工作联席会议 | 自治区河长制办公室主任或委托成员单位有关负责人 | 联席会议成员单位分管领导及联络员,根据会议需要,可邀请自治区相关部门负责人及专家参会 | 会议原则上每季度召开一次。根据工作需要,可临时加开 | 审议河长制有关制度、考核细则,商议河长制年度工作计划和阶段性工作重点,研究推进工作的对策措施,议定报请自治区总河长、河长会议研究的事项,提出表彰奖励、责任追究等建议事项,通报河长制工作进展情况,协调解决其他有关问题 |
| 江西省河长制省级会议制度 | 省级总河长会议制度 | 省级总河长或副总河长 | 省级河长,对口省级河长的副秘书长,相关专委会主任委员,设区市总河长、副总河长,省级责任单位主要负责同志,省河长制办公室负责同志等,其他出席人员由省级总河长、副总河长根据需要确定 | 会议原则上每年年初召开一次。根据工作需要,经省级总河长或副总河长同意,可另行召开 | 研究决定河长制重大决策、重要规划、重要制度;研究确定河长制年度工作要点和考核方案;研究河长制表彰、奖励及重大责任追究事项;协调解决全局性重大问题;经省级总河长或副总河长同意研究的其他事项 |
| | 省级河长会议制度 | 省级河长 | 对口省级河长的副秘书长、相关专委会主任委员,河流所经有关的市河长,相关省级责任单位主要负责同志或分管负责同志,省河长制办公室负责同志等,其他出席人员由省级河长根据需要确定 | 会议根据需要召开 | 贯彻落实省级总河长会议工作部署;专题研究所辖河湖保护管理和河长制工作重点、推进措施;研究部署所辖河湖保护管理专项整治工作;经省级河长同意研究的其他事项 |
| | 省级责任单位联席会议制度 | 省河长制办公室负责同志 | 相关省级责任单位负责同志和联络人 | 会议定期或不定期召开。定期会议原则上每年一次,不定期会议根据需要随时召开 | 协调调度河长制工作进展;协调解决河长制工作中遇到的问题;协调督导河湖保护管理专项整治工作;研究报请省级河长和总河长会议研究的事项等 |
| | 省级责任单位联络人会议制度 | 省河长制办公室专职副主任 | 相关省级责任单位联络人 | 不定期召开 | 通报省级责任单位全面推行河长制工作情况;研究、讨论河长制日常工作中遇到的一般性问题;研究、讨论各省级责任单位全面推行河长制的专项工作问题;协调督导各省级责任单位落实联席会议纪要工作情况等 |

【典型案例】

政策文件:《山东省河长制省级会议制度》《山西省河长制省级会议制度(试行)》《江西省河长制省级会议制度》《贵州省河长制省级会议制度》《宁夏回族自治区全面推行河长制会议制度(试行)》。

## 8.4.2　河长公示牌规范设置指导意见

【基本目的】

全面做好河长公示牌规范化工作。

【基本要求】

认真做好河长公示牌规范更新工作,建立健全河长公示牌长效管理机制,切实强化河长公示牌工作责任落实。

【基本内容】

组织开展辖区内河长公示牌的摸底排查工作,并以县(市、区)为单位对辖区内河长公示牌进行分类规范,所辖区域内应做到公示牌内容、样式、材质"三统一"。对未设立河长公示牌或设置地点不合理、公示信息要素不齐全、举报电话不通畅、信息更新不及时的公示牌及时予以规范。

对河长公示牌进行统一编码并实行台账式管理,台账内容应包括公示牌编码、类别、数量、位置、照片等。要建立健全河长公示牌信息化管理机制,河长公示牌信息应及时录入"河长制"管理信息化系统,并在"河长制"公示牌中公开河长 APP 或微信公众号二维码信息。要建立河长公示牌定期排查机制,各级河长办每年开展公示牌全面排查不少于1 次,对破损、内容缺失的公示牌及时予以更换。建立公示信息动态更新机制,对因河长调整、电话更改或其他原因导致公示信息发生变动的,应在 7 个工作日内更新到位,确保公示牌内容的准确性和完整度。省、市河长信息发生变动的,相应河长联系部门将及时通知所在县(市、区)进行更改。

【典型案例】

政策文件:《关于印发河长公示牌规范设置指导意见的通知》(浙治水办发〔2016〕15 号)。

## 8.4.3　河长制信息化管理及信息共享制度

【基本目的】

为了进一步规范河长制信息化工作,保障河长制信息化日常运维。

【基本要求】

河长制信息化工作包括组织管理、数据信息共享报送管理、安全管理、用户管理及保障措施等基本要求。实行统一领导、集中管理、分级负责、责任到人的管理原则。

【基本内容】

围绕河长制管理平台(以下简称"平台")所开展的相关工作,平台包括河长制管理系统、河长 APP 和公众平台三个部分。信息共享内容见表8.5。

表 8.5  管 理 平 台

| 信息共享 | 数据类型 | 涉 及 范 围 | 共 享 内 容 | 更 新 时 间 | 共 享 方 式 | 责任部门 |
|---|---|---|---|---|---|---|
| 基础数据信息共享报送管理 | 工作底图 | — | 水域以及河长相关基础数据图层 | 数据更新后一周内,每季度进行一次数据同步检查 | 各级平台通过接口上报 | 区河长办 |
| | 行政区域数据 | — | 行政区域基础信息以及空间数据、行政区域编码 | 数据更新后一周内,每季度进行一次数据同步检查 | 各级平台通过接口上报 | 街道河长办 |
| | 水域数据 | 河长制涉及河段、湖泊、水库以及小微水体 | 水域涉及范围的基础信息及空间数据、行政区域编码 | 数据更新后一周内,每季度进行一次数据同步检查 | 各级平台通过接口上报 | 街道河长办 |
| | 河长数据 | — | 河长基本信息、警长信息以及河长办信息 | 数据更新后一周内,每季度进行一次数据同步检查 | 各级平台通过接口上报 | 街道河长办 |
| | 其他基础数据 | 河长公示牌、水功能区、污染源、排污口、取水口、污水处理设施、岸线利用信息及全景图 | 涉及范围信息数据 | 数据更新后一周内,每季度进行一次数据同步检查 | 各级平台通过接口上报 | 街道河长办 |
| 动态监测数据信息共享报送管理 | 河道水质数据 | 交界水质断面,国控、省控、市控及以下水质断面,"水十条"、水功能区、饮用水源地水质监测断面(或监测点) | 涉及范围内水质监测信息 | 自动检测实时上报,人工检测每月28号上报 | 各级平台上报 | 街道环保中队;街道河长办 |
| | 水文数据 | — | 水文监测点及水文监测信息数据 | 自动检测实时上报 | 调用已有的水文系统 | 街道治水办 |
| | 水域变化数据 | — | 水域变化信息 | 每年12月15日之前 | 调用水域动态系统数据 | 街道治水办 |
| | 视频数据 | 河长制管理具有关键性水域监测区 | 视频监测信息 | 自动检测实时上报 | 各级河长办上报 | 各级河长办 |
| 业务数据信息共享报送管理 | 河长巡河数据 | — | 各级河长有效的巡查内容、巡查轨迹日志、巡查照片或视频以及巡查统计信息 | 实时上报 | 各级平台通过接口上报 | 街道河长办 |
| | 重点项目管理过程数据 | 水污染防治、水环境治理、水资源保护、河长水域岸线管理保护、水生态修复以及执法监管及其他相关的项目 | 涉及范围的基本信息和进度信息 | 实时上报 | 各级平台通过接口上报 | 街道河长办 |
| | 问题处理数据 | 公众投诉、河长(联系部门)巡查、各级河长办督导、各级业务部门检查发现、督导员发现等各类问题处理 | 涉及范围的处理信息 | 实时上报 | 各级平台通过接口上报 | 街道河长办 |

续表

| 信息共享 | 数据类型 | 涉及范围 | 共享内容 | 更新时间 | 共享方式 | 责任部门 |
|---|---|---|---|---|---|---|
| 业务数据信息共享报送管理 | 任务督导数据 | 通知公告、任务信息实时下发与接收、河长巡查发现问题处理情况、河长对重点项目进展情况、公众投诉问题处理等各类问题处理督导 | 涉及范围的督导处理信息 | — | 各级平台通过接口上报 | 街道河长办 |
| | 统计数据分析数据 | 水质指标、巡查情况、问题处理、项目进度 | 涉及范围的统计分析数据 | 实时上报 | 各级平台通过接口上报 | 街道河长办 |
| | 考核和系统使用率数据 | 考核排名、系统使用率 | 涉及范围的相关数据 | 实时上报 | 各级平台通过接口上报 | 街道河长办 |
| | 河长电子化考核 | — | 河长履职情况 | 实时上报 | 各级平台通过接口上报 | 街道河长办 |
| 其他 | 省河长办要求的其他共享数据 | | | | | |

【典型案例】

政策文件：《路北街道河长制信息化管理及信息共享制度》。

# 第 9 章 河长制湖长制信息化建设技术细则

根据《关于全面推行河长制的意见》中要求全国加快推进"河长制"信息化建设的精神，综合应用 GIS、移动互联网等多项技术，构建面向河长、工作人员、巡查人员和公众的河长制信息化平台，实现对城市基础设施的精准管理、动态监控和高效维护，提高河道业务管理能力和对外服务能力，促进水利与社会生态环境的协调发展。

本章介绍了河长制湖长制信息化建设中的五类技术，第一类是河湖基础数据采集技术，包括超声波时差法河渠测流仪；第二类是水质动态监测技术，包括挥发性有机物全自动监控系统、小型移动式水质监测站、免试剂实时在线水质智能监测系统、采样/监测/测量/暗管探测无人船系统、水土保持无人机对地动态监测技术、华微 5 号无人船测量系统、小流域水土保持多元下垫面信息无人机快速获取新技术、水下机器人水质监测采集技术；第三类是水环境视频监测技术，包括水环境视频图像识别技术、水环境遥感影像识别技术；第四类是水资源动态监测技术，包括供水管网监测窄带物联网技术、合同水资源监控管理平台、智墒/天圻/云衍——智能灌溉系统、具有安全预警的生态调水泵闸站群联控系统；第五类是河长制湖长制信息管理系统建设技术，包括河长制管理信息系统、河长制信息管理平台、河长制湖长制 APP 端、智慧河长湖长牌多参数监测站、系统信息安全建设技术。利用上述技术获取各类河长制湖长制数据，建立河长制湖长制综合数据库，以各级河长、湖长、河长办实际工作管理需求为导向，为各级河长制湖长制工作成员提供业务工作平台，服务于河长制湖长制各项工作。本章技术路线如图 9.1 所示。

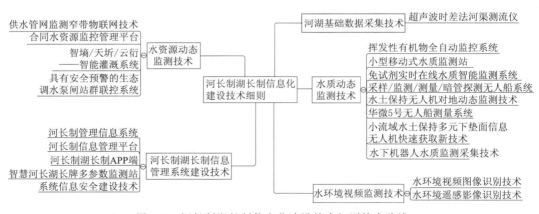

图 9.1 河长制湖长制信息化建设技术细则技术路线

# 9.1 河湖基础数据采集技术

## 超声波时差法河渠测流仪

### 【技术简介】

超声波时差法河渠测流仪由超声波换能器、超声波水位计、太阳能电源系统、3G 无线数据传输系统组成。该技术是利用超声脉冲在流水中沿声道传播的时间差来达到测流目的，能够在无人值守的情况下将江河干渠等大断面、宽水域水流量进行实时在线监测，实现了不同水环境河流的测流、测深、测水位三位一体的精准测量，在保证测流精度和准确度的同时，还具有计量数据的连续性和准确性的特点，实时实现数据远传，输入水利管理部门的数据网络平台。

### 【应用范围】

超声波时差法河渠测流仪主要应用在河渠测流和环境水质监控治理领域，实时在线测量并实现数据传输。

### 【技术优势】

多项技术跨界融合，以超声波时差法为测量技术基础，采用互联网＋计算机、电子、无线通信、水文应用、结构流体力学、GPS 同步授时等技术实现融合集成应用。

技术原理的高难度，根据超声波在水中的传播特性，实现河渠全断面高速实时精准测量。其中水中声速为 150000cm/s，要求测水流速为 1～2cm/s，相当于用 4.4 马赫的超音速飞机来测量一只大蚂蚁爬行的速度。

解决应用环节的复杂性，水面水底反射波、折射波的混响干扰，矩形、梯形、缓坡、陡坡入水应用难度，流水中水草、桔梗等漂浮物致命性缠绕。

通信模式的多样性，有二岸间电缆线同步时间通信、GPS 卫星同步授时通信、二岸 ZigBee 无线数据通信、GPRS 测量数据—互联网—数据平台。

### 【技术要点】

测流精确度：＞98％，性能稳定可靠河渠宽度要求：应用系宽 3～500m。

野外适用性：安装工程简单，太阳能应用。

超声频率及测量距离见表 9.1。

表 9.1　　　　　　　　　　　　　　　超声频率及测量距离

| 序　　号 | 超声频率/kHz | 测量距离范围/m |
| --- | --- | --- |
| 1 | 1000 | 0～6 |
| 2 | 500 | 6～15 |
| 3 | 200 | 15～200 |
| 4 | 100 | 200～500 |

### 【适用前景】

CMC－A 超声波时差法明渠（河流）测流仪已经通过了湖北省科学技术厅主持的科学技术鉴定，改善了明渠（河流）测流及实时监控方面的技术手段落后、设备陈旧的现状，对提高科学机会调配水资源管理水平有现实意义，为实现"数字水利"提供了技术支撑，为当前"河长制"河渠水资源流量数据提供监测技术保障，适用前景良好。

【典型案例】

超声波时差法河渠测流仪三峡项目

项目地点：宜昌

业主单位：湖北宜昌东山电力股份有限公司

实施单位：武汉先达监测技术股份有限公司

项目模式：政府采购

项目概述：2005 年 5 月，在三峡水文局超声波时差法河渠测流仪被安装使用，用户反馈如下：

（1）能够实时直观显示流速、流量和水文数据，并具有远距离传输功能。

（2）测量效率高，1min 内显示数据，能够实时在线监测。

（3）经过现场流速、流量比测，置信度大于 95％，经校对调整，置信度可达 97％以上，水位误差小于 1％。

（4）性能稳定，在高温状态下，偶有数据跳动现象，经调整后消失。

（5）机内通风散热装置建议改进。

## 9.2    水质动态监测技术

### 9.2.1    挥发性有机物全自动监控系统

【技术简介】

为进一步扩展黄河水质自动监测站的自动监测项目，提升黄河水质自动监测能力，更为全面、实时的反映黄河水体的水质状况。2012 年，黄河流域水环境监测中心向水利部申请了"948"项目"挥发性有机物全自动监控系统"。该项目建设内容为：依托黄河花园口水质自动监测站，引进美国 INFICON 公司的挥发性有机物全自动监控系统，开发、建立挥发性有机物分析方法，实施系统集成等。

【应用范围】

挥发性有机物全自动监测系统应用于水资源保护监督管理、水污染预警预报和相关科学研究。

【技术原理】

通过对已建自动站软硬件的开发和建立并优化多泥沙河流挥发性有机物在线监测方法，实现原有系统与引进仪器的无缝链接，挥发性有机物的实时监测，提高监测结果的时效性和可靠性。

【技术要点】

（1）监测参数。二氯甲烷、1，1-二氯乙烯、反-1，2-二氯乙烯、顺-1，2-二氯乙烯、三氯甲烷、1，2-二氯乙烷、二溴氯甲烷、苯、四氯化碳、1，2-二氯丙烷、三氯乙烯、1，1，1-三氯乙烷、甲苯、1，1，2-三氯乙烷、四氯乙烯、氯苯、乙苯、对/间二甲苯、邻二甲苯、苯乙烯、异丙苯、1，4-二氯苯、1，2-二氯苯、1，2，4-三氯苯。

（2）灵敏度。水中 0.5ppb 苯，S/N>200∶1。

（3）稳定性。5ppb 苯连续 5 次运行，RSD 小于 15％。

【适用前景】

通过挥发性有机物全自动监控系统在花园口水质自动监测站的实际生产运行，拓宽了水质自动站监测范围，提升了自动监测水平，满足了在线监测仪器对水质实时监控的需求，为已建自动站的升级改造和新建自动站有机物在线监测积累了成功经验。该系统的成功建设及运行，标志着黄河流域水资源监测能力进一步得到发展和提高，为其他水质自动监测站的建设起到了很好的示范作用，具有广阔的推广应用前景。

【典型案例】

（1）南水北调中线干线工程自动化调度与运行管理决策支持系统。

项目地点：河南省淅川县陶岔村

业主单位：南水北调中线管理局

实施单位：黄河流域水环境监测中心

项目模式：政府采购服务

项目概述：陶岔位于总干渠渠首，陶岔水质自动监测系统用于监控输水干渠水源水质，是南水北调中线干线自动化调度与运行管理决策支持系统中重要组成部分之一，其主要任务是建设先进的水质自动监测系统实现输水干线水质信息的全面、及时、准确、动态采集与传输处理。作为输水水质背景站，考虑到渠首的特殊性和重要性，为尽可能全面、实时掌握来水水质，陶岔水质自动站按照监测89项参数进行建设。其中，借鉴黄河流域水环境监测中心的挥发性有机物全自动监控系统的技术与运行经验，在陶岔水质自动监测站配备了挥发性有毒有机物在线分析仪，用以全面监控水中各种有机物的含量，运行效果良好，为保障南水北调中线工程水源地水质安全提供了可靠的技术支撑。

（2）鄂豫省界（凉水河）水环境自动监测站。

项目地点：湖北省丹江口市凉水河镇

业主单位：长江流域水环境监测中心

实施单位：黄河流域水环境监测中心

项目模式：政府采购服务

项目概述：长江流域水环境监测中心在调研黄河流域水环境监测中心的《挥发性有机物全自动监控系统》的技术开发和建设经验的基础上，引进了CMS5000全自动挥发性有机物（VOCs）水质在线监测系统，并安装于丹江口库区凉水河镇鄂豫省界（凉水河）水环境自动监测站，主要用于该省界断面挥发性有机物（VOCs）的在线连续监测。该自动监测系统利用气相色谱技术原理，实现了自动取样、前处理、在线测试等功能，水质数据自动传输至监控平台。该系统运行稳定，维护简便，测试快速，结果准确，重现性好，在无人值守的情况下，实现了长期全自动在线连续监测水体中18种挥发性有机物。

## 9.2.2　小型移动式水质监测站

【技术简介】

小型移动式水质监测站采用标准集装箱式站房。可以移动部署。参数选择多样化。具备完善的水质监测和数据传输功能。站房内温湿度可控，有利于监测仪表在稳定环境下正常运行。相比固定式自动监测站具有更好的灵活机动能力。

【应用范围】

小型移动式水质监测站适用于城市内河、航道、有污染风险的河道以及临时环境风险的应急监测。

**【技术原理】**

小型移动式水质监测站箱体美观大方，与安装点环境相协调。由于长期放置于户外，小型移动式水质监测站能经受野外严苛环境条件，拥有良好的控温能力，确保仪器设备在高温下能够正常运行。箱体内安装监测仪表、数据采集和控制仪表、流通池、通信及 UPS 等设备，将监测系统所有组成单元安装于标准的集装箱内，形成一种规格化、标准化的集成模式，便于系统的快速生产、现场快速安装调试。

监测指标：水温、pH 值、溶解氧、电导率、浊度、COD、BOD、TOC、硝酸盐、亚硝酸盐、氨氮、总磷、总氮、高锰酸盐指数、重金属、叶绿素 a、蓝绿藻、磷酸盐、挥发酚、盐度、氯化物和氟化物等。

采水单元根据河流实际水文状况选择一般符合下列要求：须满足采集水样的基本条件，采水方案科学可行，确保水样有代表性。采用双泵/双管路设计，一用一备，满足实时不间断监测的要求。采水系统的构造保障在汛期或枯水期能正常工作而不至被损坏。取水口部分采用浮筒（球）控制，以保证水位变化后取水位置也相应自动调整。采水浮筒要方便人工提升与安装，以便日常清洗和维护。采水管路均要采取保温措施，采水管路采用可拆洗式。采水系统可采用连续或间歇方式工作，并能够根据监测要求现场或远程设置监测频次、灵活配置泵的启动和取水量，测量时抽取水样进入箱体内安置分析仪表的流通池，测量完后把水排空。流通池同样采用最小死体积设计，保证仪器不堵塞，并在无水情况下保护仪器探头。

数据管理与控制单元包括系统自动控制和数据采集、通信及中心站控制。多参数分析仪的数据自动控制完成采集，并记录于数据采集器中。数据采集器低功耗，兼容性和扩展性好，可存储 1 年的数据量，能兼容目前国内外的各类自动监测仪器，可以控制取水和采样频率、时间、泵速及排水，并能诊断和校正仪器。可以实现各种监测设备的多种信号的连接和数据传输。数据采集/控制设备可以与现场各种设备的输入/输出的模拟、脉冲和开关数字信号连接。监测仪器和数据采集设备之间应采用数字通信。可以实现各种控制功能。根据用户对不同设备的要求，进行相应的控制。如设备的开关、切换、标定、调节、连锁保护、报警等，并可以实现多点多路切换。主要的控制功能可实现远程控制。子站和中心站之间实现了双向的数据传输，可远程控制监测设备的启停，阀门的开关等，主要设备的状态监测。控制单元主体设备平均无故障时间（平均无故障时间）不少于 2000h，信号的输入输出具有可扩展性。

安防要求：小型移动式水质监测站安装雷击保护器，可以有效地保护自动监测系统中的仪器设备和监控设备。主要配件（如空气开关、按钮、转换开关、继电器、输入输出接线端子等等）采用进口优质（或名牌公司）产品，符合相关部门抗电磁辐射、电磁感应的规定。监测系统要求配置开门声响报警和开门短信报警功能，防止非法入侵。视频监控可以在开门的瞬间激发传感器发送无线信号，引导视频对准监测站门口，达到更好的安防效果。

**【技术要点】**

该技术的特点是部署快，监测因子组合多样，使用监测仪器可以满足趋势监测要求也可以满足执法要求。对仪表运行环境控制较为稳定。有完善的数据传输通信能力。

【应用前景】

随着地表水监测的需求越来越大，需要及时战火主要河流重点断面的水质状况。采用以往的建设固定站的方式，投资大，建设周期长，占地面积大。占地面积小的微型站，受到体积限制只能采用一些电极式仪表进行监测，监测因子数量受到限制。对自环境控制也较为不稳定。数据常常只能用于趋势参考。无法担负断面考核或者执法要求。

【技术局限性】

小型移动式水质监测站需要一定的占地面积，部署前需要征地及解决供电供水问题。自身能耗较高，很难采用太阳能风能供电满足自身需求。运输吊装需要大型机械辅助。对选址有一定局限性。

【典型案例】

南裤子浜河道水质在线监测

项目地点：苏州市高新区

实施单位：江苏明斯特环境科技有限公司

项目模式：设计施工总承包

项目概述：南裤子浜河道水质在线监测项目是为南裤子浜河道生态修复项目的配套监测工程。为更好地对治理设备进行监控管理，为整套治理方案的效果进行实时的数据远程监控。提供连续的可靠可信的治理效果依据。项目内容由水质监测子站、曝气设备监测子站、系统控制中心、相应的管理软件组成。水质监测子站为小型移动式和漂浮式，小型移动式子站配置分析单元、采配水单元、控制单元、供电和安防单元、视频监控单元及箱体；漂浮式配置分析单元、控制单元、太阳能供电和安防单元；曝气设备监测子站配置电气控制单元、数采通信控制单元、视频监控单元等。系统控制中心通过无线网络与各监测子站联网，实现实时控制、监测评价、数据传输和信息发布等功能。

## 9.2.3　免试剂实时在线水质智能监测系统

【技术简介】

免试剂实时在线水质智能监测系统具有适应多种电源系列，集成程度高，无需专人照看，自动清洗、自动保护、自动报警，数据可传到电脑终端和手机端等特点，水质一旦出现异常，系统就主动预警。其中，连续光谱监测方法具有对水质环境适应性强，使用简单（即插即用）、快捷（仅需30s出监测数据）、可靠、成本低，没有二次污染等特点。

【应用范围】

该系统可用于智慧河长制实时在线监测、水源保护地实时在线水质监测、饮水安全水质实时在线监测、河流断面水质实时在线监测、地下水水质实时在线监测、污染源水质实时在线监测、污水处理厂水质实时在线监测、水资源行政管理、水务物联网、智慧城市等。

【技术原理】

当一束光通过水中时，不同的成分就会有不同的吸收光谱，对吸收光谱进行放大和解析。通过建立模型、设计算法、写入程序、计算机计算可以分析其成分及含量，连续光谱有良好的补偿性。

【技术要点】

连续光谱水质传感器利用 UV－VIS 全谱段可同时检测高锰酸盐、COD、BOD、TOC、DOC、$NO_3-N$、$NO_2-N$、TSS浊度、$SO_2$、叶绿素等多个水质参数。

【适用前景】

为加强对水资源的监察和保护力度，免试剂实时在线监测系统的应用前景广。

【典型案例】

智慧河长制免试剂实时在线监测示范系统

项目地点：绵阳市游仙区

业主单位：绵阳市游仙区水务局

实施单位：四川炜麒科技股份有限公司

项目模式：政府采购服务

项目概述：为充分响应全面落实河长制湖长制实施方案，绵阳市游仙区的芙蓉溪金玉桥、魏城和柏林镇葡萄园使用该技术系统分别建设了示范站。其中金玉桥站监测高锰酸盐指数、氨氮、总磷、总氮、溶解氧、pH 值、浊度、温度等参数；柏林站监测氨氮、电导率、溶解氧、pH 值、温度等参数。运行几个月来情况良好。

## 9.2.4 采样/监测/测量/暗管探测无人船系统

【技术简介】

无人船核心技术主要体现在无人船自主控制技术、协同控制技术、艇体材料技术、无中心自组织网络宽带通信技术、系统综合技术等方面。

【应用范围】

该系统广泛应用于环境监测、水文测绘、核辐射监测和水文研究等。

【技术原理】

无人船与基站可建立数据和视频监控图像的实时传输。无人船工作采用先进的航行算法完成路径规划实现 GPS 自动导航，自主航行，自动避障。通过监控基站，可以实时控制无人船，设计规划无人船的自动工作任务，监控无人船工作状态；通过 GPS 卫星来进行实时定位，并且自主导航。

【技术要点】

采样/监测无人船主要功能及指标：

（1）可按照预先设定的路线、采样点及采样量，实现多点采样，并生成采样工作报告。

（2）可搭载水质在线监测仪器设备并实现实时监测功能，并生成、绘制水质分布图。

（3）具备小巧轻便，操作方便等特性。

（4）尺寸：1.15m×0.8m×0.43m(小型)/1.5m×0.9m×0.6m(中型)。

（5）重量：26kg（小型）/54kg（中型）。

测量船主要功能及指标。

（1）搭载 ADCP 多普勒流量测量仪进行水文流量流速测量。

（2）搭载单波束测深仪进行水深/水下地形测量。

（3）尺寸：1.3m×0.5m×0.3m（小型）/1.6m×0.7m×0.4m(中型)。

（4）重量：10kg(小型)/35kg(中型)。

暗管探测船主要功能及指标：

（1）搭载侧扫声呐，探测水下暗管及管道，并显示暗管图像及位置。

（2）尺寸：1.6m×0.7m×0.36m。

（3）重量：30kg。

**【适用前景】**

云洲无人船在突发事件应急监测过程中的出色表现更是充分发挥了小巧轻便、操作简易、快速反应的特点，深入工作人员无法到达的区域，及时准确地传回监测数据并带回水样，帮助工作人员实时掌握监控区域的动态。

**【典型案例】**

（1）ESM30、MM70 型全自动采样检测两用无人船。

项目地点：达则措、尕阿措、瀑赛尔措、兹各塘措、其香措和江措

业主单位：中国科学院青藏高原研究所

实施单位：珠海云洲智能科技有限公司

项目模式：政府采购服务

项目概述：在 2017 年 7 月 4 日，科考队伍利用云洲无人船 MM70、ESM30、ME40 相继对达则措、尕阿措、瀑赛尔措、兹各塘措、其香措和江措等进行水质采样监测以及水深的测量。云洲无人船是唯一跟随科考队探秘地球"第三极"的无人船平台，历时两个多月的无人船的工作任务，取得了圆满地成功。

（2）广州市公安局 2017 广州《财富》全球论坛服务。

项目地点：广东省广州塔珠江游码头、会展中心码头以及周边半径 400m 范围内水域

业主单位：广州市公安局水上分局

实施单位：珠海云洲智能科技有限公司

项目模式：政府采购服务

项目概述：本次项目的整个核心水域长约 12km，江面平均宽 450m。采用探测无人艇搭载多波束测深仪、单频侧扫声呐等仪器，对核心区及控制区的水域线路布线规划，无人艇按布线航行，对线下水域全面快速有效地进行扫测工作。侧扫航线行程共达 326km，发现水下可疑目标点 75 处，对可疑点标志出坐标、形状，交于分局。

## 9.2.5 水土保持无人机对地动态监测技术

**【技术简介】**

该技术通过将无人机低空遥测和摄影测量技术有效集成，针对不同的水土保持监测对象（点、线以及面状项目），构建了一套快速、准确、全自动的水土保持无人机对地动态监测技术体系，可实现研究区水土流失三维重建以及土壤侵蚀过程模拟，进行水土保持施工以及效益的实时动态监测，是当前国家大力推进水土保持信息化建设，实现生产建设项目水土保持天地一体化监管的有效补充和技术手段。

**【应用范围】**

水土保持重点治理工程、水土保持规划前期设计、生产建设项目水土保持监管等领域。

**【技术原理】**

该技术根据无人机低空遥测以及摄影测量等技术原理，构建了一套基于无人机（旋翼、固定翼）的水土保持对地动态监测与三维建模仿真系统，可通过无人机进行地表信息的影像前期采集，结合研究以及工程项目需要，通过近景摄影测量后期处理分析，获取研究区以及工程施工地段的 DEM、DOM、DLG 等数据，结合人工目视解译以及软件自动提取等方法可实现水土保持措施的数量、分布、长度、面积、体积以及植被盖度等信息的

快速提取，用于水土保持施工以及后期效益的动态监测。

**【技术要点】**

构建了一套快速、准确、全自动的水土保持无人机对地动态监测技术体系，可实现研究区水土流失三维重建以及土壤侵蚀过程模拟，主要技术要点为：

（1）无人机遥测平台重量：含电池不大于1.5kg。

（2）防水等级：经过IECIP55标准验证。

（3）内存：16GB数据收集闪存。

（4）最大飞行速度：12m/s。

（5）最长飞行时间：30min。

（6）单次最大测量面积：3km²。

（7）相机：4K相机（1600万像素或者2000万像素）。

（8）地面采样距离（GSD）：最小2cm。

（9）3D模型精确度：1-3x解析度（GSD）。

（10）工作环境温度：0～40℃。

（11）处理软件：Pix4Dmapper或者Agisoft PhotoScan。

（12）摄影测量产出成类：DEM、DOM、DLG以及植被覆盖度。

**【适用前景】**

将低空无人机遥测与摄影测量技术有效集成，可实现小流域水土保持措施面积、数量、施工进度、治理成效的对地动态宏观监测，同时可为水土保持规划以及施工提供详尽的DEM、土地利用、植被盖度等前期本底数据，最高精度可达厘米级，该技术对进一步提升水土保持监测的现代化、信息化以及自动化水平具有重要的现实意义。

**【典型案例】**

（1）水土保持国家重点工程项目效益监测。

项目地点：江西省宁都县

项目规模：2.33km²

业主单位：宁都县水土保持局

实施单位：江西省水土保持科学研究院

项目模式：政府采购服务

项目概述：水土保持无人机对地动态监测技术以还安和凹背小流域为研究对象，对其流域内的植被、地形以及水土保持措施进行了因子提取与综合分析，为开展水土保持治理前期调研、水土保持工程施工调度以及生态效益动态分析提供了有力技术支撑，该技术推广面积达2.33km²，相比较传统动态监测方法，节省了大量的人力、物力、财力，提升工作效率近3倍以上，节支总额达15万元。该技术是当前水土保持动态监测技术体系的有效补充，可为政府及相关部门的水土保持宏观决策提供生态效益评价参考以及技术支撑。

（2）小流域水土保持治理工程效益监测。

项目地点：江西省泰和县

项目规模：4.62km²

业主单位：泰和县水土保持站

实施单位：江西省水土保持科学研究院

项目模式：政府采购服务

项目概述：水土保持无人机对地动态监测技术以老虎山小流域为研究对象，对其流域内植被、地形以及水土保持措施进行了提取与综合分析，为更好地进行老虎山小流域的水土保持治理成效以及水土保持措施摸底提供了有力的技术支撑，该技术推广面积达 $4.62km^2$，与传统技术相比，节省了大量的人力、物力、财力，提高作业效率达 3.5 倍，节支总额 25 万元。

### 9.2.6  华微 5 号无人船测量系统

【技术简介】

无人船测量系统由无人船系统、GNSS 定位系统、水下地形测深系统 3 部分组成。船体在 500W 的推进器推动下最高对流速度可达 5m/s；材质上，船体材料为高分子碳纤维，重量小于 10kg，可由一人轻松搬运，轻便易运输。船体作为主要载体，可搭载多波束测深仪、ADCP 等多种仪器设备。利用无线控制系统实现远程精确控制，利用无线数据传输系统进行 GNSS 定位信息和测量数据信息的实时回传。

【应用范围】

华微 5 号无人船测量系统可广泛应用于水文测量、水利科研、防汛抗旱、环境监测等领域。

【技术原理】

无线控制系统可通过控制软件进行计划线规划和航线指令下达，在顺逆流的时候会自动调整推进器转速以保证自动模式 3m/s 的工作速度，切流方向工作时会自动调整推进器方向使得推进力产生水流方向的速度分量，即使在流速与流向不断变化的复杂工作环境中自动控制系统也能保证无人船在自动模式下按照计划线航行，最大限度地贴合计划线。GNSS 定位系统采用高精度的三星八频 GNSS RTK 智能接收机，可提供厘米级的精确定位。水下地形测深系统采用 D230 单波束测深仪系统，测深精度为目前国内测深仪最高精度，最浅测深能力 0.3m，能够轻松应对浅水测量。

【技术要点】

无人船系统，船体尺寸：1600mm×380mm×240mm；自重：10kg；供能：18.5V，44Ah；最大船速：5m/s；吃水：0.15m；最大载荷：40kg；通信方式：电台、网桥；通信距离：2～10km。GNSS 定位系统，卫星跟踪：北斗全星座；RTK 精度：平面精度，$\pm(8+1\times10^{-6}\times D)$mm，高程精度，$\pm(15+1\times10^{-6}\times D)$mm。水下地形测深系统，测深范围：0.3～300m；安装吃水：13cm；频率：$\geqslant$30Hz；频率 200kHz；精度：1cm＋0.1％＊h；脉冲功率：300W。

【适用前景】

目前已成功应用于水电站建设前期水下地形测量、核电站蓄水池淤积情况测量、近海水下地形测量、长江中游鱼类产卵场地形测量、长江上游常规监测等实际工作中。

【典型案例】

（1）尼泊尔上马相迪 A 水电站监测项目。

项目地点：尼泊尔上马相迪 A 水电站

项目规模：10km 水域

业主单位：中国水利水电第八工程局有限公司

实施单位：中国水利水电科学研究院

项目模式：政府采购服务

项目概述：上马相迪 A 水电站，由中国电建海投公司采用 BOOT 模式投资开发，总投资额约 1.659 亿美元。施工过程中，需开展电站泥沙沉积量的监测，但是由于水域面积宽阔，地形复杂，水体流态紊乱等因素，导致传统人工测量泥沙的方式耗时耗力，且危险重重难以展开。综合考量下，中国电建集团最终选定"华微 5 号"无人测量船。华微 5 号无人船测量系统操作简单，电站工作人员经过短暂的学习培训，迅速掌握了系统的操作方法，仅耗时三天即完成了项目第一次泥沙含量数据的采集工作。

（2）福建福州内河测量。

项目地点：福州

项目规模：4 条内河

业主单位：福州勘察院

实施单位：中国水利水电科学研究院

项目模式：政府采购服务

项目概述：总共测量 4 条内河，一个西湖公园湖。西湖面积大小 1~2km²，内河河道较为狭窄，最宽仅 50~100m，多数河段在 20m 内，下水极其困难，有些无法下水，有不同程度水葫芦和水草。华微 5 号较小巧，全程可自动和手动两种模式测量，且具有防水草罩，可较好应用于狭窄多水草城市内河测量。

## 9.2.7　小流域水土保持多元下垫面信息无人机快速获取新技术

**【技术简介】**

由旋翼/固定翼无人机、机载相机、iPad 等硬件设备和无人机航片智能处理软件构成，应用无人机与大数据信息处理技术最新成果，并结合植被覆盖度等成熟计算模型，可快速、集成获取小流域尺度下垫面正射影像、植被覆盖度、DEM 等多元信息。

**【应用范围】**

已在水土保持、地质、林业、环境、灌区等领域的下垫面影像获取和专题信息提取等方面得到了推广应用。

**【技术原理】**

采用国际上性能稳定与操作简便的无人机商业产品，为水土保持野外调查特别是工作人员难以到达区域的较大面积信息获取提供了新途径；针对性开发了 PAD 端无人机控制APP，实现对无人机飞行轨迹的设定与控制；无人机航片智能处理软件，成功解决了无人机数据处理当下面临的主要困难，如飞行姿态不稳定、无航迹规划、相机参数不准或缺失、IMU 信息不准或缺失、大数据处理速度慢、传统航空摄影测量软件操作复杂、地面控制点缺失、不能充分利用计算机硬件资源等问题，处理数据量大、速度快；实现了流域尺度下垫面正射影像、植被覆盖度、DEM 等多元信息集成、快速获取。

**【技术要点】**

（1）无人机平台包括旋翼和固定翼两种无人机类型（表 9.2）。

表 9.2　　　　　　　　　　　无 人 机 类 型

| 类 型 名 称 | 类 型 Ⅰ | 类 型 Ⅱ |
|---|---|---|
| | 旋翼无人机 | 固定翼无人机 |
| 重量/kg | 2 | 4.5 |
| 载荷 | 相机 | 相机 |
| 续航时间/min | 30 | 90 |
| 飞行高度/m | 50~150 | 50~500 |
| 动力类型 | 电动 | 电动 |
| 抗风能力 | 5 级 | 5 级 |
| 测控半径/km | 5 | 15 |
| 航片分辨率/cm | 10~20 | 5~30 |
| 单架次航飞面积/km² | 0.5~1.5 | 10 |

（2）无人机控制。开发了 PAD 端 APP，可实现对旋翼无人机飞行轨迹的设定与控制。

（3）无人机航片拼接速度。软件提供强大的影像处理像素单元引擎，处理速度快、智能；无需专业知识和人工干预，即可快速制作测量级精度的 DEM、正射影像图和三维点云。

（4）植被覆盖度计算。自主研发了基于色值和几何聚类二元算法的植被覆盖度高效计算方法，并有效解决了照片反光对传统计算方法的影响，计算精度得到明显提高。

【适用前景】

小流域水土保持多元下垫面信息无人机快速获取新技术，是水土保持监测业务中使用的一种小流域尺度地面信息集成采集新技术，充分利用无人机与大数据信息处理技术，可用于野外对较大范围、特别是工作人员难以到达区域正射影像、土地利用、植被盖度、高精度 DEM、关键水保工程分布等水土保持与其他水利行业关注的多元下垫面信息的快速、集成获取，相比传统水保调查手段，具有地域适应性强、人工干预少、精度有保障、技术先进等优势。

【典型案例】

（1）黄河流域全国水土流失动态监测与公告项目。

项目地点：绥德辛店沟小流域

项目规模：1 个小流域

业主单位：黄河流域水土保持生态环境监测中心

实施单位：中国水利水电科学研究院

项目模式：政府采购服务

项目概述：黄土高原地形破碎、植被覆盖变化大、水保措施多样，对水土流失动态监测与调查技术能力提出了更高要求，水土流失监测一线工作对高效、便利、精准、经济的最新技术，需求明确与迫切。小流域水土保持多元下垫面信息无人机快速获取新技术响应国家科技创新政策，切实针对水土保持业务科技需求，在水土保持多元下垫面信息监测方面具有突出技术优势，并在绥德辛店沟小流域开展了示范应用，对"完善水土保持监测体系，推进信息化建设，进一步提升科技水平，不断提高水土流失防治效果"具有积极贡献，为获得较大面积的流域信息提供了更有力的技术支撑。

（2）长江流域全国水土流失动态监测与公告项目。

项目地点：湖北省秭归县

项目规模：1 个小流域

业主单位：长江流域水土保持监测中心站

实施单位：中国水利水电科学研究院

项目模式：政府采购服务

项目概述：长江流域水土保持监测中心站负责在长江流域内履行《水土保持生态环境监测网络管理办法》规定的职责，开展和承担水土保持监测。长江流域地形多样，丘陵、山地分布广泛，增加了水土流失动态监测的难度，对监测与调查手段提出了更高要求。小流域水土保持多元下垫面信息无人机快速获取新技术切实针对水土保持业务对土地利用、植被和地形信息流域尺度快速获取的科技需求，在湖北省秭归县选择小流域开展了技术展示与应用，获取了高精度水土保持多元下垫面基础信息，与传统调查手段相比具有突出技术优势，为长江流域全国水土流失动态监测与公告项目提供了有力的技术支持。

## 9.2.8　水下机器人水质监测采集技术

**【技术简介】**

水下机器人水质监测采集技术主要是以水下机器人（或称潜水器）作为运载平台，通过搭载高清摄像头、声呐扫描或成像装置、自动采水器、流速仪、水深传感器和水质传感器等设备，探测水下水质状况和自动取样进行水质分析，根据水下水流的实时监测，结合视频图像探测，追踪水下排污口位置，并可在线监测、记录并上传水下排污口的水深、污水水质和排污流量等信息，同时可实现自动采水取样，供对比分析。

**【应用范围】**

水下机器人可进行水下水质监测、水下排污点水质监测、水下排污点位置和污染溯源。

**【技术原理】**

通过在水下机器人集成摄像头、流速、水深、声呐等多种传感器设备，进行多传感器信息融合，增强图像效果，以便于寻找、定位水下排污口的具体位置，再通过自动取样装置，通过控制算法自动完成水下排污口污水水样的取样，该技术的实现可很大程度上方便特别是隐藏的水下污水排放监管工作。

**【技术要点】**

水下机器人主要分为两大类：一类是有缆水下机器人，习惯称为遥控潜器；另一类是无缆水下机器人，习惯称为自主式水下潜器。自主式水下机器人是新一代水下机器人，具有活动范围大、机动性好、安全、智能化等优点，成为完成各种水下任务的重要工具。

（1）智能控制技术。智能控制技术旨在提高水下机器人的自主性，其体系结构是人工智能技术、各种控制技术在内的集成，相当于人的大脑和神经系统。软件体系是水下机器人总体集成和系统调度系统，直接影响智能水平，它涉及基础模块的选取、模块之间的关系、数据（信息）与控制流、通信接口协议、全局性信息资源的管理及总体调度机构。

（2）水下目标探测和识别技术。目前，水下机器人用于水下目标探测与识别的设备仅限于合成孔径声呐、前视声呐和三维成像声呐等水声设备。合成孔径声呐是用时间换空间的方法、以小孔径获取大孔径声基阵的合成孔径声呐，非常适合尺度不大的水下机器人，可用于侦察、探测、高分辨率成像，大面积地形地貌测量等。前视声呐组成的自主探测系统，是指前视声呐的图像采集和处理系统，在水下计算机网络管理下，自主采集和识别目标图像信息，实现对目标的跟踪和对水下机器人的引导。通过不断的试错，找出用于水下目标图像特征提取和匹配的方法，建立数个目标数据库。特别是在目标图像像素点较少的情况下，较好地解决数个目标的分类和识别。系统对目标的探测结果，能提供目标与机器人的距离和方位，为水下机器人避碰与作业提供依据。三维成像声呐，用于水下目标的识别，是一个全数字化、可编程、具有灵活性和易修改的模块化系统。可以获得水下目标的形状信息，为水下目标识别提供了有利的工具。

（3）水下导航（定位）技术。用于自主式水下机器人的导航系统有多种，如惯性导航系统、重力导航系统、海底地形导航系统、地磁场导航系统、引力导航系统、长基线、短基线和光纤陀螺与多普勒计程仪组成的推算系统等。由于价格和技术等原因，目前被普遍看好的是光纤陀螺与多普勒计程仪组成的推算系统。该系统无论从价格上、尺度上和精度上，都能满足水下机器人的使用要求，目前国内外都在加大力度研制。

（4）通信技术。目前，潜水器的通信方式主要有光纤通信、水声通信。光纤通信由光端机（水面）、水下光端机、光缆组成。其优点是不仅传输数据率高（100Mbit/s）且具有很好的抗干扰能力；缺点是限制了水下机器人的工作距离和可操纵性，一般用于带缆的水下机器人。

水声通信是水下机器人实现中远距离通信唯一的、也是比较理想的通信方式。实现水声通信最主要的障碍是随机多途干扰，要满足较大范围和高数据率传输要求，需解决多项技术难题。

（5）能源系统技术。水下机器人，特别是续航力大的自主航行水下机器人，对能源系统的要求是体积小、重量轻、能量密度高、可多次反复使用、安全和低成本等。目前的能源系统主要包括热系统和电-化能源系统两类。

热系统是将能源转换成水下机器人的热能和机械能，包括封闭式循环、化学和核系统。其中由化学反应（铅酸电池、银锌电池、锂电池）给水下机器人提供能源，是现今一种比较实用的方法。

电-化能源系统是利用质子交换膜燃料电池来满足水下机器人的动力装置所需的性能。该电池的特点是能量密度大、高效产生电能，工作时热量少，能快速启动和关闭。但是该技术目前仍缺少合适的安静泵、气体管路布置、固态电解液以及燃料和氧化剂的有效存储方法。随着燃料电池的不断发展，它有望成为水下机器人的主导性能源系统。大数据分析和回归分析，实现水体水质分析和监测。

**【应用前景】**

黑臭水体环保督查、水下排污口的探测和定位、水下水质监测等领域具有较大的应用前景。同时，也可延伸到地下管网渗漏监测、水下坝体探伤等应用。

**【技术局限性】**

技术局限性主要体现在以下几个方面：

（1）续航能力较差。由于水下机器人均是在水下工作，只能采用电池供电，无法进行充电或采用市电持续供电，因此，水下机器人自身的续航能力对其长时间的水下作业存在较大的局限性。

（2）数据传输能力以有缆为主。水下机器人一般在环境较差的深水区域作业，由于受水下数据无线通信技术的约束，现阶段基本还是采用有缆遥控方式进行操作，大大降低了其适用范围。

（3）污染严重水体作业难度大。由于水下机器人执行的作业的水下环境比较复杂，高清摄像头在水下可拍摄的距离受水质环境的影响很大，很难达到如追踪水下排污口的执法目标，虽然结合声呐成像技术的使用在目前技术水平上的提升效果比较有限。

（4）水质监测指标有限。水下机器人水质监测是通过挂载水质传感器设备进行水下水质监测，常规地面水质站的水质监测方法难以应用，一般只能采用探头式的水质传感器，因此能监测的水下水质指标受传感器探头种类限制。

**【典型案例】**

项目概述：水产养殖监测在渔业中是一个非常重要的环节，其中包含了对水质、水环境信息（温度、光照、深度、pH 值、溶解氧、浊度、盐度、氨氮含量等）进行实时采集。水产养殖者可通过水质变化情况，采集数据并分析，及时总结经验，指导管理。

实施单位：深圳潜行创新科技有限公司

传统的水下含氧量检测方式有：

（1）使用氧传感器，可以直接测量，但数据的准确度不易精准把控。

（2）也可以通过白磷燃烧，耗费氧气，然后根据量筒中的水位读出数据，此种方法步骤繁琐，也会污染空气环境。

（3）还有就是用溶解氧仪，可以在线监测溶解氧含量。不过溶解氧仪的价格很高，投入成本很大。

潜行创新最新发布的新品水下机器人鲛 GLADIUS MINI（图 9.2），该款产品是全球首款五驱微型水下机器人。

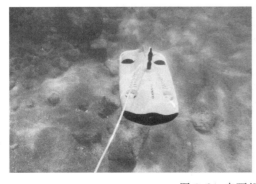

图 9.2　水下机器人水质监测

"鲛 GLADIUS MINI"不仅外观设计更加紧凑，机身重量不到 2.5kg，其新增的垂直定深模式和 ±45°可调俯仰角平移拍摄功能，使成像更加平稳，能多角度拍出优质图像，这极大方便了水下生长情况的实时勘测。

鲛 GLADIUS MINI 新增设了水质传感器，实现对水质（温度/盐度/pH 值/溶解氧等）和鱼群网箱的实时机动监测。操作员不用下潜，在陆地即可通过操作界面实时监测水质数据。极大减少人工成本，让水产养殖监控更便捷，更智能。

# 9.3 水环境视频监测技术

## 9.3.1 水环境视频图像识别技术

【技术简介】

水环境视频图像识别技术是利用图像预处理、特征提取、特征向量选择、分类识别等技术对获取的图片进行快速分析，识别水体微生物（如草履虫）类型、浮游生物（如硅藻）类型、漂浮物（如垃圾）类型，判断水环境状况，以节省现场巡视的人力和资源，提高工作效率。

【应用范围】

水环境视频图像识别技术可以用于水体微生物识别、水质中浮游生物（蓝藻、绿藻等）识别、水体漂浮物（水面垃圾）识别、垃圾倾倒识别、企业偷排识别等，可以用于水利部门、环保部门、河长办等部门的水环境数据获取。

【技术原理】

（1）图像预处理技术包括滤波去燥、图像二值化处理、图像灰度化处理等。

（2）图像特征提取技术包括最大类间方差法、二值形态学、纹理特征法等。

（3）特征向量的选择技术包括离散入侵性杂草优化算法等。

（4）分类识别技术包括 BP 神经网络、决策树、支持向量机、K 近邻法、模拟退火技术等。

【技术要点】

水环境视频图像识别技术具备识别准确性高、识别速度快、可学习性好、鲁棒性强等特点，可以提供有效及时的水环境数据服务。视频图像识别技术包括图像采集、图像预处理、图像特征向量提取、图像特征向量的选择、分类识别和最终结果输出 6 部分内容。用于识别水体微生物、水质、水面漂浮物、涉水违法事件等水环境相关内容。

【应用前景】

中共中央办公厅、国务院办公厅印发《关于全面推行河长制的意见》，要求各地落实河长制，以保护水资源、管理保护河湖水域岸线、防治水污染、治理水环境、修复水生态、执法监管为主要任务。河湖问题得以国家政策上重视，全国各地推行河长制，水环境视频图像识别技术能够帮助快速识别水体情况，节省人力物力开支，提高河长制工作效率，可以大范围推广和使用。

【技术局限性】

水环境视频图像识别技术要求遥感影像为高清影像。

【典型案例】

安徽省河长制决策支持系统开发项目

项目地点：安徽省合肥市

项目规模：覆盖全省 16 个地市

业主单位：安徽省（水利部淮河水利委员会）水利科学研究院

实施单位：中水三立数据技术股份有限公司

项目模式：政府采购服务

项目概述：系统在安徽省已有的视频监视基础上，自动从视频中识别涉水违法事件，如企业偷排、垃圾倾倒、非法采砂等河湖问题，节省河湖问题巡查人力及物力的投入，提高工作效率。

### 9.3.2　水环境遥感影像识别技术

【技术简介】

水环境遥感影像识别技术是利用遥感影像预处理、水体提取、水环境问题识别等技术对获取的影像进行快速分析，识别水体富营养化、黑臭水体、化学需氧量 COD、水域岸线变化、非法建筑、非法围垦、有色液体排放等河湖问题，判断水环境状况，以节省现场巡视的人力和资源，提高工作效率。

【应用范围】

水环境遥感影像识别技术可以用于水体富营养化、黑臭水体、化学需氧量、水域岸线变化、非法建筑、非法围垦、有色液体排放等问题识别，可以用于水利部门、环保部门、河长办等部门的水环境数据获取。

【技术原理】

水污染识别技术包括解译、单波段阈值法、波段差值法、波段比值法、色度法、Fisher 判别分析法、NDVI 指数计算等。

【技术要点】

水环境遥感影像识别技术用于水环境污染识别、识别速度快、范围广，以便提供有效及时的水环境数据服务。遥感影像识别技术可以识别水体富营养化、黑臭水体、化学需氧量、水域岸线变化、非法建筑、非法围垦、有色液体排放等，以判断水环境状况。水环境污染遥感影像识别技术包括遥感影像预处理（几何校正、辐射定标、大气校正、图像融合、图像拼接与裁剪）、水体提取、水环境问题识别、结果输出。

【应用前景】

中共中央办公厅、国务院办公厅印发《关于全面推行河长制的意见》，要求各地落实河长制，以保护水资源、管理保护河湖水域岸线、防治水污染、治理水环境、修复水生态、执法监管为主要任务。河湖问题得以国家政策上重视，全国各地推行河长制，水环境遥感影像识别技术能够帮助快速识别水体情况，节省人力物力开支，提高河长制工作效率，可以大范围推广和使用。

【技术局限性】

水环境遥感影像识别技术要求遥感影像为高清影像。

【典型案例】

安徽省河长制决策支持系统开发项目

项目地点：安徽省合肥市

项目规模：覆盖全省 16 个地市

业主单位：安徽省（水利部淮河水利委员会）水利科学研究院

实施单位：中水三立数据技术股份有限公司

项目模式：政府采购服务

项目概述：系统在安徽省提供的遥感影像进行智能识别，自动从遥感影像中识别预警水域岸线变化、非法建筑、水华、涉水违法事件等河湖问题，节省河湖问题巡查监测的人力及物力投入，提高工作效率。

# 9.4　水资源动态监测技术

## 9.4.1　供水管网监测窄带物联网技术

【技术简介】

基于先进传感技术、精密加工制造与研发能力和新兴的 NB－IOT 窄带物联网通信技术优势结合前景，大胆提出率先在自来水行业进行应用研究，可实现量化漏损水量（包含物理漏损和商业漏损）和提供一站式漏损评估到漏损定位服务。

【应用范围】

自来水行业的量化漏损水量（包含物理漏损和商业漏损）和提供一站式漏损评估到漏损定位。

【技术原理】

利用负压波传感器、声波传感器、压力变送器、均速管、智能远传水表等 NB－IOT 窄带物联网的智能远传设备形成物联网感知层。信息系统根据所安装的计量仪表所采集的实时数据以及注册用户的抄见表量，根据水量平衡表即可实时监控、计算每个树形结构的管网漏损率，并及时发现、定位各类漏损的区域。

【技术要点】

（1）海量连接，NB－IOT 技术比 2G/3G/4G 有 50～100 倍的上行容量提升。

（2）深度覆盖，NB－IOT 比 LTE 提升 20dB 增益，相当于发射功率提升了 100 倍。

（3）超低功耗，低功耗特性是物联网应用一项重要指标，NB－IOT 聚焦小数据量、小速率应用，NB－IOT 引入了超长 DRX（非连续接收）省电技术和 PSM 省电态模式。

（4）稳定可靠，以智能抄表应用为例，与采用有线 PLC 抄表数据回收成功率在 60％左右相比，NB－IOT 可以保证数据成功回收率达 99％，可靠性大幅提高。

【适用前景】

窄带物联网技术（NB－IOT）是由华为公司最早研发的窄带广域物联网通信技术，被 ITU、ETSI、3GPP 等国际标准组织接纳为国际标准，2016 年 8 月中国标准化组织宣布接纳为中国技术标准，被工信列为 5G 技术的范畴。窄带物联网技术（NB－IOT）使用 LTE 技术，网络覆盖广泛，消除了所有传统物联网技术碎片化、局域化、无盈利模式的缺陷，将带领物联网事业进入新时代。

**【典型案例】**

福州市城市供水漏损治理合同节水管理项目

项目地点：福州市

项目规模：项目实施区域为福州市仓山区南台岛老仓山区域，覆盖面积达 $77km^2$，月均供水量 660 万 t。

业主单位：福州市自来水有限公司

实施单位：福水智联技术有限公司

项目模式：合同节水管理

项目概述：福水智联技术有限公司在建设区域建立城市供水漏损治理系统，进行用水状况诊断、节水项目设计、改造施工、设备安装调试、运行管理。利用掌握的相关技术和管理环节为建设区域降低城市供水管网漏损率；及时发现各类漏损的区域和地点，最大程度减少城市供水的漏损水量。同时提供高效、高精度漏损检测定位工作。

## 9.4.2　合同水资源监控管理平台

**【技术简介】**

合同水资源监控管理平台是基于水量测量为基础、节水效益分析为核心、节水项目监管为目的的综合信息平台。平台提供一整套软硬件一体化解决方案，实现对节水项目的用水量长期监测，经过专业的模型分析进行节水效益评估，监督并指导节水项目的长期运行，并利用节水大数据分析成果作为数据支撑来推广一些行之有效的节水项目。

**【应用范围】**

应用于所有可测量的节水灌溉工程、水环境治理工程，即可作为甲方的监管工具，也可作为乙方的节水效益、治理效益展示，同时也可作为第三方的专业评估平台。

**【技术原理】**

通过水量自动计量（或水质自动监测）设备对各个节水灌溉工程的用水量（水环境治理工程的水质标准）进行实时监测，数据通过移动通信网络传输到平台，辅以不同应用场景下的专业分析模型进行项目节水分析、效益评估以及综合评价，同时结合技术类型、应用场景、地域环境等多因素的大数据分析实现节水技术的应用评估，发掘并推广更高效、更节能、性价比更高的节水技术。

其中，水质检测主要依托第三方实验室机构进行权威的水质鉴定，鉴定结果直接在平台录入并显示；水质在线监测依托专业的分析模型进行水质级别判定。

同时，作为长期、专业的监管平台，具备自运维管理能力，既能实时自动监控各个监测设备的运行工况，又能全面便捷的记录运维事务，并辅助运维团队的建设，让平台更持久高效的运转。

**【技术要点】**

同时在线用户数：不少于 2000 人。

最大并发数：不少于 1000。

监测设备接入数：不少于 10000。

平均响应时间：不超过 3s。

数据更新频率：不大于 5min。

单笔业务处理能力：不大于 1s。

整体系统延迟：不大于 10min。

系统有效工作时间：不小于 99.5%。

**【适用前景】**

该平台是以水资源业务应用系统为核心的水资源管理信息化系统，主要目的是实时掌握来水、取水、用水和排水动态，实现水资源信息的快速传递，达到水资源管理精确化、实时化和深度管理的目标，为建立水资源管理责任制和考核制度提供技术支撑。

我国对水量自动计量以及灌溉用水量的实时监测监控管理平台需求量大面广，该平台基本能够满足水资源管理工作需求，全面提高水资源管理能力和监管效率，为加快推进最严格的水资源管理制度，实现水资源可持续利用，推进节水型社会建设，提供了可靠的技术装备保障，推广应用前景良好。

该平台稍加升级，能涵盖农业灌溉、农村供水、水利工程、地下水监控、工程监测、防洪抗旱、水雨情等多个业务系统数据，建设水利数据中心平台，实现水利数据应用统一入口、统一管理、信息共享为一体的服务平台。

**【典型案例】**

（1）河北省世行节水灌溉二期项目——节水智能监测与信息发布系统。

项目地点：河北省唐山市、邯郸市等

项目规模：投资 100 万元

业主单位：河北省水利厅

实施单位：中环天成信息技术有限公司

项目模式：政府采购服务

项目概述：节水智能监测与信息发布系统建设单位为河北省世行节水项目管理办公室，项目建设地点在河北省境内，在两个县内选取四个村共计 16 眼井进行建设。系统由节水智能监测系统和节水信息发布子系统组成，其中节水智能监测系统主要负责完成监测站点信息的采集，包括土壤湿度、土壤温度信息的实时采集、存储，并在各协会进行统一管理；节水信息发布子系统主要是进行发布信息的后台管理，并通过信息大屏幕等媒体发布。按照技术划分系统主要由信息采集、信息传输、信息管理应用三部分构成。

（2）邯郸市漳滏河灌区水利信息综合管理系统工程。

项目地点：河北省邯郸市等

项目规模：投资 1000 万元

业主单位：邯郸市漳滏河灌溉供水管理处

实施单位：中环天成信息技术有限公司

项目模式：政府采购服务

项目概述：邯郸市漳滏河灌区是由滏阳河分灌区和民有分灌区组成的全国大型灌区之一，集农业灌溉、城市供水、除涝减灾等功能为一体；同时灌区地处我国北方干旱地区，水资源严重匮乏，这是极为严峻、迫切的问题。农业是用水大户，而地表水的长距离输送其渗漏损失较之地下水要严重，可见灌区工程节水改造是最有效的节水途径。只有实施节水灌溉，才能使有限的水资源得到充分利用，满足农业灌溉需求，保障农业增产。推进灌区信息化建设，依靠信息化技术，充分发挥有限水资源的利用效率，缓解水资源供需矛盾是一项重要的技术手段。

### 9.4.3    智墒/天圻/云衍——智能灌溉系统

"智墒"是智能灌溉系统中的智能土壤墒情传感器。"天圻"是智能灌溉系统中的智慧型气象站。"云衍"是智能灌溉系统中的智能灌溉+控制器。

（1）智墒——智能土壤墒情传感器。

【技术简介】

智墒是一款安装在土壤中对"墒"进行动态监测、智能预测的智能传感器终端。它对作物的根系活动、耗水规律、气象生态环境等信息进行人工智能处理，实现人对自然的深度感知。

【应用范围】

农业用水指导、土壤墒情监测、山体滑坡监测、园林灌溉、科研领域研究、水利支持等领域。

【技术原理】

该产品利用高频振荡法（FD）工作。FD测量土壤水分法是介电法的一种。介电法技术是根据土壤介电常数的变化来判断土壤中可以被植物吸收水分的量（体积含水量）。在土壤中，介电常数是由土壤、土壤中的水分以及土壤中的空气来共同决定的；在常温下，土壤中水分的介电常数是81，土壤本身是3~5，空气的介电常数是1，因此，土壤的总介电常数主要是由土壤中的水分含量决定的。

该产品是管式集成一体化多深度土壤水分监测仪，即插即用；是目前市场上最粗、监测土壤体积最大的土壤水分传感器；通过无线数据传输，云端数据分析处理，直接告诉客户最具指导意义的结果。

安装方式简单快捷，仅需在土壤中钻孔并灌浆即可，可保证数据的稳定与准确；独创的免标定技术，不需要现场标定就可以直接使用，极大地提高了设备的适用范围；用户现场用微信扫码即可获取设备数据，无需单独下载APP，设备系统远程升级，具有优异的用户体验。

同时，平台还能提供更多的拓展功能，包括动态作物虚拟根系分层比例识别、历史至未来7天参考作物蒸发蒸腾量（$ET_0$）、提供所在位置分钟级别降雨量及未来5天降雨量预测、自动识别土壤有效储水量、土壤蓄水潜力，辅助识别土壤饱和含水量、田间持水量。

【技术要点】

1）土壤含水量：测量范围为干土—饱和土；测量精度为实验室精度±2%；野外测量精度为±4%；土壤温度为-20~60℃。

2）通信方式：GPRS无线通信，支持移动、联通、电信网，无线传输，网络GPRS/CDMA。

3）供电方式：内部磷酸铁锂电池供电+外部太阳能电池板供电。

4）工作环境：温度为-40~60℃；湿度为相对湿度≤100%。

5）数据测量：免土壤率定、免现场校准，快速安装。

6）防护等级：整机IP68防水防尘。

7）采集频率：可远程调节5min~4h。

8）测量原理：高频振荡法（FD）工作，感应范围广。

9）监测深度：ET60 为监测 10－20－30－40－50－60cm；ET100 为监测 10－20－30－40－50－60－70－80－90－100cm；定制版为可根据需求定制不同深度。

10）防盗功能：内置振动传感器，当设备发生振动、移除等外力操作时，设备立即自动发送报警短信到指定手机号或绑定的微信上。内置 GPS，设备实时经纬度地理位置信息可通过 GPRS 发送数据平台。

E 生态数据平台：

1）手机微信、Web 网页端实时查看及下载数据。

2）提供作物日耗水量。

3）智能根系自动识别功能，未来 5 天降雨量预测，未来 7 天 $ET_0$ 预测。

4）提供净灌溉用水量，平台具有辅助灌溉水有效利用系数系统。

5）平台提供设备地理位置信息。

6）自动识别历史各层土壤最高及最低土壤含水量、当前有效储水量和蓄水潜力。

7）辅助识别土壤饱和含水量、田间持水量。

8）自动计算实际蒸发蒸腾量 $ET_c$、参考蒸腾蒸发量 $ET_0$ 及作物系数 $K_c$。

【适用前景】

水肥一体化掀起了现代农业的浪潮，在水资源短缺，土地污染的紧迫条件下，精准灌溉、精量施肥、自动控制显得尤为重要，这需要与作物有效的沟通，时时感知作物的需求，满足作物的需要，智墒的发挥空间不可限量。

【典型案例】

云南水科院科研项目

项目地点：云南

项目规模：中等

业主单位：云南水科院

实施单位：北京东方润泽生态科技股份有限公司

项目模式：科研采购

项目概述：云南水科院采购土壤墒情监测仪用于作物需水规律研究。

（2）天圻——智慧型气象站。

【技术简介】

天圻是集气象数据的采集、存储、传输于一体的小型气象站，同时采集七种与作物生长和设备运行相关的气象参数：空气温度、相对湿度、风速、风向、雨量、太阳辐射及大气压力。它将监测信息实时传送到远程服务器，为农业气象监测和农事科学管理提供科学决策依据，对定量评价气象对作物的影响、开展作物产量估产及抗灾防灾具有重要的现实意义。

【应用范围】

农业用水指导、土壤墒情监测、山体滑坡监测、园林灌溉、科研领域研究、水利支持等领域。

【技术原理】

天圻是高度集成一体化产品，遵循极简设计原则，获得了 2017 年红点工业设计大奖。

它将高精度抗干扰超声风向风速传感器、太阳辐射传感器、具备特富龙涂层抗污防粘动能型雨量计、窄边框超薄后背的太阳能板、高密度高可靠电源系统、高增益内置天线及隐藏式线路板、独创的驱鸟反光角、碳纤维支撑杆等各项人性功能集于一体，使得气象监测更科学、智能、准确、高效。

　　七项气象全能：雨量、风向、风速、总辐射、大气压力、空气温度、空气湿度。

　　智能物联：32 位 ARM 处理器、无线通信、全球定位。

　　装备升级：自动水平校正、自动找北、内置高密度电源系统、自动归零、窄边太阳能板、碳纤维支撑杆。

【技术要点】

1）工作环境温度：$-40 \sim 80℃$。

2）平均无故障时间不小于 25000h。

3）状态监测：电池状态上报、通信状态上报、异常状态上报。

4）采集间隔：5min～4h，可远程设置。

5）防雷电干扰：防雷电抗干扰。

6）运行制式：可设置为休眠方式，休眠电流$\leqslant 0.3mA$。

7）采集频率：可远程调节 5min～4h。

8）自带时钟，计时误差 6s/月。

9）防护等级：整机 IP65。

10）数据查看：手机微信、Web 官网。

E 生态数据平台：

1）手机微信、Web 网页端实时查看及下载数据。

2）显示气象站所在经纬度的参考蒸发蒸腾量 $ET_0$ 数据及未来 7 天 $ET_0$ 数据。

3）平台显示预测未来 5 天降雨量数据。

4）可视化显示实时空气温湿度、大气压力、降雨量、风速、风向、太阳辐射等数据。

5）平台提供设备地理位置信息。

6）自动计算实际蒸发蒸腾量 $ET_c$、参考蒸腾蒸发量 $ET_0$ 及作物系数 $K_c$。

【适用前景】

　　农业生产过程中，很多不利天气气候和农业设施耕地不当导致农业减产。作物观测是农业气象观测的重要组成部分，通过作物的观测，鉴定农业气象条件对作物生长发育和产量形成及品质的影响，为农业气象预报、情报，以及作物的气候评价等提供依据，为高产、优质、高效农业服务。

　　在农业中常见的气象灾害：

1）水分因子异常引起的灾害：干旱、洪涝、渍害、雹灾，连阴雨。

2）温度引起的灾害：低温冷害，霜冻冻害，雪灾，高温热害。

3）还有风灾，干热风。

　　所以农业气候观测中，需要观测的生态因子有空气的温度和湿度、风速和风向、土壤的湿度、降雨量、叶片湿度、太阳总辐射。

【典型案例】

北京大学科研教育项目

项目地点：北京

项目规模：中等

业主单位：北京大学

实施单位：北京东方润泽生态科技股份有限公司

项目模式：科研采购

项目概述：北京大学采购天圻用于教学及气象科学研究。

（3）云衍——智能灌溉+控制器。

【技术简介】

云衍能够根据目标作物、目标土壤、目标地点气象等情况，配合本地生态大数据系统，对目标区域进行基于人工智能的灌溉参数设定，并控制一系列机电设备实施上述灌溉程序；在灌溉完成后，根据智墒的反馈评估灌溉效果，并自主更新改进灌溉决策，从而实现对目标区域灌溉的高度个性化定制。

【应用范围】

农业智能灌溉、园林灌溉、科研领域研究、水利支持等领域。

【技术原理】

1）全方位、多维度地现场感知。与东方生态云智能传感网络无缝融合，实时获取作物生长信息，自主分析根系活跃位置及分层比例，智能识别作物缺水胁迫。

2）人督导下的智能及大数据决策、执行机制。与东方生态生态大数据库完美整合，提供受灌区域 $ET_0$，智能评估作物需水量，自动执行灌溉程序。

3）深层反馈学习，自我修正、自我衍进。与东方生态智能气象站"天圻"实时连接，提供当地未来 7 天的气象预测数据，计算最佳灌溉量；与东方生态智能土壤水分监测系统"智墒"实时连接，提供灌溉反馈，系统自动优化灌溉量、灌溉周期等灌溉参数；与第三方受控灌溉设备实时连接，自动监测、计量、评估灌溉的合理性和有效性。

4）水肥一体，开放资源，深度合作。为国际/国内施肥机械厂商预留标准化设备、软件接入端口。

云衍基于完整的 $ET_0$ 生态大数据，用 7 天预测的 $ET_0$ 以及智墒设备数据挖掘出的 $K_c$ 值得到未来 7 天作物需水量；同时结合智能根系识别以及 $ET$ 根系识别，获得建议的灌溉量、灌溉深度指导灌溉，从而实现真正的智能灌溉。

【技术要点】

1）输入输出：8 路 DI、8 路 DO、8 路 AI 以及 2 路 AO。

2）存储：1GDDR3 内存、8GB Flash、32G SD 卡。

3）人机交互：智能语音提示系统、灯光交互系统。

4）主控板 CPU：ARM Cortex A9。

5）操作系统：嵌入式 Linux。

6）远程通信：全网通 4G。

7）现场通信：Lora、载波通信、Wi-Fi、RS485、CAN。

8）工作温度：−20～60℃。

9）防水等级：IP65。

10）数据查看：手机微信、Web 官网。

E 生态数据平台：

1）用户无需安装手机 APP，直接扫码进入微信公众号 E 生态。

2）灌溉管理：提供三种灌溉模式选择，手动、自动、智能。

手动操作：用户通过手机或者电脑界面手动对系统中任一被控设备实现远程操作，实现诸如单阀门启闭、施肥流量配比等功能。

自动程序：该模式可实现对任一轮灌组进行一键灌溉的启动操作和灌溉持续时间设置，系统依照预设参数和条件自动运行。

智能模式：该模式对智墒和天圻获取的作物 ET 根系、耗水规律、气象生态环境等信息进行人工智能处理，为已添加的智能参照点的轮灌组分析缺水状态，自动计算灌溉持续时间，并基于用户的一键操作自动执行该决策，同时参照点反馈评估灌溉效果，用于智能灌溉决策的持续自我优化。

3）用户多级权限分配管理。云衍设备的所有者可以将控制权限、查看权限分配给不同的人员，亦可随时收回，也可将设备锁定，此时其他人即便有权限也无法操作。

4）系统安全性监测。灌溉设备的意外偶有发生，E 生态平台提供多样故障处理选项，用户可设置灌溉系统的停止时间用于系统保护，也可直接选择忽略。

【适用前景】

云衍可以将每一片农田、园林、草原、森林通过互联网连接在一起，随着物联网、大数据、人工智能越演越烈，传统的农业耕作模式必将会被智慧农业耕作模式取代。智能灌溉＋控制器——云衍的作用不容忽视，它是实现农业智能生态管理大格局的重要一环，是串联下一代智能灌溉＋设备的中央器件，是全方位实施智能灌溉＋战略的核心环节。

【典型案例】

海升集团智能灌溉＋项目

项目地点：广西南宁

项目规模：中等

业主单位：海升集团

实施单位：北京东方润泽生态科技股份有限公司

项目模式：合作采购

项目概述：海升集团通过云衍控制，实现精准的水肥管理。

### 9.4.4　具有安全预警的生态调水泵闸站群联控系统

【技术简介】

生态调水泵闸站群联控系统是云、站、端一体化管理平台，以泵闸站内具有逻辑控制、安全预警和自学习功能的站控单元为基础，在云和移动端集成了站群集中监控、视频监视、安防报警、能效监测、远程可视化操作、设备生命周期管理、运维管理功能，支持定时、定量、定水质、定水位的多种自动调度模式，实现区域内水系的生态保持和调节。站内各种数据信息可以通过有线通道/无线通道上送至云平台，在电脑端或移动端随时随地浏览区域调水信息和泵闸运行状态（图 9.3）。

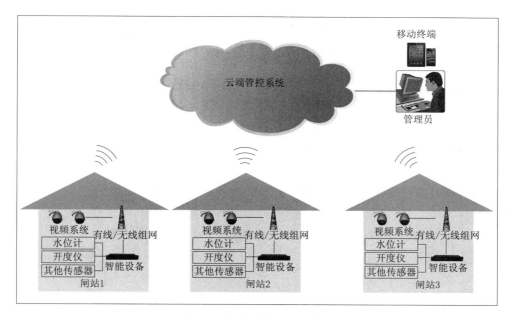

图 9.3　闸站群集控系统结构

【应用范围】

（1）城乡河道水系的水环境改善。实现城乡水系水清、岸绿、景美的目标。可以利用内外河水位差，结合防洪农业灌溉以及供水等要求，通过现地智能闸泵控制单元，根据设定逻辑实现闸泵的自动启闭，实现对河流水体自动置换。

（2）风景区水体环境的改善治理。通过对水位、水质等参数的监测，根据设定的逻辑控制要求，对景区及周围的泵闸站实现自动控制，对景区内的水体实现自动交换。

（3）灌区渠道的水闸调水管理。通过设定逻辑以及闸站间信号的闭锁，实现灌区间闸泵的联合自动控制调度管理。

（4）水体污染控制。通过对水质的监测、自动跟踪判断，完成闸泵自动控制，截断污染扩散途径，实现水体环境的保护。

【技术原理】

（1）主要组成。

1）智能控制设备：智能设备是站内的核心单元，负责与站内各类传感器通信，实现信号采集处理。通过边缘计算，根据现地控制逻辑要求，实现对闸泵站的启闭控制、阀门的开关等操作。同时采用有线/无线等方式将信号上送到云端管控平台，并接收系统的命令。

2）云端管控系统：云端管控系统实现对闸站群的管理监控，对各类数据进行分析统计。为管理者提供电脑、手机、PAD 等访问方式，帮助管理者实时管理各闸站。

（2）云端功能。

1）状态监控：实现对现地泵闸站工情信息的监测管理。

2）视频监视：实现现地视频的监视管理。

3）能效监测：对闸泵站的用能情况进行监测、统计分析，进行优化管理。

4）远程控制：实现对泵闸设备的远程操作控制。

5）缺陷预警：对泵闸站的就地设备动力电缺失、震动异常、越限等进行监测预警。

6）调水模型：通过定时、定量或定水质、定水位等调水模型，实现水系间的最优化管理。

7）生命周期管理：在平台上对设备的维修、更换等生命周期实现管理。

【技术要点】

（1）多重智能。现地智能控制单元可接入水位、水质、流量等传感器设备，可通过物联网边缘计算功能，实现就地的逻辑判断和控制操作，完成对泵闸站的自动化管理。

（2）联合调度。远程管理平台采用可以对接当地气象数据、雨情信息，实现联合管理调度；远程管理平台通过智能判断、趋势预警等方式实现对监控区域内管理提升。

（3）移动服务。平台提供微信、APP、报警推送等移动应用为管理和维护提供了便捷的管控手段。

（4）自学功能。现地智能单元通过内部 AI 自主学习功能；实现闸泵操作过程的自我监视修正，主动设定安全参数。

（5）安全可靠。现地智能单元具有多重逻辑保护功能，在外部传感器损坏或信号丢失的情况下保证闸泵设备的操作安全；可以对闸泵自动操作中的异常情况进行判断、预警；有效保护泵闸、电机设备安全和现场人身安全；现地智能单元独立不依赖于网络，网络故障时不影响预定的控制功能和安全预警功能。

【应用前景】

本产品方案较大降低了运营维护成本，极大提升了现地控制的安全可靠性，解决了现场安全刚性需求。国内城乡内河水系、景区水系、灌区闸泵众多，全国中型泵站约 60 万座，中小闸站数量更加巨大。本产品方案具有巨大的市场前景和安全价值。

【技术局限性】

系统需要对老式的闸泵站进行自动化改造，才能实现现地的自动化和智能化，存在一定的改造费用。

【典型案例】

上海金山区水务局枫泾镇生态调水泵闸站联控系统

项目地点：上海金山区水务局

实施单位：钛能科技股份有限公司

项目模式：试点

项目概述：为了确保枫泾镇古镇内河道水位正常、水质清澈，每天夜间定时对古镇的水道进行生态调水、补水。现地智能控制单元，根据闸站现地水情、定时和定量预设值、安全保护逻辑，实现自动调节调水功能。云端管控系统通过状态监控、视频监视、能效监测、远程控制、缺陷预警、调水模型、生命周期管理等方式手段，提高泵站、闸站管理水平，满足古镇生态调水需求，确保水道水位、水量、水质达标（图 9.4）。

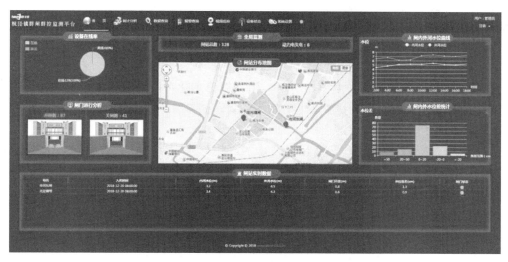

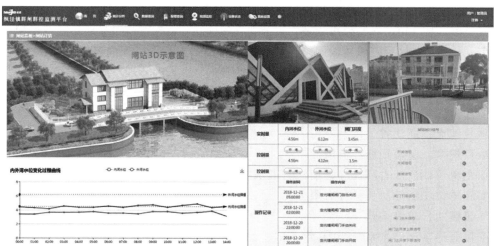

图 9.4　上海金山区水务局枫泾镇生态调水泵闸站联控系统

# 9.5　河长制湖长制信息管理系统建设技术

## 9.5.1　河长制管理信息系统

【技术简介】

该信息系统基于 GIS 地图为各级河长展现各类涉河、涉水数据，协助河长了解河湖；还为各级河长的巡河履职工作提供了信息化的支撑手段，在巡河过程中发现问题可以及时上报并获得处理和反馈；借助该系统上级河长能及时考核监督下级河长的日常工作，并可适时发出督办和批示，提高涉河事件的处理效率；对于一些较复杂的河湖问题处置，系统还提供联席会议功能，可召开实时多方电话/视频会议会商解决。系统含有河长APP，方便各级别的河长移动办公使用；针对社会公众，还有微信公众号、人人护水APP等入口，公众利用这些入口，可查看最新的河湖动态，也可对河湖的问题进行举报，方便公众参与，以真正达到"人人治水"。

**【应用范围】**

该系统应用于各省、市、县（市、区）河长以信息化手段管理河湖，支撑河长制相关工作的高效精细化落地。

**【技术原理】**

基于GIS、物联网、人工智能等先进技术，并与终端接入、数据存储、大数据分析融合。

**【技术要点】**

省级河长制管理信息系统可支持10万用户，其中并发1000用户。

**【适用前景】**

2016年12月，中共中央办公厅、国务院办公厅印发了《关于全面推行河长制的意见》，并发出通知，要求各地区各部门结合实际认真贯彻落实。河长制管理信息系统，可以对省、市、县（市、区）分级管理，整合现有各种基础数据、监测数据和监控视频，利用省、市、县（市、区）三级传输网络快速收敛至管理信息系统，面向各级领导、工作人员、社会公众提供不同层次、不同纬度、不同载体的查询、上报和管理系统，适用前景可观。

**【典型案例】**

浙江省钱塘江流域河长制管理信息系统

项目地点：浙江省

项目规模：覆盖钱塘江流域5市31县

业主单位：浙江省环保厅；浙江省五水共治办办

实施单位：浙江河长科技有限公司

项目模式：政府采购

项目概述：该信息系统2016年正式上线，覆盖钱塘江流域的5市31县，服务6000多名省、市、县（市、区）、乡、村各级河长。截至2017年8月，系统中已纳入管理的对象有：省级河道2条；市级河道54条；县级河道1125条；镇级河道3272条；村级河道4324条；饮用水源地39个；监测断面681个；污染源2745个；河道排污口1221个；污水处理厂228个；视频监控摄像头1957个。

系统每天进行水资源、水质的分析和核算，输出钱塘江流域各个河段的系列报表，包括水质报表、水资源报表、事件统计报表、巡查统计报表、项目统计报表，并对河长的巡河、管理等业务进行支持。2016年以来，累计有15000位河长通过系统进行了次的河道常态化巡查，河长累积巡查路径长度超过500000km，系统收集的河长巡查过程中，上报的文字数据253343条，照片100多万张。各级河长通过该系统进行业务管理，处理相关事件，效率得到了极大的提高。通过系统已经集中受理的业务为900项，其中，已结案事件892项，结案率达到了99%。

## 9.5.2　河长制信息管理平台

【技术简介】

（1）产品优势。较早参与河长制平台的信息化管理平台的建设，充分参与调研了全省河长制信息化工作，并负责省级河长制平台的开发建设，面向省级管理用户包括省级总河长、省级河长、省级河长办和省级各联系部门。目前已经汇聚了全省 11 个设区市的基础数据和河长制业务数据，并应用开展了全省河长制的考核工作。

（2）产品的规范化及标准化。产品严格按照国家河长制、省市河长制建设规范要求，从产品立项初期即和河长办管理人员一起调研分析，参与制定了多个省级河长制信息化建设要求、导则、方案的编制，并将各地管理需求融入到产品功能中，能够满足上与国家河长制系统对接，下与县、镇河长制系统互通。

（3）管理先进性、适用性。提供对各级河段及其相应河长的基础信息、履职情况、问题处理情况的管理。提供对政区内各类水质断面的基础信息、实时水质、历史水质的在线管理通过科学量化、制定各级河道的治理考核指标，构建各级别河道的联动考核网络，提供对河道水质情况、巡查情况、污染源治理情况、问题处理情况、河道防洪及整治工程重点项目开展情况的分类考核。

【应用范围】

平台适用于省、市、县（市、区）、乡各级河长办，对其政区内所有河段、河长进行信息化工作监管。

【技术原理】

（1）分布式架构。产品采用分布式架构技术，可在省、市、县（市、区）多级服务器上同时进行节点部署，单独配置，统一联合应用，底层数据和业务互联互通。既适合全省、全市、全县（市、区）使用同一平台集中部署分级应用的模式，也适用于全省或全市内某几个市或县使用独立第三方软件产品，与其进行数据共享交换后联合应用的模式。

（2）离线应用技术。由于在河长制管理中，部分河道、库塘地处山区海岛等无网络信号区域，为满足无网络场景下的河长制信息化管理，产品充分利用离线缓存机制，将用户配置、相关河湖数据、地图影像等信息加密后存储在本地，当无网络时系统优先为用户展示离线缓存数据，并且对用户在离线状态下提交的轨迹、照片、音频、视频等信息进行本地存储，在联网环境下自动同步提交。大大提升了产品的实用性。

（3）大数据分析及应用。系统利用大数据挖掘技术，可对系统中积累的海量巡河轨迹数据、上报问题数据、水质变化数据进行分析计算，实现河长制中巡河考核的定量化，河道问题处理的智能化，河道水质判断及预警的自动化。

【技术要点】

（1）技术要点。

1）开放性：支持多种硬件平台，采用通用软件开发平台开发，具备良好的可移植性，支持与其他系统的数据交换和共享，支持与其他商品软件的数据交换。

2）标准化：所有各项软件开发工具和系统开发平台应符合中华人民共和国国家标准、信息产业部颁标准、水利部相关技术规范和要求。

3）参数化：必须实现完全模块化设计，支持参数化配置，支持组件及组件的动态加载。

4）容错性：提供有效的故障诊断工具，具备数据错误记录功能。

5）安全性：用户认证、授权和访问控制，支持数据库存储加密，数据交换的信息包加密，数据传输通道加密，可采用64位DES加密算法，发生安全事件时，能以事件触发的方式通知系统管理员处理。

6）可靠性：应能够连续7d×24h不间断工作，平均无故障时间大于8760h，出现故障应能及时报警，软件系统应具备自动或手动恢复措施，自动恢复时间小于15min，手工恢复时间小于12h，以便在发生错误时能够快速地恢复正常运行，软件系统要防止消耗过多的系统资源而使系统崩溃。

7）兼容性及易用性：软件版本易于升级，任何一个模块的维护和更新以及新模块的追加都不应影响其他模块，且在升级的过程中不影响系统的性能与运行；具有良好的简体中文操作界面、详细的帮助信息，系统参数的维护与管理通过操作界面完成。

（2）经济指标。

1）典型规模下的单价、运行费用：市级平台20万～40万元/年（按河段数量规模）；县级平台8万～20万元/年（按河段数量规模）。

2）后期运行维护费用：每年的维护费，按照合同价的10%收取。

【应用前景】

平台已经成功应用于浙江省、舟山市、丽水市等多个省、市行政区内的河长制信息化管理工作，服务于超过5万名河长、河长办等相关用户，目前已成为河长巡河、公众监督、管理考核的重要手段。

本平台的部署应用，紧绕"五水共治"工作目标，推进了河长制工作制度化、规范化、长效化，夯实了河长制基础，完善了工作机制，规范了河长巡查，推动了河长制工作顺利开展，逐步实现了河长治的工作愿景，使一城清水造福人民，一湾清泓泽被下游成为常态。全面提高各地区河长制工作的信息化管理水平。

通过实际应用，该系统可较好地应用于河长制管理，具有广泛的市场应用前景。

【技术局限性】

河湖水质断面的实时数据，目前需从环保部门接入，获取数据可能存在一定同步延时；水利自建水质断面监测，需要增加传感器等硬件设备的资金投入。

【典例案例】

实施单位：杭州定川信息技术有限公司

案例一：

应用单位为浙江省水利厅河长制办公室，部署应用了浙江省河长制管理平台（省级），浙江省河长制工作始于2008年，各地均自发建设河长制信息化系统，直到2016年年底全省未有统一的省级河长制信息化平台。

在充分调研全省河长制信息化工作后，杭州定川信息技术有限公司开发完成了"浙江省河长制管理平台（省级），该平台已主要面向省级管理用户，包括省级总河长，省级河长，省级河长办和省级各联系部门；侧重于省级用户对全省河长制管理工作的监督管理，通过全省河长制基础数据、业务数据、监测数据的汇集，为省级用户提供数据的详细资料查询、统计分析、电子化考核、问题督办等功能。

该平台目前已经汇集了全省 11 个设区市的基础数据和河长制业务数据，并应用开展了全省河长制的考核工作，提高了浙江省的河长制管理工作的效率。

案例二：

应用单位为浙江省丽水市治水办（河长办）及舟山市水利局，部署应用了市县乡村四级的河长制信息管理平台，用户对本项技术进行了综合评价：在市河长制管理工作中，运用了由"杭州定川信息技术有限公司"自主研发的"河长制信息管理系统"，该平台包括对各级河段、河长、河长办及相关部门及人员提供了巡河管理、河湖信息检索及分析、一张图展示、电子化考核、水质监测、一河一策重点项目管理、一河一档动态档案管理等功能模块，项目成果对市河长制的精细化、信息化管理起到了很好的辅助作用。

### 9.5.3　河长制湖长制 APP 端

【技术简介】

河长制湖长制 APP 是面向河长和公众的一款智慧化治水软件系统，利用先进的计算机技术、网络技术、GPS 定位技术让河长随时随地掌握河流情况，建立实时、公开、高效的河长管理系统，实现河长日常巡查、问题督办、情况通报、责任落实等工作的智慧化管理，提高河长工作效能，接受社会监督。

另外社会公众也可借助 APP 对发现的河流问题、河流治理进行监督反馈，还可及时查看河长制相关新闻动态，及时掌握治河信息，实现全民治水。

【应用范围】

河湖长水文、水质数据监测及巡河管理。

【技术原理】

河长制湖长制 APP 以 Android、IOS 等多个手机操作系统为基础，依托河长制河湖管护信息平台建设的需求，实现河湖信息查询，数据实时监测，问题上报，事件追踪和事件督查等功能，确保河湖的精确化管理。

系统可以定时查看水文、水质数据，及时、准确地掌握水质状况和动态变化，为水质预警提供数据支持，及早预防河湖污染。

系统提供二维码签到服务，方便河长现场快速完成签到工作，简化复杂的签到流程。

系统提供移动巡查功能，基于 GPS 定位，实时记录河长巡河轨迹和现场隐患定位标记，河长可准确定位当前位置，并根据 GPS 进行导航。巡查结束后，用户可查看巡河轨迹及隐患标记点。

系统可基于网络将轨迹自动上传到河长制湖长制长制信息管理平台中，实现两个系统的互动，管理人员可在平台中基于二维或三维地图查看巡查轨迹，有利于加强对巡查人员的监管与考核。

系统提供问题上报功能，河长通过河长拍将现场问题拍摄和录制下来，及时上传问题，各级行政管理职能部门收到上报问题后对事件进行分派和跟踪，全面实现问题第一时间发现、第一时间上报、第一时间解决。

系统提供事件督查功能，主要是针对河长设计的。河长通过事件督办的功能，可以对事件的进展进行实时查看，并且进行跟踪。从而可以全面掌握事件的进展过程。并且河长可以对事件处理的情况进行批示。

系统基于巡查记录及巡查轨迹对巡查过程进行自动统计，以图表形式进行直观展示，主要包括巡查次数、巡查时间、轨迹数据、巡查记录、隐患位置等信息，直观掌握巡查总体情况。

系统提供完善的河长制湖长制数据服务接口，由各级河长的巡查管理系统将巡查成果数据上报相关部门，实现省、市、县（市、区）、乡、村各级河长和巡河人员、保洁人员对河流巡查工作的统一监管。

系统提供公众反馈的入口，可以实时提交河湖的各类异常信息，如污染、违章行为，或者提交某河段河长的治理情况等，更方便对河湖水质的管理。

【技术要点】

河长制湖长制以 Android、IOS 等多个手机操作系统为基础，利用先进的计算机技术、网络技术、GPS 定位技术让河长随时随地掌握河流情况，建立实时、公开、高效的河长管理系统。

【应用前景】

河长制 APP 不需要工作人员填表格上报河流问题，实现了巡河电子化、数据实时化、管理无纸化、资料集中化，最大限度地发挥了河长的作用，通过河长制 APP 切实为河湖管护工作中协调沟通不顺、制度落实与管理不到位等一系列问题提供了解决方案，且可以促进多部门联合治水，辅助建立河湖保护管理联合执法机制，健全行政监管的机制。

【技术局限性】

河长制湖长制 APP 的应用需要互联网的依托，所以不适合信号不佳的地区。

【典型案例】

凉水河环境综合治理工程（二期）监控预警信息化工程

项目地点：凉水河干流河道、凉水河管理处机房

实施单位：北京尚水信息技术股份有限公司

项目模式：信息化

项目概述：凉水河监控预警信息化工程项目将基于凉水河现状、管理处主要职责以及现有系统存在问题，本着节约投资、优化方案的原则，提升管理水平，满足管理处工作要求，为凉水河全流域统筹管理提供技术支持。

凉水河流域工程情况复杂，干流全长为 68.41km，9 条一级支流，沿线有 505 个入河口，对河道水质变化产生影响的因素非常多。按上级管理要求，需要对流域（629.7km²）进行统筹管理。但管理处工作任务繁多、人员有限，仅凭人工进行水质数据收集整理，无法达到全面覆盖，管理难度大，需要先进的监测技术手段进行工作支持，本项目通过河长制湖长制 APP，旨在全面提升凉水河管理水平和效率，实现凉水河管理要素的实时动态数字化管理，为精细化水务管理提供技术支撑。

### 9.5.4    智慧河长湖长牌多参数监测站

【技术简介】

智慧河长湖长牌，使用行业定制的智能硬件作为核心，以物联网及移动互联网技术为

基础，实现一站式智能化监测终端。可全面覆盖城市排水管网、城市河道的监测，提供实时、专业、精确的城市水环境、水生态数据。

在实现河长湖长业务数据监测的基础上，集成河长湖长的管理、考核流程，实现巡河巡湖的闭环管理。系统提供公众平台入口，可以进行行业信息发布，公众信息反馈等，提高行业影响力及公众感受。

【应用范围】

河长湖长水文、水质数据监测及巡河管理。

【技术原理】

智慧河长湖长牌使用边缘计算技术，在终端集成了多参数气象站，采用标准 modbus 协议，进行 PM2.5、PM10、噪声、气压、湿度、温度、风速、风向等气象信息，还可扩展各类水文、水质设备，可以定时采集各类业务数据，在终端对数据进行存储及转发，定时上报数据到数据中心，周期可自定义设定，传感器也可灵活扩展。

智慧河长湖长牌集成了高清云台相机，可以采集设备周围的环境，进行一定的安防功能。并且可以对监测目标（河湖的水面）进行观察，方便对设备的运行环境进行监控，从而对监控数据的正确性进行初步判断。

智慧河长湖长牌利用相机实现了人脸识别功能，嵌入到河长巡河、设备巡检过程中，用户可以进行在线打卡，对巡检路线、节点、人员进行确认，对巡河过程进行闭环的管理。

智慧河长湖长牌的智慧照明功能，可以根据季节变化，自行调整开关灯时间，并可在特定时间段内控制灯光明暗，实现节约能源及人性化照明。

智慧河长湖长牌的共享服务功能，公众可享受实时充电、共享 Wi-Fi 等便民服务，也可以为用户提供行为大数据分析等内容智慧河长湖长牌能够与 APP 进行联动，可以进行扫码或验证码登录，为运维人员提供可视化的运维巡检的界面，可以实时查看传感器状态、设备通信状态、数据存储情况及以往的各类巡检记录，便于对设备、系统进行全方面地运维。

智慧河长湖长牌提供触摸屏入口公众入口，能够在界面发布各类行业信息，比如行业新闻、紧急终止、附近的水文信息等。可以让市民、公众更方便地了解河湖的实时信息，进行水安全及水文化的宣传。

智慧河长湖长牌提供公众反馈的入口，可以实时提交对系统的建议及意见，或者提交河湖的各类异常信息，如污染、违章行为等，更方便对河湖水质的管理。

【技术要点】

该技术的特点是兼顾传统监测站点功能，同时提供河长湖长的管理流程及公众平台功能，提高河长湖长系统的智慧化水平，实现在线的、闭环的、全面的智慧水务管理，适用于城市内对智慧水务的要求。

【应用前景】

随着智慧水务建设的不断发展、进步和完善，未来对智慧水务行业内的智能硬件要求会越来越高，不会在局限于单一监测参数的采集，而是要实现集约化设计与实施。在这个背景下，智慧河长湖长牌不仅兼顾传统监测站、智能照明、智能监控及共享服务等功能，同时还提供河长湖长的管理流程及公众平台功能，提高河长湖长系统的智慧化水平，实现在线的、闭环的、全面的智慧水务管理。不仅适用于城市内对智慧水务的要求，也是符合智慧城市的可持续建设理念。

**【技术局限性】**

智慧河长湖长牌建设在室外区域，需要市电供电和稳定的网络。不适合建设在郊区或野外，没有市电并且容易遭到人为破坏的地方。

**【典型案例】**

何过港智慧先导工程

项目地点：杭州市余杭区

实施单位：北京尚水信息技术股份有限公司

项目模式：信息化

项目概述：综合运用物联网、大数据、GIS、BIM、专业模型、无人机、高光谱反演等先进技术，构建何过港一体化智慧管控平台，践行落实"政府河长、企业河长、民间河长"三位一体管理思路，建设余杭何过港美丽智慧河道示范工程。

## 9.5.5 系统信息安全建设技术

**【技术简介】**

河长制信息管理系统的信息安全建设应按照国家网络安全等级保护要求，开展定级备案、安全建设整改及测评工作。同时，信息安全应在原有网络安全基础上，进一步从物理安全、网络安全、主机安全、应用安全、数据安全等五个方面完善系统安全建设，并制定安全管理制度，构建网络安全纵深防御体系。

**【应用范围】**

适用于县（市、区）、市、省、流域、部级河长制办公室主导建设的各类河湖长制信息化系统。

**【技术原理】**

身份鉴别、访问控制、安全审计、入侵防范。

**【技术要点】**

秉持最小化原则、分权制衡原则、安全隔离的原则进行信息安全建设。

**【应用前景】**

2018年2月，水利部办公厅印发《河长制湖长制管理信息系统建设指导意见》《河长制湖长制管理信息系统建设技术指南》，建议各地开展河长制信息化系统建设，并要求加强信息安全建设。信息安全建设前景可观。

**【技术局限性】**

信息系统的安全性一直备受关注，但苦于没有好的解决问题的方案和安全建设经费不足，行业系统安全问题还是相当严重的，计算机系统也多采用开放式的操作系统，安全级别较低。不能抵抗黑客的攻击与信息炸弹的攻击。

**【典型案例】**

广州河长管理信息系统项目

项目地点：广州市水务局

实施单位：中水三立数据技术股份有限公司

项目模式：政府采购服务

项目概述：项目信息安全建设需符合二级等保要求。为满足要求，在广州市政务云基础上，采购防篡改软件、入侵检测软件等商业软件，并进行统一用户管理等应用服务的开发，保证本项目系统的安全建设符合要求。系统上线以来，运转良好，没有发生因为外界攻击造成的系统故障。